化学工业出版社“十四五”普通高等教育规划教材

国家级一流本科专业建设成果教材

工程力学

GONGCHENG
LIXUE

郎 林 主编　徐 军 唐克伦 副主编

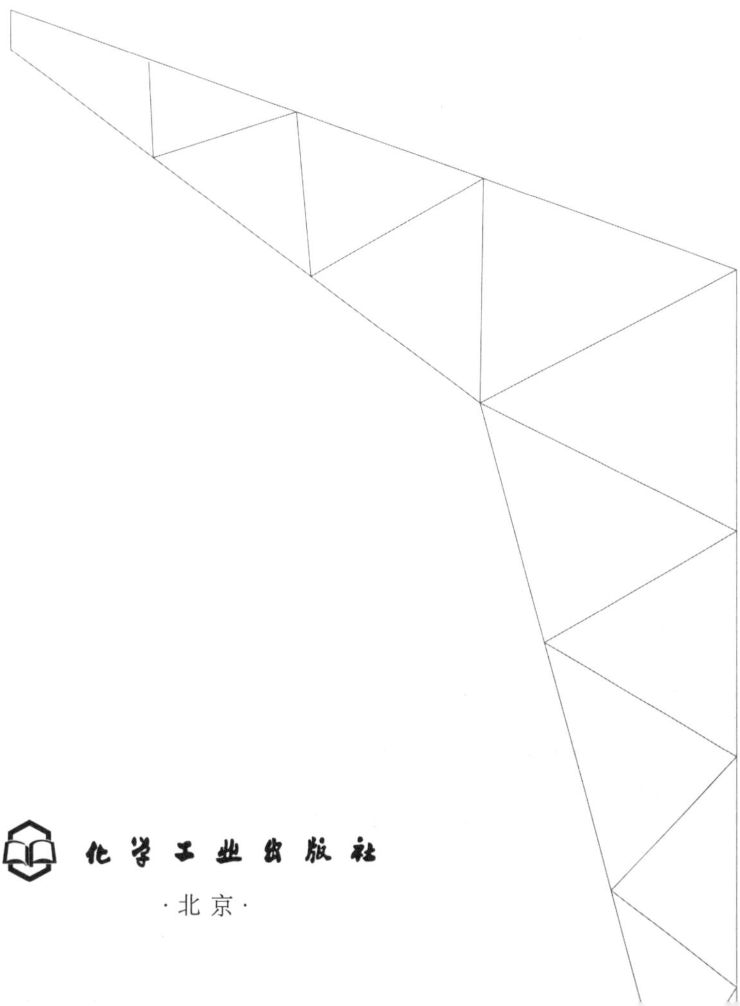

化学工业出版社
·北京·

内容简介

《工程力学》是按照 48～64 学时的教学要求编写的，全书分为绪论、静力学部分、材料力学部分，共 14 章。静力学部分（共 3 章）包括静力学基本概念及物体的受力分析、平面汇交力系与平面力偶系、平面任意力系；材料力学部分（共 10 章）包括材料力学的基本概念、拉伸与压缩、剪切与挤压、扭转、梁的弯曲内力、梁的弯曲应力、梁的弯曲变形、应力状态分析与强度理论、组合变形、压杆的稳定性。本书注重基本概念的阐述，尽量避免过多的理论推导和烦琐的数学运算，适当降低难度。另外，本书各章节附有课程思政内容，在各章均有导读、学习目标、思维导图、小结，配有适量的思考题、习题；书末附有型钢表。本书为新形态教材，配有拓展阅读、在线习题、基本练习题、参考答案、班级工具等数字资源，读者可扫二维码获取。

本书是一本通用型工程力学中、少学时教材，可作为本科和专科学校机械类、土木类、水利类、交通运输类、航空航天类、农业工程类等各专业的教学用书，也可供工程技术人员参考。

图书在版编目（CIP）数据

工程力学 / 郎林主编 ; 徐军, 唐克伦副主编. 北京 : 化学工业出版社, 2025. 2. --（化学工业出版社“十四五”普通高等教育规划教材）（国家级一流本科专业建设成果教材）. -- ISBN 978-7-122-47888-7

I. TB12

中国国家版本馆 CIP 数据核字第 2025WH4902 号

责任编辑：刘丽菲
责任校对：田睿涵　张茜越　　　装帧设计：刘丽华

出版发行：化学工业出版社
（北京市东城区青年湖南街 13 号　邮政编码 100011）
印　　装：大厂回族自治县聚鑫印刷有限责任公司
787mm×1092mm　1/16　印张 16　字数 403 千字
2026 年 1 月北京第 1 版第 1 次印刷

购书咨询：010-64518888　　　售后服务：010-64518899
网　　址：http://www.cip.com.cn
凡购买本书，如有缺损质量问题，本社销售中心负责调换。

定　　价：49.80 元

《工程力学》编写团队

主　编：郎　林

副主编：徐　军　唐克伦

参　编：童少伟　徐　倩　朱一林　陈　果　王　玲

于思淼　陶　玲　李一堃　张旸玥　华　文

前言

工程力学是高等院校大部分工科专业必修的一门重要基础课程。为了适应新时期课程分级教学的需要和对学生能力培养的要求，在总结多年教学实践的基础上，作者团队以普通高等学校工科专业工程力学教学大纲为依据，参考大量相关资料，编写了此书。

本书内容结构体系采用当前国内比较成熟的体系。全书共 14 章，分 3 部分：绪论、静力学部分和材料力学部分。为了便于不同专业和基础知识水平的学生学习与掌握课程内容，本书针对普通高等院校只需中、少学时工程力学课程的专业，以"够用为度"为原则，对内容进行了精简并适当降低了理论难度，不追求"大而全"，更加注重实用性和针对性。同时，编写上循序渐进，在强调力学基本概念、基本原理的同时，力求做到抽象问题形象化、复杂问题简单化，使本书成为学生自学也能看得懂和学得会的工程力学教材。

本书为国家级一流本科专业建设成果，由多年从事力学课程教学工作的一线教师共同编写。参与本书编写的有：西华大学郎林（绪论和第 1、2 章）、西华大学唐克伦（第 3 章）、西华大学童少伟（第 4 章）、西华大学徐倩（第 5 章）、宁波大学朱一林（第 6 章）、西华大学陈果（第 7 章）、西华大学王玲（第 8 章）、西华大学于思淼（第 9 章）、西华大学陶玲（第 10 章）、西华大学李一堃（第 11 章）、西华大学张旸玥（第 12 章）、西华大学徐军（第 13 章）、西昌学院华文（附录）。全书由郎林统稿并任主编，徐军、唐克伦任副主编。

本书为新形态教材，配有拓展阅读、在线习题、基本练习题、参考答案、班级工具等数字资源，读者可扫二维码获取。教师可以通过"班级工具"创建班级，实现在线的班级管理，给相应班级的学生布置"在线习题""基本练习题"的作业。教师用资源可以登录 www.cipedu.com.cn 获取。

在本书的策划和编写过程中，得到了西华大学力学教学部、力学实验中心各位老师的关心和支持；得到了西华大学教务处、西华大学建筑与土木工程学院的大力支持；得到了西华大学胡文绩老师和古滨老师的指导和帮助，在此一并表示衷心感谢。

本书面向广大教师、学生及其他对工程力学感兴趣的读者，希望能对大家的教与学有所帮助。由于编者水平有限，疏漏在所难免，恳请批评指正。

编者

2025 年 9 月

前言

目录

绪　论

0.1　力学与工程问题

《墨子》中说“力，重之谓”“力，形之所以奋也”。力学是研究宏观物体机械运动规律的科学。机械运动是指物体的空间位置随时间的变化，它是物体运动的最基本形式。自从人类学会制作和使用工具以来，力学就广泛应用于我们的生活和生产活动中。工业革命以来，随着科学理论的发展和工程技术的进步，逐步形成了现代力学学科。力学是一门应用性很强的基础科学，广泛应用于土木工程、机械工程、交通工程、航空航天工程等工程领域，是研究力学与运动规律的学科。工程领域中凡是涉及力与运动的问题都属于力学问题。图 0-1 给出了力学的研究范围。

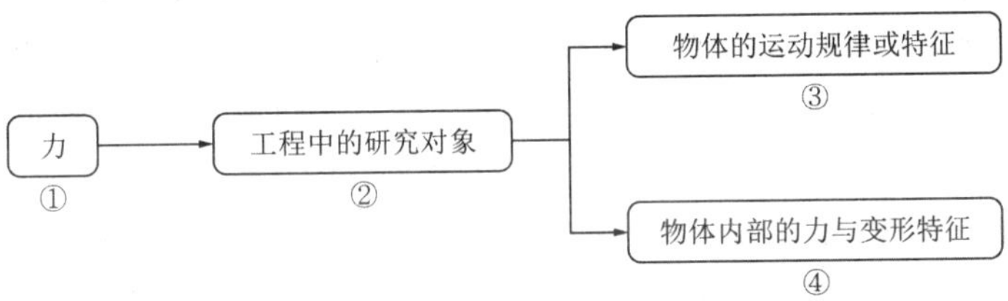

图 0-1　力学的研究范围

众所周知，力学研究有三个基本要素：力、研究对象，以及力作用下物体的内外响应。当不考虑物体的内部变形时，力学的主要研究内容由图 0-1 中的①、②、③三部分组成，形成理论力学。理论力学包括静力学（研究对象受力平衡）、运动学（运动的描述方法）、动力学（力与运动之间的关系）。当考虑研究对象内部变形时，力学的主要研究内容由图 0-1 中的①、②、④三部分组成，形成材料力学。材料力学包括物体内部在外部作用下的变形和受力特征，用于解决工程中的强度、刚度、稳定性问题。从研究内容上来看，工程问题中的力学主要研究以下几类问题。

第一类是物体的平衡问题：指物体为了保持平衡状态，要求作用于物体上的力以及各力之间应满足的基本关系，又称静力学问题，在图 0-1 中只考虑“力”。如起重机吊起重物时，起重臂与重物分别要保持平衡，否则将发生倾覆事故。

第二类是物体的运动问题：不考虑力，只研究物体运动中的位移、速度、加速度等指标，又称为运动学问题，在图 0-1 中只考虑“物体的运动规律或特征”。如在平直公路上匀速行驶或加速行驶的汽车、在弯道处行驶的汽车，描述这些汽车的运动特征就是运动学问题。

第三类是物体受力下的运动学问题：主要研究力与运动之间的关系，又称动力学问题，在图 0-1 中研究力、研究对象、运动特征三者之间的关系。如火箭发射后在空中飞行时，它的自重与推力之间的关系。

第四类是物体破坏问题：在实际工程中又称为强度问题。它与前三类问题较显著的区别在于，破坏问题要讨论物体或材料内部的受力情况。当内部受力达到某一临界值时，物体或材料发生破坏。如吊起重物的钢绳不能被拉断、飞机的机翼不能断裂、桥梁不能被行驶的汽车压垮。

第五类是物体的变形问题：指研究对象在一定的荷载作用下发生的形状改变，工程中也称刚度问题。在某些情况下，即使物体不发生破坏，但如果变形过大，也不能正常工作。如车床主轴变形过大，将破坏主轴上齿轮的正常啮合，引起轴承的不均匀磨损和噪声，影响车床的加工精度。

第六类是物体的稳定性问题：指物体保持原有平衡形态的能力。细长杆件在压力作用下的失稳问题就是工程中典型的失稳问题，如千斤顶的螺杆、内燃机的挺杆、路灯的立柱、广告牌的立柱等。工作时应始终保持物体原有的直线平衡状态。

上述六类工程问题中，前三类问题不考虑材料（或物体）特性，不对物体内部进行分析研究，将材料等效为不变形的质点、刚体来研究，称为力的外效应，它们组成了理论力学的主要内容。后三类问题则主要考虑研究对象的材料、结构等特征，分析在一定的外力作用下物体内部质点之间的相对位移，以及材料之间的相互作用力，称为力的内效应，即需要对物体内部进行分析研究，这些构成了材料力学的主要内容。

0.2 工程力学研究内容和任务

工程力学是将力学原理应用于有实际意义的工程系统的科学。工程力学研究自然界以及各种工程中机械运动最普遍、最基本的规律，以指导人们认识自然界、科学地从事工程技术工作。目前，工程力学的主要研究内容通常包括第一类问题（静力学问题）和后三类问题（强度问题、刚度问题和稳定性问题），由于静力学问题是研究后三类问题的基础，故工程力学是以静力学问题为基础，侧重于研究工程中力的内效应分析的理论体系。在工程实际中，大多数工程结构的构件或机械零部件都可以简化为杆件，其几何特征为纵向尺寸远大于横向尺寸，同时杆件（如杆、轴、梁等物体）也是工程结构中最简单的构件。因此，工程力学常作为大学本科生的力学入门基础课程。工程力学主要以杆件（或构件）为基本研究对象，运用力学的一般规律，分析杆件的受力情况和求解平衡问题，建立杆件安全工作时的力学条件。更为复杂的工程结构如板、壳、块体、桁架等将在后续的弹性力学、结构力学等课程中学习。

在外力作用下，构件的尺寸和形状将发生变化，称为**变形**。工程结构在外力作用下丧失正常功能的现象称为**失效**。工程构件的失效形式有很多种，但在工程力学范畴内的失效通常分为三类：强度失效、刚度失效和稳定性失效。工程设计的主要任务之一就是保证工程构件在确定的外荷载作用下正常工作而不发生强度失效、刚度失效以及稳定性失效，即保证工程构件具有足够的强度、刚度、稳定性。

所谓**强度**是指工程构件在受到外力作用后不发生破坏或者不产生不可恢复的变形的能力；所谓**刚度**是指工程构件在受到外力作用后不发生超过工程允许的弹性变形或位移的能力；所谓**稳定性**是指工程构件在外力作用下保持平衡状态且不发生突然转变的能力。

为了完成常规的工程设计任务，需要进行以下几方面的工作：

① 分析并确定工程构件所受各种外力的大小和方向。

② 研究在外力作用下构件的内部受力、变形和失效规律。

③ 提出保证工程构件具有足够强度、刚度以及稳定性的设计准则和设计方法。

设计工程构件时，不仅需要满足上述强度、刚度以及稳定性要求，还应尽可能合理地选用材料并降低材料的消耗量，以节约资金或减轻工程构件的自重。前者往往要求多用材料，而后者则要求少用材料，两者之间存在着矛盾。工程力学的任务是合理地解决这些矛盾。

0.3 工程力学的分析方法

工程力学的研究方法可以简单描述为：运用科学归纳抽象的方法，对生活或生产实践中的工程问题加以综合分析，建立力学模型；通过实验验证和严密的数学推理，得到适用于工程问题的结论、理论公式、定理，以指导实践，并为实践所检验。即从实践到理论，再由理论回到实践，通过实践进一步补充和发展理论，然后再回到实践，循环往复，逐步发展。目前，工程力学的研究方法主要包括理论分析方法、实验分析方法以及计算机分析方法。

理论分析方法是工程力学的基础，它基于力学原理对研究对象进行抽象简化，建立力学模型，然后进行分析、推理，得出结论。这种方法在 20 世纪初被广泛用于探索新设计和新结构，尽管所得结果有限，但它为工程设计和研究提供了探索性的基础。

实验分析方法在实际工程设计中扮演着关键角色。通过具体设计的实验验证，工程师可以测试设计的可行性和有效性。例如，通过伽利略木梁弯曲实验和喷气式飞机的静载实验，工程师可以了解材料的力学性质和结构的强度。

计算机分析方法是现代工程力学的重要工具，它结合了现代计算技术，使得工程力学的研究领域得到了极大的扩展。通过计算机模拟，可以解决许多之前难以处理的问题，提高了工程设计的准确性和效率。

此外，工程力学还包括材料力学实验，这些实验通常包括测定材料的力学性质、验证理论公式的正确性以及进行实验应力分析。通过这些实验，工程师可以更准确地了解材料的性能，验证理论分析的结果，并在复杂的工程实践中解决强度问题。

0.4 工程力学的学习方法

工程力学的系统性比较强，各部分知识之间有比较紧密的联系，学习时要循序渐进，并及时解决不清楚的问题。应注意深入体会并掌握一些基本概念，不仅要掌握公式的推导过程，还应理解其物理意义。

应当熟练掌握各个章节的主要内容和重点；掌握有关概念的来源、含义和用途；关注各个章节之间在内容和分析问题方法上的不同点与共同点，从而善于思考、发现问题，最终解决问题。

加强课后习题的练习很重要。做习题是运用基本理论解决实际问题的一种基本训练。要掌握例题的分析方法和解题步骤，领会其要点。通过思考题和习题练习，可以较深入地理解并掌握基本概念和基本理论，既要做足够数量的习题，更要重视做题的质量。要学会从一般工程问题中抽象出力学问题进行理论分析。在分析中，要力求做到既能做定性分析，又能做定量分析。

在教学过程中，我们发现许多同学认为工程力学颇具学习难度。回顾多年教学所接触的学生情况，其主要原因在于这些同学对工程力学中的基本概念缺乏真正的理解。接下来，我们分享一些思路，期望能对同学们认识和学习工程力学有所启发。

① 学科差异。工程力学与高中物理或大学物理有所不同。物理学主要研究质点或质点系，而工程力学聚焦于工程实际结构。因此，二者在研究方法和思路上存在显著差异，同学们切记不能用分析质点的思路去分析实际工程结构问题。

② 研究目的。工程力学旨在研究工程中结构、构件或杆件的破坏规律（如课程中重点关注的强度破坏），进而找到设计准则，确保它们在正常工作或使用时不会发生破坏。

③ 静力学研究内容。基于上述目的，我们首先从构件或杆件的受力分析入手。对物体进行受力分析是研究的第一步，同学们必须弄懂这一环节，建立物体的受力分析模型。在完成受力分析后，还需要计算出未知的受力，这就需要用到平衡方程。同学们要理解平衡方程是如何建立的，以及为何可以这样建立。静力学主要解决物体的受力分析问题。为了便于分析，第 1 章将研究对象简化为刚体模型，并对物体进行受力分析；第 2 章介绍根据受力分析建立平衡方程的方法；第 3 章则是第 2 章的工程应用，利用平衡方程计算未知受力。

④ 基本受力问题研究。工程中的研究对象较为复杂，通常是在一般力系作用下的组合变形问题，对其研究也相对复杂。所以，我们从简单的基本受力问题开始研究，包括第 5 章的拉压问题、第 6 章的剪切与挤压问题、第 7 章的扭转问题，以及第 8~10 章的弯曲问题。研究破坏问题时，必须考虑物体受力后的变形，且此时的研究对象是可变形固体。

⑤ 强度理论相关内容。第 4 章介绍可变形固体的基本概念，讨论强度破坏问题的控制参量（应力），建立基本的分析模型。由于物体的破坏与材料的性能相关，第 5 章讨论了建立材料抵抗破坏能力的统一指标。在明确控制参量和性能指标后，我们就可以建立强度控制准则。后面几章的内容实际上是探讨不同荷载作用下强度问题的应用。在不同荷载作用下，我们需要找到物体内部的最大应力，建立强度理论，希望同学们用心体会。所以，第 1～11 章实际上是探讨强度理论这一问题。

⑥ 学习建议。学习工程力学，同学们必须准确理解基本理论知识点，切不可一知半解。在理论知识清晰后，还需要通过大量实践来体会基本概念。教材中每章的例题和习题实际上都是一些简单的工程问题，同学们要多做练习，这样才能有更深入的理解，同时也能检验自己是否真正掌握了其中的概念和分析方法。

第 1 章 静力学基本概念及物体的受力分析

导读

本章介绍静力学最基本的内容，包括静力学基本概念与公理、物体受力分析以及静力学基本计算。静力学基本概念与公理是刚体力学的理论基础，静力学基本计算与物体受力分析是工程力学课程中非常重要的基本训练。

学习目标

本章旨在帮助读者掌握力、刚体、平衡等概念以及静力学公理，掌握力偶和力偶的性质，熟悉各种常见约束的性质，掌握物体受力分析方法；使读者具备在实际工程中发现力学问题的能力，能熟练对工程结构或杆件进行受力分析并画出受力图。

思维导图

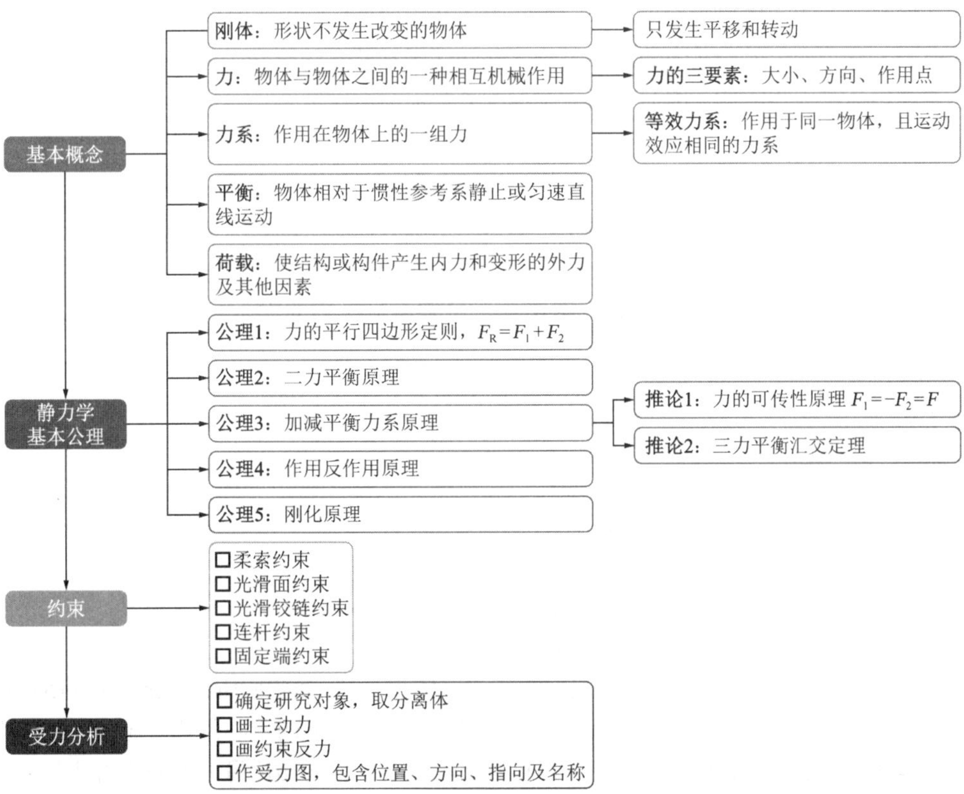

静力学的基本概念、公理和物体的受力分析是研究刚体平衡的基础。本章将首先介绍刚体与力的一些基本概念，其次介绍静力学公理，然后阐述工程中常见的约束和约束反力，最后介绍如何画物体的受力图并进行受力分析。这些是解决工程力学问题的重要基础环节。

1.1 刚体和力的概念

1.1.1 刚体的概念

所谓**刚体**是指在力的作用下不发生变形的物体，其内部任意两点之间的距离始终保持不变。这是一个理想化的力学模型。变形是绝对的，不产生变形是相对的。实际物体在力的作用下，都会产生不同程度的变形。但是，这些微小的变形，对研究物体的平衡问题不起主要作用，可以略去不计，这样可使研究的问题大为简化。是否可以视为刚体，与我们研究对象变形的大小有关，同时也与我们研究的目的、用途有关。例如，在研究飞机的平衡问题或飞行规律时，我们可以把飞机看作刚体；可是在研究飞机的颤振问题时，机翼等的变形虽然非常微小，但必须把飞机看作弹性体。在受力作用下弹簧外力不再变化，弹簧不再伸长，我们研究其受力关系时，也可将其视为刚体；但如果研究弹簧伸长量与外力关系时，则需将其视为弹性体。在工程力学中，静力学研究的物体只限于刚体，故又称刚体静力学，它是研究变形体力学的基础。

1.1.2 力的概念

力的概念是从劳动中产生的。人们在生活和生产中，由于肌肉紧张收缩的感觉，逐渐产生了对力的感性认识。随着生产的发展，又逐渐认识到：物体机械运动状态的改变（包括变形），都是其他物体对该物体施加力的结果。因此，**力**是物体相互之间的机械作用，这种作用使物体的机械运动状态发生改变或物体形状发生改变。力对物体产生的效应一般可分为两个方面：一个是物体形状的改变，称为变形效应或**内效应**；另一个是物体运动状态的改变，称为运动效应或**外效应**。静力学中把物体都视为刚体，因而只研究物体的外效应。

物体之间的机械作用，大致可分为两类：一类是接触作用，例如，机车牵引车厢的拉力、物体之间的挤压力等。另一类是“场”对物体的作用，例如，地球引力场对物体的引力、电场对电荷的引力或斥力等。尽管各种物体间相互作用力的来源和性质不同，但在力学中将撇开力的物理本质，只研究各种力的共同表现，即力对物体产生的效应。

实践表明，力对物体的作用效果应取决于**三个要素**：①力的大小；②力的方向；③力的作用点。

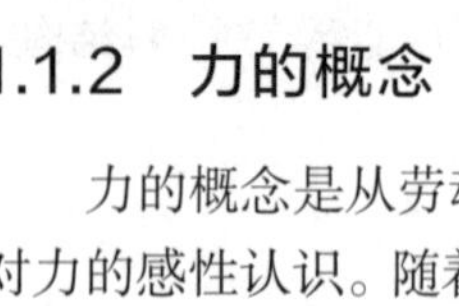

图 1-1 力矢量

我们可用一个矢量来表示力的三个要素，如图 1-1 所示。这个矢量的长度（AB）按一定的比例尺表示力的大小；矢量的方向表示力的方向；矢量的始端（点A）表示力的作用点；矢量$\boldsymbol{AB}$所沿着的直线（图 1-1 中的虚线）表示力的作用线。我们常用黑体字母$\boldsymbol{F}$表示力的矢量，而用普通字母F表示力的大小。

在国际单位制（SI）中，以“N”作为力的单位符号，称作牛［顿］。有时也以“kN”作为力的单位符号，称作千牛［顿］。

实际的力都是作用在一定长度、一定面积或一定体积上的。如我们所说的通过场施加的力（如重力或场力）就是作用在体积上的，只不过我们把它简化到物体的重心位置。通过接触作用施加的力通常是通过一定的接触面积施加的。当接触面积的某一方向相比另一方向小得比较多，以至

于可以忽略时，该力就认为沿线分布。定义分布力

$$q=\frac{\Delta F}{\Delta X}\text{或}q=\frac{\mathrm{d}F}{\mathrm{d}X} \tag{1-1}$$

式中 X——可以是体积V、面积A，以及长度L，分别称为体分布力、面分布力以及线分布力。

工程上，线分布力用得较多。对于线分布力，其单位为"N/m"或"kN/m"。如果作用面积比较小，可以忽略不计，此时即我们所说的集中力。

1.1.3 力系和平衡的概念

作用在物体上的两个或两个以上的力所组成的系统，称为**力系**。在不改变运动效应的前提下，用一个简单力系代替复杂力系的过程，称为**力系的简化或力系的合成**。如果一个复杂的力系总是可以找到一个和它运动效应相等的简单力系来代替，那么这两个力系互相称为**等效力系**。力系的简化就是寻找最简单的等效力系。若一个力与一个力系等效，则这个力称为该**力系的合力**。如果力系中所有力的作用线都处于同一平面内，这种力系称为**平面力系**。

物体相对于惯性参考系处于静止或匀速直线运动的状态称为**平衡**。对于工程中的多数问题，可以将固结在地球上的参考系作为惯性参考系。在实际工程中，房屋、桥梁、机床、公路上匀速直线行驶的汽车等，都处于平衡状态。平衡是相对的，是有条件的，而运动是绝对的。物体的平衡是物体机械运动的特殊形式。如果刚体在某一个力系作用下处于平衡状态，则此力系称为**平衡力系**，力系平衡时满足的条件称为**力系的平衡条件**。

1.1.4 荷载的概念

荷载指的是使结构或构件产生内力和变形的外力及其他因素。荷载通常包括结构自重、楼面活荷载、屋面活荷载、车辆荷载、吊车荷载、设备动力荷载，以及风荷载、雪荷载、覆冰荷载、波浪荷载等自然荷载。

在土木工程领域，荷载是一个重要的概念，用于描述施加在工程结构上的各种力。这些力可以是静态的（如结构自重），也可以是动态的（如风荷载、雪荷载），并且可以根据其性质进一步细分为永久荷载（如结构自重）和可变荷载（如活荷载）。

在机械设计领域，载荷通常指施加在物体上的外力，用于描述机械部件所承受的力。例如，在压力容器设计中，载荷包括雪载荷等，这些载荷的计算对于确保机械部件的安全性和可靠性至关重要。

荷载和载荷的主要区别在于它们的应用领域不同。荷载主要应用于土木工程领域，描述的是施加在工程结构上的各种力；而载荷则主要应用于机械设计领域，描述的是施加在物体上的外力。虽然两者在本质上没有区别，都是指使结构或构件产生内力和变形的外力及其他因素，但它们在不同的专业领域中有不同的应用和定义。

荷载按照作用面的大小可以分为如下三类：

（1）均布面荷载

建筑物楼面上的均布荷载，例如铺设的木地板、地砖、花岗石、大理石面层等的重量引起的荷载。均布面荷载Q值的计算，可用材料单位体积的重度γ乘以面层材料的厚度d，得出增加的均布面荷载值$Q=\gamma d$。

（2）线荷载

建筑物楼面或层面上原有的各种面荷载传到梁上或条形基础上，可简化为单位长度上的分布

荷载，称为线荷载。

（3）集中荷载

荷载的分布面积远小于结构受荷时，为简化计算，可近似地将荷载看成作用在一点上。例如，次梁传给主梁的荷载可近似地看成一个集中荷载，屋架传给柱子的压力、吊车的轮子对吊车梁的压力都是集中荷载。静止的汽车通过轮胎在水平桥面上作用力，当轮胎与桥面接触面积较小时，即可视为集中荷载（集中力）。

基本练习题

1-1 静力学的研究对象是什么？

1-2 力的三要素分别是什么？

1.2 静力学公理

公理是人们在生活和生产实践中长期积累的经验总结，经过了实践的反复检验，不需要被证明且被确认是符合客观实际的最普遍、最一般的规律或规则。本节将介绍 5 个公理、2 个推论，它们是静力学的基础，也是研究力系简化和平衡的基础。

公理 1　力的平行四边形定则

作用在物体上同一点的两个力，可以合成为作用于该点的一个合力，合力的大小和方向由以这两个力为邻边构成的平行四边形的对角线来确定。如图 1-2（a）所示，$\boldsymbol{F}_R$表示合力，$\boldsymbol{F}_1$和$\boldsymbol{F}_2$分别表示原来的两个力，合力等于这两个力的矢量和，即

$$\boldsymbol{F}_R = \boldsymbol{F}_1 + \boldsymbol{F}_2 \tag{1-2}$$

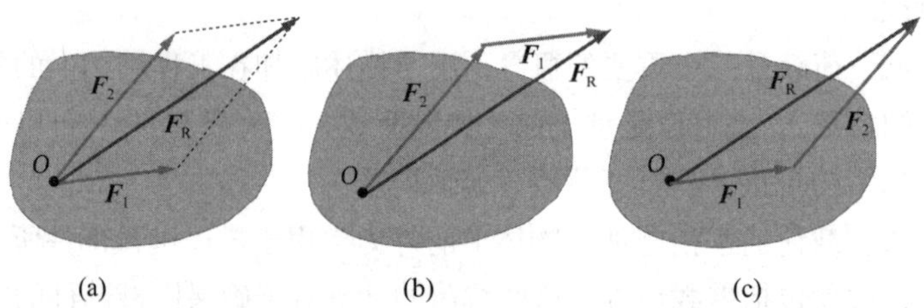

图 1-2　力的合成

为了简便，应用此公理求两汇交力合力的大小和方向（即合力矢）时，只需要画出力平行四边形的一半即可。可由两分力的共同作用点O画出第一个分力，在此分力的终点画出另一分力，形成一个力三角形，如图 1-2（b）、（c）所示。力三角形的两条边分别为力矢量$\boldsymbol{F}_1$和$\boldsymbol{F}_2$，第三边$\boldsymbol{F}_R$代表合力矢量，而合力的作用点仍在汇交点O。这种求合力的方法，称为力三角形法则。

这个公理表明了最简单力系的简化规律，它是复杂力系简化的基础。

公理 2　二力平衡原理

作用在刚体上的两个力，使刚体保持平衡的充分必要条件是：这两个力的大小相等，方向相反，且在同一直线上。如图 1-3 所示，即：

$$\boldsymbol{F}_1 = -\boldsymbol{F}_2 \tag{1-3}$$

应当指出，本公理只适用于刚体。对于变形体，这个平衡条件仅仅是必要条件。比如，一根绳索受到两个等值反向的拉力作用时能够平衡，而两端受一对等值反向的压力时则不能平衡。

这个公理表明了作用于刚体上的最简单的力系平衡时所必须满足的条件。在两个力的作用下处于平衡状态的刚体称为**二力体**。如果物体是某种杆件或构件，有时也称为**二力杆或二力构件**。

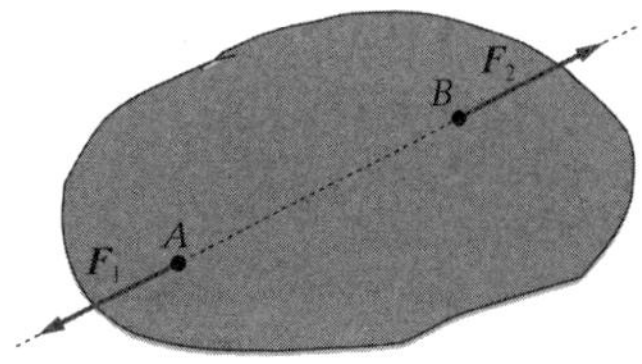

图 1-3　二力平衡

公理 3　加减平衡力系原理

在作用于刚体的已知力系上加上或减去任意的平衡力系，并不改变原力系对刚体的作用效应，称为加减平衡力系原理。也就是说，如果作用于刚体上的两个力系只相差一个或几个平衡力系，则它们对刚体的作用效应是相同的，因此可以等效替换。这个公理是研究力系等效变换的重要依据。

根据上述公理可以推导出下列有用的推论。

推论 1　力的可传性原理

作用于刚体上某一点的力，可以沿其作用线移到刚体内任意一点，并不改变该力对刚体的作用效应，这称为力的可传性原理。

证明：设有力$\boldsymbol{F}_1$作用在刚体上的点A，如图 1-4（a）所示。根据加减平衡力系原理，可在力的作用线上任取一点B，并加上两个相互平衡的力$\boldsymbol{F}_2$和$\boldsymbol{F}_3$，使$\boldsymbol{F}_1=\boldsymbol{F}_2=-\boldsymbol{F}_3$，如图 1-4（b）所示。由于力$\boldsymbol{F}_1$和$\boldsymbol{F}_3$也是一个平衡力系，故可除去；这样只剩下一个力$\boldsymbol{F}_2$，如图 1-4（c）所示。于是，原来的这个力$\boldsymbol{F}_1$与力系（$\boldsymbol{F}_1$、$\boldsymbol{F}_2$、$\boldsymbol{F}_3$）以及力$\boldsymbol{F}_2$均等效，即原来的力$\boldsymbol{F}_1$沿其作用线移到了点$B$。

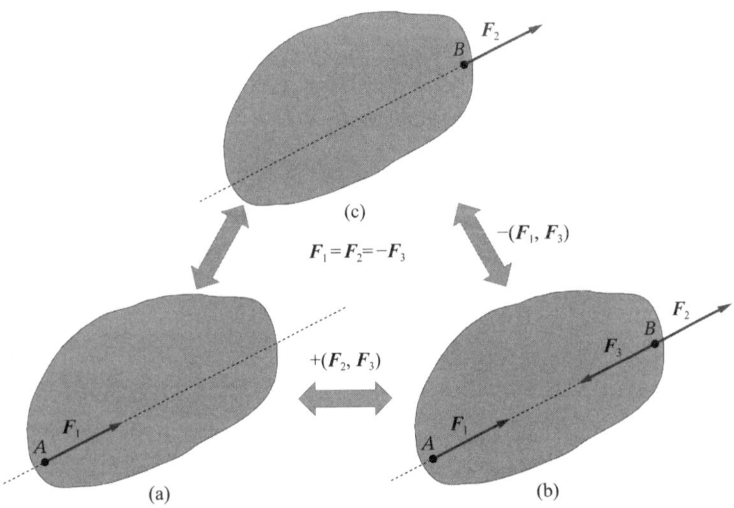

图 1-4　力的可传性原理

由此可见，对于刚体来说，力的作用点已不是决定力的作用效应的要素，它已被作用线所代替。因此，作用于刚体上的**力的三要素**又可表述为：力的大小、方向和作用线。作用于刚体上的力是可以沿着作用线移动的矢量，这种矢量称为**滑动矢量**。

推论 2　三力平衡汇交定理

刚体在三个力作用下处于平衡状态，若其中两个力的作用线汇交于一点，则第三个力的作用线必通过此汇交点，并且三个力必在同一平面内。

证明：如图 1-5 所示，在刚体的A、B、C三点上，分别作用三个相互平衡的力$\boldsymbol{F}_1$、$\boldsymbol{F}_2$、$\boldsymbol{F}_3$。现假设$\boldsymbol{F}_2$与$\boldsymbol{F}_3$作用线的延长线交于一点。根据力的可传性，将力$\boldsymbol{F}_2$和$\boldsymbol{F}_3$移到汇交点O，然后根据

力的平行四边形定则，得合力$\boldsymbol{F}_{R23}$，则力$\boldsymbol{F}_1$应与$\boldsymbol{F}_{R23}$平衡。由于两个力平衡必须共线，所以力$\boldsymbol{F}_1$必定与力$\boldsymbol{F}_2$和$\boldsymbol{F}_3$共面，且通过力$\boldsymbol{F}_2$与$\boldsymbol{F}_3$的交点O。于是三力平衡汇交定理得证。

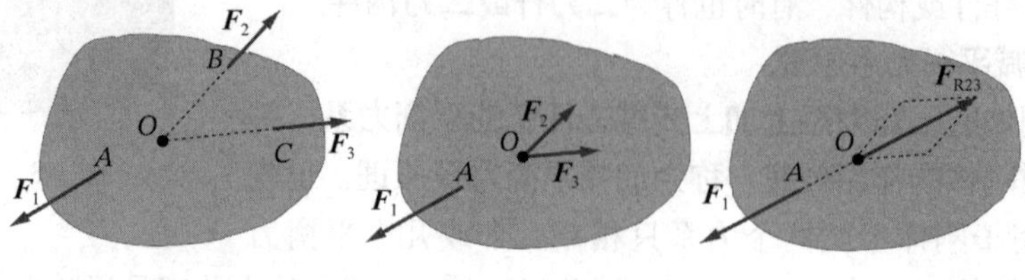

图 1-5 三力平衡汇交定理

公理 4 作用反作用原理

作用力和反作用力总是同时存在，两个力的大小相等、方向相反，沿着同一直线，分别作用在两个相互作用的物体上。

这个公理概括了物体间相互作用的关系，表明作用力和反作用力总是成对出现的。足球运动员踢足球，一方面用力越大，足球飞得越远；另一方面用力越大，运动员感受到足球对脚的作用力也越大。

这里需要明确的是，与二力平衡不同，二力平衡是作用在同一刚体上的两个力，而这里是作用在两个相互作用的物体上的两个力。当然，如果这时把两个相互作用的物体视为一个研究对象，则这对作用力和反作用力表现出来就是一对平衡力。根据加减平衡力系原理，减去这么一对平衡力对研究对象的运动效应没有影响。因此取多个物体组成的系统作为研究对象时，两物体间的作用力就是一对平衡力，不必在系统中作出。

如图 1-6，取A、B物体构成的整体作为研究对象，则由二力平衡知$\boldsymbol{F}_1=\boldsymbol{F}_2$。若分别取$A$、$B$物体做研究对象，由二力平衡知$\boldsymbol{F}_1=\boldsymbol{F}_R$（左），$\boldsymbol{F}_2=\boldsymbol{F}'_R$（右）；依据作用力与反作用力关系$\boldsymbol{F}_R=\boldsymbol{F}'_R$，依然得出$\boldsymbol{F}_1=\boldsymbol{F}_2$。

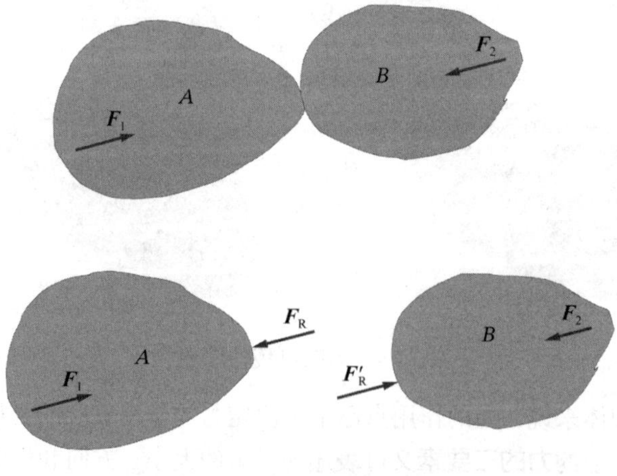

图 1-6 作用反作用原理

公理 5 刚化原理

变形体在某一力系作用下处于平衡状态，如将此变形体刚化为刚体，其平衡状态保持不变。

这个公理提供了把变形体看作刚体模型的条件。如图 1-7 所示，绳索在等值、反向、共线的两个拉力作用下处于平衡状态，如将绳索刚化成刚体，其平衡状态保持不变。若绳索在两个等值、反向、共线的压力作用下不能平衡，这时绳索就不能刚化为刚体。刚体在上述两种力系的作用下都是平衡的。

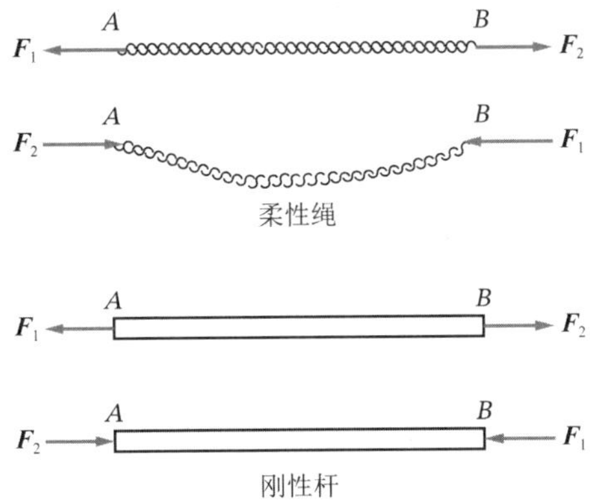

图 1-7　刚化原理

由此可见，刚体的平衡条件是变形体平衡的必要条件，而非充分条件。在刚体静力学的基础上，考虑变形体的特性，可进一步研究变形体的平衡问题。

静力学的全部理论均可由上述五个公理推证得出，如前文所述的推论 1 和推论 2。这些公理既无法用更简单的原理替代，也无需证明即被学界公认。通过这种逻辑推演的方式，便构建起静力学的理论体系。一方面能保证理论体系的完整性和严密性，另一方面也可以培养读者的逻辑思维能力。

基本练习题

1-3　静力学的五个基本公理分别是什么？

1.3　约束和约束反力

自然界有许多物体，它们在空间中的位移不受任何限制，这种位移不受限制的物体称为**自由体**。例如，在空中飞行的飞机、炮弹和火箭等。相反，有些物体在空间中的位移却要受到一定的限制。如机车受铁轨的限制，只能沿轨道运动；电机转子受轴承的限制，只能绕轴线转动；重物由钢索吊住，不能下落等。在空间某一方向运动时位移受到限制的物体称为**非自由体**。对非自由体的某些位移起限制作用的周围物体称为**约束**。例如，铁轨对于机车，轴承对于电机转子，钢索对于重物等，都是约束。

约束阻碍着物体的位移，即约束能够起到改变物体运动状态的作用，表现出来就是一种力，这种力称为**约束反力**，简称**约束力**或**反力**。因此，约束反力的方向必与该约束所能够阻碍的位移方向相反。应用这个准则，就可以确定约束反力的方向或作用线的位置。至于约束反力的大小则是未知的。在静力学问题中，约束反力和物体受到的其他已知力（称主动力）共同组成平衡力系，因此可用平衡条件求出未知的约束反力。

下面介绍几种在工程中常遇到的简单约束类型和确定约束反力方向的方法。

（1）柔索约束

细绳吊住重物，如图 1-8（a）所示，由于柔软的绳索本身只能承受拉力，所以它对物体的约束反力也只可能是拉力。因此，绳索对物体的约束反力，作用在接触点，方向沿着绳索背离物体。

通常用$\boldsymbol{F}$或$\boldsymbol{F}_T$表示这类约束反力。

链条或橡胶带也都只能承受拉力。当它们绕在轮子上，对轮子的约束反力沿轮缘的切线方向［图 1-8（b）］。

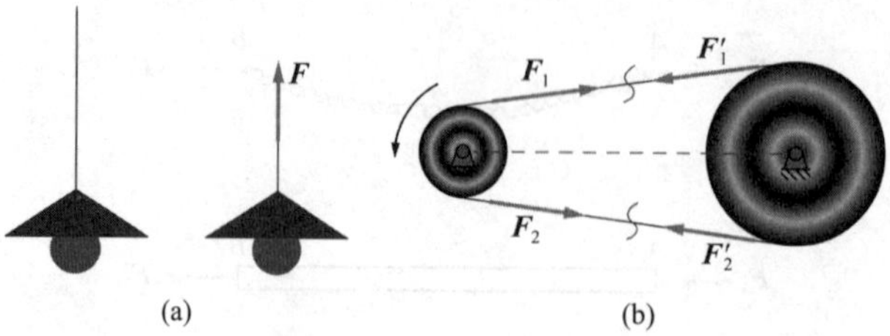

图 1-8　柔索约束实例

（2）光滑面约束

由光滑表面对刚性物体构成的约束称为光滑面约束。如图 1-9 所示，支持物体的固定面［图 1-9（a）、（b）］、啮合齿轮的齿面［图 1-9（c）］、机床中的导轨等，当摩擦忽略不计时，都属于光滑面约束。

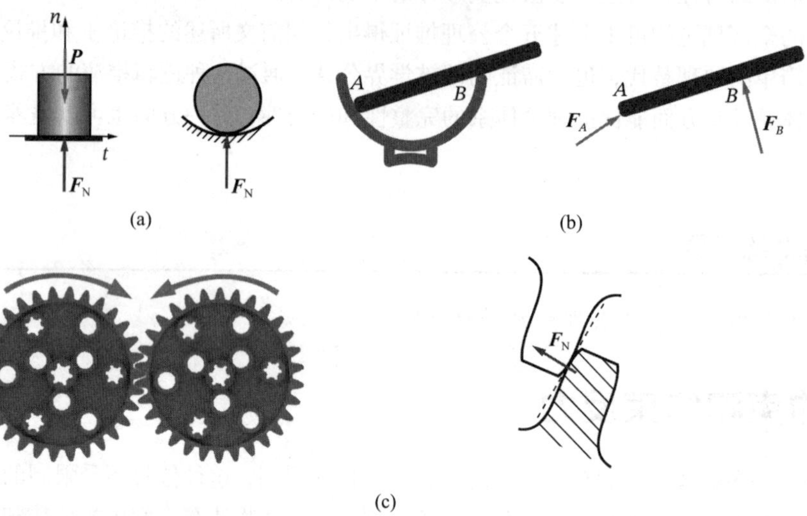

图 1-9　光滑面约束实例

这类约束不能限制物体沿约束表面切线方向位移，只能阻碍物体沿接触表面法线向约束内部方向位移。因此，光滑支撑面对物体的约束反力作用在接触点处，方向沿接触表面的公法线，并指向受力物体。这种约束反力称为法向约束力，通常用$\boldsymbol{F}_N$表示。

（3）光滑铰链约束

工程中，光滑铰链约束的种类较多，下面介绍工程中常见的几种。

① 铰链约束。将具有相同孔洞的两个构件通过销钉或螺栓连接在一起，称为**光滑圆柱铰链约束**，也称**铰链约束**，如图 1-10（a）所示。连接件本身称为**铰**或**中间铰**。图中的构件A和构件B由销钉C连接在一起，若销钉与圆孔接触面是光滑的，则这种约束只能限制构件A在垂直于销钉轴线的平面内任何方向上的移动，而不能限制构件A绕销钉转动。若不计摩擦，构件与销钉之间的接触面光滑，构件所受到的约束力应通过接触点和圆孔中心［图 1-10（b）］。由于接触点随主动力变化，约束力$\boldsymbol{F}_C$的大小和方向均为未知，一般可分解为两个相互垂直的分力$\boldsymbol{F}_{Cx}$和$\boldsymbol{F}_{Cy}$［图 1-10（c）］。其力学简图和约束力表示分别如图 1-10（d）、（e）所示。

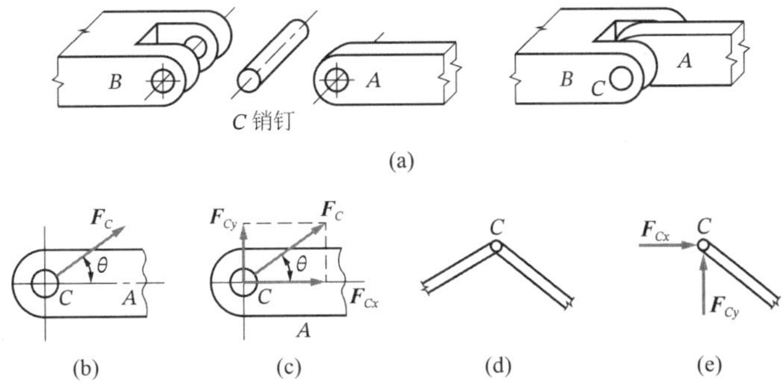

图 1-10　铰链约束

② 固定铰支座。将物体或构件连接在墙、柱、机械设备等支撑物上的装置称为支座。如果光滑圆柱铰链与支座底板连接，并将底板固定在地面等支撑物上而构成支座，则称为**固定铰支座**，简称**铰支座**，如图 1-11（a）、（b）所示。其特点是物体只能绕铰链轴线转动，不能在垂直于铰链轴线的平面内任意移动，故约束力在垂直于铰链轴线的平面内，过销钉中心，方向和大小待求，通常可假设为相互垂直的两个力$\boldsymbol{F}_{Ax}$、$\boldsymbol{F}_{Ay}$，固定铰支座的力学简图和约束力表示如图 1-11（c）、（d）所示。

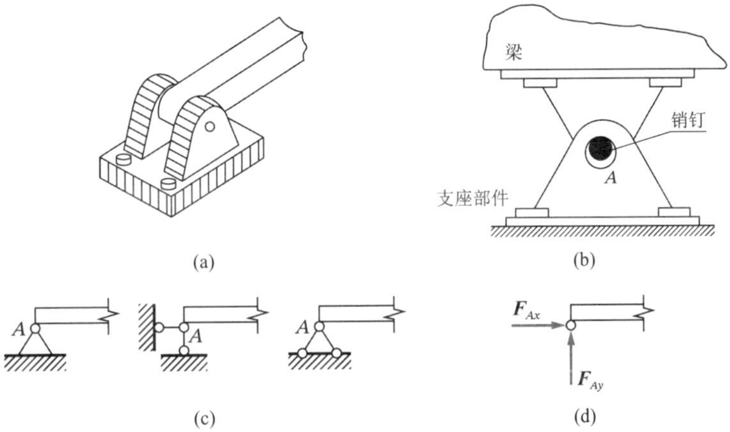

图 1-11　固定铰支座

③ 滑动铰支座。将固定铰支座部件的底板搁置在滚动轴承上就构成了**滑动铰支座**，也称**滚动铰支座**，如图 1-12（a）所示。滑动铰支座也是铰链约束的一种形式，使得被支撑的构件能够沿支撑面的切线方向自由滚动，只能限制构件沿与销钉连接处垂直于支撑面方向的运动，故滑动铰支座对构件的约束力应垂直于支撑面并通过铰链中心，指向待定。这种支座的力学简图和约束力表示分别如图 1-12（b）、（c）所示。

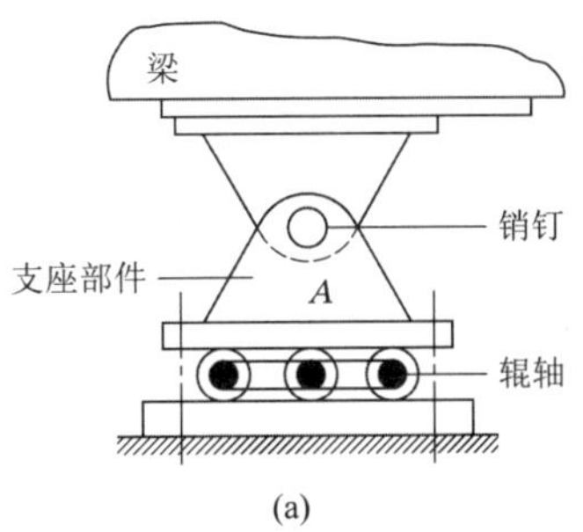

图 1-12

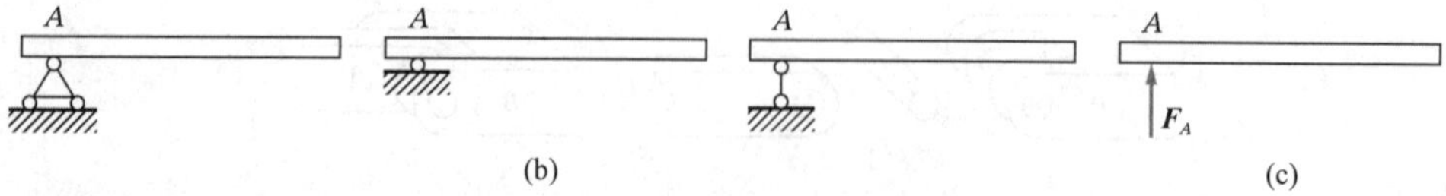

图 1-12　滑动铰支座

（4）连杆（二力杆）约束

工程上某些构件的自重有时候相比较其他受力来讲是非常小的，可以忽略不计。两端用光滑铰链与其他构件连接，不计自重且杆上无其他主动力作用的刚性杆［图 1-13（a）中的*AB*杆］，称为**连杆**。连杆常用作拉杆或撑杆。由于连杆只在两端受力，故为**二力杆（二力构件）**，它既能受拉又能受压。连杆的约束力作用点在铰链孔处，方向沿着连杆两端铰链中心的连线，背离物体（拉力）或指向物体（压力）。其力学简图和约束力表示如图 1-13（b）、（c）所示。连杆受力图如图 1-13（d）所示，若将*AB*杆改成曲杆（或折杆），则*AB*杆也是二力杆，如图 1-13（e）所示。

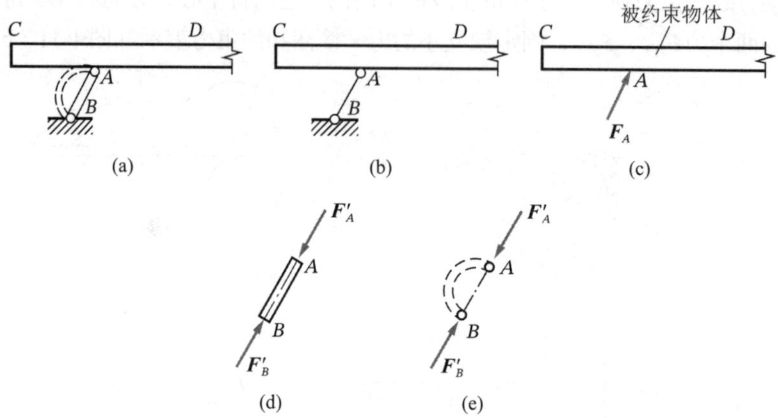

图 1-13　连杆约束

（5）固定端约束

工程中还有一种常见的且重要的基本约束类型，即**固定端约束**。将构件的一端插入固定物体（如墙、柱、地下）中［图 1-14（a）］，使得构件的一端既不能上下左右移动，也不能转动，就构成了**固定端支座**，简称**固定端（嵌入端）**。固定端支座将产生两个互相垂直的约束分力$\boldsymbol{F}_{Ax}$、$\boldsymbol{F}_{Ay}$和一个阻止构件绕固定端转动的约束力偶$\boldsymbol{M}_A$。其力学简图和约束力表示分别如图 1-14（b）、（c）所示。

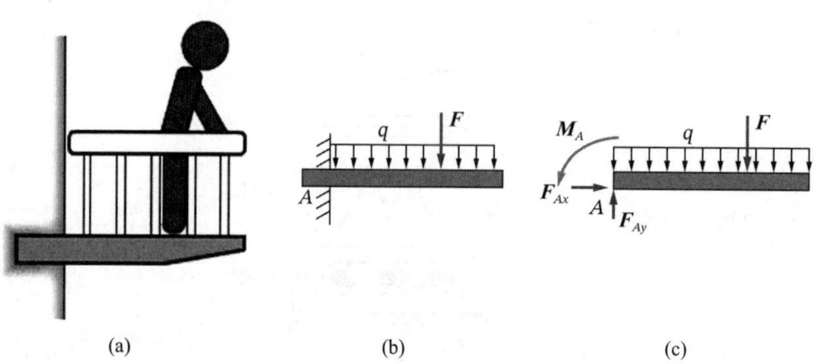

图 1-14　固定端约束

基本练习题

1-4 工程中常见的约束类型有哪些？其特点分别是什么？

工程启示：苏通长江公路大桥

苏通长江公路大桥通过高强度的钢索连接主塔和桥面，对桥面产生强大的拉力（即约束力）。这种拉力与桥面所受的重力、风力等外力相平衡，确保了桥面的稳定性和安全性。

1.4　物体的受力分析和受力图

在实际工程中，进行结构或构件设计之前，需要研究结构或构件的受力情况。为此，首先要分析其中哪些力是已知力、哪些力是未知力，以及每个力的作用位置和作用方向。通常根据已知力应用平衡条件可求解出未知力。这种分析过程称为对**物体的受力分析**。

作用在物体上的力可分为两类：一类是主动力，一般是已知的，例如物体的重力、风力、气体压力等；另一类是约束对于物体的约束反力，为未知的被动力。

为了清晰地表示物体的受力情况，把需要研究的物体（称为受力体）从与研究问题有关的多个物体（称为施力体）中脱离出来，并解除周围物体对它的约束，代之以约束力。这种从周围物体中分离出来的研究对象称为**分离体**，也称**隔离体**。这种画有分离体和其所有外力（包括主动力和约束力）的简明图称为**受力图**。画物体受力图是解决静力学问题的一个关键步骤。下面举例说明受力图的画法。

【例 1-1】 如图 1-15（a）所示 10kN 的力 $\boldsymbol{F}$ 作用于水平梁 AB 的端部，连杆 CD 与 AB 的中点 C 铰接。忽略各杆件的重力，画出水平梁 AB 的受力图。

解： 取 AB 杆作为研究对象，从系统中隔离出来，作出其受到的外力。由于 CD 杆是一个二力构件，C 点对 AB 杆约束沿 CD 方向，设为指向 AB 杆。A 点为固定铰链约束，用两个相互垂直的分力 $\boldsymbol{F}_{Ax}$ 与 $\boldsymbol{F}_{Ay}$ 表示，作出其受力分析图如图 1-15（b）所示。

当然，本题也可以根据三力平衡汇交定理作出其受力分析图如图 1-15（c）所示，其中 $\boldsymbol{F}_A$ 应通过 $\boldsymbol{F}_C$ 与 $\boldsymbol{F}$ 的交点 E，同时其方向应与 $\boldsymbol{F}_C$ 和 $\boldsymbol{F}$ 合成的合力方向相反，从而 $\boldsymbol{F}_A$、$\boldsymbol{F}_C$ 和 $\boldsymbol{F}$ 可以形成首尾相连的三角形。

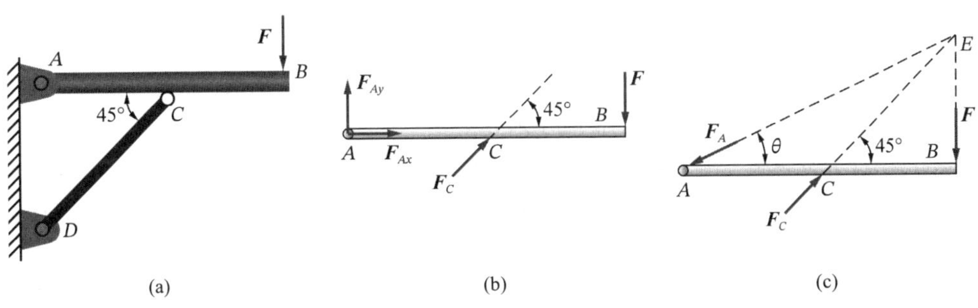

图 1-15　例 1-1 图

一般地，一个构件若能根据三力平衡汇交定理作出其受力分析图，就应尽量采用三力汇交方式。

【例 1-2】屋架如图 1-16 所示。A处为固定铰支座，B处为滑动铰支座，放在光滑的水平面上。已知屋架自重$\boldsymbol{P}$，在屋架的AC边上作用有垂直于它的均匀分布的风力，单位长度上承受的力为q。试画出屋架的受力图。

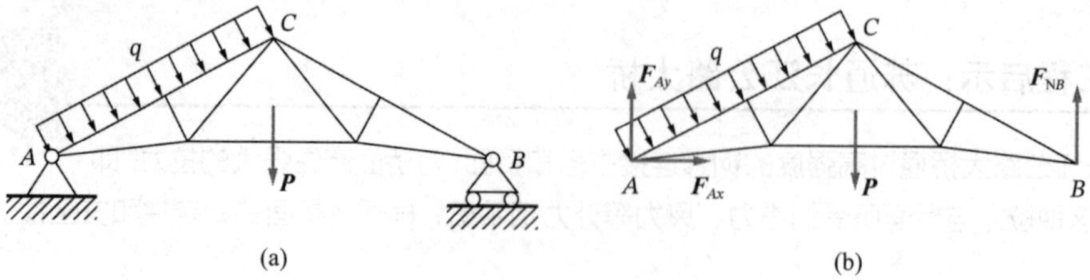

图 1-16　例 1-2 图

解：① 取屋架为研究对象，除去约束并画出其简图。

② 画主动力。有屋架的重力$\boldsymbol{P}$和均布的风力q。

③ 画约束反力。因A处为固定铰，其约束反力通过铰链中心A，但方向不能确定，可用两个大小未知的正交分力$\boldsymbol{F}_{Ax}$和$\boldsymbol{F}_{Ay}$表示。B处为滚动支座，约束反力垂直向上，用$\boldsymbol{F}_{\mathrm{N}B}$表示。屋架的受力图如图 1-16（b）所示。

【例 1-3】已知结构受力如图 1-17 所示，作出整体杆件$ACBD$以及杆件CBD的受力图。

解：取CBD杆为研究对象，除去约束并画出其简图。首先作出CBD杆所受的主动力$\boldsymbol{F}$和q。B点受二力构件约束；C点受AC端给的铰链约束，依据约束性质作出受力分析图如图 1-17（b）所示。

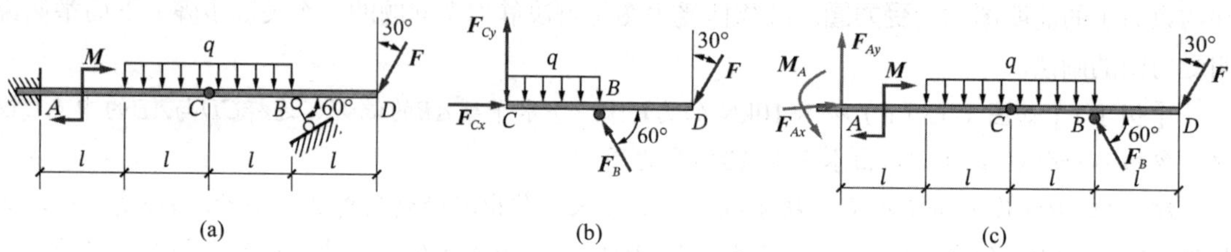

图 1-17　例 1-3 图

取整体结构$ACBD$为研究对象，除去约束并画出其简图。首先作出$ACBD$杆所受的主动力$\boldsymbol{F}$、$\boldsymbol{M}$和q。B点受二力构件约束；C点为铰链连接，对于整体研究对象，属于内力，不用作出。A点为固定端约束，依据约束性质去掉约束后以一对正交分力$\boldsymbol{F}_{Ax}$和$\boldsymbol{F}_{Ay}$以及$\boldsymbol{M}_A$代替。最后得到整体结构$ACBD$的受力分析图如图 1-17（c）所示。

【例 1-4】$ABCD$系统受力如图 1-18 所示，作出杆件AB、BC以及CD杆受力图。

解：选择BC杆为分离体，画出其轮廓，作出其主动力$\boldsymbol{F}_1$及$\boldsymbol{M}$。B点及C点均为铰链约束，分别用两个相互垂直的分力表示，如图 1-18（b）所示。

再选择AB杆为分离体，画出其轮廓，作出其主动力$\boldsymbol{F}_2$。A点及B点均为铰链连接，分别用两个相互垂直的分力表示。这里应注意BC杆上的B点分力$\boldsymbol{F}'_{Bx}$和$\boldsymbol{F}'_{By}$与图 1-18（b）中的$\boldsymbol{F}_{Bx}$和$\boldsymbol{F}_{By}$互为作用力与反作用力，方向应该与之相反。AB杆分离体的受力图如图 1-18（c）所示。

最后再选择CD杆为分离体，画出其轮廓，CD杆没有主动力。C点为铰链约束，其约束反力以两个相互垂直的分力表示，这里也应注意与图 1-18（b）中的C点互为作用力与反作用力，$\boldsymbol{F}'_{Cx}$和$\boldsymbol{F}'_{Cy}$与图 1-18（b）中的$\boldsymbol{F}_{Cx}$和$\boldsymbol{F}_{Cy}$方向相反。D点为固定端约束，约束力为三个，两个相互垂直的分力$\boldsymbol{F}_{Dx}$和$\boldsymbol{F}_{Dy}$以及一个力偶矩$\boldsymbol{M}_D$。CD杆分离体的受力图如图 1-18（d）所示。

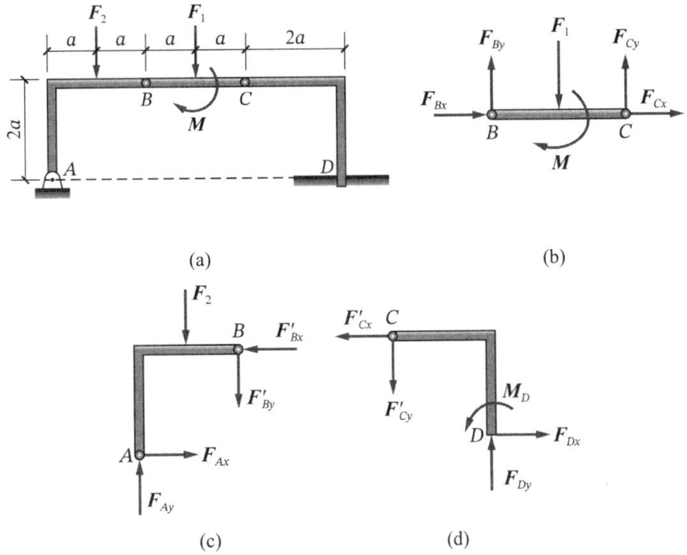

图 1-18　例 1-4 图

【**例 1-5**】如图 1-19（a）所示，梯子结构的两部分AB和AC均为刚性杆且在点A铰接，又在D、E两点用水平绳连接。梯子放在光滑水平面上，若其自重不计，但在AB的中点H处作用一铅直荷载$\boldsymbol{F}$。试分别画出绳子DE和梯子的AB、AC部分以及整个系统的受力图。

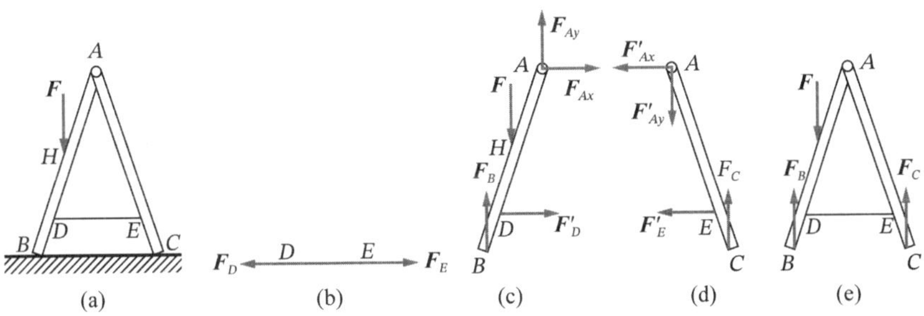

图 1-19　例 1-5 图

解：① 首先选取绳子DE作为分离体进行受力分析。绳子两端D、E分别受到梯子对它的拉力$\boldsymbol{F}_D$、$\boldsymbol{F}_E$的作用［图 1-19（b）］。

② 选取梯子AB部分作为分离体进行受力分析。在H处受荷载$\boldsymbol{F}$的作用，在铰链A处受AC部分对它的约束反力$\boldsymbol{F}_{Ax}$和$\boldsymbol{F}_{Ay}$的作用。在点D受绳子对它的拉力$\boldsymbol{F}'_D$（与$\boldsymbol{F}_D$互为作用力和反作用力）。在点B处受光滑地面对它的法向反力$\boldsymbol{F}_B$的作用。梯子AB部分的受力图如图 1-19（c）所示。

③ 选取梯子AC部分作为分离体进行受力分析。在铰链A处受AB部分对它的作用力$\boldsymbol{F}'_{Ax}$和$\boldsymbol{F}'_{Ay}$（分别与$\boldsymbol{F}_{Ax}$和$\boldsymbol{F}_{Ay}$互为作用力和反作用力）。在点E受绳子对它的拉力$\boldsymbol{F}'_E$（与$\boldsymbol{F}_E$互为作用力和反作用力）。在C处受光滑地面对它的法向反力$\boldsymbol{F}_C$。梯子AC部分的受力图如图 1-19（d）所示。

④ 选取整个系统作为分离体进行受力分析。当选整个系统为研究对象时，可把平衡的整个结构刚化为刚体。由于铰链A处所受的力互为作用力与反作用力关系，即$\boldsymbol{F}_{Ax}=-\boldsymbol{F}'_{Ax}$，$\boldsymbol{F}_{Ay}=-\boldsymbol{F}'_{Ay}$；

绳子与梯子连接点D和E所受的力也分别互为作用力与反作用力关系，即$\boldsymbol{F}_D = -\boldsymbol{F}'_D$，$\boldsymbol{F}_E = -\boldsymbol{F}'_E$，这些力都成对地作用在整个系统内，称为**内力**。内力对系统的作用效应相互抵消，因此可以消去，并且不影响整个系统的平衡。故内力在受力图上不必画出。在受力图上只需画出系统以外的物体对系统的作用力，这种力称为**外力**。这里，荷载$\boldsymbol{F}$和约束反力$\boldsymbol{F}_B$、$\boldsymbol{F}_C$都是作用于整个系统的外力。整个系统的受力图如图 1-19（e）所示。

应该指出，内力与外力的区分不是绝对的。例如，当我们把梯子的AC部分作为研究对象时，$\boldsymbol{F}'_{Ax}$、$\boldsymbol{F}'_{Ay}$和$\boldsymbol{F}'_E$均属外力，但取整体为研究对象时，$\boldsymbol{F}'_{Ax}$、$\boldsymbol{F}'_{Ay}$和$\boldsymbol{F}'_E$又成了内力。可见，内力与外力的区分，只有相对于某一确定的研究对象才有意义。

【例 1-6】 图 1-20（a）所示的平面构架，由杆AB、DE及DB铰接而成。A为滚动支座，E为固定铰链。刚绳一端拴在K处，另一端绕过定滑轮Ⅰ和动滑轮Ⅱ后拴在销钉B上。物重为$\boldsymbol{P}$，各杆及滑轮的自重不计。试分别画出整个系统、DE杆、滑轮Ⅱ的受力图。

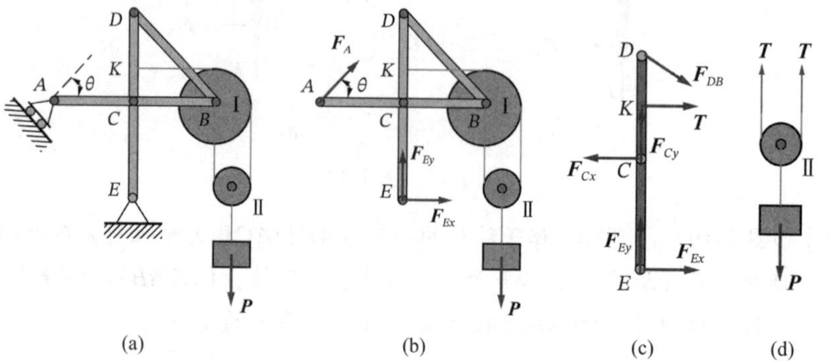

图 1-20 例 1-6 图

解： ① 取整体为研究对象，可把整个系统刚化为刚体；其上铰链B、C、D及刚绳各处均受到成对的内力，故可不画。系统的外力除主动力$\boldsymbol{P}$外，还有约束反力$\boldsymbol{F}_A$与$\boldsymbol{F}_{Ex}$、$\boldsymbol{F}_{Ey}$。其受力图如图 1-20（b）所示。

② 取杆DE为研究对象。其上共有D、K、C、E四处受力，D处受二力杆对它的约束反力$\boldsymbol{F}_{DB}$；K处受刚绳的拉力$\boldsymbol{T}$，铰链C受到反作用力$\boldsymbol{F}_{Cx}$与$\boldsymbol{F}_{Cy}$。E为固定铰支座，其约束反力可用两个正交分力$\boldsymbol{F}_{Ex}$与$\boldsymbol{F}_{Ey}$表示。杆DE的受力图如图 1-20（c）所示。

③ 取轮Ⅱ为研究对象，其上受重力$\boldsymbol{P}$以及 2 个刚绳拉力$\boldsymbol{T}$。轮Ⅱ的受力图如图 1-20（d）所示。

正确地画出物体的受力图，是分析、解决工程力学问题的基础。画受力图时必须注意以下几点：

① 必须选取合适的分离体作为研究对象。根据求解需要，可以取单个物体为研究对象，也可以取由几个物体组成的系统为研究对象。对于不同的研究对象，受力图是不同的。

② 正确确定研究对象受力的数目。由于力是物体之间相互的机械作用，因此，对每一个力都应明确它是哪一个施力物体施加给研究对象的，决不能凭空产生。同时，也不可漏掉任何一个力。一般可先画已知的主动力，再画约束反力；凡是研究对象与外界接触的地方，都一定存在约束反力。

③ 正确画出约束反力。一个物体往往同时受到几个约束的作用，这时应分别根据每个约束本身的特性来确定其约束反力的方向，而不能凭主观臆测。

④ 当分析两物体间相互的作用力时，应遵循作用与反作用关系。若作用力的方向确定或假定

后，反作用力的方向就应与之相反。当画整个系统的受力图时，由于内力成对出现，组成平衡力系，因此不必画出，只需画出全部外力。

基本练习题

1-5 简述物体的受力分析步骤。

科学家故事：牛顿和吴大猷

（一）牛顿

英国杰出的物理学家牛顿通过探究苹果为何会垂直落地，而浩瀚的月球却能稳定地绕地旋转，揭示了万有引力的普遍定律。为铭记牛顿在经典力学领域的非凡成就，人们将“牛顿”作为衡量力的国际单位。

（二）吴大猷

“中国物理学之父”吴大猷不仅在力学领域贡献卓越，推动了学科发展，而且在教育事业上成就斐然，培养出如李政道、杨振宁等杰出科学家。吴大猷编撰了多部力学著作，如《理论物理》，为学界提供了宝贵的学习与研究资料。

小　结

1. 基本概念

（1）刚体：在力的作用下不发生变形的物体。刚体是力学中的一种理想化模型。

（2）力：力是物体间相互的机械作用。力不能脱离物体而单独存在。力的大小、方向、作用点是力的三要素。

（3）等效力系：作用于一个物体上，且作用效应（外效应和内效应）相同的力系。

（4）平衡：物体相对于地面处于静止或匀速直线运动的状态。

（5）荷载：主动作用于结构的外力。

2. 静力学公理是研究静力学的理论基础。二力平衡原理、加减平衡力系原理和力的可传性原理只适用于刚体。

3. 约束是阻碍物体运动的周围物体。约束力的方向总是与它所能阻止的物体的运动或运动趋势方向相反。其作用点就是约束和约束物体之间的接触点。

4. 物体的受力图：表示物体所受全部外力（包括主动力和约束力）的简图即为物体的受力图。

思考题

1-1 说明下列式子及文字的意义和区别：

（1）$\boldsymbol{F}_1=\boldsymbol{F}_2$和$F_1=F_2$；（2）$\boldsymbol{F}_R=\boldsymbol{F}_1+\boldsymbol{F}_2$和$F_R=F_1+F_2$；（3）力$\boldsymbol{F}_1$等效于力$\boldsymbol{F}_2$。

1-2 作用于刚体上的大小相等、方向相同的两个力对刚体的作用是否等效？

1-3 什么是二力杆？二力杆的受力状态与杆件的形状和尺寸有关吗？

1-4 请说明作用力与反作用力的概念和二力平衡的概念的区别。

1-5 图 1-21 中各杆件的受力图是否正确？若有错误请改正。

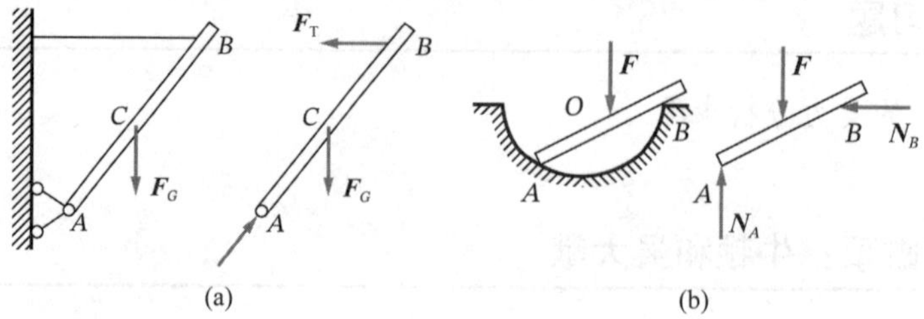

图 1-21　思考题 1-5 图

习　题

1-1 画出图 1-22 中各圆形物体或构件的受力图，接触处均假定为光滑接触。

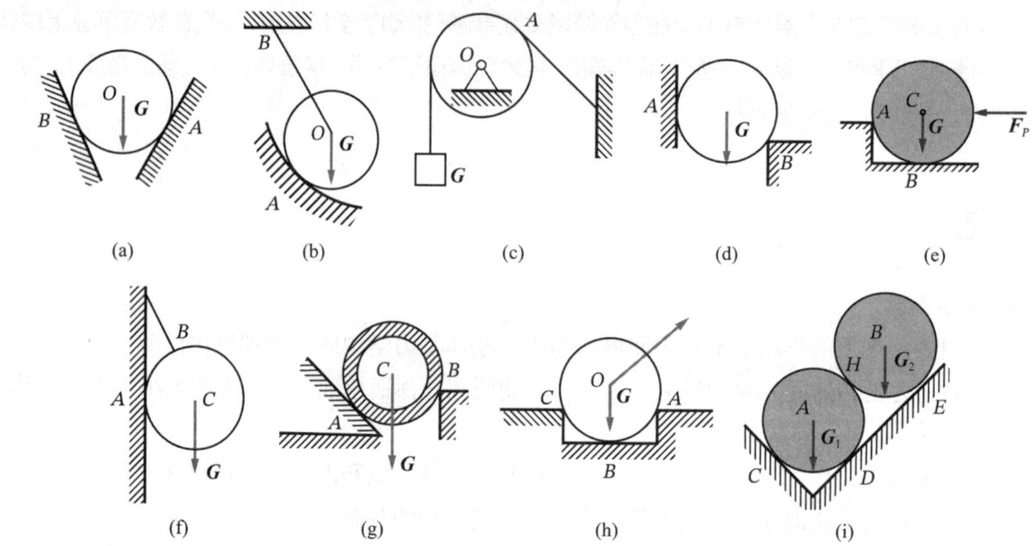

图 1-22　习题 1-1 图

1-2 画出图 1-23 中各AB杆的受力图。未画重力的各物体的自重不计。假设各构件接触处均光滑。

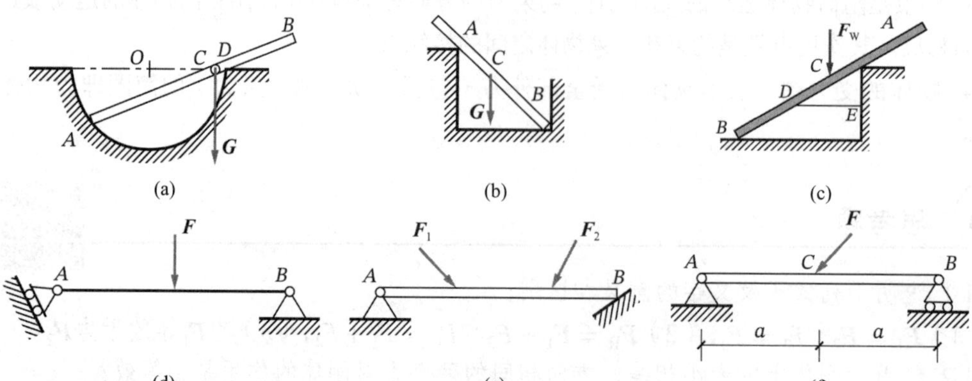

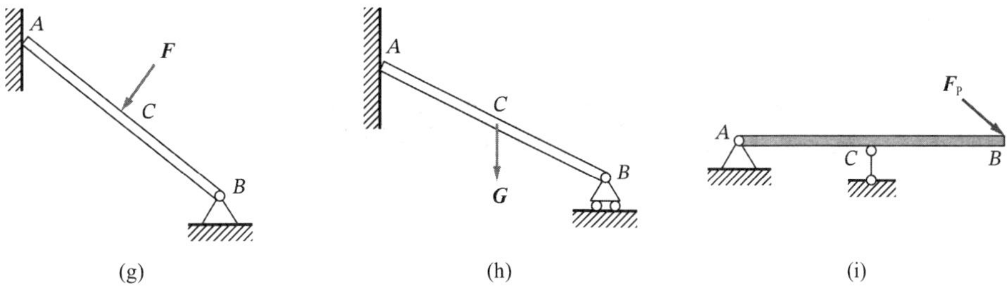

图 1-23　习题 1-2 图

1-3 画出图 1-24 中各杆件的受力图。图中未画重力的各物体的自重不计，所有接触处均光滑。

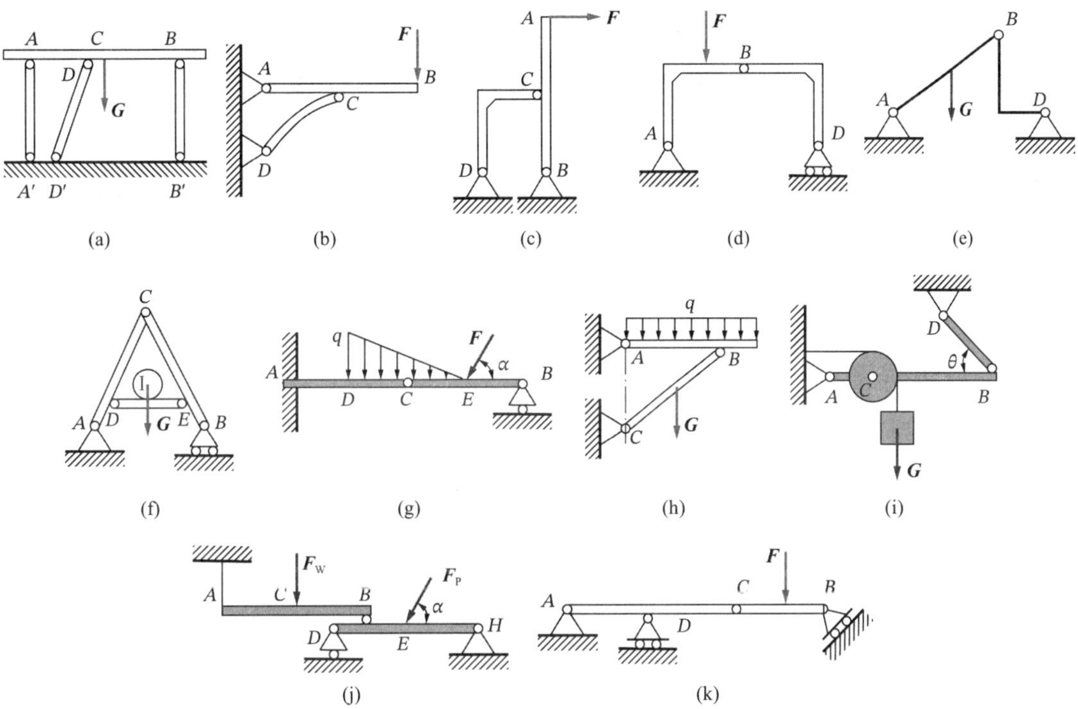

图 1-24　习题 1-3 图

第 2 章 平面汇交力系与平面力偶系

导读

在静力学平衡问题的研究中，力系简化理论作为其中的基础占据着重要位置。本章旨在针对各种力学的特点，帮助读者掌握平面汇交力系的合成方法及平衡计算，了解力矩及力偶的概念，掌握平面力偶系及平面力系的平衡条件和平衡方程、平衡方程的应用和物体系统的平衡问题。

学习目标

能正确判定力系的种类，掌握各力系的简化方法，熟悉各力系的简化结果。能熟练应用平面力系的平衡方程求解物体和物体系统的平面平衡问题。

思维导图

平面汇交力系	各力的作用线都在同一平面内且相交于一点的力系
合成	□几何法 $\boldsymbol{F}_R=\boldsymbol{F}_1+\boldsymbol{F}_2+\boldsymbol{F}_3+\cdots+\boldsymbol{F}_n=\sum_{i=1}^{n}\boldsymbol{F}_i$ □解析法 $F_R=\sqrt{F_{Rx}^2+F_{Ry}^2}$ $\tan\alpha=\left\|\frac{F_{Ry}}{F_{Rx}}\right\|$
平衡	□几何法 $\boldsymbol{F}_R=0$或$\sum_{i=1}^{n}\boldsymbol{F}_i=0$ □解析法 $\begin{cases}\sum F_x=0\\\sum F_y=0\end{cases}$
三力汇交平衡	□几何条件 $\frac{F_1}{\sin\theta_1}=\frac{F_2}{\sin\theta_2}=\frac{F_3}{\sin\theta_3}$
力矩	度量力对刚体转动效应的物理量
合力矩定理	合力对平面内任一点之矩等于所有各分力对于该点之矩的代数和，即$M_o(F_R)=\sum_{i=1}^{n}M_o(F_i)$
力偶	等值、反向、平行不共线的两个力所组成的特殊力系（$\boldsymbol{F},\boldsymbol{F}'$）
力偶矩	力偶对任一点O的矩为$M_o(F,F')=\pm Fd$
合力偶矩	平面力偶系可以合成一个合力偶，其力偶矩等于各分力偶矩的代数和，即$M=\sum_{i=1}^{n}M_i$

平面汇交力系与平面力偶系是两种简单力系，是研究复杂力系的基础。本章将分别用几何法与解析法研究平面汇交力系的合成与平衡问题，同时介绍平面力偶的基本特性及平面力偶系的合成与平衡问题。

2.1　平面汇交力系合成与平衡的几何法

平面汇交力系是指各力的作用线都在同一平面内且相交于一点的力系。它是工程结构中常见的较为简单的力系。

2.1.1　平面汇交力系合成的几何法

设一刚体受到平面汇交力系$\boldsymbol{F}_1$、$\boldsymbol{F}_2$、$\boldsymbol{F}_3$、$\boldsymbol{F}_4$的作用，且各力作用线汇交于点A。若各力的作用点不位于A点，则根据力的可传性原理，可将刚体上各力沿其作用线移至汇交点A，形成平面共点力系，如图 2-1（a）所示。

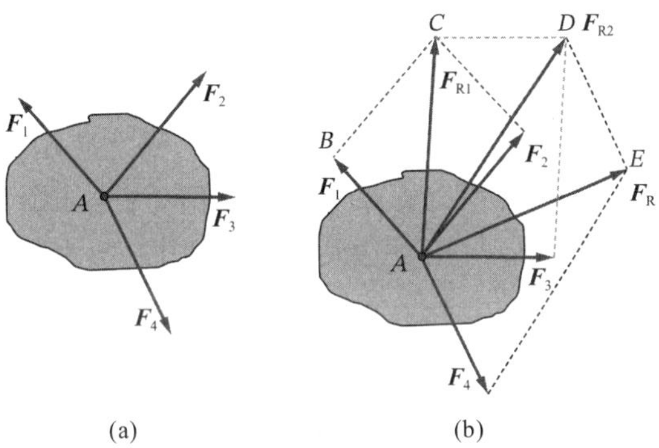

图 2-1　平面汇交力系

现为了求得此力系的合力，可根据力的平行四边形法则，逐步两两合成各力，最后求得一个通过汇交点A的合力$\boldsymbol{F}_R$。还可以用更简便的方法求此合力$\boldsymbol{F}_R$的大小与方向。从A点出发，先作力三角形求出$\boldsymbol{F}_1$与$\boldsymbol{F}_2$的合力大小和方向$\boldsymbol{F}_{R1}$，再作力三角形合成$\boldsymbol{F}_{R1}$与$\boldsymbol{F}_3$得$\boldsymbol{F}_{R2}$，最后合成$\boldsymbol{F}_{R2}$与$\boldsymbol{F}_4$得$\boldsymbol{F}_R$，如图 2-1（b）所示。多边形$ABCDE$称为此平面汇交力系的**力多边形**，矢量$\boldsymbol{AE}$称为此力多边形的封闭边。封闭边矢量$\boldsymbol{AE}$即表示此平面汇交力系合力$\boldsymbol{F}_R$的大小与方向（即合力矢），而合力的作用线仍应通过原汇交点A，如图 2-1（b）所示的$\boldsymbol{F}_R$。这种以力多边形求合力的作图规则称为**力多边形法则**。这种用几何作图求合力的方法称为平面汇交力系合成的**几何法**。

必须注意，此力多边形的矢量顺序规则为：各分力的矢量沿着环绕力多边形边界的同一方向首尾相接。由此组成的力多边形$ABCDE$有一缺口，故称为不封闭的力多边形，而合力矢则应沿相反方向连接此缺口，构成力多边形的封闭边。**力多边形法则**是矢量相加（几何和）的几何解释。根据矢量相加的交换律，任意变换各分力矢的作图次序，可得形状不同的力多边形，但其合力矢仍然不变。

总之，平面汇交力系可简化为一合力，其合力的大小与方向等于各分力的矢量和（几何和），合力的作用线通过汇交点。设平面汇交力系包含n个力，以$\boldsymbol{F}_R$表示它们的合力矢，则有：

$$\boldsymbol{F}_R=\boldsymbol{F}_1+\boldsymbol{F}_2+\cdots+\boldsymbol{F}_n=\sum_{i=1}^{n}\boldsymbol{F}_i \tag{2-1}$$

合力$\boldsymbol{F}_R$对刚体的作用与原力系对该刚体的作用等效。如果一个力与某一力系等效，则此力称为该力系的合力。

2.1.2 平面汇交力系平衡的几何条件

由于平面汇交力系可用其合力来代替，显然，**平面汇交力系平衡的充分和必要条件是，该力系的合力等于零**。如用矢量等式表示，即：

$$\sum_{i=1}^{n}\boldsymbol{F}_i = 0 \tag{2-2}$$

在平衡状态下，力多边形中最后一个力的终点与第一个力的起点重合，此时的力多边形称为封闭的力多边形。于是，可得如下结论：**平面汇交力系平衡的充分和必要条件是该力系的力多边形自行封闭。这就是平面汇交力系平衡的几何条件**。

求解平面汇交力系的平衡问题时可用图解法，即按比例先画出封闭的力多边形，然后，用尺和量角器在图上量得所要求的未知量；也可根据图形的几何关系，用三角函数公式计算出所要求的未知量，这种解题方法称为**几何法**。

2.1.3 三力汇交平衡的几何条件

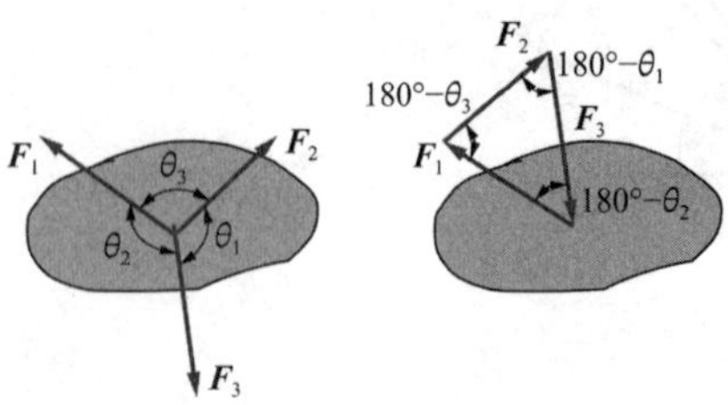

图 2-2 物体在三个力作用下平衡

三力汇交在工程上应用得较多，这里进一步推导三力汇交时的几何条件。如图 2-2 所示物体在三个力作用下达到平衡。其中，θ_1为除$\boldsymbol{F}_1$外其他两个力（即$\boldsymbol{F}_2$与$\boldsymbol{F}_3$）之间的夹角；θ_2为除$\boldsymbol{F}_2$外其他两个力（$\boldsymbol{F}_1$即与$\boldsymbol{F}_3$）之间的夹角；θ_3为除$\boldsymbol{F}_3$外其他两个力（$\boldsymbol{F}_1$即与$\boldsymbol{F}_2$）之间的夹角。

依据汇交力系的平衡的几何条件以及几何上的边与角关系，不难得出：

$$\frac{F_1}{\sin(180° - \theta_1)} = \frac{F_2}{\sin(180° - \theta_2)} = \frac{F_3}{\sin(180° - \theta_3)}$$

从而：

$$\frac{F_1}{\sin\theta_1} = \frac{F_2}{\sin\theta_2} = \frac{F_3}{\sin\theta_3} \tag{2-3}$$

该公式简洁，使用较为方便。

【**例 2-1**】支架的横梁AB与斜杆DC彼此以铰链C相连接，并各以铰链A、D连接于铅直墙上。如图 2-3（a）所示。已知$AC = CB$、杆DC与水平线成 45°角，荷载$F = 10\text{kN}$，作用于B处。设梁和杆的自重忽略不计，求铰链A的约束反力和杆DC所受的力。

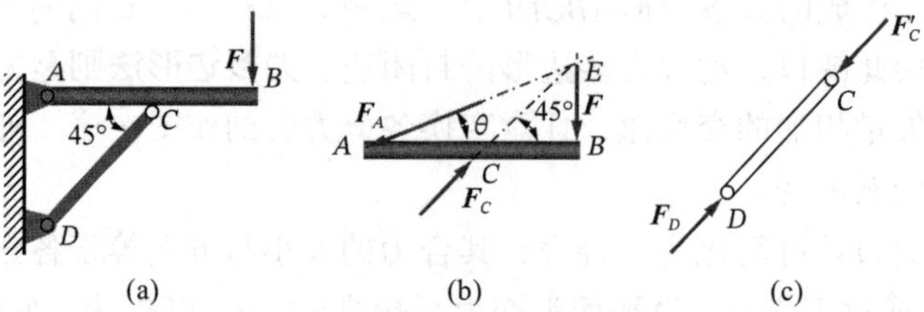

图 2-3 例 2-1 图

解：选取横梁AB为研究对象。横梁在B处受荷载$\boldsymbol{F}$的作用。DC为二力杆，它对横梁C处的约束反力$\boldsymbol{F}_C$的作用线必沿两铰链D、C中心的连线。铰链A的约束反力$\boldsymbol{F}_A$的作用线可根据三力平衡汇交定理确定，即通过另两力的交点E，如图 2-3（b）所示。其中有几何关系，$\theta = 26.57°$；$\boldsymbol{F}$与$\boldsymbol{F}_A$夹角为 $90° - 26.57° = 63.43°$；$\boldsymbol{F}_C$与$\boldsymbol{F}_A$夹角为 $45° - 26.57° = 18.43°$；$\boldsymbol{F}_C$与$\boldsymbol{F}$夹角为 45°。

由三力汇交几何条件：

$$\frac{F}{\sin 18.43°} = \frac{F_A}{\sin 45°} = \frac{F_C}{\sin 63.43°}$$

解得$F_C = 28.3\text{kN}$；$F_A = 22.4\text{kN}$。

根据作用力和反作用力的关系，作用于杆DC的C端的力$\boldsymbol{F}_C'$与$\boldsymbol{F}_C$的大小相等，方向相反。由此可知杆DC受压力[图 2-3（c）]。

第2章

基本练习题

2-1 平面汇交力系是指力作用线______，且____一点的力系。

2-2 平面汇交力系平衡的充分和必要条件是_____，此时力多边形_____。

2.2　平面汇交力系合成与平衡的解析法

解析法是通过力矢在坐标轴上的投影来分析力系的合成及其平衡条件的一种方法。

2.2.1　力在正交坐标轴系的投影与力的解析表达式

如图 2-4 所示，已知力$\boldsymbol{F}$与平面内直角坐标系中正交轴x、y的夹角为α、β，则力$\boldsymbol{F}$在x、y轴上的投影分别为：

$$\begin{aligned} F_x &= F\cos\alpha \\ F_y &= F\cos\beta \end{aligned} \tag{2-4}$$

即力在某坐标轴上的投影，等于力的模乘以力与投影轴正向间夹角的余弦。力在坐标轴上的投影为代数量，当力与坐标轴间夹角为锐角时，其值为正；当夹角为钝角时，其值为负。

由图 2-4 可知，力$\boldsymbol{F}$沿正交坐标轴Ox、Oy可分解为两个分力$\boldsymbol{F}_x$和$\boldsymbol{F}_y$，其分力与力的投影之间有下列关系：

$$\boldsymbol{F}_x = F_x\boldsymbol{i},\ \boldsymbol{F}_y = F_y\boldsymbol{j}$$

由此，力的解析表达式为：

$$\boldsymbol{F} = \boldsymbol{F}_x + \boldsymbol{F}_y \tag{2-5}$$

式中　$\boldsymbol{i}$、$\boldsymbol{j}$——x、y轴的单位矢量。

显然，已知力$\boldsymbol{F}$在平面内两个正交坐标轴上的投影F_x和F_y时，该力矢的大小和方向余弦分别为：

$$F = \sqrt{F_x^2 + F_y^2} \tag{2-6}$$

$$\cos\alpha = \frac{F_x}{F},\ \cos\beta = \frac{F_y}{F}$$

式中　$\cos\alpha$、$\cos\beta$——力$\boldsymbol{F}$的方向余弦。

必须注意，力在坐标轴上的投影F_x和F_y为代数量，而力沿坐标轴的分量$\boldsymbol{F}_x = F_x\boldsymbol{i}$，$\boldsymbol{F}_y = F_y\boldsymbol{j}$为矢量，二者不可混淆。当$Ox$、$Oy$两坐标轴不互相垂直时，力沿两坐标轴的分力$\boldsymbol{F}_x$和$\boldsymbol{F}_y$在数

值上也不等于力在两坐标轴上的投影F_x和F_y，如图 2-5 所示。

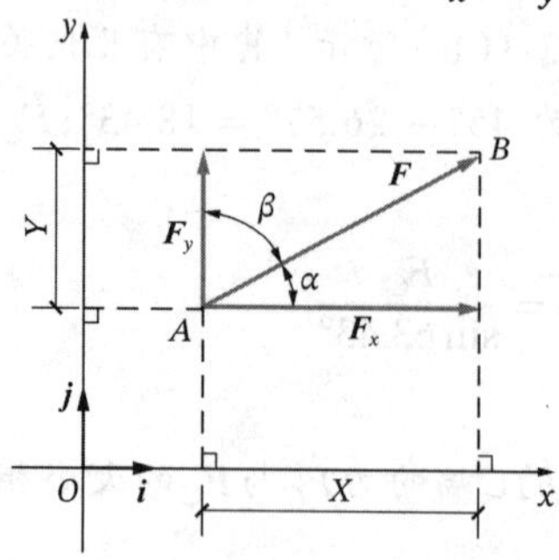

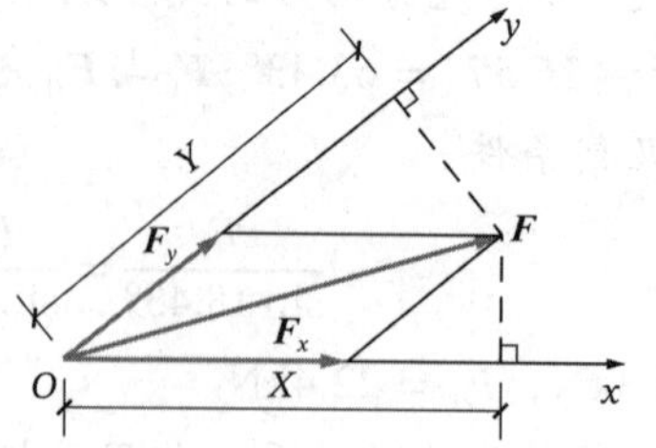

图 2-4 力在坐标轴上的投影　图 2-5 坐标轴不垂直时力的投影

2.2.2 平面汇交力系合成的解析法

设由n个力组成的平面汇交力系作用于一个刚体上，以汇交点O作为坐标原点，建立直角坐标系Oxy，如图 2-6（a）所示。根据式(2-5)，此汇交力系的合力$\boldsymbol{F}_\mathrm{R}$的解析表达式为：

$$\boldsymbol{F}_\mathrm{R} = F_{\mathrm{R}x}\boldsymbol{i} + F_{\mathrm{R}y}\boldsymbol{j}$$

式中　$F_{\mathrm{R}x}$、$F_{\mathrm{R}y}$——合力$\boldsymbol{F}_\mathrm{R}$在$x$、$y$轴上的投影。

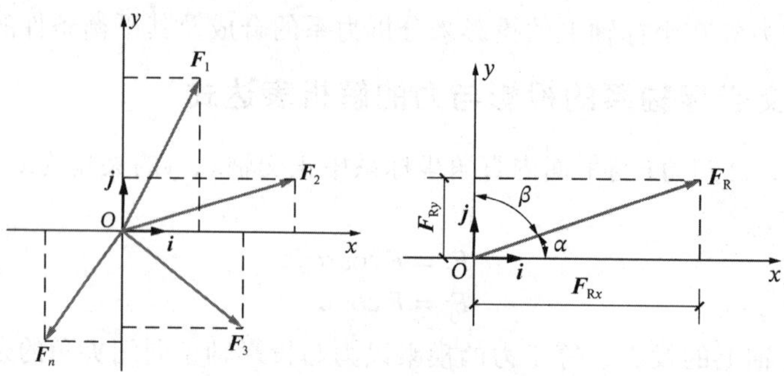

(a)　(b)

图 2-6 平面汇交力系

将式(2-1)向x、y轴投影，可得：

$$F_{\mathrm{R}x} = F_{x1} + F_{x2} + \cdots + F_{xn} = \sum_{i=1}^{n} F_{xi}$$

$$F_{\mathrm{R}y} = F_{y1} + F_{y2} + \cdots + F_{yn} = \sum_{i=1}^{n} F_{yi} \tag{2-7}$$

其中，F_{x1}和F_{y1}，F_{x2}和F_{y2}，…，F_{xn}和F_{yn}分别为各分力在x和y轴上的投影。

平面汇交力系的合力在某一坐标轴上的投影等于各分力在同一坐标轴上投影的代数和，这个结论称为**合力投影定理。**

根据式(2-6)可求得合力矢的大小和方向为

$$F_\mathrm{R} = \sqrt{F_{\mathrm{R}x}^2 + F_{\mathrm{R}y}^2} = \sqrt{\left(\Sigma F_{xi}\right)^2 + \left(\Sigma F_{yi}\right)^2}$$

$$\cos\alpha = \frac{F_{\mathrm{R}x}}{F_\mathrm{R}},\ \cos\beta = \frac{F_{\mathrm{R}y}}{F_\mathrm{R}} \tag{2-8}$$

这种运用合力投影定量，用解析计算的方法求合力大小和方向的方法，称为解析法。

【例 2-2】求图 2-7 所示平面共点力系的合力。

解： 用式(2-7)和式(2-8)计算。

$$F_{Rx}=\sum_{i=1}^{4}F_{xi}=\cos30°F_1-\cos60°F_2-\cos45°F_3+\cos45°F_4$$
$$=\cos30°\times200-\cos60°\times300-\cos45°\times100+\cos45°\times250$$
$$=129.3\text{N}$$

$$F_{Ry}=\sum_{i=1}^{4}F_{yi}=\cos60°F_1-\cos30°F_2-\cos45°F_3+\cos45°F_4$$
$$=\cos60°\times200-\cos30°\times300-\cos45°\times100+\cos45°\times250$$
$$=112.3\text{N}$$

$$F_R=\sqrt{F_{Rx}^2+F_{Ry}^2}=\sqrt{129.3^2+112.3^2}=171.3\text{N}$$

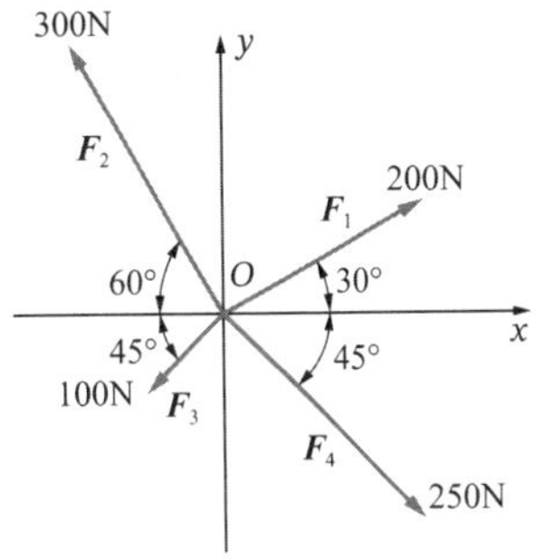

图 2-7 例 2-2 图

$$\cos\alpha=\frac{F_{Rx}}{F_R}=\frac{129.3}{171.3}=0.7548，\cos\beta=\frac{F_{Ry}}{F_R}=\frac{112.3}{171.3}=0.6556$$

则合力$\boldsymbol{F}_R$与x、y轴夹角分别为：

$$\alpha=40.99°，\beta=49.01°$$

合力$\boldsymbol{F}_R$的作用线通过平面力系汇交点O。

2.2.3 平面汇交力系的平衡方程

由式(2-1)知，**平面汇交力系平衡的充分必要条件是：该力系的合力$\boldsymbol{F}_R$等于零**。由式(2-8)可知：

$$F_R=\sqrt{F_{Rx}^2+F_{Ry}^2}=0$$

欲使上式成立，必须同时满足：

$$\sum_{i=1}^{n}F_{xi}=0，\sum_{i=1}^{n}F_{yi}=0 \tag{2-9}$$

平面汇交力系平衡的充分必要条件是：力系中各力在两个坐标轴上投影的代数和分别等于零。式(2-9)称为平面汇交力系的平衡方程。这是两个独立的方程，可以求解两个未知量。

下面举例说明平面汇交力系平衡方程的实际应用。

【例 2-3】图 2-8（a）所示的压榨机的机构中，杆AB和BC的长度相等，自重忽略不计。A、B、C处为铰链连接。已知活塞D上受到油缸内的总压力为$F=3\text{kN}$，$h=200\text{mm}$，$l=1500\text{mm}$。试求压块C对工件与地面的压力，以及AB杆所受的力。

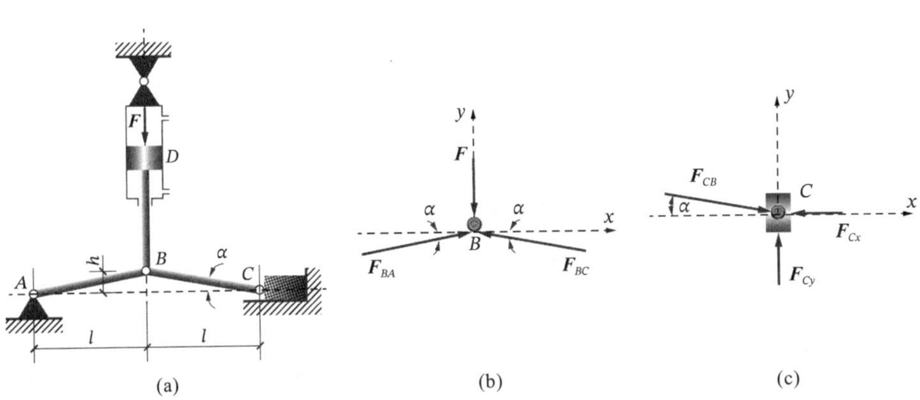

图 2-8 例 2-3 图

解：根据作用力和反作用力的关系，压块对工件的压力与工件对压块的约束反力$\boldsymbol{F}_C$等值、反向。而已知油缸的总压力作用在活塞D上，因此要分别研究活塞杆DB和压块C的平衡才能解决问题。

先选取活塞杆DB为研究对象。设二力杆AB、BC均受压力。因此活塞杆的受力图如图 2-8（b）所示。按图示坐标轴列出平衡方程：

$$\Sigma F_x=0,\ F_{BA}\cos\alpha-F_{BC}\cos\alpha=0$$

解得

$$F_{BA}=F_{BC}$$

$$\Sigma F_y=0,\ F_{BA}\sin\alpha+F_{BC}\sin\alpha-F=0$$

解得

$$F_{BA}=F_{BC}=\frac{F}{2\sin\alpha}=11.35\text{kN}$$

再选压块C为研究对象，其受力图如图 2-8（c）所示。通过二力杆BC的平衡，可知$\boldsymbol{F}_{CB}=\boldsymbol{F}_{BC}$。按图示坐标轴列出平衡方程：

$$\Sigma F_x=0,\ -F_{Cx}+F_{CB}\cos\alpha=0$$

$$\Sigma F_y=0,\ -F_{CB}\sin\alpha+F_{Cy}=0$$

解得

$$F_{Cx}=\frac{F\cos\alpha}{2\sin\alpha}=\frac{F}{2}\cot\alpha=\frac{Fl}{2h}=11.25\text{kN}$$

$$F_{Cy}=F_{CB}\sin\alpha=\frac{F}{2}=1.5\text{kN}$$

压块C对地面的压力与$\boldsymbol{F}_{Cy}$等值而方向相反。

【例 2-4】铰链 4 杆机构$CABD$的CD边固定，在铰链A、B处有力$\boldsymbol{F}_1$、$\boldsymbol{F}_2$作用，如图 2-9（a）所示。该机构在图示位置平衡，不计杆自重。求力$\boldsymbol{F}_1$与$\boldsymbol{F}_2$的关系。

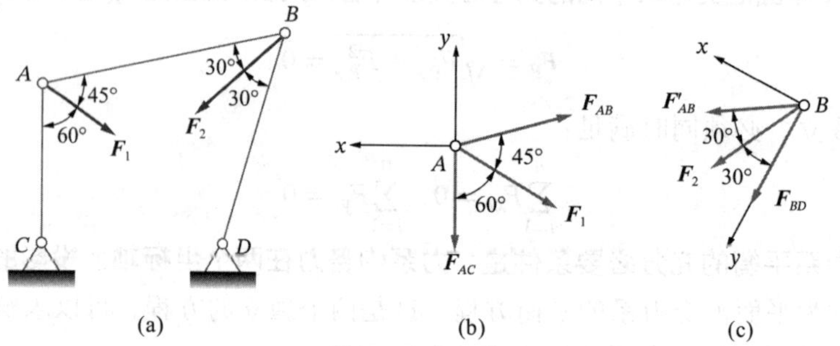

图 2-9　例 2-4 图

解：选取节点A作为研究对象，建立直角坐标系及受力分析图如图 2-9（b）所示。

可得$\Sigma F_x=0$：

$$F_{AB}\cos15^\circ+F_1\cos30^\circ=0,\ F_{AB}=-\frac{\sqrt{3}F_1}{2\cos15^\circ}$$

再选节点B作为研究对象，建立直角坐标系及受力分析图如图 2-9（c）所示。

则有$\Sigma F_x=0$：

$$-F_{AB}\cos30^\circ-F_2\cos60^\circ=0$$

$$F_2=-\sqrt{3}F_{AB}=\frac{3F_1}{2\cos15^\circ}=1.553F_1$$

即

$$F_1/F_2=0.644$$

基本练习题

2-3　已知一个力$\boldsymbol{F}$沿直角坐标轴的两个投影为F_x、F_y，那么这个力的大小

$F =$______，方向角$\alpha =$______。（角α为力$\boldsymbol{F}$作用线与x轴所夹的锐角。）

2.3　平面力对点的矩的概念及计算

力对刚体的作用效应使刚体的运动状态（移动与转动）发生改变，其中力对刚体的移动效应可用力矢来度量；而力对刚体的转动效应可用力对点的矩（简称力矩）来度量，即力矩是度量力对刚体转动效应的物理量。

2.3.1　力对点的矩（力矩）

如图 2-10 所示，空间中作用一力$\boldsymbol{F}$，在力$\boldsymbol{F}$作用线外任取一点O，点O称为矩心，点O到力的作用线的垂直距离h称为力臂，点O与力$\boldsymbol{F}$确定一平面，称为力矩作用面，点O与力作用点连线长度为l。建立空间坐标系$Oxyz$如图 2-10 所示，其中面Oxy位于力矩作用面内。

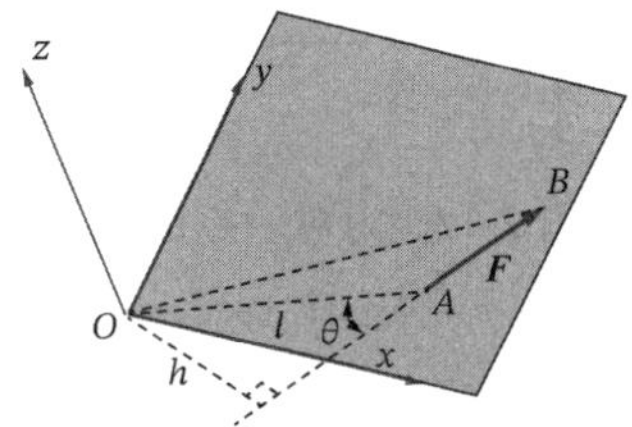

图 2-10　空间中的一个力

空间中，力对点O的矩是矢量由下式确定，或通过右手螺旋法则确定。

$$\boldsymbol{M}_O(F) = \boldsymbol{OA} \times F$$

力对点O的矩的大小为：

$$|M_O(F)| = Fh = |OA \times F| = 2S_{\Delta OAB} = Fl\sin\theta \tag{2-10}$$

对于本图所建立的坐标系，$M_O(F)$指向z正向为正。在平面问题中，z轴与平面垂直，方向指向平面外。由此，平面问题中力使物体逆时针方向转动的矩为正，反之为负。因此在平面问题中，力对点的矩为标量，只有大小和正负号。力矩的单位是 N · m（牛 · 米）或 kN · m（千牛 · 米）。

工程启示：扳手和门把手的力学知识

当握住扳手的手柄并用力旋转或用手扭动门把手时，实际上是在施加一个力矩。扳手和门把手的设计通常考虑了人体工程学，使得在施加相对较小的力时就能产生足够的力矩。这些生活中不起眼的设计，都是对力学知识的实际应用。

2.3.2　合力矩定理

定理：平面汇交力系的合力对于平面内任一点的矩等于所有分力对该点的矩的代数和。

证明：如图 2-11 所示，$\boldsymbol{r}$为矩心O到汇交点A的矢径，$\boldsymbol{F}_R$为平面汇交力系$\boldsymbol{F}_1,\boldsymbol{F}_2,\cdots,\boldsymbol{F}_n$的合力，即：

$$F_R = \boldsymbol{F}_1 + \boldsymbol{F}_2 + \cdots + \boldsymbol{F}_n$$

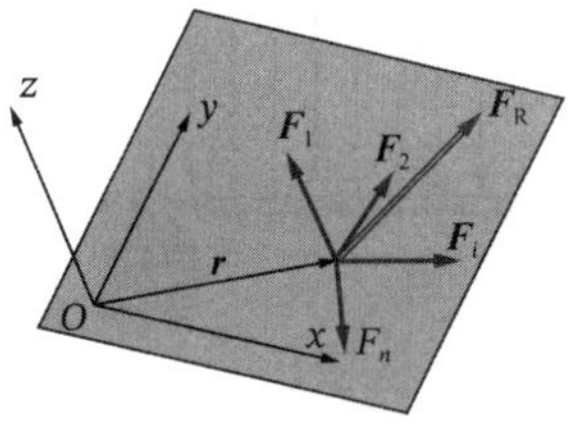

图 2-11　平面汇交力系

以r对上式两端作矢积，有

$$\boldsymbol{r} \times \boldsymbol{F}_R = \boldsymbol{r} \times \boldsymbol{F}_1 + \boldsymbol{r} \times \boldsymbol{F}_2 + \cdots + \boldsymbol{r} \times \boldsymbol{F}_n$$

由于力$\boldsymbol{F}_1,\boldsymbol{F}_2,\cdots,\boldsymbol{F}_n$与点$O$共面，上式各矢积平行，因此上式矢量和可按代数和计算。而各矢量积的大小就是力对点O之矩，于是证得合力矩定理，即：

$$M_O(F_R) = M_O(F_1) + M_O(F_2) + \cdots + M_O(F_n) = \sum_{i=1}^{n} M_O(F_i) \tag{2-11}$$

按力系等效概念，式(2-11)易于理解，且适用于任何有合力存在的力系。

应当注意，当平面汇交力系平衡时，合力为零；由式(2-11)可知，各力对任一点O的矩的代数和皆为零。即：

$$\sum_{i=1}^{n} M_O(F_i) = 0$$

上式说明：可用力矩方程代替投影方程求解平面汇交力系的平衡问题。

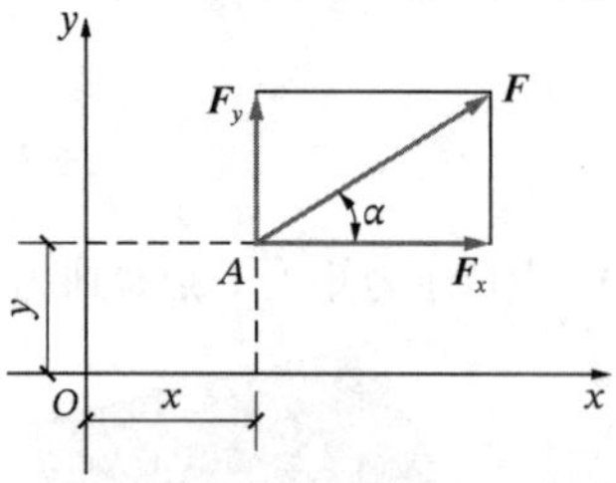

图 2-12　力对一点的矩

合力矩定理也可用于求解力对点的矩。如图 2-12 所示，已知力$\boldsymbol{F}$，作用点$A(x,y)$及其夹角α。欲求力$\boldsymbol{F}$对坐标原点O的矩，可按式(2-11)，通过其分力$\boldsymbol{F}_x$与$\boldsymbol{F}_y$对点O取矩而得到，即$M_O(F)=M_O(F_y)+M_O(F_x)=xF\sin\alpha-yF\cos\alpha$。

【例 2-5】图 2-13（a）所示的踏板，各刚性杆自重不计。已知：力$\boldsymbol{F}$及其与x轴的夹角α，力的作用点B坐标(x_B,y_B)，CD杆与x轴距离l。试求平衡时水平杆CD的拉力F_D。

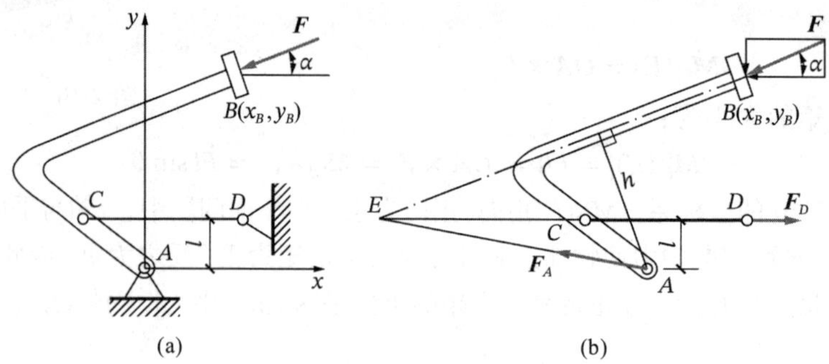

图 2-13　例 2-5 图

解：取整体为研究对象，其上受三力作用，且$\boldsymbol{F}$、$\boldsymbol{F}_D$与$\boldsymbol{F}_A$汇交于点E（其中$\boldsymbol{F}_D$为二力杆的拉力），受力分析图如图 2-13（b）所示。由：

$$\sum M_A(F)=0,\ F\cos\alpha\, y_B - F\sin\alpha\, x_B - F_D l = 0$$

求得拉力$\boldsymbol{F}_D$的大小为：

$$F_D=\frac{F\cos\alpha\, y_B - F\sin\alpha\, x_B}{l}$$

【例 2-6】水平梁AB上作用有三角形分布的荷载，如图 2-14 所示。荷载的最大值为q，梁长为l。试求合力作用线的位置。

解：在梁上距A端为x的微段$\mathrm{d}x$上，作用力的大小为$q'\,\mathrm{d}x$，其中q'为该处的荷载强度。由图 2-14 可知，$q'=\frac{x}{l}q$。因此分布荷载的合力的大小为：

$$P=\int_0^l q'\,\mathrm{d}x=\frac{1}{2}ql$$

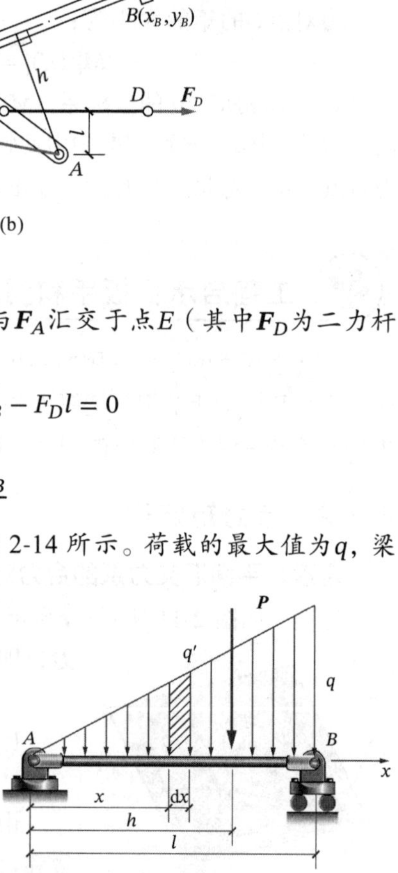

图 2-14　例 2-6 图

设合力$\boldsymbol{P}$的作用线距A端的距离为h，在微段$\mathrm{d}x$上的作用力对点A的矩为$x(q'\,\mathrm{d}x)$，全部荷载对点A的矩的代数和可用积分求出，根据合力矩定理可写成：

$$Ph=\int_0^l x(q'\,\mathrm{d}x)=\int_0^l x(\frac{q}{l}x\,\mathrm{d}x)=\frac{1}{3}ql^2$$

解得 $$h=\frac{2}{3}l$$

计算结果说明：合力大小等于三角形线分布荷载的面积，合力作用线通过该三角形的几何中心。

基本练习题

2-4 试求荷载$\boldsymbol{P}$对$\boldsymbol{A}$点的力矩。

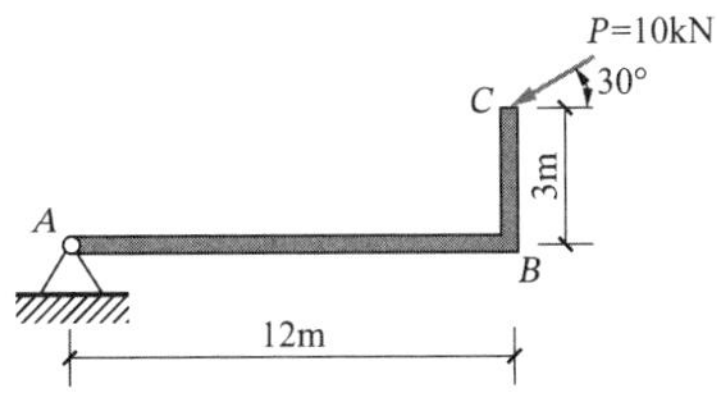

图 2-15　基本练习题 2-4 图

2.4　平面力偶理论

2.4.1　力偶与力偶矩

实践中，我们常常遇到**一对大小相等、方向相反且不共线的平行力($\boldsymbol{F},\boldsymbol{F}'$)，称之为力偶**。如汽车司机用双手转动转向盘［图 2-16（a）］、电动机的定子磁场对转子作用电磁力使之旋转［图 2-16（b）］等。在转向盘、电机转子等物体上，作用了成对的等值、反向且不共线的平行力。等值反向平行力的矢量和显然等于零，但是由于它们不共线而不能相互平衡，它们能使物体改变转动状态。力偶是由两个力组成的特殊力系，它的作用只改变物体的转动状态。力偶不能合成为一个力，或用一个力来等效替换；力偶也不能用一个力来平衡。力偶对物体的转动效应，可用力偶矩来度量，即用力偶的两个力对其作用面内某点的矩的代数和来度量。

设有力偶($\boldsymbol{F},\boldsymbol{F}'$)，其力偶臂为$d$，如图 2-17 所示。力偶对任意点$O$的矩为$\boldsymbol{M}_O(\boldsymbol{F},\boldsymbol{F}')$，则：

$$M_O(F,F')=M_O(F)+M_O(F')=F\cdot aO-F'\cdot bO=Fd$$

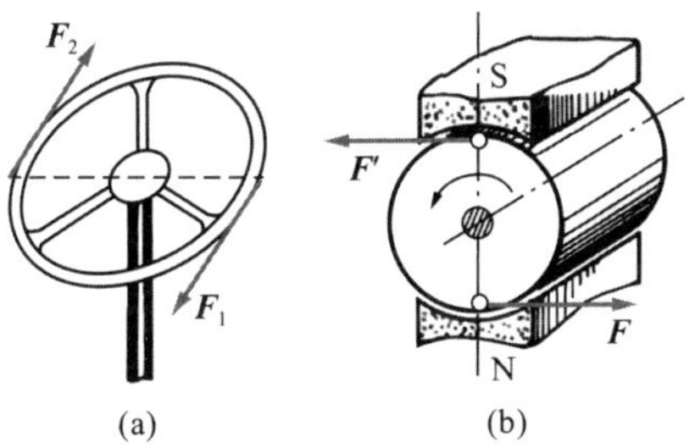

图 2-16　力偶实例

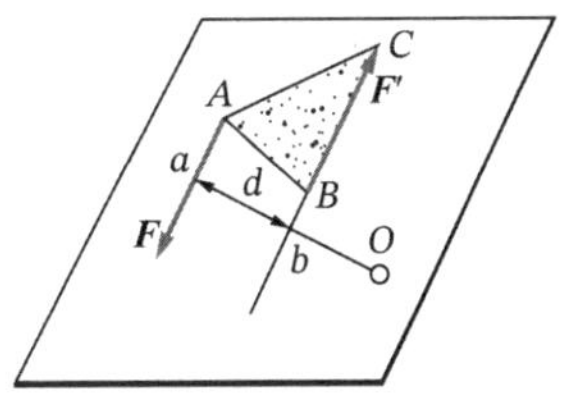

图 2-17　力偶对任意点O的矩

矩心O是任意选取的。由此可知，力偶的作用效应由力的大小和力偶臂的长短确定，与矩心的位置无关。力与力偶臂的乘积称为**力偶矩**，记作$\boldsymbol{M}_O(\boldsymbol{F},\boldsymbol{F}')$，简记为$\boldsymbol{M}$。在平面问题中，规定逆时针方向（$z$轴正向）的力偶矩为正值，它使得物体沿逆时针方向转动。

力偶只能使刚体产生转动，其转动效应应该用力偶矩来度量。由于一个力偶对物体的作用效应完全取决于其力偶矩，所以由力学证明可得如下结论：

① 在同一平面内的两个力偶，若它们的力偶矩大小相等，而且转向相同，则此两力偶等效。

② 任一力偶可以在它的作用面内任意移转，而不改变它对刚体的作用。因此，力偶对刚体的作用与力偶在其作用面内的位置无关。

③ 只要保持力偶矩的大小和力偶的转向不变，就可以同时改变力偶中力的大小和力偶臂的长短，而不改变力偶对刚体的作用。

由此可见，力偶的臂和力的大小都不是力偶的特征量，力偶矩是力偶作用的唯一量度。常用图 2-18 所示的符号表示力偶，**M**为力偶的矩。平面问题中，力偶矩仅仅为自由矢量。

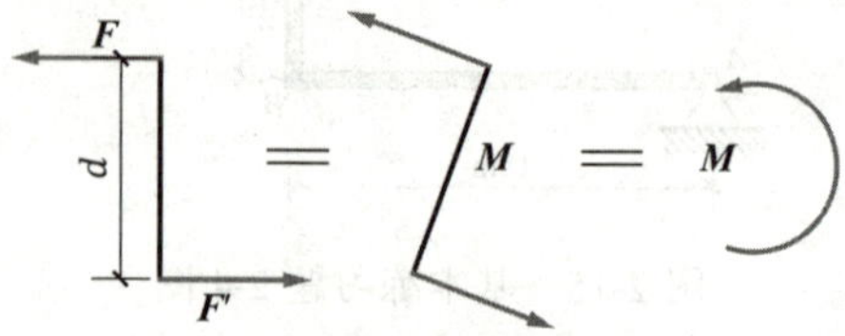

图 2-18　力偶符号

2.4.2　平面力偶系的合成和平衡条件

（1）平面力偶系的合成

在同一平面内的任意几个力偶可合成为一个合力偶，合力偶矩等于各个力偶矩的代数和，可写为：

$$M=\sum_{i=1}^{n} M_i \tag{2-12}$$

（2）平面力偶系的平衡条件

由合成结果可知，力偶系平衡时，其合力偶矩等于零。因此，平面力偶系平衡的必要和充分条件是所有力偶矩的代数和等于零，即：

$$M=\sum_{i=1}^{n} M_i=0 \tag{2-13}$$

利用这个平衡条件，可以求解一个未知量。

【**例 2-7**】如图 2-19 所示组合结构中，不计杆自重。A、B、C三点为铰链连接，在AB上作用一力偶矩$\boldsymbol{M}$，求支座A、C的约束力。

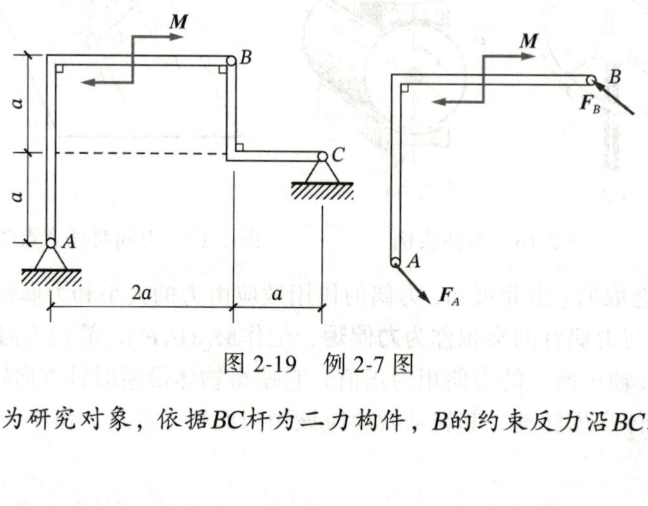

图 2-19　例 2-7 图

解：选取AB杆为研究对象，依据BC杆为二力构件，B的约束反力沿BC连线方向为$\boldsymbol{F}_B$，设为向上；由于力偶只能与力偶相平衡，作用在A点的力$\boldsymbol{F}_A$一定与$\boldsymbol{F}_B$大小相等、方向相反，构成一对力偶，与$\boldsymbol{M}$平衡。

由$\sum M=0$可得：$-M+F_A 2\sqrt{2a}=0$

$$F_A=M/2\sqrt{2a}$$

由于$F_B=F_A$，BC为二力构件，因此$F_C=F_B=F_A=M/2\sqrt{2a}$。

【**例 2-8**】如图 2-20（a）所示梁AB受一个力偶作用，其力偶矩$M=100\text{kN}\cdot\text{m}$，梁的跨度为 5m，倾角$\alpha=30°$。若不考虑梁的自重，求$A$、$B$处的支座反力。

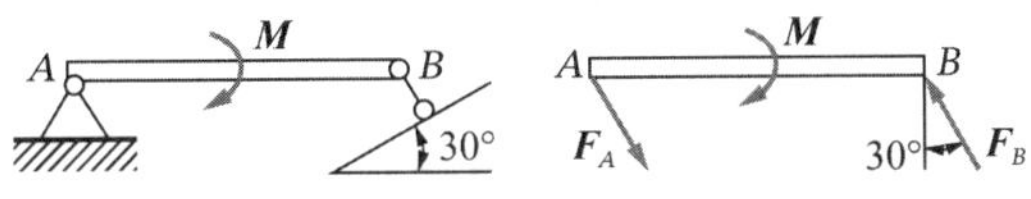

图 2-20　例 2-8 图

解：取梁AB为研究对象。梁在力偶矩$\boldsymbol{M}$和A、B处支座反力$\boldsymbol{F}_A$、$\boldsymbol{F}_B$的作用下处于平衡状态。由于力偶只能由力偶平衡，因此$\boldsymbol{F}_A$、$\boldsymbol{F}_B$两力必定构成一个力偶。梁AB受力分析如图 2-20（b）所示。

由力偶系平衡可得：

$\sum M_i=0$：$\cos 30° F_A\times 5-M=0$

求解可得 $$F_A=\frac{100}{\cos 30°\times 5}=23.1\text{kN}$$

所以 $$F_A=F_B=23.1\text{kN}$$

受力方向如图 2-20（b）所示。

基本练习题

2-5 如图 2-21 中的四个力偶，力偶等效的是（　　）。

A.（a）和（b），（c）和（d）

B.（a）和（c），（c）和（d）

C.（b）和（c），（c）和（d）

D.（b）和（d），（c）和（d）

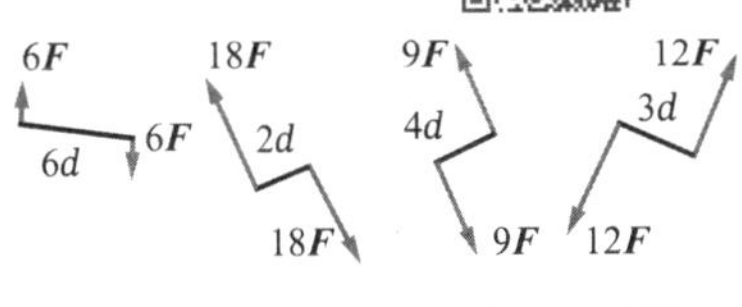

图 2-21　基本练习题 2-5 图

小　结

1. 平面汇交力系的合成

平面汇交力系的合成方法有两种：几何法和解析法。几何法直观、明了，但作图误差大，不太实用。在实际工程中多采用解析法，因此应重点掌握。

2. 合力投影定理

合力在某轴上的投影等于力系中各力在同一轴上投影的代数和：

$$F_x=F_{1x}+F_{2x}+\cdots+F_{nx}=\sum F_{ix}$$

$$F_y=F_{1y}+F_{2y}+\cdots+F_{ny}=\sum F_{iy}$$

当投影轴x与y垂直时，其合力的大小与方向余弦为

$$F=\sqrt{F_x^2+F_y^2}=\sqrt{\left(\sum F_{ix}\right)^2+\left(\sum F_{iy}\right)^2}，\ \cos\alpha=\frac{F_x}{F}，\ \cos\beta=\frac{F_y}{F}$$

3. 平面汇交力系的平衡条件

（1）平衡的必要和充分条件

平面汇交力系平衡的必要和充分条件是平面汇交力系的合力为零,即

$$F=\sum F_i=0$$

（2）平衡的几何条件

平面汇交力系平衡的几何条件是力多边形自行封闭。

（3）平衡的解析条件

平面汇交力系平衡的解析条件是力系中各力在两个坐标轴上投影的代数和分别等于零。平衡方程为：

$$\sum F_x=0，\ \sum F_y=0$$

这两个方程相互独立,可根据计算需要任意选择。选择依据是尽可能一个方程解出一个未知数，尽量避免联立方程求解。

4. 平面汇交力系的解题步骤

（1）首先进行受力分析，根据解决问题的需要确定研究对象，画出受力图。

（2）画出坐标系，列出平衡方程，在列平衡方程时要注意力投影的正负号。

5. 力矩与力偶是两个独立的概念：

（1）力矩是力使物体绕矩心转动的效应的度量，其大小等于力的大小与力臂的乘积，而其方向一般与矩心的位置有关。

（2）力偶是由等值、反向、作用线平行的两个力组成的特殊力系。力偶对物体只产生转动效应，用力偶矩来度量。

6. 力偶的性质

（1）力偶没有合力，力偶不能与一个力平衡，只能与另一个力偶平衡。

（2）力偶在任何坐标轴上的投影等于零。力偶对平面内任一点的矩为一常量，并等于力偶矩，且与矩心位置无关。

（3）在保持力偶矩的代数值不变的情况下，可任意改变组成力偶的力和力臂，也可在作用面内任意移动。

7. 力偶的合成与平衡

（1）平面力偶系可合成为一个合力偶，合力偶矩等于各分力偶矩的代数和。

（2）平面力偶系的平衡条件是各力偶矩的代数和为零。

思考题

2-1 平面汇交力系和平面力偶系向作用面内任意一点简化的结果分别是什么？

2-2 平面力系向平面内某点简化得到一个合力，若选择不同的简化中心，最终的简化结果可能是什么？

2-3 图 2-22 中力的单位为 N。试分析图示 4 个力偶，哪些是等效的？哪些是不等效的？

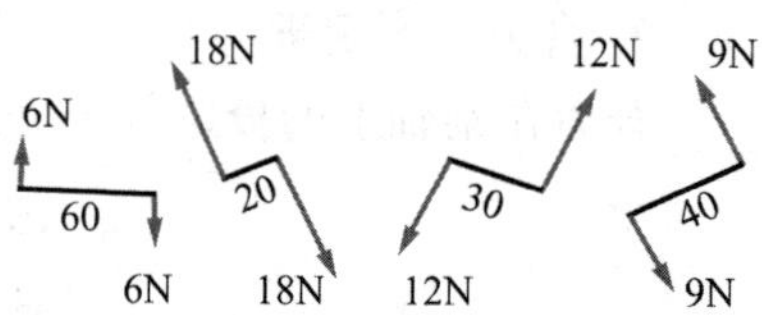

图 2-22 思考题 2-3 图

2-4 力矩与力偶矩有什么区别和联系？

2-5 力偶在任一坐标轴上的投影的代数和恒等于什么？

习　题

2-1 如图 2-23 所示，已知$F_1 = 300\text{kN}$，$F_2 = 400\text{kN}$，$F_3 = 500\text{kN}$，$F_4 = 100\text{kN}$，试分别用几何法和解析法求解这四个力的合力。

2-2 图 2-24 所示支架由AB、AC两刚性杆组成，绳子和刚性杆的重量均忽略不计，A、B、C均为光滑铰链，在点A悬挂自重为P的重物，试求在图示四种状态下，刚性杆AB和AC所受到的力。

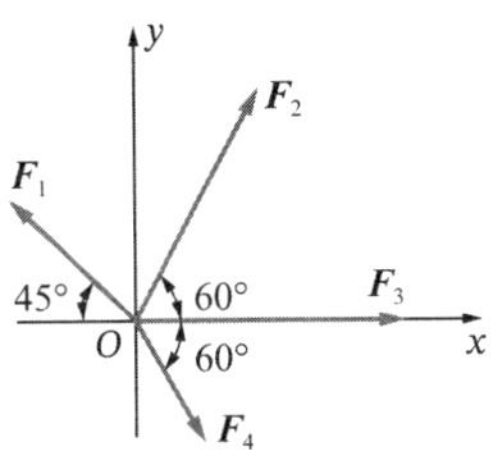

图 2-23　习题 2-1 图

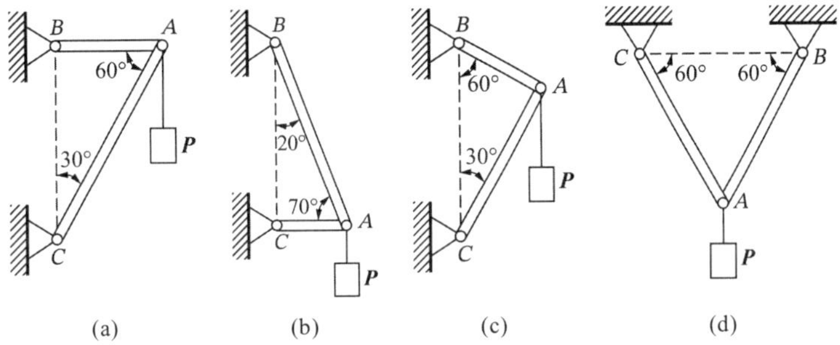

图 2-24　习题 2-2 图

2-3 梁AB如图 2-25 所示，作用在跨度中点C的力$F = 10\text{kN}$，试求图示两种情况下支座A和B的约束力。梁自重及摩擦忽略不计。

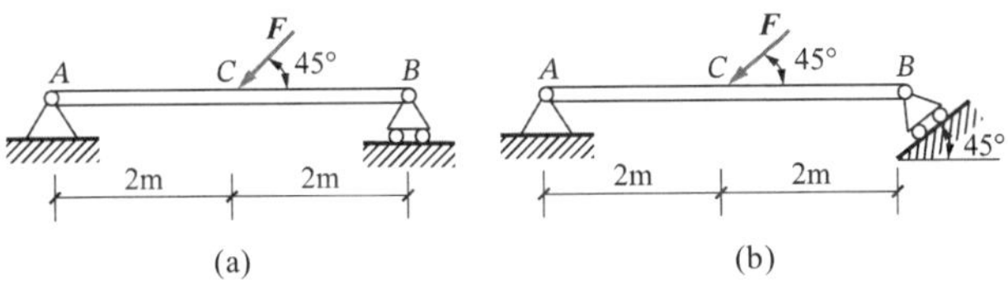

图 2-25　习题 2-3 图

2-4 电动机重$P = 5000\text{N}$，放在水平梁AC的中间，如图 2-26 所示。梁的A端以铰链固定，另一端以撑杆BC支持，撑杆与水平梁的交角为 30°。不计撑杆重，求撑杆BC的内力及铰支座A处的约束力。

2-5 铰接四连杆机构$CABD$的CD边固定，在铰链A、B处有力$\boldsymbol{F}_1$、$\boldsymbol{F}_2$作用，如图 2-27 所示。机构平衡，不计杆重。求力$\boldsymbol{F}_1$、$\boldsymbol{F}_2$的关系。

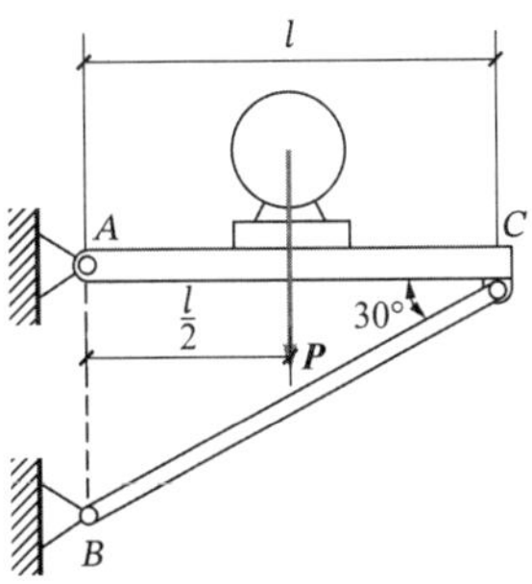

图 2-26　习题 2-4 图

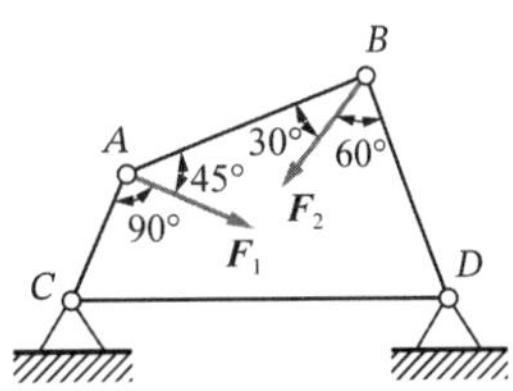

图 2-27　习题 2-5 图

2-6 如图 2-28 所示三角形构架，杆件自重不计，在ACD处为光滑铰链连接，B端作用一力偶($\boldsymbol{F}_1,\boldsymbol{F}_2$)，力偶矩大小为 40kN·m，求铰链$A$、$C$处的约束反力。

2-7 杆件AC和BC在C处光滑接触，它们分别受力偶矩$\boldsymbol{M}_1$和$\boldsymbol{M}_2$的作用，转向如图 2-29 所示。求$\boldsymbol{M}_1:\boldsymbol{M}_2$为多大时，机构才能处于平衡状态。

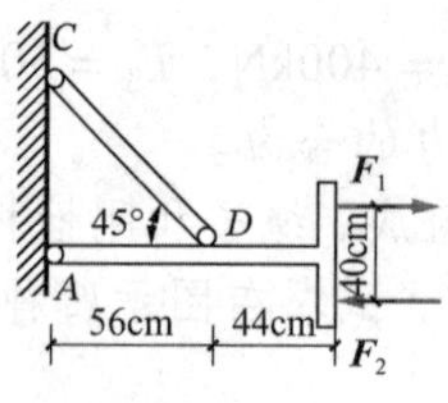

图 2-28 习题 2-6 图

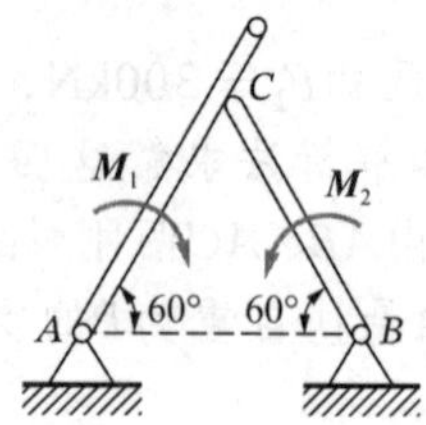

图 2-29 习题 2-7 图

2-8 试计算图 2-30 各分图中力$\boldsymbol{F}$对O点的矩。

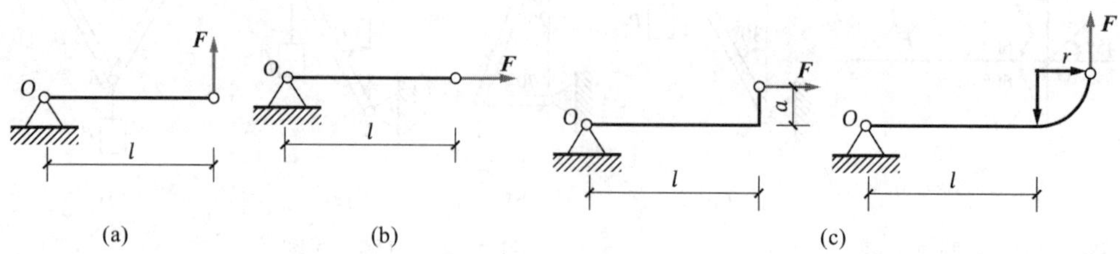

图 2-30 习题 2-8 图

2-9 已知梁AB上作用一力偶，力偶矩为$\boldsymbol{M}$，梁长为l，梁重不计。试求在图 2-31（a）、（b）、（c）、（d）四种情况下，支座A和B的约束力。

2-10 铰接四连杆机构$OABO_1$在图 2-32 所示位置平衡，已知$OA=0.8\text{m}$，$O_1B=1.2\text{m}$，一个力偶作用在曲柄OA上，其力偶矩$M_1=2\text{N}\cdot\text{m}$，各杆自重不计，求连杆$AB$所受的力及力偶矩$\boldsymbol{M}_2$的大小。

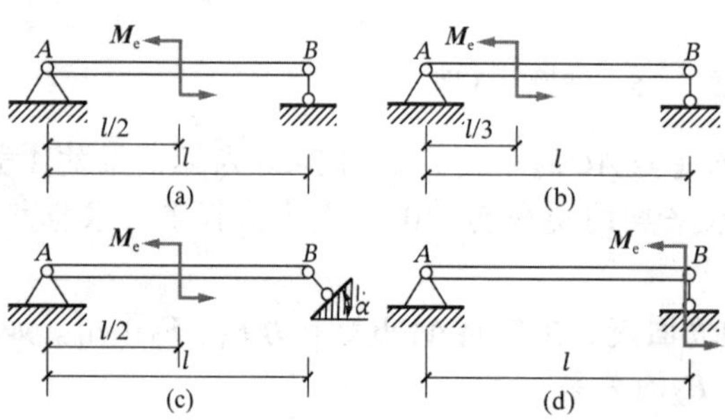

图 2-31 习题 2-9 图

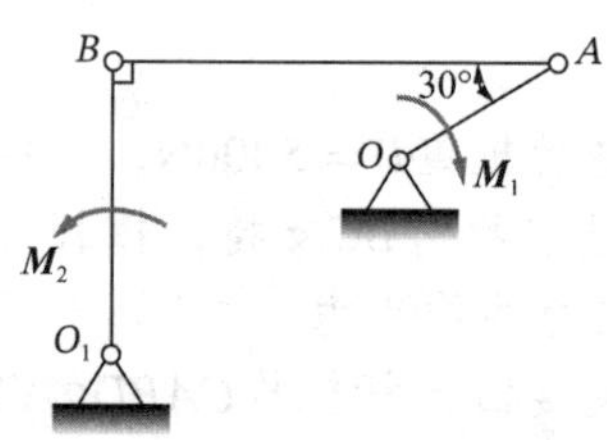

图 2-32 习题 2-10 图

第 3 章
平面任意力系

导读

平面任意力系是力学中的一个重要分支，它研究的是作用在物体上各力的作用线均位于同一平面内，且既不汇交于一点也不互相平行的力系。这类力系在实际工程中广泛存在，如桥梁结构、建筑结构、机械设备等所受的力往往都可以简化为平面任意力系进行研究。本课程将系统介绍平面任意力系的基本概念、性质、简化方法以及平衡条件。

学习目标

能对平面任意力系的简化结果进行正确分析，了解并掌握平面任意力系的平衡条件和平衡计算。

思维导图

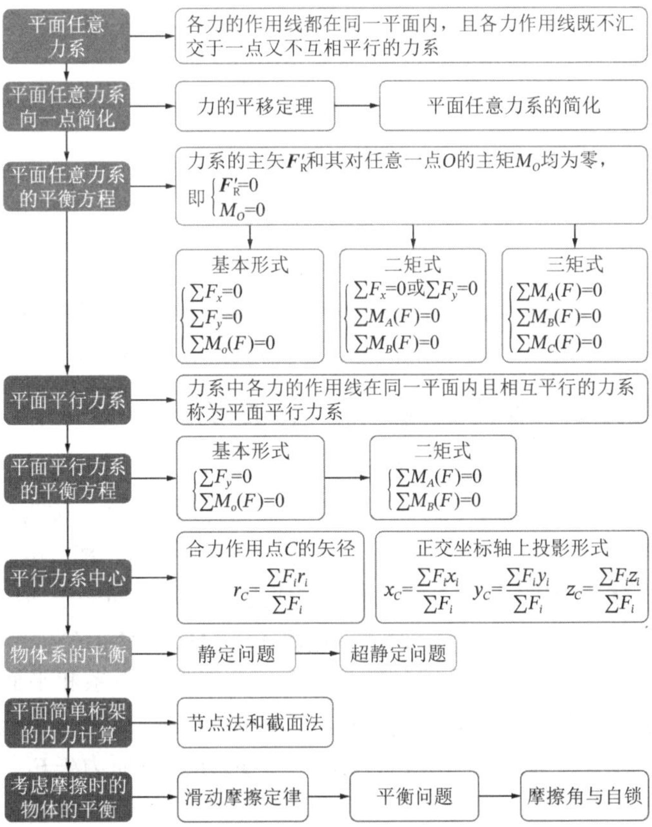

工程中经常遇到平面任意力系的问题：对于作用在物体上的力，力的作用线都分布在同一平面内（或近似地分布在同一平面内），并呈任意分布的力系。通常当物体所受的力都对称于某一平面时，也可将它视作平面任意力系问题。

本章将在前面两章的基础上，详述平面任意力系的简化和平衡问题，并介绍平面简单桁架的内力计算。

3.1 平面任意力系向作用面内一点简化

力线平移定理是力系简化的理论基础。

3.1.1 力线平移定理

定理：将作用在刚体上点A处的力$\boldsymbol{F}$平移到任一点B，要使平移前后的力系等效，必须同时附加一个力偶，这个附加力偶的矩等于原来的力$\boldsymbol{F}$对新作用点B的矩$\boldsymbol{M_B(F)}$。

证明：图 3-1（a）中的力$\boldsymbol{F}$作用于刚体的点A。在刚体上任取一点B，并在点B作用两个等值反向的力$\boldsymbol{F}'$和$\boldsymbol{F}''$，使它们与力$\boldsymbol{F}$平行，且$\boldsymbol{F}'=-\boldsymbol{F}''=\boldsymbol{F}$，如图 3-1（b）所示。显然，三个力$\boldsymbol{F}'$、$\boldsymbol{F}''$、$\boldsymbol{F}$组成的新力系与原来的一个力$\boldsymbol{F}$等效。但是，这三个力可看作是一个作用在点$B$的力$\boldsymbol{F}'$和一个力偶$(\boldsymbol{F}'',\boldsymbol{F})$。这样，就把作用于点$A$的力$\boldsymbol{F}$平移到另一点$B$，但同时附加上一个相应的力偶，这个力偶称为附加力偶［图 3-1（c）］。显然，附加力偶的矩为：

$$M=M_B(F)=Fd$$

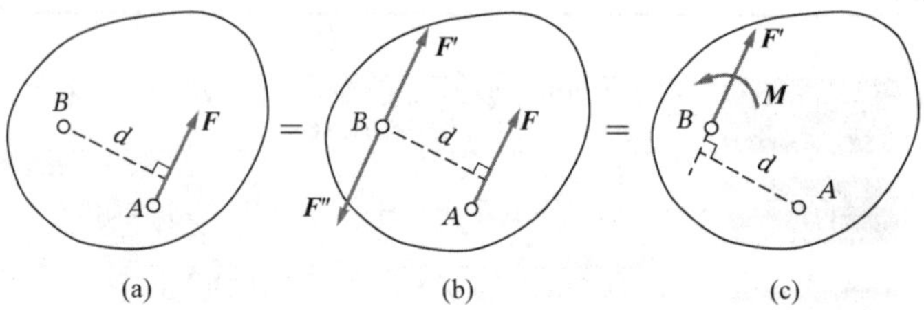

图 3-1 力线平移定理证明

由此定理得证。

力向一点平移的结果表明：一个力向任意一点平移，得到与之等效的一个力和一个力偶；反之，作用于同一平面内的一个力和一个力偶，也可以合成为作用于另一点的一个力。

3.1.2 平面任意力系向作用面内一点简化的方法

为了具体说明力系向一点简化的方法和结果，设想物体上只作用有由n个力$\boldsymbol{F}_1$，$\boldsymbol{F}_2$，…，$\boldsymbol{F}_n$组成的平面任意力系，如图 3-2（a）所示。在平面内任取一点O，称为**简化中心**；应用力的平移定理，把各力都平移到点O。这样，得到作用于点O的力$\boldsymbol{F}_1'$，$\boldsymbol{F}_2'$，…，$\boldsymbol{F}_n'$以及相应的附加力偶$\boldsymbol{M}_1$，$\boldsymbol{M}_2$，…，$\boldsymbol{M}_n$，如图 3-2（b）所示。这些力偶作用在同一平面内，且：

$$M_1=M_O(F_1),\ M_2=M_O(F_2),\cdots,M_n=M_O(F_n)$$

这样，平面任意力系分解成了两个简单力系：平面汇交力系和平面力偶系。然后，再分别合成这两个力系。平面汇交力系$\boldsymbol{F}_1'$，$\boldsymbol{F}_2'$，…，$\boldsymbol{F}_n'$均可合成为作用线通过点O的一个力$\boldsymbol{F}_{\mathrm{R}}'$，如图 3-2（c）所示。因为各力矢$\boldsymbol{F}_1'$，$\boldsymbol{F}_2'$，…，$\boldsymbol{F}_n'$分别与原力矢$\boldsymbol{F}_1$，$\boldsymbol{F}_2$，…，$\boldsymbol{F}_n$相等，所以

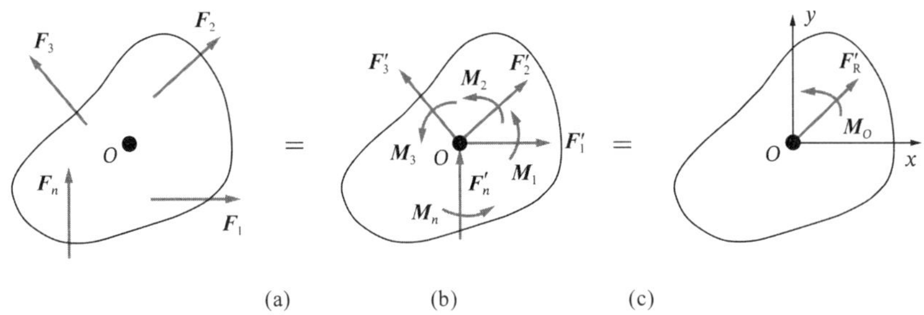

图 3-2　力系向一点简化

$$\boldsymbol{F}'_R = \boldsymbol{F}'_1 + \boldsymbol{F}'_2 + \cdots + \boldsymbol{F}'_n = \boldsymbol{F}_1 + \boldsymbol{F}_2 + \cdots + \boldsymbol{F}_n = \sum_{i=1}^{n} \boldsymbol{F}_i$$

即力矢$\boldsymbol{F}'_R$等于原来各力的矢量和。

矩为$\boldsymbol{M}_1$，$\boldsymbol{M}_2$，…，$\boldsymbol{M}_n$的平面力偶系可合成为一个力偶，这个力偶的矩$\boldsymbol{M}_O$等于各附加力偶矩的代数和。由于附加力偶矩等于力对简化中心的矩，所以：

$$M_O = M_1 + M_2 + \cdots + M_n = M_O(F_1) + M_O(F_2) + \cdots + M_O(F_n) = \sum_{i=1}^{n} M_O(F_i)$$

即这力偶的矩等于原来各力对点O的矩的代数和。

平面任意力系中所有力的矢量和$\boldsymbol{F}'_R$，称为该力系的**主矢**；而这些力对于任意简化中心O的矩的代数和M_O，称为该力系对于简化中心的**主矩**。

求主矢的大小和方向，类似于平面汇交力系，为方便采用解析法，主矢$\boldsymbol{F}'_R$的大小和方向余弦可以由下列公式来计算：

$$F'_R = \sqrt{\left(\sum F_x\right)^2 + \left(\sum F_y\right)^2} = \frac{F'_{Rx}}{F'_R}, \quad \cos(F'_R, j) = \frac{F'_{Ry}}{F'_R}$$

式中　F'_{Rx}、F'_{Ry}——各分力在x、y轴上投影的代数和。

这里需要指出：一般情况下，$\boldsymbol{F}'_R$不是合力，因为合力需要有作用点或作用线，而简化中心O是任意选择的，$\boldsymbol{F}'_R$与简化中心选择的位置没有关系。M_O也不是合力偶，合力偶与简化中心的选择没有关系，可以在平面内任意平移，但M_O显然与简化中心的选择有关系。简化中心不同，M_O的数值通常情况下是不一样的。

现利用力系向一点简化的方法，分析固定端（插入端）支座的约束反力。

如图 3-3（a）和（b）所示，车刀和工件分别夹持在刀架和卡盘上固定不动，这种约束称为固定端或插入端支座，其简图如图 3-3（c）所示。

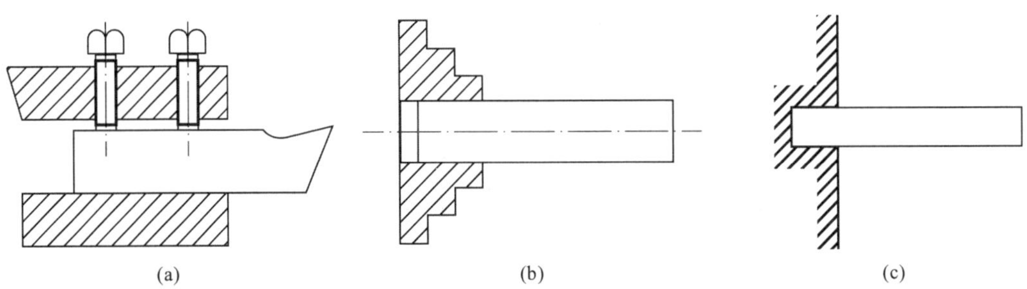

图 3-3　固定端或插入端支座

固定端支座对物体的作用，是在接触面上作用了一群约束反力。在平面问题中，这些力为一平面任意力系，如图 3-4（a）所示。将这些力向作用平面内点A简化可得到一个力和一个力偶，如图 3-4（b）所示。一般情况下这个力的大小和方向均为未知量。可用两个未知分力来代替。因此，在平面力系下，固定端A处的约束作用可简化为两个约束反力$\boldsymbol{F}_{Ax}$和$\boldsymbol{F}_{Ay}$和一个矩为$\boldsymbol{M}_A$的约束反力偶，如图 3-4（c）所示。

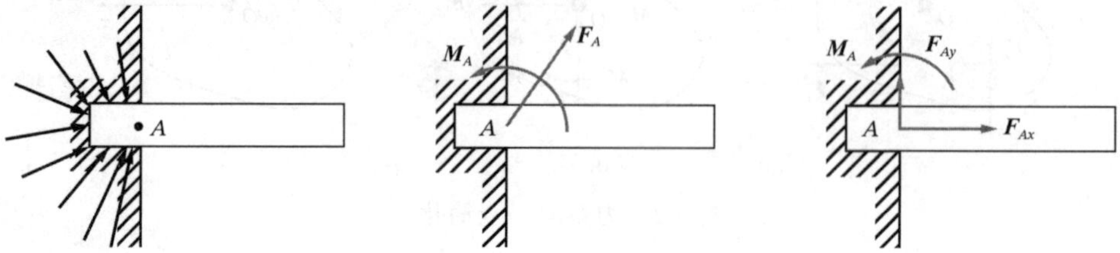

图 3-4 固定端支座约束反力

基本练习题

3-1 如图 3-5 所示为一端自由的悬臂梁AD，已知$P=ql$，且与梁的夹角为 45°，梁自重不计，求支座A的反力。试判断用哪种平衡方程可解。（ ）

A. $\sum Y=0$，$\sum M_A=0$，$\sum M_B=0$

B. $\sum X=0$，$\sum Y=0$，$\sum M_A=0$

C. $\sum M_A=0$，$\sum M_B=0$，$\sum M_C=0$

D. $\sum Y=0$，$\sum M_A=0$

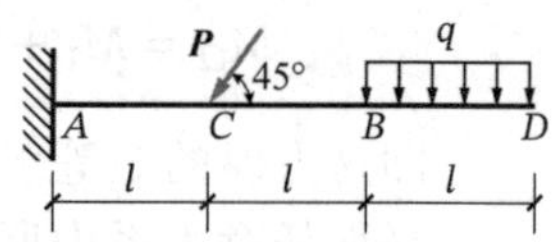

图 3-5 基本练习题 3-1 图

3.2 平面任意力系的简化结果分析

平面任意力系向作用面内一点简化的结果，可能有四种情况。下面对这几种情况作进一步的分析讨论。

（1）平面任意力系简化为一个力偶的情形

如果力系的主矢等于零，而力系对于简化中心的主矩M_O不等于零，即：

$$F'_{\mathrm{R}}=0,\ M_O\neq 0$$

在这种情形下，作用于简化中心O的力$\boldsymbol{F}'_1$，$\boldsymbol{F}'_2$，…，$\boldsymbol{F}'_n$相互平衡。但是，附加的力偶系并不平衡，可合成为一个力偶，即与原力系等效的合力偶。合力偶矩为：

$$M_O=\sum_{i=1}^{n}M_O(F_i)$$

由于力偶对于平面内任意一点的矩都相同，因此当力系合成为一个力偶时，主矩与简化中心的选择无关，此时，M_O可以等效为力偶矩。

（2）平面任意力系简化为一个合力的情形·合力矩定理

如果平面力系向点O简化的结果为主矩等于零，主矢不等于零，即：

$$F'_{\mathrm{R}}\neq 0,\ M_O=0$$

此时附加力偶系互相平衡，只有一个与原力系等效的力$\boldsymbol{F}'_{\mathrm{R}}$。显然，$\boldsymbol{F}'_{\mathrm{R}}$就是原力系的合力，而合力的作用线恰好通过选定的简化中心点O。

如果平面力系向点O简化的结果是主矢和主矩都不等于零，如图 3-6 所示，即：

$$F'_{\mathrm{R}}\neq 0,\ M_O\neq 0$$

此时可以进一步化简。将$\boldsymbol{F}'_{\mathrm{R}}$向$M_O$的反方向任一点$O'$平移，使得附加力偶矩$\boldsymbol{M}'_O$与$M_O$相互抵消，即

$$M'_O = M_O = M_O{}'(F'_{\mathrm{R}}) = F'_{\mathrm{R}}d$$

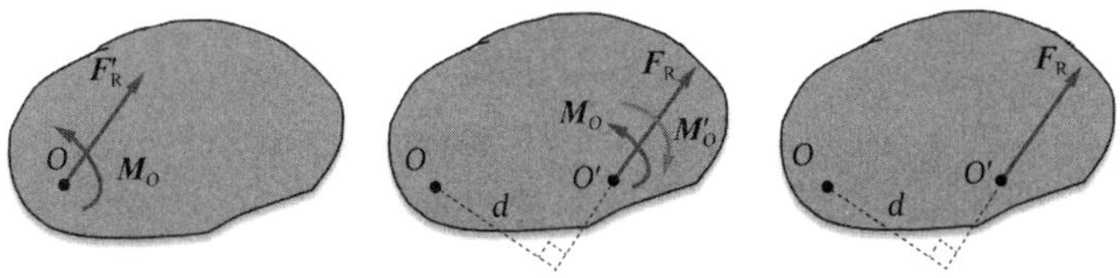

图 3-6　平面力系简化

平移距离由$d = M'_O(F'_{\mathrm{R}})/F_{\mathrm{R}}$确定。此时，力$\boldsymbol{F}_{\mathrm{R}}$就是原力系的合力。

注意到：$M_O = M'_O(F'_{\mathrm{R}}) = F_{\mathrm{R}}d = M_O(F_{\mathrm{R}}) = \sum_{i=1}^{n} M_O(F_i)$。

由于简化中心O是任意选取的，故上式有普遍意义，可叙述如下：平面任意力系的合力对作用面内任一点的矩等于力系中各力对同一点的矩的代数和。这就是**平面任意力系的合力矩定理**。

（3）平面任意力系平衡的情形

如果力系的主矢、主矩均等于零，即$F'_{\mathrm{R}} = 0$，$M_O = 0$，则原力系平衡。

【例 3-1】重力坝受力情形如图 3-7（a）所示。设$P_1 = 450\mathrm{kN}$，$P_2 = 200\mathrm{kN}$，$F_1 = 300\mathrm{kN}$，$F_2 = 70\mathrm{kN}$。求力系的合力$\boldsymbol{F}_{\mathrm{R}}$的大小和方向余弦、合力与基线$OA$的交点到点$O$的距离$x$。

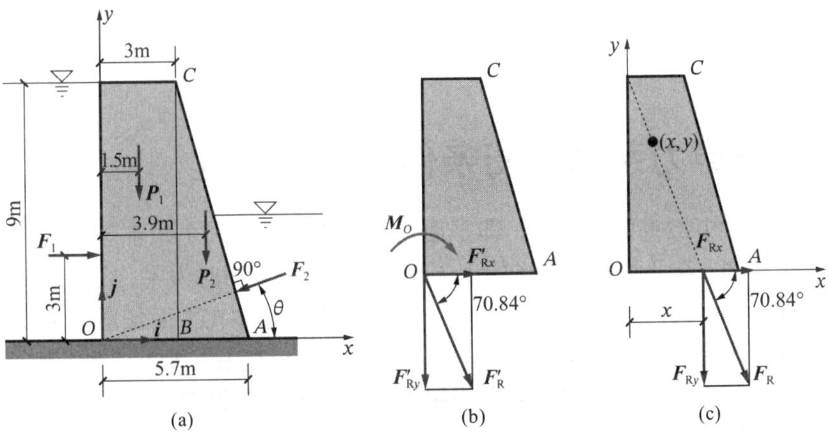

图 3-7　例 3-1 图

解:（1）先将力系向点O简化，求得其主矢$\boldsymbol{F}'_{\mathrm{R}}$和主矩$M_O$［图 3-7（b）］。由图 3-7（a），有：

$$\theta = \angle ACB = \arctan\frac{AB}{CB} = 16.7°$$

主矢$\boldsymbol{F}'_{\mathrm{R}}$在$x$、$y$轴上的投影为：

$$F'_{\mathrm{R}x} = \sum F_x = F_1 - F_2\cos\theta = 232.9\mathrm{kN}$$
$$F'_{\mathrm{R}y} = \sum F_y = -P_1 - P_2 - F_2\sin\theta = -670.1\mathrm{kN}$$

主矢$\boldsymbol{F}'_{\mathrm{R}}$的大小为：

$$F'_{\mathrm{R}} = \sqrt{\left(\sum F_x\right)^2 + \left(\sum F_y\right)^2} = 709.4\mathrm{kN}$$

主矢$\boldsymbol{F}'_{\mathrm{R}}$的方向余弦为：

$$\cos(F'_R,i)=\frac{F'_{Rx}}{F'_R}=0.3283$$

$$\cos(F'_R,j)=\frac{F'_{Ry}}{F'_R}=-0.9446$$

则有

$$\angle(F'_R,i)=\pm 70.83°$$

$$\angle(F'_R,j)=180°\pm 19.16°$$

故主矢$\boldsymbol{F}'_R$在第四象限内，与x轴的夹角为$-70.83°$。

力系对点O的主矩为：

$$M_O=\sum M_O(F)=-3F_1-1.5P_1-3.9P_2=-2355\text{kN}\cdot\text{m}$$

（2）合力$\boldsymbol{F}_R$的大小和方向与主矢$\boldsymbol{F}'_R$相同。其作用线位置的x值可根据合力矩定理求得［图 3-7（c）］，即：

$$M_O=M_O(F_R)=M_O(F_{Rx})+M_O(F_{Ry})$$

其中，$M_O(F_{Rx})=0$，故有$M_O=M_O(F_{Ry})=F_{Rx}x$。

解得

$$x=\frac{M_O}{F_{Ry}}=3.514\text{m}$$

基本练习题

3-2 若平面任意力系向某点简化后合力矩为零，则合力（　　）。

A. 一定为零　　B. 一定不为零

C. 不一定为零　　D. 与合力矩相等

3.3 平面任意力系的平衡条件和平衡方程

现在讨论静力学中最重要的情形，即平面任意力系的主矢和主矩都等于零的情形。

由以上讨论可知：若平面任意力系的主矢$\boldsymbol{F}'_R$和主矩M_O不同时为零，则原力系可等效为一个合力或一个合力偶，此时刚体是不平衡的。因此，要使刚体在平面任意力系作用下处于平衡状态，则必须使其主矢和主矩同时为零。反之，如果主矢$\boldsymbol{F}'_R$和主矩M_O同时为零，则原力系必然是平衡力系。综上可知，**平面任意力系平衡的充分必要条件是：力系的主矢和力系对任意点的主矩同时为零**，即：

$$F'_R=0,\ M_O=0 \tag{3-1}$$

显然，主矢与主矩分别等于零将不会改变物体平动与转动的运动状态，物体受力达到平衡。将上述二式投影到直角坐标系上，用解析式可以表示为：

$$\begin{cases}\sum F_x=0\\ \sum F_y=0\\ \sum M_O(F)=0\end{cases} \tag{3-2}$$

式(3-2)称为平面任意力系的**平衡方程**。式(3-2)有三个独立方程，只能求解三个未知数。此时，**平面任意力系平衡的充分必要条件可表达为：力系中所有力在两个任选的坐标轴上的投影的代数和分别等于零，以及各力对于任意一点的矩的代数和也等于零**。由此可见，平面汇交力系与平面力偶系均为平面任意力系的特例。

【例 3-2】如图 3-8（a）所示，已知刚性杆$AC = CB = l$，$F = 10\text{kN}$，刚性杆自重和摩擦忽略不计，求铰链A及D的约束反力。

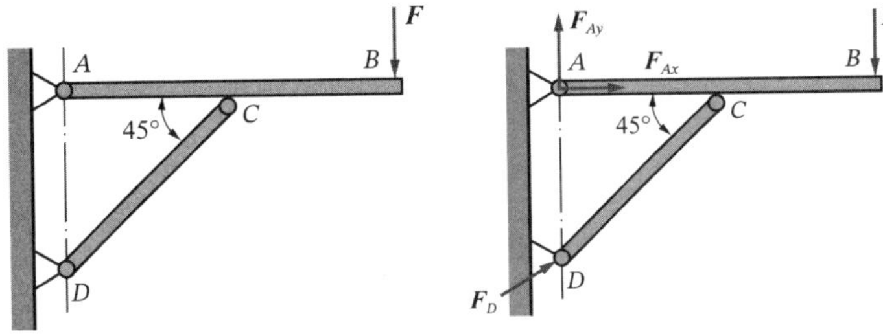

图 3-8 例 3-2 图

解：选取AB杆与CD杆组成的系统为研究对象，由于CD杆为二力构件，D点支反力方向沿DC方向，设为向上。A点为铰链连接，本题可以采用三力汇交力系方法来做。为了熟悉本节内容，本题拟采用平面任意力系平衡方程进行求解，因而，A点约束可以直接根据固定铰支座的约束性质，用两个相互垂直的分力$\boldsymbol{F}_{Ax}$与$\boldsymbol{F}_{Ay}$表示，受力分析图如图 3-8（b）所示。

建立直角坐标系，可列出平面任意力系的平衡方程如下：

$$\sum_{i=1}^{n} M_O(F_i) = 0,\quad -F \cdot AB + \sin 45^\circ F_D \cdot AC = 0 \Rightarrow F_D = 2\sqrt{2}F = 28.28\text{kN}$$

$$\sum_{x=1}^{n} F_x = 0,\quad \cos 45^\circ F_D + F_{Ax} = 0 \Rightarrow F_{Ax} = -\cos 45^\circ F_D = -2F = -20\text{kN}$$

$$\sum_{x=1}^{n} F_y = 0,\quad \cos 45^\circ F_D + F_{Ay} - F = 0 \Rightarrow F_{Ay} = -F = -10\text{kN}$$

【例 3-3】起重机自重$\boldsymbol{P}_1 = 10\text{kN}$，可绕铅直轴$AB$转动；起重机的挂钩上挂一重为$\boldsymbol{P}_2 = 40\text{kN}$的重物；起重机的重心$C$到转动轴的距离为 1.5m，其他尺寸如图 3-9 所示。求在止推轴承A和轴承B处的反作用力。

解：先以起重机作为研究对象，它所受的主动力有$\boldsymbol{P}_1$和$\boldsymbol{P}_2$。由于对称性，主动力和约束反力都位于同一平面之内。止推轴承A处有两个约束反力$\boldsymbol{F}_{Ax}$、$\boldsymbol{F}_{Ay}$，轴承B处只有一个与转轴垂直的约束反力$\boldsymbol{F}_B$，约束反力方向如图 3-9 所示。取坐标系如图 3-9 所示，列出平面任意力系的平衡方程，即

$$\sum F_x = 0,\ F_{Ax} + F_B = 0$$

$$\sum F_y = 0,\ F_{Ax} - P_1 - P_2 = 0$$

$$\sum M_A = 0,\quad -5F_B - 1.5P_1 - 3.5P_2 = 0$$

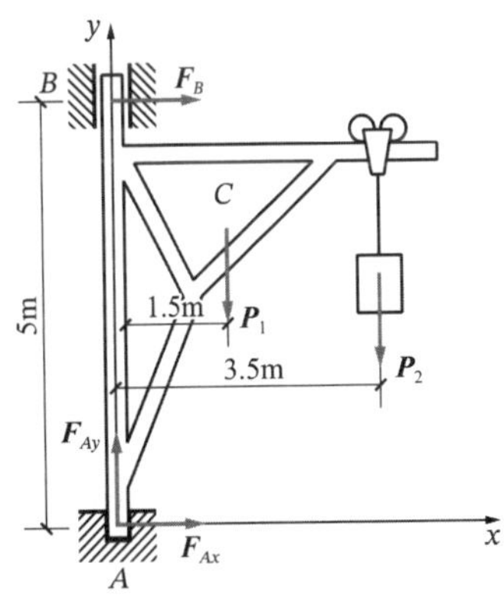

图 3-9 例 3-3 图

求解以上方程组，得：

$$F_{Ay} = P_1 + P_2 = 50\text{kN}$$

$$F_B = -0.3P_1 - 0.7P_2 = -31\text{kN}$$

$$F_{Ax} = -F_B = 31\text{kN}$$

$\boldsymbol{F}_B$为负值，说明它的方向与假设的方向相反，即应指向左边。

【例 3-4】图 3-10 所示的水平横梁AB，A端为固定铰链支座，B端为一滚动支座。梁的长为 $4a$，梁自重为$\boldsymbol{P}$，作用在梁的中点C处。在梁的AC段上受均布荷载q作用，在梁的CB段上受力偶作用，力偶矩$M = Pa$。试求A和B处的支座反力。

解：选取梁AB为研究对象。它所受的主动力有：均布荷载q、重力$\boldsymbol{P}$、矩为$\boldsymbol{M}$的力偶。它所受的约束反力有：铰链A的两个分力$\boldsymbol{F}_{Ax}$和$\boldsymbol{F}_{Ay}$，滚动支座B处竖直向上的约束反力$\boldsymbol{F}_B$。

取坐标系如图 3-10 所示，列出平衡方程：

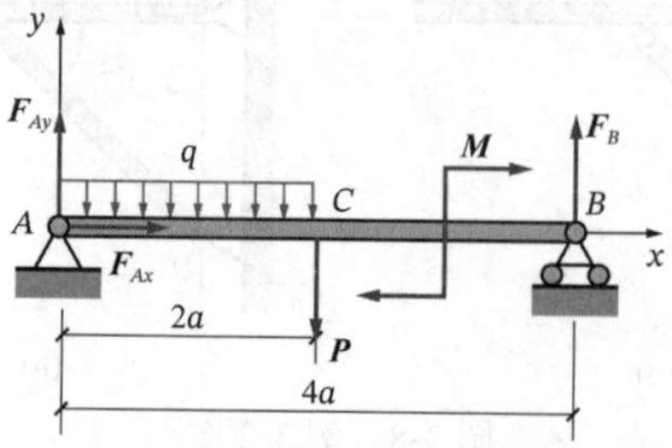

图 3-10 例 3-4 图

$$\sum M_A=0，F_B\times 4a-M-P\times 2a-q\times 2a\times a=0\Rightarrow F_B=\frac{3}{4}P+\frac{1}{2}qa$$

$$\sum F_x=0，F_{Ax}=0\Rightarrow F_{Ax}=0$$

$$\sum F_y=0，F_{Ay}-q\times 2a-P+F_B=0\Rightarrow F_{Ay}=\frac{P}{4}+\frac{3}{2}qa$$

【**例 3-5**】自重$P=100\text{kN}$的 T 字形刚架ABD，置于铅垂面内，荷载如图 3-11（a）所示。其中$M=20\text{kN}\cdot\text{m}$，$F=400\text{kN}$，$q=20\text{kN/m}$，$l=1\text{m}$。试求固定端$A$处的约束反力。

解：选取 T 字形刚架整体作为研究对象，除受主动力外，其上还作用有固定端A处的约束反力$\boldsymbol{F}_{Ax}$、$\boldsymbol{F}_{Ay}$和约束反力偶$\boldsymbol{M}_A$，刚架受力分析图如图 3-11（b）所示。

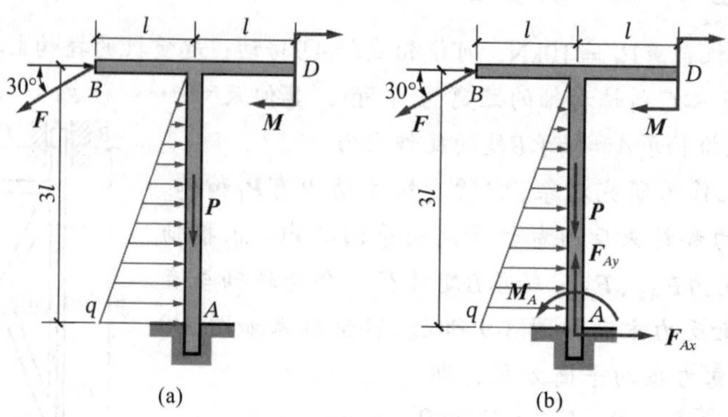

图 3-11 例 3-5 图

列平衡方程：

$$\sum F_x=0，F_{Ax}+\frac{q\times 3l}{2}-F\times\sin 60^\circ=0$$

$$\sum F_y=0，F_{Ay}-P-F\times\cos 60^\circ=0$$

$$\sum M_A=0，M_A-M-\frac{q\times 3l}{2}l+F\times\cos 60^\circ\,l+F\times\sin 60^\circ\times 3l=0$$

以上方程组联立求解可得：

$$F_{Ax}=316.4\text{kN}，F_{Ay}=300\text{kN}，M_A=-1188\text{kN}\cdot\text{m}$$

负号说明图中所假设方向与实际情况相反，即$\boldsymbol{F}_{Ay}$应为向下，$\boldsymbol{M}_A$应为顺时针方向。

从上述例题可见，选取适当的坐标轴和力矩中心，可以减少每个平衡方程中未知量的数目。在平面任意力系情形下，矩心应取在两未知力的交点上，而坐标轴应当与尽可能多的未知力相垂直。通过选取适当的矩心，通常情况下能够实现 1 个方程解 1 个未知量，这对于我们求解问题是比较方便的。工程上除了前面讲到的 2 投影 + 1 力矩的方程组形式以外，还有 1 投影 + 2 力矩、3 力矩的方程组形式。我们分别把它们称为一矩式、二矩式以及三矩式，充分利用取矩带来的方便。不管是采用一矩式、二矩式还是三矩式，采用第一个方程取矩，首先解出其中的一个未知量通常是我们的首选。下面我们把三种方程组形式列举如下。

一矩式：$\sum M_O(F)=0$，$\sum F_x=0$，$\sum F_y=0$

二矩式（条件：x轴不得与AB连线垂直）：

$$\sum M_A(F)=0,\ \sum M_B(F)=0,\ \sum F_x=0$$

三矩式（条件：A、B、C三点不共线）：

$$\sum M_A(F)=0,\ \sum M_B(F)=0,\ \sum M_C(F)=0$$

二矩式方程组中若x轴与AB连线垂直，或三矩式方程组中A、B、C三点共线，虽然写出了 3 个方程，但 3 个方程线性相关，不相互独立，可以由其中的两个方程推出第 3 个方程，因而方程式数目不足，不能够解出或全部解出我们需要的未知约束反力。

基本练习题

3-3 平面任意力系向平面内一点O简化，下列属于平衡的是（　　）。

A. $M_O'=0$，$R'=0$

B. $M_O'\neq 0$，$R'=0$

C. $M_O'\neq 0$，$R'\neq 0$

D. $M_O'=0$，$R'\neq 0$

3.4 平面平行力系及物体的形心

3.4.1 平面平行力系的平衡方程

力系中各力的作用线在同一平面内且相互平行的力系称为**平面平行力系**。平面平行力系也是平面任意力系的一种特殊情形。它同前面的汇交力系或力偶系一样，由于其特殊性（各力相互平行），实际上是给力系赋予了一种约束，其独立方程式个数减少为 2 个。如图 3-12 所示，设物体受平面平行力系$\boldsymbol{F}_1$，$\boldsymbol{F}_2$，…，$\boldsymbol{F}_n$的作用。如选取x轴与各力垂直，则不论力系是否平衡，每一个力在x轴上的投影恒等于零，即$\sum F_x=0$恒成立。于是：

一矩式：$\sum M_A(F)=0$，$\sum F_y=0$ (3-3)

二矩式：$\sum M_A(F)=0$，$\sum M_B(F)=0$ (3-4)

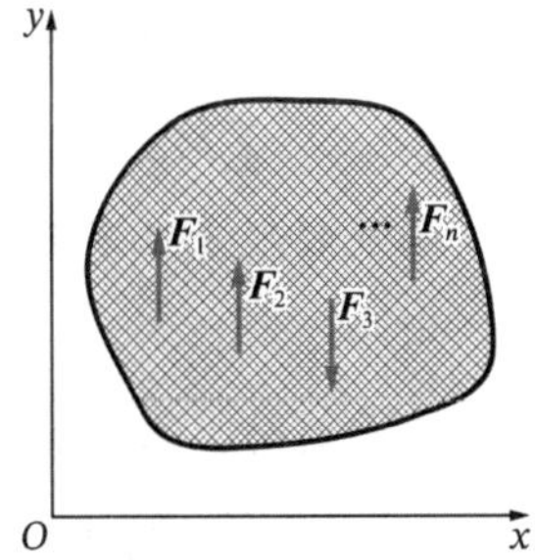

图 3-12　平面平行力系

使用方程组式(3-4)的限制条件为：A、B两点的连线不得与各力的作用线平行。

应注意的是：平面平行力系只有两个独立的平衡方程，可求解两个未知力。

3.4.2 平行力系中心

平行力系中心为平行力系合力的作用点。设在刚体上作用有平行力系$\boldsymbol{F}_1$，$\boldsymbol{F}_2$，…，$\boldsymbol{F}_n$，各力作用点的位置矢径$\boldsymbol{r}_i$如图 3-13 所示。显然其合力矢为：

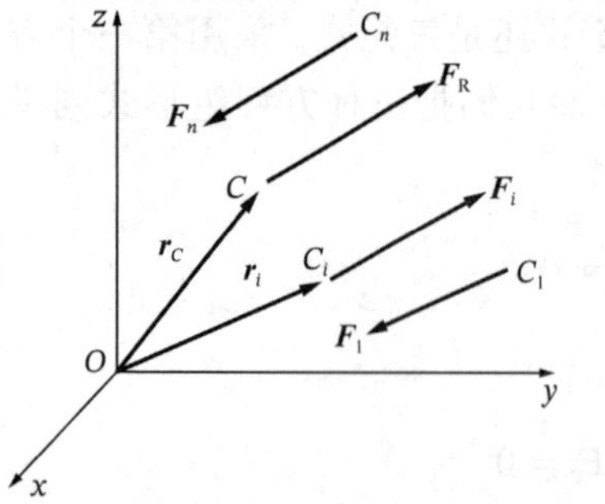

图 3-13 各力作用点的位置矢径

$$F_{\mathrm{R}}=\sum F_i$$

设力方向的单位矢量为$\boldsymbol{F}^0$，由合力矩定理得：

$$\boldsymbol{r}_C\times\boldsymbol{F}_{\mathrm{R}}=\sum\boldsymbol{r}_i\times\boldsymbol{F}_i$$

即

$$\boldsymbol{r}_C\times\boldsymbol{F}_{\mathrm{R}}\boldsymbol{F}^0=\sum\boldsymbol{r}_i\times\boldsymbol{F}_i\boldsymbol{F}^0$$

由此可确定合力作用点C的矢径为：

$$r_C=\frac{\sum F_i r_i}{\sum F_i}$$

将上式投影到正交坐标轴上得到合力作用点C的投影计算式：

$$x_C=\frac{\sum F_i x_i}{\sum F_i},\quad y_C=\frac{\sum F_i y_i}{\sum F_i},\quad z_C=\frac{\sum F_i z_i}{\sum F_i}$$

这里的x_i、y_i、z_i为各力矢径$\boldsymbol{r}_i$的坐标（投影）值。

【例 3-6】塔式起重机如图 3-14 所示。机架自重为$\boldsymbol{P}$，作用线通过塔架的中心。最大起重量为$\boldsymbol{P}_1$，最大悬臂距右端支座为l，轨道AB的间距为b。平衡荷载为$\boldsymbol{P}_2$，距右端支座为a。试求保证起重机在满载和空载时都不会翻倒，平衡荷载$\boldsymbol{P}_2$应为多少？

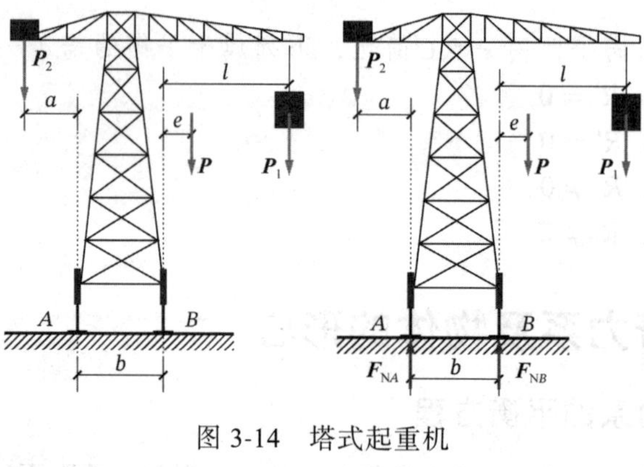

图 3-14 塔式起重机

解：要使起重机不翻倒，应使作用在起重机上的所有力满足平衡条件。起重机所受的力有：荷载的重力$\boldsymbol{P}_1$、机架的重力$\boldsymbol{P}$、平衡荷重$\boldsymbol{P}_2$，以及轨道的约束反力$\boldsymbol{F}_{\mathrm{NA}}$和$\boldsymbol{F}_{\mathrm{NB}}$。

当满载时，求出支反力F_{NA}：

$$\sum M_B=0\quad P_2(a+b)-Pe-P_1 l-F_{\mathrm{NA}}b=0\quad F_{\mathrm{NA}}=\frac{P_2(a+b)-Pe-P_1 l}{b}$$

满载时起重机不翻倒的条件：$F_{\mathrm{NA}}>0$。

由此

$$P_2\geqslant\frac{Pe+P_1 l}{a+b}$$

当空载时，求出支反力F_{NB}：

$$\sum M_A=0\quad P_2 a-P(e+b)+F_{\mathrm{NB}}b=0\quad F_{\mathrm{NB}}=\frac{-P_2 a+P(e+b)}{b}$$

空载时起重机不翻倒的条件：$F_{\mathrm{NB}}>0$。

$$P_2 \leqslant \frac{P(e+b)}{a}$$

由此，平衡配重的取值范围为：$\dfrac{Pe+P_1 l}{a+b} < P_2 < \dfrac{P(e+b)}{a}$。

基本练习题

3-4 平面平行力系一共有几个独立方程式？可以表示成哪些形式？

3.5　物体系的平衡问题

工程中，如组合构架、三铰拱等结构，都是由几个物体（零件、部件或构件）通过一定约束方式联系在一起组成的系统，称为**物体系**。当物体系平衡时，组成该系统的每一个物体都处于平衡状态，因此对于任一个受平面任意力系作用的物体，均可写出三个平衡方程。若物体系由多个物体组成，则共有 $3n$个独立平衡方程。若系统中有物体受平面汇交力系或平面平行力系作用时，则平衡方程数目相应减少。当系统中的未知量数目等于独立平衡方程的数目时，则所有未知量都能由平衡方程求出，这样的问题称为**静定**问题。显然前面列举的各例子都是静定问题。在工程实际中，有时为了提高结构的刚度和坚固性，常常增加多余的约束，因而使这些结构的未知量数目多于平衡方程数目，未知量就不能全部由平衡方程求出，这样的问题称为**静不定**问题或**超静定**问题。对于超静定问题，必须考虑物体因受力作用而产生的变形，加入某些补充方程后，才能使方程的数目等于未知量的数目。超静定问题已超出刚体静力学的范围，须在材料力学和结构力学中研究。

下面举出一些静定和超静定问题的例子。

假设用两根绳子悬挂一重物，如图 3-15（a）所示，未知的约束反力有两个，而重物受平面汇交力系作用，共有两个平衡方程，因此是静定问题。如用三根绳子悬挂重物，且力线在平面内交于一点，如图 3-15（b）所示，则未知的约束反力有三个，而平衡方程只有两个，因此是超静定问题。

假用两个轴承支承一根轴，如图 3-15（c）所示，未知的约束反力有两个，因轴受平面平行力系作用，共有两个平衡方程，所以是静定问题。若用三个轴承支承，如图 3-15（d）所示，则未知的约束反力有三个，而平衡方程只有两个，因此是超静定问题。

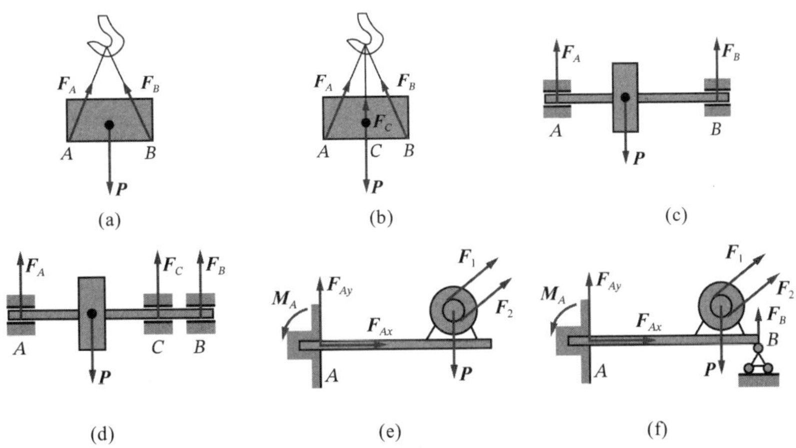

图 3-15　静定和超静定问题的例子

图 3-15（e）和（f）所示的平面任意力系，均有 3 个平衡方程。图 3-15（e）中有 3 个未知量，因此是静定问题；而图 3-15（f）中有 4 个未知量，因此是超静定问题。图 3-16（a）所示的梁由两部分铰接组成，每部分有 3 个平衡方程，共有 6 个平衡方程。未知量除了图中所画的 3 个支反力和 1 个反力偶外，尚有铰链C处的 2 个未知力，共计 6 个。因此，也是静定问题。若在BC之间增加一个滚动铰支座，则系统共有 7 个未知量，因此系统将是超静定的，为 1 次超静定；若再在AC之间增加一个滚动铰支座，则系统共有 8 个未知量，因此系统也将是超静定的，为 2 次超静定。一般地，对于平面任意力系：

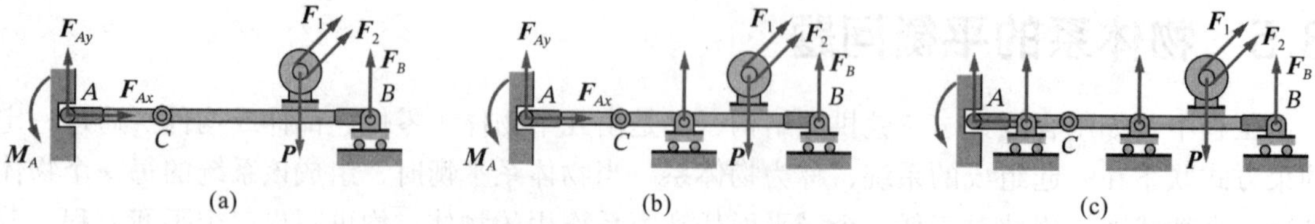

图 3-16　静定梁和超静定梁

$$\text{超静定次数} = \text{约束未知力个数} - (\text{物体系物体数}) \times 3$$

在求解静定物体系的平衡问题时，由n个物体组成的物体系，通常会选择n个研究对象，每个研究对象列 3 个方程，因而需要列 $3n$个平衡方程。在选择研究对象时，通常也是首先选择相对简单的对象，比如先选只有 3 个未知约束力的对象。如果不能满足，也可选择含有 4 个未知约束力的对象。选好研究对象后，列平衡方程时，也应使每一个平衡方程中的未知量个数尽可能少，最好是只含有一个未知量，以避免求解联立方程组。通常对于力矩方程，矩心尽量选择在多个未知力交点处；对于投影方程，应尽量选择与多个未知力垂直的投影轴。这样在投影轴上有投影的未知力个数将最少。

【**例 3-7**】图 3-17（a）所示为曲轴冲床简图，系统由轮Ⅰ、连杆AB和冲头B组成。A、B两处为铰链连接。$OA = R$，$AB = l$。如忽略摩擦和物体的自重，当OA在水平位置且冲压力为$\boldsymbol{F}$时系统处于平衡状态。求：（1）作用在轮Ⅰ上的力偶矩$\boldsymbol{M}$的大小；（2）轴承O处的约束反力；（3）连杆AB受到的力；（4）冲头给导轨的侧压力。

解：首先以冲头为研究对象。冲头受冲压阻力$\boldsymbol{F}$、导轨反力$\boldsymbol{F}_\mathrm{N}$以及连杆（二力杆）的作用力$\boldsymbol{F}_B$作用，如图 3-17（b）所示，为一平面汇交力系。

设连杆与铅直线间的夹角为φ，按图示坐标轴列平衡方程：

$$\sum F_y = 0,\ F - F_B\cos\varphi = 0,\ F_B = \frac{F}{\cos\varphi} = \frac{Fl}{\sqrt{l^2 - R^2}}$$

$$\sum F_x = 0,\ F_\mathrm{N} - F_B\sin\varphi = 0,\ F_\mathrm{N} = F\tan\varphi = \frac{FR}{\sqrt{l^2 - R^2}}$$

再以轮Ⅰ为研究对象。轮Ⅰ受平面任意力系作用，包括矩为$\boldsymbol{M}$的力偶、连杆作用力$\boldsymbol{F}_A$以及轴承的反力$\boldsymbol{F}_{Ox}$和$\boldsymbol{F}_{Oy}$［图 3-17（c）］，由于AB杆为二力杆，$\boldsymbol{F}_A = \boldsymbol{F}_B$。按图示坐标轴列平衡方程：

$$\sum M_O = 0,\ F_A R\cos\varphi - M = 0,\ M = FR$$

$$\sum F_x = 0,\ F_{Ox} + F_A\sin\varphi = 0,\ F_{Ox} = -\frac{FR}{\sqrt{l^2 - R^2}}$$

$$\sum F_y = 0,\ F_{Oy} + F_A\cos\varphi = 0,\ F_{Oy} = -F$$

$\boldsymbol{F}_{Ox}$、$\boldsymbol{F}_{Oy}$为负号说明其真实方向与图示假设的方向相反。

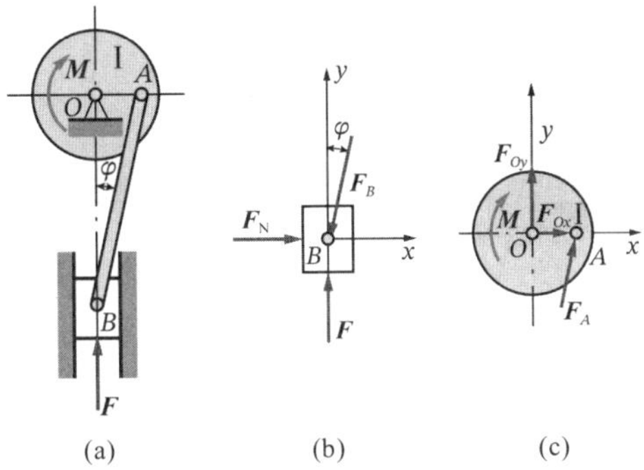

图 3-17　例 3-7 图

【例 3-8】 图 3-18（a）所示的组合梁由AC梁和CD梁在C处铰接而成。梁的A端插入墙内，B处为滚动支座。已知：$F=20\text{kN}$，均布荷载$q=10\text{kN/m}$，$M=20\text{kN}\cdot\text{m}$，$l=1\text{m}$。试求插入端$A$及滚动支座$B$的约束反力。

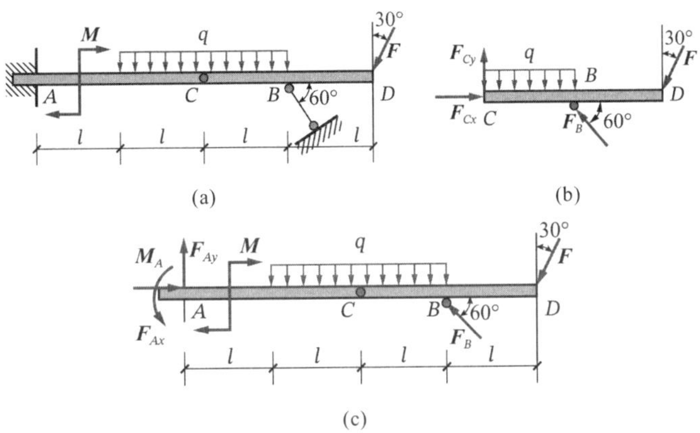

图 3-18　例 3-8 图

解： 分析组合梁，若选择整体结构作为研究对象，含有 4 个约束反力；若选AC梁作为研究对象，则含有 5 个约束反力。选择这两个研究对象，都需要联立其他方程才能解出所有约束反力，不利于求解。而选择CD梁作为研究对象，未知约束力个数为 3 个，刚好与所能求解的未知量个数相等。因此首先选择CD梁作为研究对象，作出其受力分析图，如图 3-18（b）所示。由于C点约束反力在题目中没有要求求解，因而求解$\boldsymbol{F}_B$即可。

$$\sum M_C=0,\ \sin 60^\circ F_B l-ql\frac{l}{2}-\cos 30^\circ F\times 2l=0,\ F_B=45.77\text{kN}$$

再以整体结构作为研究对象，组合梁在主动力$\boldsymbol{M}$、$\boldsymbol{F}$、q和约束反力$\boldsymbol{F}_{Ax}$、$\boldsymbol{F}_{Ay}$、$\boldsymbol{M}_A$及$\boldsymbol{F}_B$作用下平衡，受力如图 3-18（c）所示。列平衡方程：

$$\sum M_A=0,\ M_A-M-2ql\times 2l+\sin 60^\circ F_B\times 3l-\cos 30^\circ F\times 4l=0,\ M_A=10.37\text{kN}$$

$$\sum F_x=0,\ F_{Ax}-\cos 60^\circ F_B-\sin 30^\circ F=0,\ F_{Ax}=32.89\text{kN}$$

$$\sum F_y=0,\ F_{Ay}+\sin 60^\circ F_B-2ql-\cos 30^\circ F=0,\ F_{Ay}=-2.32\text{kN}$$

【例 3-9】 图 3-19（a）所示为钢结构拱架，拱架由两个相同的刚架AC和BC用铰链C连接，拱脚A、B用铰链固接于地基，吊车梁支承在刚架的突出部分D、E上。设两刚架自重均为$P=60\text{kN}$；吊车梁自重为$P_1=20\text{kN}$，其作用线通过点C；荷载$P_2=10\text{kN}$；风力$F=10\text{kN}$。尺寸如图所示。D、E两点在力P的作用线上。求固定铰支座A和B的约束反力。

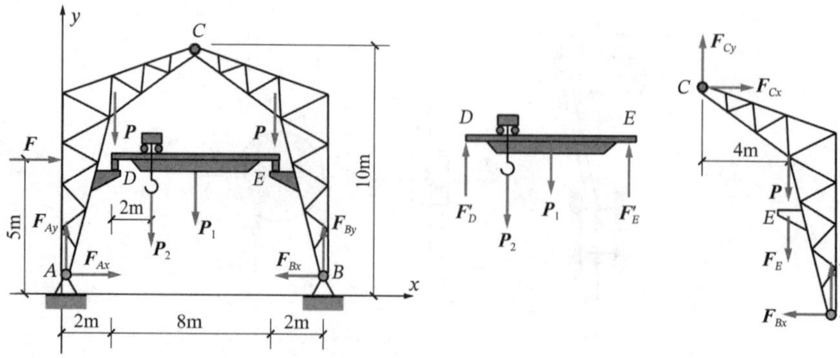

(a)　　(b)　　(c)

图 3-19　例 3-9 图

解：系统由AC、CB以及DE三个物体组成的物体系，中间吊车梁DE受力较为简单，为平行力系，约束力只有$\boldsymbol{F}'_D$与$\boldsymbol{F}'_E$。首先选择DE为研究对象进行受力分析，如图 3-19（b）所示。

$$\sum M_D = 0\text{，}\ 8F'_E - 4P_1 - 2P_2 = 0\text{，}\ F'_E = 12.5\text{kN}$$

$$\sum F_y = 0\text{，}\ F'_E + F'_D - P_1 - P_2 = 0\text{，}\ F'_D = 17.5\text{kN}$$

解出约束力$\boldsymbol{F}'_D$和$\boldsymbol{F}'_E$后，无论是选择整个物体系统，还是选择单个物体AC或BC为研究对象，其未知约束反力均为 4 个。考虑到物体系统包含需求解的支座约束反力，同时，A、B两点均为 3 个未知约束反力的交点，列 2 个力矩方程可以解出 2 个未知约束反力。

$$\sum M_A = 0\text{，}\ 12F_{By} - 10P - 6P_1 - 4P_2 - 2P - 5F = 0\text{，}\ F_{By} = 77.5\text{kN}$$

$$\sum M_B = 0\text{，}\ -12F_{Ay} + 10P + 6P_1 + 8P_2 + 2P - 5F = 0\text{，}\ F_{Ay} = 72.5\text{kN}$$

$$\sum F_x = 0\text{，}\ F_{Ax} + F - F_{Bx} = 0$$

第 3 式包含 2 个未知约束力，欲求得全部解答，必须再补充一个独立的方程。因此需另选 1 个研究对象。选右边刚架为研究对象，作出其受力分析图，见图 3-19（c）。

$$\sum M_C = 0\text{，}\ 6F_{By} - 10F_{Bx} - 4(P + F_E) = 0\text{，}\ F_{Bx} = 17.5\text{kN}$$

$$F_{Ax} = 7.5\text{kN}$$

【例 3-10】图 3-20（a）所示结构中，已知重力$\boldsymbol{P}$，$DC = CE = AC = CB = 2l$；定滑轮半径为R，动滑轮半径为r，且$R = 2r = l$，$\theta = 45°$。试求：A、E支座的约束反力及BD杆所受的力。

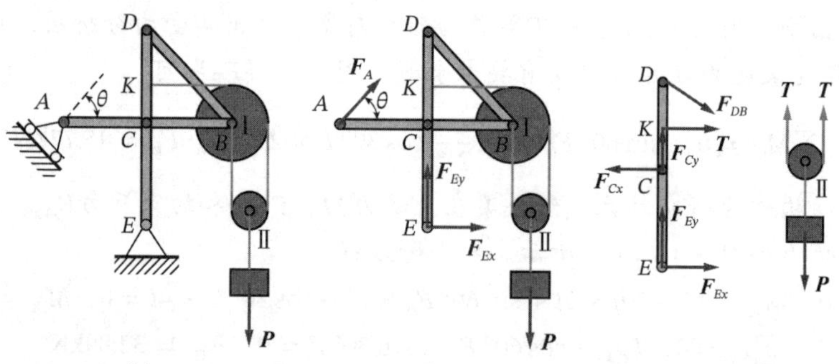

(a)　　(b)　　(c)　　(d)

图 3-20　例 3-10 图

解：应根据已知条件与待求量，选取适当的系统作为研究对象。本题中，若选择整体结构作为研究对象，其未知约束反力个数刚好三个，包含了需要求解的A、E支座的约束反力。由此，先取整体为研究对象，其受力图如图 3-20（b）所示，列平衡方程。

$$\sum M_E(F)=0,\quad -F_A\cos\theta\times 4l-P(2l+r)=0,\ F_A=-\frac{5\sqrt{2}}{8}P$$

$$\sum F_x=0,\ F_{Ex}+F_A\cos\theta=0,\ F_{Ex}=\frac{5}{8}P$$

$$\sum F_y=0,\ F_{Ey}-P+F_A\sin\theta=0,\ F_{Ey}=\frac{13}{8}P$$

为求BD杆所受的力，应取包含此力的物体或系统为研究对象。取杆DCE为研究对象最为方便，杆DCE的受力图如图 3-20（c）所示。由图 3-20（d）可知拉力$T=P/2$。可见取杆DCE作为研究对象，包含 3 个未知约束反力，分别为$\boldsymbol{F}_{Cx}$、$\boldsymbol{F}_{Cy}$以及$\boldsymbol{F}_{BD}$。为了求解$\boldsymbol{F}_{BD}$，对交点C列力矩平衡方程。

第3章

$$\sum M_C=0,\quad -\cos 45^\circ F_{DB}\times 2l-Tl+F_{Ex}\times 2l=0,\ F_{DB}=\frac{3\sqrt{2}}{8}P$$

【例 3-11】已知结构如图 3-21（a）所示，求B点约束力。

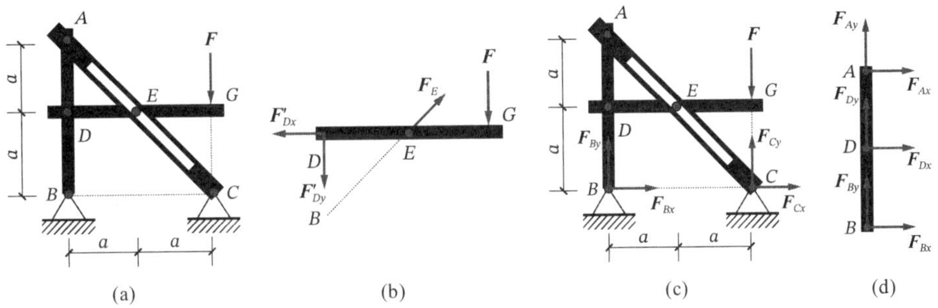

图 3-21 例 3-11 图

解： 因DEF杆受力较为简单，首先取DEF杆作为研究对象，作出其受力分析图如图 3-21（b）所示。

$$\sum M_D=0,\ \sin 45^\circ F_E\cdot a-F\times 2a=0,\ F_E=2\sqrt{2}F$$
$$\sum F_x=0,\ \cos 45^\circ F_E-F'_{Dx}=0,\ F'_{Dx}=2F$$
$$\sum M_E=0,\ F'_{Dy}\cdot a-F\times 2a=0,\ F'_{Dy}=2F$$

取整体作为研究对象，受力分析如图 3-21（c）。

$$\sum M_C=0,\quad -F_{By}\times 2a=0,\ F_{By}=0$$

最后取ADB杆做研究对象，受力分析如图 3-21（d）。

$$\sum M_A=0,\ F_{Bx}\times 2a+F_{Dx}\cdot a=0,\ F_{Bx}=-F$$

基本练习题

3-5 当系统中的未知量数目与独立平衡方程的数目分别满足什么条件时为静定问题和超静定问题？

工程启示：吊灯、吊链和天花板的静定问题

吊灯、吊链（或吊杆）和天花板组成整体，既可以视为静定的也可以视为超静定的，即需要更多的信息或假设来求解。这取决于物体系各组成部分的性质。

3.6 平面简单桁架的内力计算

工程中，房屋建筑、桥梁、起重机、油田井架、电视塔等结构物常用桁架结构，如图 3-22 所示。桁架结构的优点是：杆件主要承受拉力或压力、可以充分发挥材料的作用、节约材料、减轻结构的重量。

桁架是一种由杆件在彼此两端用铰链连接而成的结构，若把杆件视为刚体，则桁架受力后几何形状将维持不变。若桁架所有的杆件都在同一平面内，这种桁架称为**平面桁架**。桁架中杆件的铰链接头称为**节点**。

为了简化桁架的计算，实际工程中采用以下几个假设：

① 桁架的杆件都是直的；

② 杆件用光滑的铰链连接；

③ 桁架所受的力（荷载）都作用在节点上，并且在桁架的平面内；

④ 桁架杆件的重量略去不计，或平均分配在杆件两端的节点上。

这样的桁架，称为理想桁架。构成理想桁架的基本单元为三角形单元，如图 3-23 所示。本书研究的桁架为静定桁架。即桁架结构中无多余约束。静定桁架的基本单元为三角形。当为 1 个三角形单元时，杆件数为 3，顶点数也为 3；随后每增加 1 个顶点，杆件数将增加 2 个，若总的顶点数为n，则杆件数为$m=(n-3)\times 2+3=2n-3$。

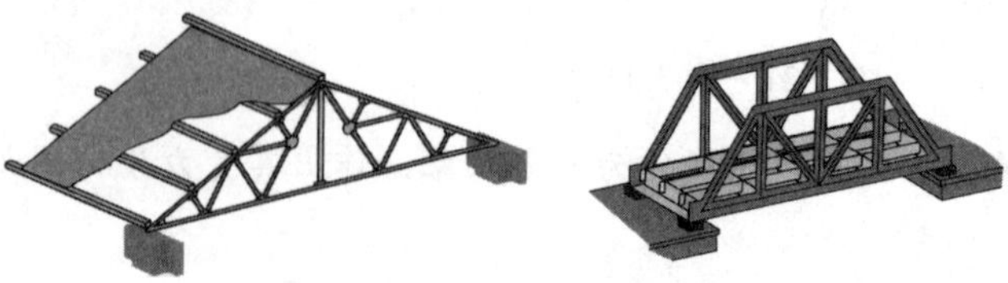

图 3-22 桁架结构

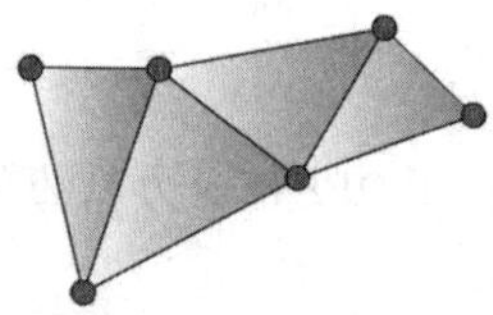

图 3-23 理想桁架的三角形单元

研究桁架的方法源于平面任意力系的平衡方程，依据选取的对象不同，分为两种方法：节点法和截面法。

3.6.1 节点法

桁架的每个节点都受一个平面汇交力系的作用。为了求出每个杆件的内力，可以逐个选取节点为研究对象，由已知力求出全部未知力（杆件的内力），这就是节点法。

在取单个节点为研究对象之前，一般情况下我们都先选择整体结构作为研究对象，求出整体结构的约束反力。

【例 3-12】 如图 3-24（a）所示平面桁架，在D、E两点作用水平荷载$\boldsymbol{F}_1$、$\boldsymbol{F}_2$。在节点G、H、I、J上分别作用荷载$\boldsymbol{F}_3$、$\boldsymbol{F}_4$、$\boldsymbol{F}_5$、$\boldsymbol{F}_6$，且$F_1=F_2=F_3=F_4=F_5=F_6=F$。试用节点法计算杆$ED$、$DH$的内力。

解： 首先选取整个桁架系统做研究对象，作出其受力分析图如图 3-24（b）所示。

由
$$\sum M_O(F)=0$$
$$R_A\times 20a+F_1\times 6a+F_2\times 3a-F_3\times 4a-F_4\times 8a-F_5\times 12a-F_6\times 16a=0$$
得
$$R_A=\frac{31}{20}F$$

$$\sum X=0,\ R_{Ox}-F_1-F_2=0,\ R_{Ox}=2F$$

$$\sum Y=0,\ R_{Oy}+R_A-F_3-F_4-F_5-F_6=0,\ R_{Oy}=\frac{49}{20}F$$

选O节点作为研究对象，作出其受力分析如图 3-24（c）所示。

$$\sum Y=0,\ R_{Oy}+\frac{3}{5}F_{OE}=0,\ F_{OE}=-\frac{5}{3}R_{Oy}=-\frac{49}{12}F$$

$$\sum X=0,\ R_{Ox}+\frac{4}{5}F_{OE}+F_{OG}=0,\ F_{OG}=\frac{23}{15}F$$

再选G点作为研究对象，作出其受力分析如图 3-24（d）所示。

$$\sum X=0,\ F_{GH}-F_{GO}=0,\ F_{GH}=F_{GO}=\frac{23}{15}F$$

$$\sum Y=0,\ F_{GE}-F_3=0,\ F_{GE}=F$$

再选E点作为研究对象，作出其受力分析如图 3-24（e）所示。

$$\sum X=0,\ F_{ED}\times\frac{4}{5}+F_{EH}\times\frac{4}{5}-F_{EO}\times\frac{4}{5}-F_2=0$$

$$\sum Y=0,\ F_{ED}\times\frac{3}{5}-F_{EH}\times\frac{3}{5}-F_{EO}\times\frac{3}{5}-F_{EG}=0$$

$$F_{ED}=-\frac{41}{8}F,\ F_{EH}=-\frac{23}{24}F$$

接着选D点作为研究对象，作出其受力分析如图 3-24（f）所示。

$$\sum Y=0,\ -F_{DH}-\frac{3}{5}F_{ED}=0,\ F_{DH}=\frac{123}{40}F$$

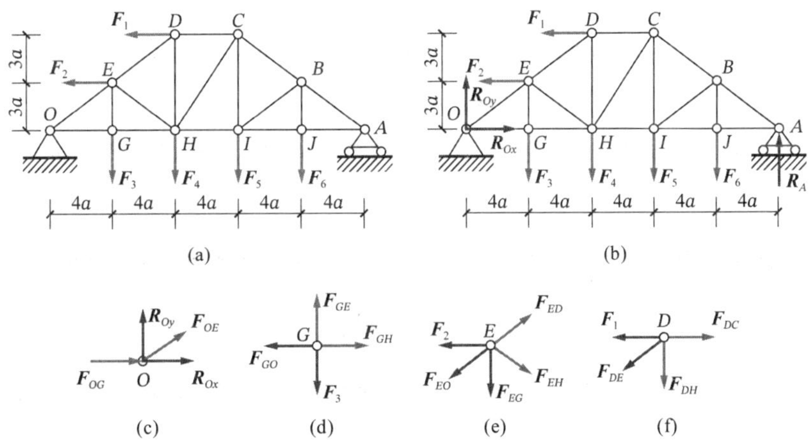

图 3-24　例 3-12 图

由此可见，选用节点法求解桁架杆件内力，需要逐个选取节点作为研究对象依次求解。节点的选取原则一般是从支座位置出发，对相邻节点进行分析，选择未知内力为 2 个的节点进行求解。节点法求解节点个数较多，步骤较为烦琐，若要求解桁架中某特定杆内力，势必会求解诸多不必要的杆件内力，给我们的求解带来极大不便。

3.6.2 截面法

如只要求计算桁架内某几个杆件所受的内力，可以适当地选取一个截面，假想地把桁架截开，再考虑其中任一部分的平衡，求出这些被截开杆件的内力，这就是截面法。截面法的应用需注意所取截面可以为平面，也可以为曲面，但一般选取的截面需为静定系统，即截面中仅包含 3 根杆件内力，依据平面一般力系平衡方程，可以列出 3 个方程进行求解。

【例 3-13】 如图 3-25（a）所示平面桁架，在D、E两点作用水平荷载$\boldsymbol{F}_1$、$\boldsymbol{F}_2$。在节点G、H、I、J上分别作用荷载$\boldsymbol{F}_3$、$\boldsymbol{F}_4$、$\boldsymbol{F}_5$、$\boldsymbol{F}_6$，且$F_1=F_2=F_3=F_4=F_5=F_6=F$。试用截面法计算杆$ED$的内力，并试着求解杆件$DH$的内力。

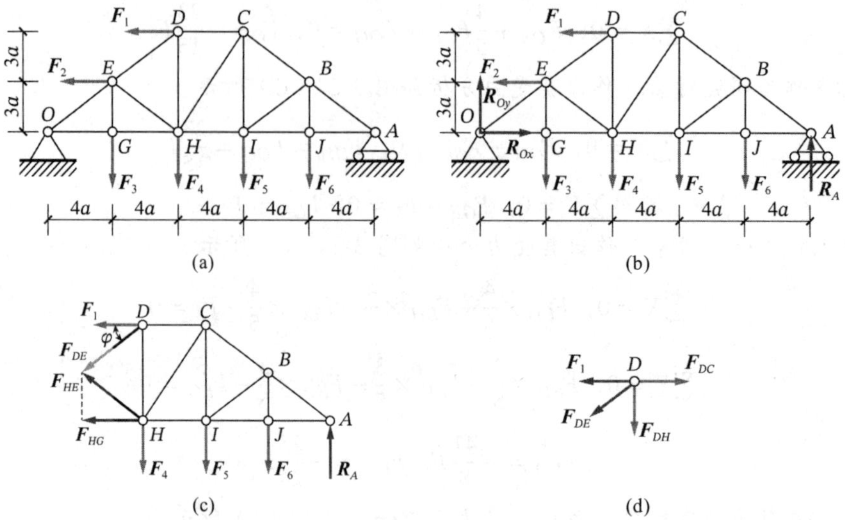

图 3-25　例 3-13 图

解： 首先选取整个桁架系统作为研究对象，作出其受力分析图如图 3-25（b）所示。

由
$$\sum M_O(F)=0$$
$$R_A\times 20a+F_1\times 6a+F_2\times 3a-F_3\times 4a-F_4\times 8a-F_5\times 12a-F_6\times 16a=0$$
得
$$R_A=\frac{31}{20}F$$

沿ED、EH、GH之间选取一个截面，取右端为研究对象，作出其受力分析图如图 3-25（c）所示。

$$\sum M_H=0,\ \frac{4}{5}F_{DE}\times 6a+F_1\times 6a+F_A\times 12a-F_5\times 4a-F_6\times 8a=0$$

$$F_{DE}=-\frac{41}{8}F$$

若要继续求解杆件DH的内力，此时可以继续补充选择节点D为研究对象，受力分析见图 3-25（d）。

$$\sum Y=0,\ -F_{DH}-\frac{3}{5}F_{DE}=0,\ F_{DH}=\frac{123}{40}F$$

可见，采用截面法时，选择适当的力矩方程，常可较快地求得某些指定杆件的内力。当然，应注意到，平面任意力系只有三个独立的平衡方程。因而，作截面时每次最多只能截断三根内力未知的杆件。通常情况下，可以采用截面法配合节点法以简化求解过程。

基本练习题

3-6 对桁架进行分析时，节点法和截面法的选取对象分别是什么？

3.7　考虑摩擦时物体的平衡

摩擦是一种普遍存在于机械运动中的自然现象。实际机械与结构中，完全光滑的表面并不存在。两物体接触面之间一般都存在摩擦。在自动控制、精密测量等工程中，即使摩擦很小，也会影响仪器的灵敏度和精确度，因而必须考虑摩擦的影响。

研究摩擦的目的，就是要掌握摩擦的规律，充分利用其有利的一面，尽可能地克服其不利的一面。

根据两接触物体之间的相对运动形式，摩擦可分为滑动摩擦和滚动摩擦。当两个接触物体沿接触面有相对滑动或有相对滑动趋势时，在接触处就彼此阻碍运动，或阻碍物体运动的发生，这种现象称为**滑动摩擦**。例如，当两个手发生相对滑动时，会产生滑动摩擦力。当两物体间有相对滚动或有相对滚动趋势时，物体间会产生阻碍滚动的现象，称为**滚动摩擦**。例如，用圆珠笔书写时，笔尖的滚珠在纸面上滚动，与纸面的接触点不断改变，这种摩擦就是滚动摩擦。

滑动摩擦按照物体接触表面的物理性质不同又分为干摩擦和湿摩擦。发生在固体与固体之间的摩擦为**干摩擦**。例如，把一个木块放在桌面上，尝试吹动木块时，由于木块与桌面之间的摩擦是干摩擦，因此很难吹动。发生在固体与液体或气体之间的摩擦为**湿摩擦**。例如，把同一个木块放在水面上，用同样的力气向木块吹气，木块会向前运动。这是因为木块与水面之间的摩擦是湿摩擦，水的存在大大减小了摩擦力。

根据需要，本书只研究滑动摩擦中的干摩擦。

3.7.1　滑动摩擦定律

考察图 3-26（a）所示的静止放置于水平面上的质量为m的物块，设二者接触面都是非光滑面。

在物块上施加水平力$\boldsymbol{F}_{\mathrm{P}}$，并令其大小自零开始连续增大，当力较小时，物块具有相对滑动的趋势。这时，物块的受力情况如图 3-26（b）所示。因为是非光滑面接触，故作用在物块上的约束力除法向力$\boldsymbol{F}_{\mathrm{N}}$外，还有一个与运动趋势相反的力，称为静滑动摩擦力，简称静摩擦力，用$\boldsymbol{F}$表示。

当$F_{\mathrm{P}}=0$时，由于二者无相对滑动趋势，故静摩擦力$F=0$。当$\boldsymbol{F}_{\mathrm{P}}$开始增加时，静摩擦力$\boldsymbol{F}$随之增加，因为存在$F=F_{\mathrm{P}}$，所以物块仍然保持静止。

当$\boldsymbol{F}_{\mathrm{P}}$继续增加，达到某一临界值时，静摩擦力达到最大值$F=F_{\max}$，物块处于临界状态。其后，物块开始沿力$\boldsymbol{F}_{\mathrm{P}}$的作用方向滑动。

物块开始运动后，静摩擦力突变为动滑动摩擦力（简称动摩擦力）$\boldsymbol{F}_{\mathrm{d}}$。此后，主动力$\boldsymbol{F}_{\mathrm{P}}$的数值若再增加，动摩擦力基本上保持为常值$\boldsymbol{F}_{\mathrm{d}}$。

上述过程中，主动力与摩擦力之间的关系曲线如图 3-27 所示。

根据**库仑**摩擦定律，**最大静摩擦力**与正压力成正比，其方向与相对滑动趋势的方向相反，且与接触面积的大小无关，即：

$$F_{\max}=f_{\mathrm{s}}F_{\mathrm{N}} \tag{3-5}$$

式中　f_{s}——静摩擦因数。

静摩擦因数主要与材料和接触面的粗糙程度有关，其数值可在机械工程手册中查得。但由于影响摩擦因数的因素比较复杂，所以如果需要较准确的数值，则应通过试验测定。

第3章

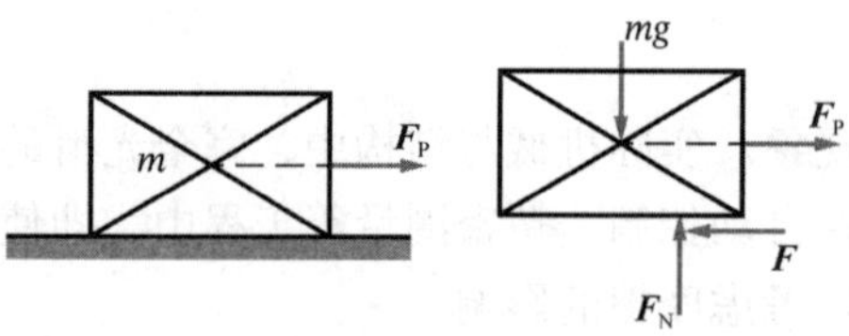

(a) (b)

图 3-26 静滑动摩擦力

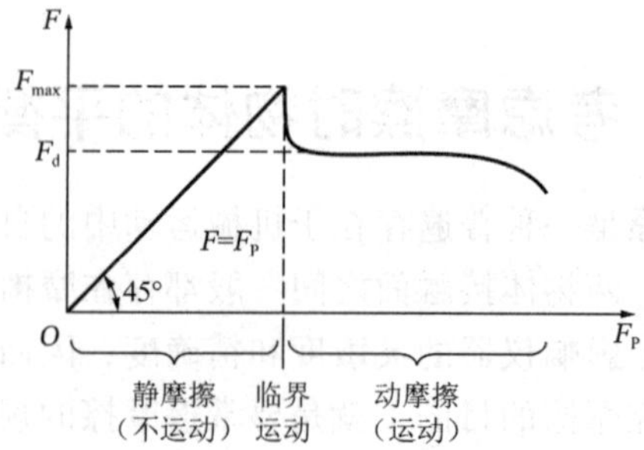

图 3-27 主动力与摩擦力之间的关系曲线

上述分析表明，开始运动之前，即物体保持静止时，静摩擦力的数值在零与最大静摩擦力之间，即：

$$0 \leqslant F \leqslant F_{\max}$$

从约束的角度分析，静摩擦力也是一种约束力，而且是在一定范围内取值的约束力。

3.7.2 考虑摩擦时的平衡问题

考虑摩擦时物体的平衡问题与不计摩擦时物体的平衡问题，在解题步骤上基本相同，它们都必须满足力系的平衡条件，只是在考虑摩擦的问题中，要考虑摩擦力的大小和方向，摩擦力的方向总是与物体间相对滑动趋势的方向相反，摩擦力的大小还必须满足物理条件$F \leqslant f_s F_N$。因此，在求解考虑摩擦的平衡问题时，必须同时考虑力系的平衡条件和摩擦力的物理条件。由于摩擦力$\boldsymbol{F}$的大小可以在零与最大值$F_{\max}$之间变化，即$0 \leqslant F \leqslant F_{\max}$，因此相应物体的平衡位置或所受的力也允许在一定范围内变化。关于这一类问题的解答往往具有一个变化范围，称为**物体的平衡范围**。这就是考虑摩擦时物体平衡问题的特点。为了确定平衡范围，通常对物体将动未动的临界平衡状态进行分析，以避免解不等式。

下面举例说明如何求解考虑摩擦时物体的平衡问题。

【例 3-14】将自重为$\boldsymbol{W}$的物块放在斜面上［图 3-28（a）］。已知物块与斜面间的静摩擦因数为f_s，且斜面的倾角α大于摩擦角φ_m。如用一水平力$\boldsymbol{F}_P$使物块平衡，求该力所可能有的最大值和最小值。

解：以物块为研究对象。因$\alpha > \varphi_m$，故由图 3-28（b）可见，如无水平力$\boldsymbol{F}_P$，则物块将不能保持平衡状态而将沿斜面下滑。今以水平力$\boldsymbol{F}_P$作用于物块而使其处于平衡状态，则力$\boldsymbol{F}_P$所可能有的最小值对应于使物块处于下滑的临界平衡状态时的值，摩擦力应沿斜面向上且其值为$F_{\min}$。图 3-28（c）即为物块处于下滑的临界平衡状态时的受力图。

建立图 3-28（c）所示坐标系。其平衡方程为：

$$\sum F_x = 0,\ F_{P\min}\cos\alpha + F_{\max} - W\sin\alpha = 0$$

$$\sum F_y = 0,\ F_N - F_{P\min}\sin\alpha - W\cos\alpha = 0 \tag{a}$$

$$F_N = F_{P\min}\sin\alpha + W\cos\alpha \tag{b}$$

又由摩擦定律有：

$$F_{\max} = f_s F_N \tag{c}$$

由式(a)、式(b)与式(c)得：

$$F_{P\min}\cos\alpha + f_s(F_{P\min}\sin\alpha + W\cos\alpha) - W\sin\alpha = 0$$

所以：

$$F_{\mathrm{Pmin}}=\frac{\sin\alpha-f_{\mathrm{s}}\cos\alpha}{\cos\alpha+f_{\mathrm{s}}\sin\alpha}W$$

再将$f_{\mathrm{s}}=\tan\varphi_{\mathrm{m}}$代入，即得：

$$F_{\mathrm{Pmin}}=W\tan(\alpha-\varphi_{\mathrm{m}})$$

显然，如果水平力$\boldsymbol{F}_{\mathrm{P}}$的值过大，则物块也不能保持平衡而将沿斜面上滑。为使物块保持平衡所可能有的最大水平力$\boldsymbol{F}_{\mathrm{Pmax}}$对应于使物块处于上滑的临界平衡状态的力。这时，摩擦力也达到其最大值，但方向沿斜面向下。在此上滑的临界平衡状态时，物块的受力图如图 3-28（d）所示。其平衡方程为：

$$\begin{gathered}\sum F_x=0,\ F_{\mathrm{Pmax}}\cos\alpha+F_{\max}-W\sin\alpha=0\\ \sum F_y=0,\ F_{\mathrm{N}}-F_{\mathrm{Pmax}}\sin\alpha-W\cos\alpha=0\end{gathered}\tag{d}$$

又根据摩擦定律，有：

$$F_{\max}=f_{\mathrm{s}}F_{\mathrm{N}}\tag{e}$$

由式(d)、式(e)得：

$$F_{\mathrm{Pmax}}=\frac{\sin\alpha+f_{\mathrm{s}}\cos\alpha}{\cos\alpha-f_{\mathrm{s}}\sin\alpha}W=W\tan(\alpha+\varphi_{\mathrm{m}})$$

综合以上计算的结果可知，为使物块处于平衡状态，水平力$\boldsymbol{F}_{\mathrm{P}}$的值所应满足的条件为：

$$W\tan(\alpha-\varphi_{\mathrm{m}})\leqslant F_{\mathrm{P}}\leqslant W\varphi_{\mathrm{m}}$$

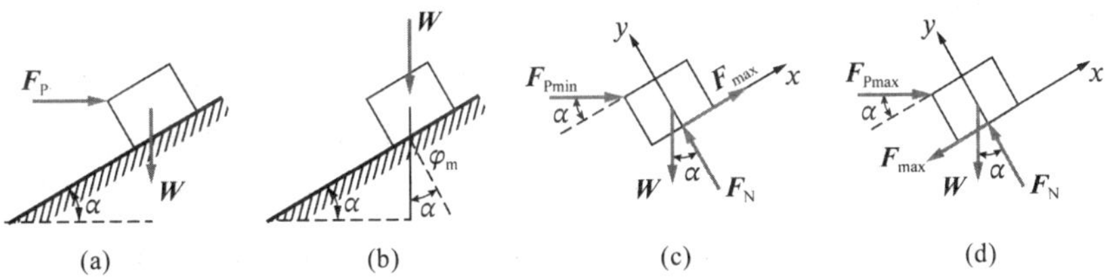

图 3-28　例 3-14 图

3.7.3　摩擦角与自锁

3.7.3.1　摩擦角

当考虑摩擦时，作用在物体接触面上的力有法向约束力$\boldsymbol{F}_{\mathrm{N}}$和切向摩擦力$\boldsymbol{F}$，二者的合力便是接触面处所受的总约束力，又称为全约束力，用$\boldsymbol{F}_{\mathrm{R}}$表示，如图 3-29（a）所示。图中：

$$\boldsymbol{F}_{\mathrm{R}}=\boldsymbol{F}_{\mathrm{N}}+\boldsymbol{F}\tag{3-6}$$

全约束力的大小为：

$$F_{\mathrm{R}}=\sqrt{F_{\mathrm{N}}^2+F^2}\tag{3-7}$$

全约束力作用线与接触面法线的夹角为φ，由式(3-8)确定：

$$\tan\varphi=\frac{F}{F_{\mathrm{N}}}\tag{3-8}$$

由于物体从静止到开始运动的过程中，摩擦力$\boldsymbol{F}$从零增加到最大值$\boldsymbol{F}_{\max}$。上式中的φ角，也从零增加到最大值，φ的最大值称为**摩擦角**，用φ_{m}表示。在刚刚开始运动的临界状态下，全约束力为：

$$\boldsymbol{F}_{\mathrm{R}}=\boldsymbol{F}_{\mathrm{N}}+\boldsymbol{F}_{\max}\tag{3-9}$$

如图 3-29（b）所示，摩擦角由下式确定：

$$\tan\varphi_{\mathrm{m}}=\frac{F_{\max}}{F_{\mathrm{N}}}\tag{3-10}$$

应用库仑摩擦定律，上式可以改写成：

$$\tan\varphi_m=\frac{F_{max}}{F_N}=\frac{f_sF_N}{F_N}=f_s \tag{3-11}$$

上述分析结果表明：摩擦角是全约束力$\boldsymbol{F}_R$偏离接触面法线的最大角度；摩擦角的正切值等于静摩擦因数。

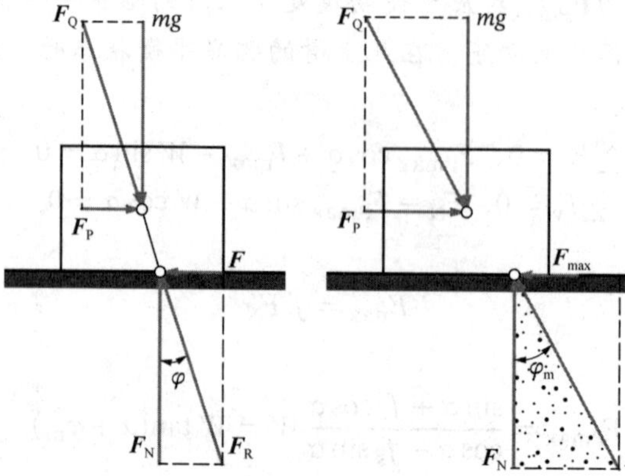

(a)　(b)

图 3-29　摩擦角

3.7.3.2　自锁现象

当主动力合力的作用线位于摩擦角的范围以内时，无论主动力有多大，物体都保持平衡状态（图 3-30），此现象称为**自锁**；反之，当主动力合力的作用线位于摩擦角的范围以外时，无论主动力有多小，物体也必定发生运动，称为不自锁。介于自锁与不自锁之间者为临界状态。

以图 3-31 中水平表面上的物块为例，作用在物块上的主动力有重力$\boldsymbol{W}$和水平推力$\boldsymbol{F}_P$。二者的合力为：

$$\boldsymbol{F}_Q=\boldsymbol{W}+\boldsymbol{F}_P$$

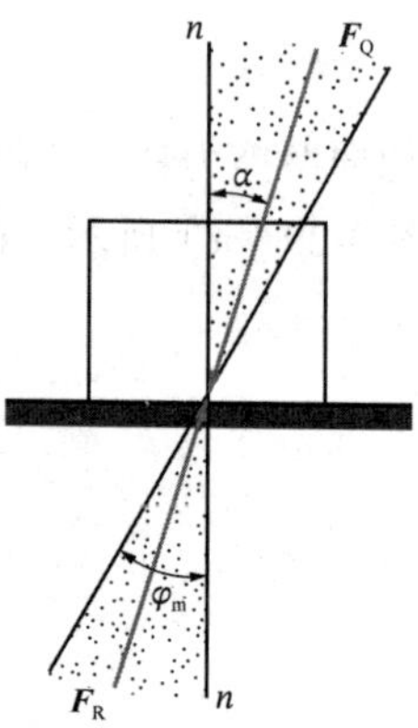

图 3-30　自锁的条件

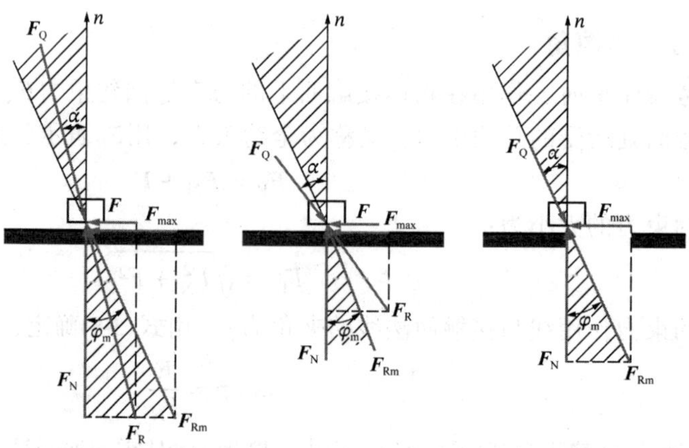

(a) $\alpha<\varphi_m$　(b) $\alpha>\varphi_m$　(c) $\alpha=\varphi_m$

图 3-31　物块的 3 种运动状态

假设主动力合力$\boldsymbol{F}_Q$的作用线与接触面法线n之间的夹角为α。可以证明，物块将存在 3 种可能的运动状态：

$\alpha<\varphi_m$时，物块保持静止［图 3-31（a）］。

$\alpha > \varphi_m$时，物块发生运动［图 3-31（b）］。

$\alpha = \varphi_m$时，物块处于临界状态［图 3-31（c）］。

基本练习题

3-7 主动力与摩擦力之间的关系有哪些？

科学家故事：欧拉和布鲁内莱斯基

（一）欧拉

瑞士物理学家欧拉不仅在数学领域贡献卓越，而且对力学也有着深刻的理解。欧拉曾在一次给年轻工程师的讲座中，用一根细长的木条和几个小球，生动地演示了平面任意力系的平衡。

（二）布鲁内莱斯基

佛罗伦萨大教堂穹顶的设计师布鲁内莱斯基对平面任意力系的直观理解，也流传着一段趣事。他将木块堆叠成穹顶的形状，再用细绳代表各种支撑和拉力，构成了一个复杂的平面任意力系。布鲁内莱斯基借此展示了自己对力学的深刻理解，以及如何在设计中巧妙地利用平面任意力系达到稳定与美观的完美结合。

小　结

1. 平面任意力系向一点简化

力的平移定理：作用于物体上的力向某点平移时，必须附加一个力偶，该附加力偶的矩等于原来的力对新作用点的矩。

平面任意力系的简化：平面任意力系向平面内任一点简化，可得到一个作用在简化中心的平面汇交力系和一个平面力偶系，进而可以合成为一个力和一个力偶。该力是原力系的主矢，它作用于简化中心，与简化中心的位置无关；该力偶矩为原力系对简化中心的主矩，它的大小、转向一般与简化中心有关。

2. 平面任意力系的平衡方程

平面任意力系的平衡条件是主矢和主矩都等于零，其平衡方程有三种形式。

一矩式　　$\sum F_x = 0$，$\sum F_y = 0$，$\sum M_O(F) = 0$

其中，x轴或y轴不能垂直于A、B两点的连线。

二矩式　　$\sum F_x = 0$ 或 $\sum F_y = 0$，$\sum M_A(F) = 0$，$\sum M_B(F) = 0$

其中，x轴或y轴不能垂直于A、B两点的连线。

三矩式　　$\sum M_A(F) = 0$，$\sum M_B(F) = 0$，$\sum M_c(F) = 0$

其中，A、B、C三点不在同一直线上。

在平面任意力系中，不论采用哪种形式，都只能写出三个独立的平衡方程，求解三个未知量。

3. 平面平行力系的平衡方程

一矩式　　$\sum F_y = 0$，$\sum M_O(F) = 0$

其中投影轴不能与诸力作用线垂直。

二矩式　　$\sum M_A(F) = 0$，$\sum M_B(F) = 0$

其中，A、B两点的连线不平行于各力的作用线。

4. 动滑动摩擦定律

两物体接触表面相对滑动时的摩擦力为动滑动摩擦力，简称动摩擦力，其方向与相对滑动速度方向相反，大小与接触面上法向约束力的大小成正比，即：

$$F' = fF_N$$

一般情况下动滑动摩擦因数f小于静摩擦因数f_s。

5. 摩擦角与自锁

摩擦角：在临界状态下，达到极值的全约束力与支承面法线间的夹角为摩擦角，其正切值等于静摩擦因数，即：

$$\tan\varphi_m = \frac{F_{max}}{F_N} = f_s$$

自锁现象：如果作用于物体的主动力的合力作用线在摩擦锥以内，则无论这个力多大，物体总能保持静止状态，这种现象称为自锁。

6. 桁架

求平面静定桁架各杆内力的两种方法：

（1）节点法：逐个考虑桁架中所有节点的平衡，应用平面汇交力系的平衡方程求出各杆的内力。应注意每次选取的节点的未知力数目不宜多于2。

（2）截面法：截断待求内力的杆件，将桁架截断为两部分，取其中的一部分为研究对象，应用平面任意力系的平衡方程求出被截断各杆件的内力。应注意每次截断的内力未知的杆件数目不宜多于3。

思考题

3-1 平面任意力系的主矢与该力系的合力有什么关系？主矢与简化中心的选择有什么关系？主矩与简化中心的选择有什么关系？

3-2 如何判定物体系统平衡是静定还是超静定？

3-3 判断如图3-32所示的受力结构是静定结构还是超静定结构。

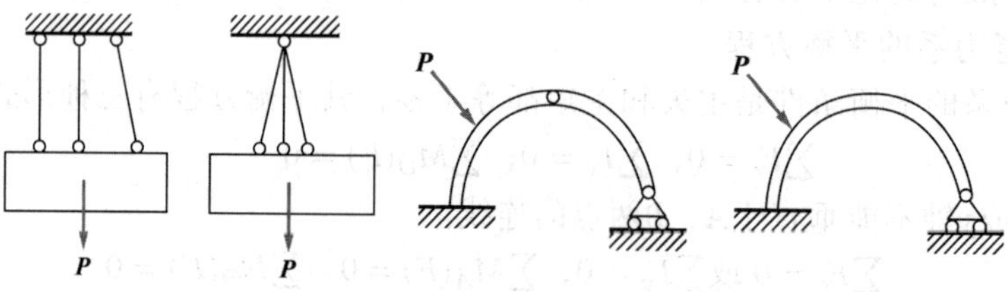

图3-32 思考题3-3图

3-4 内力为零的杆件称为零杆，试判断图3-33所示桁架中零杆的个数，下列答案中哪一个是正确的？（ ）

A. 一个

B. 两个

C. 三个

D. 四个

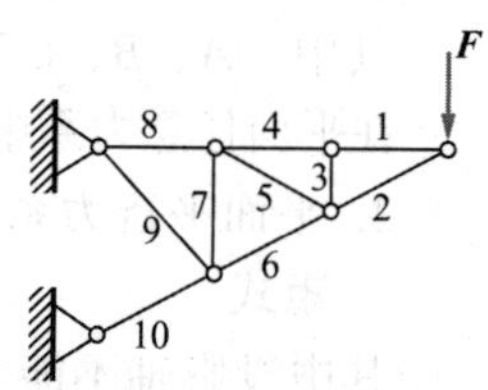

图3-33 思考题3-4图

习　题

3-1 求图 3-34 所示各梁的支座约束力。

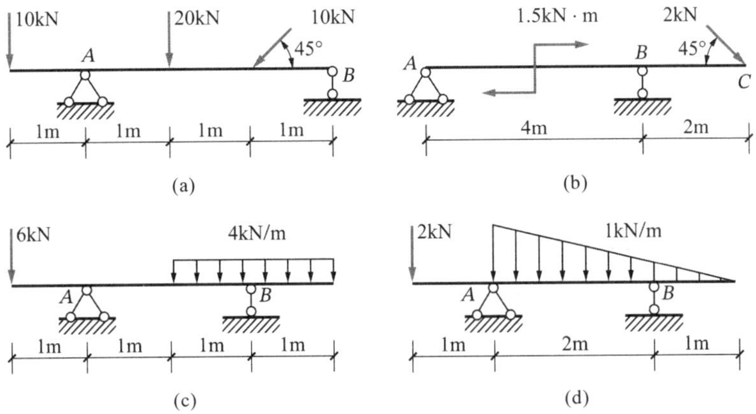

图 3-34　习题 3-1 图

3-2 求图 3-35 所示刚架支座的约束力。

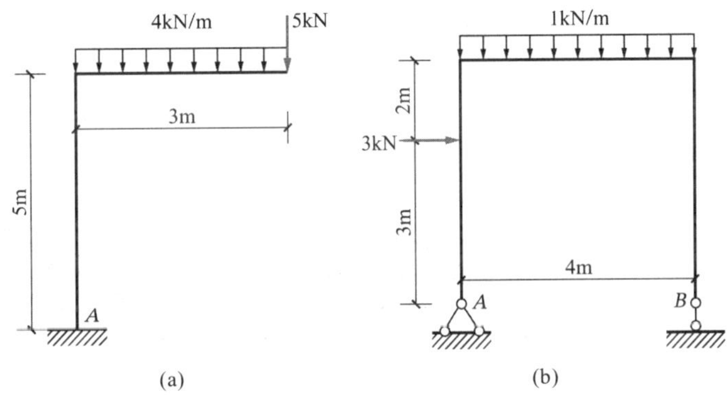

图 3-35　习题 3-2 图

3-3 试求图 3-36 所示多跨静定梁支座的约束力。

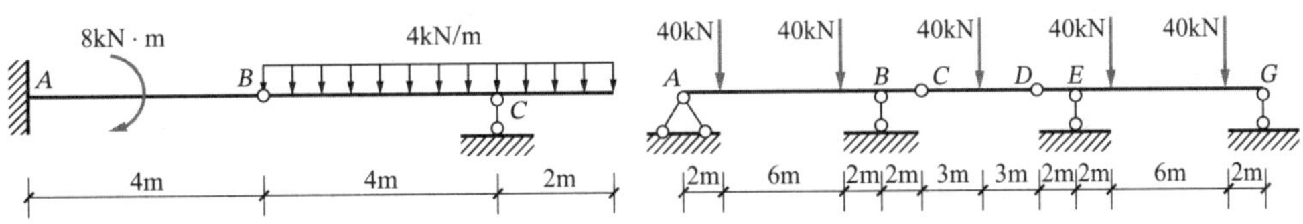

图 3-36　习题 3-3 图

3-4 试求图 3-37 所示各静定平面刚架支座的约束力。

3-5 露天厂房的牛腿柱底部用混凝土砂浆与基础固结在一起。如图 3-38 所示，已知吊车梁传来的铅垂力 $F_P = 60\text{kN}$，风荷载 $q = 1\text{kN/m}$，$e = 0.7\text{m}$，$h = 10\text{m}$。试求牛腿柱底部的约束力。

3-6 已知 $F = 20\text{kN}$，$F_1 = 4F$。试用节点法计算图 3-39 所示桁架中各杆件的内力。

3-7 试用截面法计算图 3-40 所示各桁架中指定杆件（杆件 1、2、3）的内力。

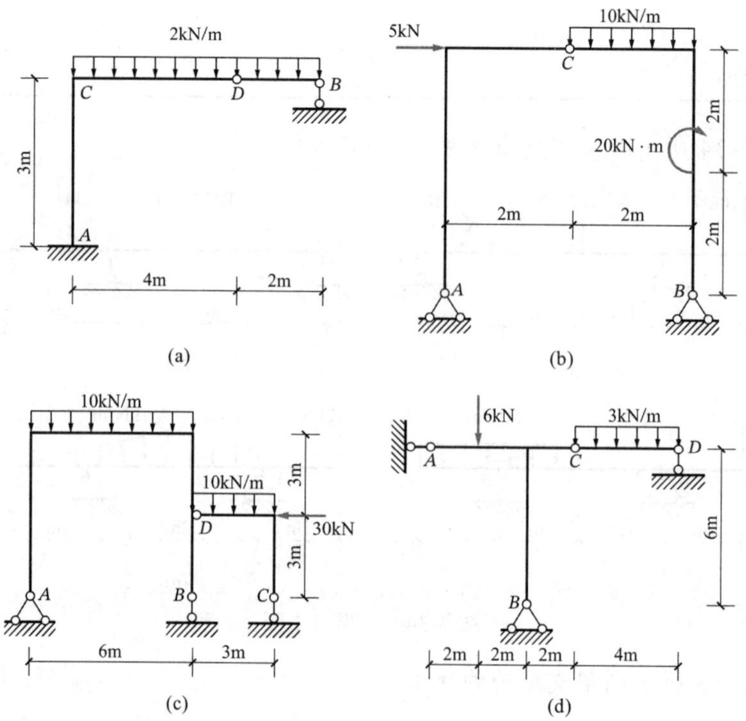

图 3-37　习题 3-4 图

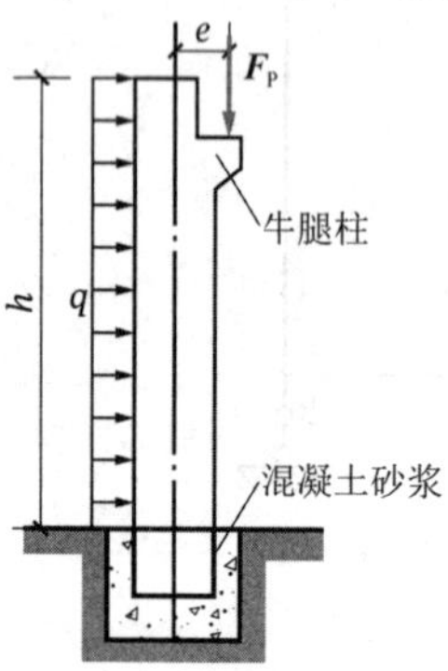

图 3-38　习题 3-5 图

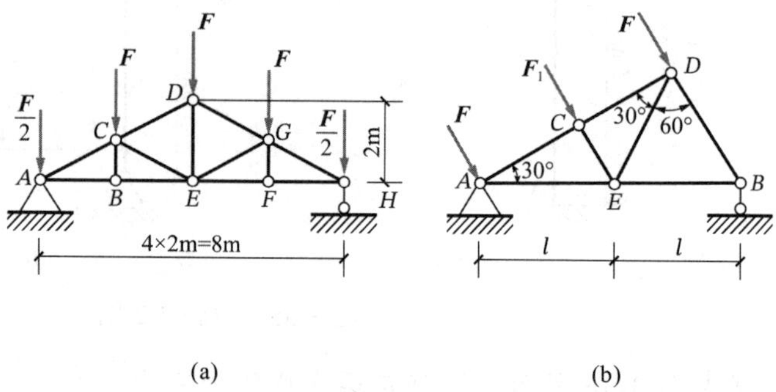

图 3-39　习题 3-6 图

3-8 一梯子放在光滑的水平地面上，如图 3-41 所示，梯子由AC与BC两部分组成，每部分的自重均为 150N，重心在杆的中点，AC与BC两部分用铰链C和绳子EF相连接。有一重为 500N 的人站在梯子的D处，试求绳子EF的拉力，以及A、B两点处的约束力。

3-9 图 3-42 所示水平梁AB由铰链A和绳索BC支持。在梁上D处用销钉安装有半径$r=$ 100mm 的滑轮；跨过滑轮的绳子水平部分的末端系于墙上，竖直部分的末端挂有自重为$P=1.8\text{kN}$ 的重物。如$AD=200\text{mm}$，$BD=400\text{mm}$，$\alpha=45°$，且不计梁、滑轮和绳索的重量，试求铰链A和绳索BC作用于梁AB上的力。

3-10 两重块A和B相叠放在水平面上，如图 3-43（a）所示。已知A块重$W_1=1\text{kN}$，B块重$W_2=1\text{kN}$，A与B之间的静摩擦因数为$f_{s1}=0.25$，B块与水平面间的静摩擦因数$f_{s2}=0.20$，试求拉动B块所需的最小力$\boldsymbol{F}_\text{P}$的值。若A块被一绳拉住，如图 3-43（b）所示，此最小力的值又应为多少？

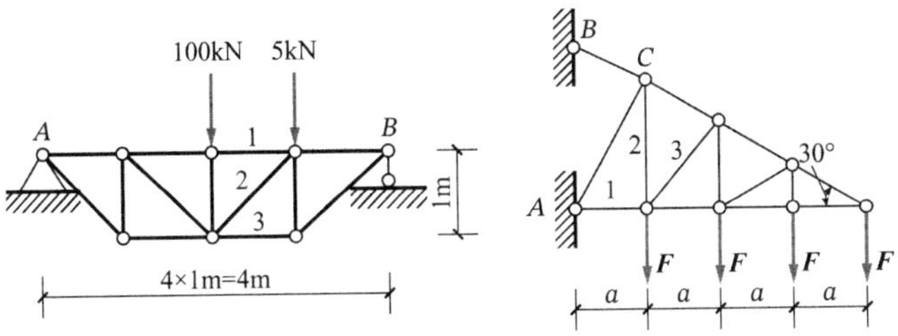

(a)　　　　(b)

图 3-40　习题 3-7 图

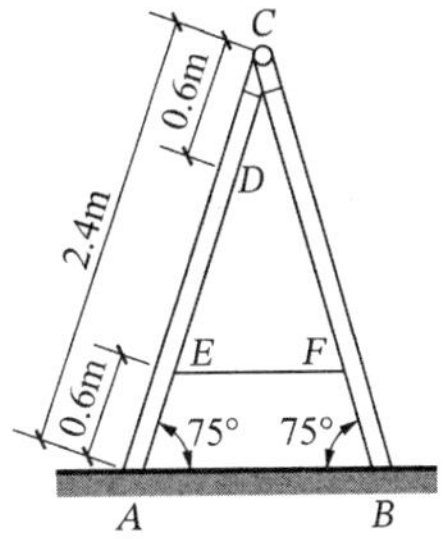

图 3-41　习题 3-8 图

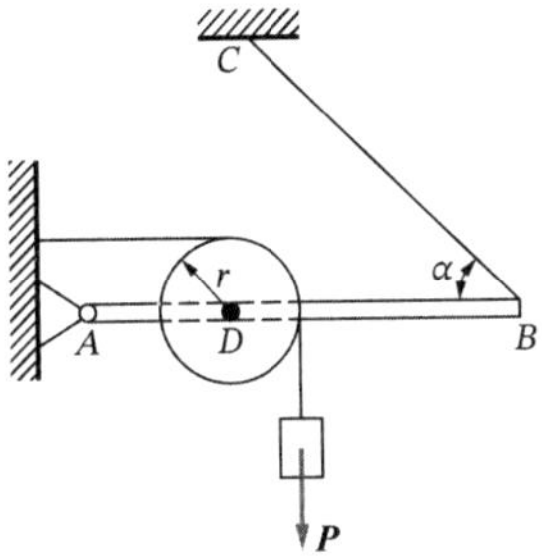

图 3-42　习题 3-9 图

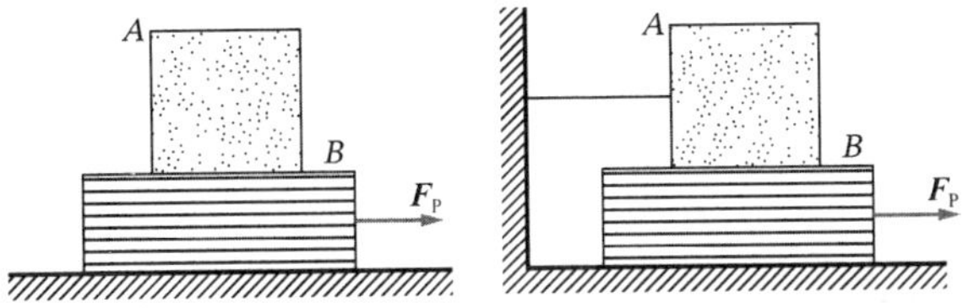

(a)　　　　(b)

图 3-43　习题 3-10 图

第 4 章 材料力学的基本概念

导读

材料力学作为研究变形体行为的基础学科，其核心目标是为结构构件的设计与优化提供关于强度、刚度及稳定性评估的基本理论与技术手段。本章阐述了材料力学的基本任务，包括变形体在分析中所依据的基本假设、内力和应力的定义，以及杆件常见的四种基本变形形式。

学习目标

本章旨在帮助读者从整体上了解工程力学课程中材料力学部分的主体内容、研究方法，掌握材料力学的基本概念、基本假设等内容。明确材料力学的任务和基本假设，掌握应力与应变的概念，能根据杆件受力判断杆件变形形式。

思维导图

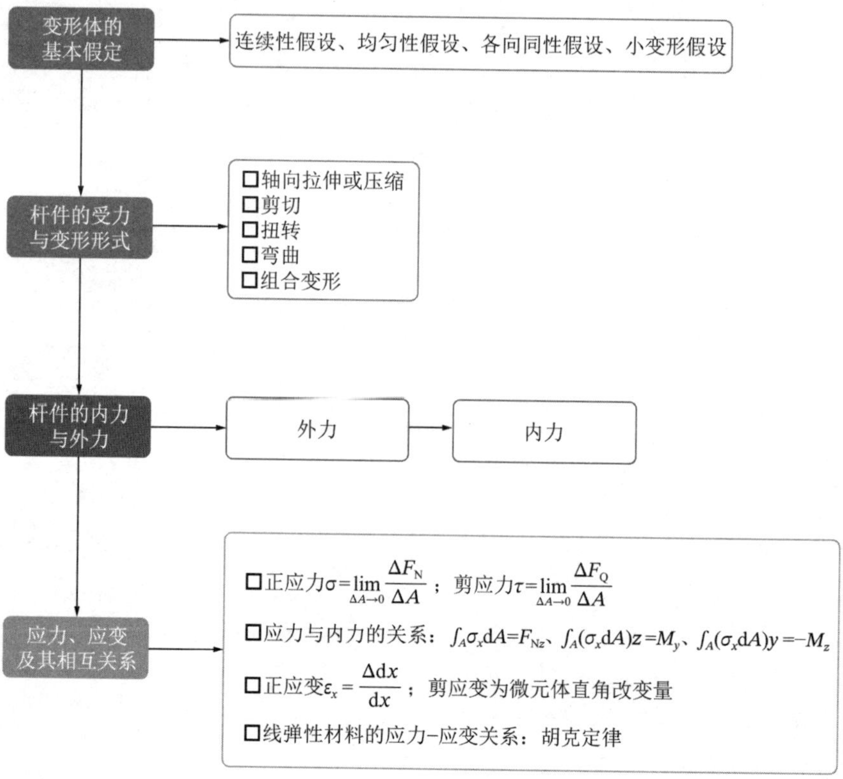

在前面的静力学中，进行受力分析时将所研究的对象抽象为刚体，忽略了物体的变形。实际上，任何固体受力后，其内部质点之间均将产生相对运动，使其初始位置发生改变或产生位移，从而导致物体产生**变形**。自然界中由任何材料制作而成的工程构件在荷载作用下都会产生或大或小的变形。绝大多数物体的变形均被限制在弹性范围内，即当外加荷载消除后，物体的变形随之消失，这时的变形称为弹性变形，相应的物体称为弹性体。工程构件所用的材料多为固体，也称**变形固体**或**变形体**。

材料力学所涉及的内容分属于两个学科。一是固体力学，即研究物体在外力作用下的应力、变形以及与之相关的能量，统称为应力分析。但是，材料力学不同于固体力学，材料力学所研究的固体仅限于杆类物体，例如杆、轴、梁等。二是材料科学中材料的力学行为，即研究材料在外力和温度作用下所表现出的力学性能和失效行为。但是，材料力学所研究的力学行为仅限于材料的宏观力学行为，不涉及材料的微观机理。

以上两方面的结合使材料力学成为工程设计的重要组成部分，即设计出杆状构件或零部件的合理形状和尺寸，以保证它们正常工作时具有足够的强度、刚度和稳定性。

4.1　变形体的基本假定

工程中，大多数构件在正常工作条件下，均要求只发生微小的弹性变形。因此，在材料力学中所研究的大部分问题均限制在弹性变形范围内。

实际上，固体物质的性质十分复杂，每门学科只能从某一角度研究其性质的一个方面。为了方便，常把那些和问题无关的或影响不大的次要因素忽略掉，只保留与问题有关的主要因素。根据这个原则，材料力学中对变形固体引入如下几个基本假设。

（1）连续性假设

假定在变形体的整个体积内部毫无空隙地充满了物质，即物质不是由离散的颗粒组成的，而是在空间中连续分布的。这一假设是材料力学中最基本的假设之一，它为我们研究物体的宏观性质提供了便利。在应用连续性假设时，我们通常假定物体的尺寸远大于其微观结构的特征尺度，这样就可以忽略物质的离散性，而将其视为连续体。然而，在某些特定情况下，当物体的尺寸接近微观结构的特征尺度时，连续性假设可能会失效，需要引入离散性的描述来更准确地描述物体的行为。另外，在正常工作的条件下，变形后的固体保持其连续性，即在几何上是相容的。连续性假设为材料力学和实际工程中的许多问题提供了简化的数学描述和解决方法。

（2）均匀性假设

假定在变形体的任何位置上，其力学性能都是相同的。这意味着材料的力学性质在空间上是均匀分布的，不随位置的变化而变化。均匀性假设在材料力学中具有重要意义，它使得我们可以简化对材料行为的分析和描述。例如，均匀性假设允许我们将材料的应力、应变等宏观性质用简单的数学模型来描述。这样，我们可以利用微分方程等数学工具来研究材料的行为。然而，需要指出的是，现实中的材料往往并非完全均匀，材料内部可能存在微观级别的不均匀性，例如晶粒、晶界、孔隙等。当这些微观结构的尺度和影响不在我们所关心的范围内时，均匀性假设是有效的。但在对这些微观结构和不均匀性进行研究时，我们需要考虑这些影响，并采用更为精细的模型。均匀性假设是材料力学中的一种简化假设，它为我们研究材料的宏观行为提供了便利。

（3）各向同性假设

假定在变形体上沿任何方向其力学性能都相同。这意味着在材料中，不论选择哪个方向，其物理性质都是相同的。各向同性假设是材料力学中的一个重要假设，它为我们简化材料的力学行为提供了便利，并允许我们使用较简单的数学模型来描述材料的行为。各向同性假设在理论分析和工程设计中具有广泛的应用。例如，各向同性假设使我们能够简化材料的应力-应变关系，对材料的弹性性质用较简单的方式进行描述。尽管各向同性假设在许多情况下是合理的，但并非所有材料都满足各向同性。有些材料会表现出各向异性，即其力学性质会随着方向的不同而发生变化。例如，晶体材料、胶合板、复合材料等都是各向异性材料。

（4）小变形假设

假定物体受到荷载作用后，整个物体各点的位移都远远小于物体原先的尺寸。在研究构件的平衡与运动、内力和变形等问题时，均可按构件的原始尺寸和形状进行计算，使计算工作大为简化。

综上所述，材料力学是把实际的固体看作连续、均匀、各向同性的变形固体，而且局限在弹性变形范围内和小变形状态下进行研究。

基本练习题

4-1 材料力学课程的基本任务是什么？

4-2 材料力学对变形固体的基本假设有哪些？

4.2 杆件的受力与变形形式

由于实际作用在杆件上的外力各不相同，杆件产生的变形也各不相同。杆件的变形一般可归纳为下列四种基本形式之一，或是几种基本形式的组合。

（1）轴向拉伸或压缩

在一对大小相等、方向相反、作用线与杆件轴线重合的外力作用下，杆件将发生伸长或缩短变形，这种变形形式称为**轴向拉伸**或**轴向压缩**，如图 4-1 所示。其**受力特性为外力的作用线与杆件的轴线重合**。**变形特征为杆件沿轴线方向伸长或缩短**。

（2）剪切

在一对相距很近的大小相等、方向相反、作用线与杆件轴线垂直的外力作用下，杆件的主要变形是横截面沿外力作用方向发生错动。这种变形形式称为**剪切**，如图 4-2 所示。其**受力特性为一对大小相等、方向相反的外力的作用线与杆件的轴线垂直且相距很近**。**变形特征为横截面沿外力作用方向发生相对错动**。

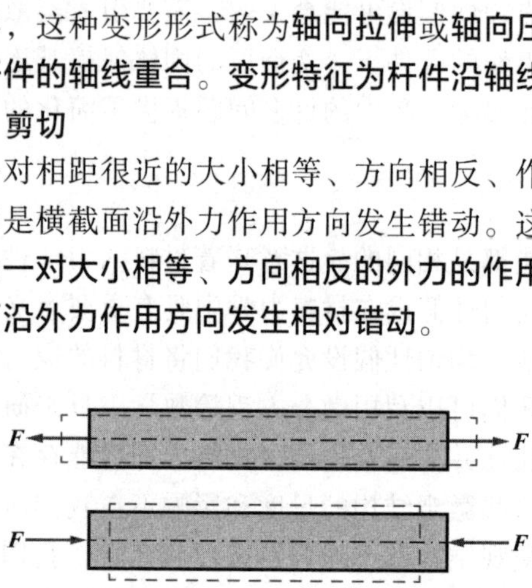

图 4-1 轴向拉压示意图

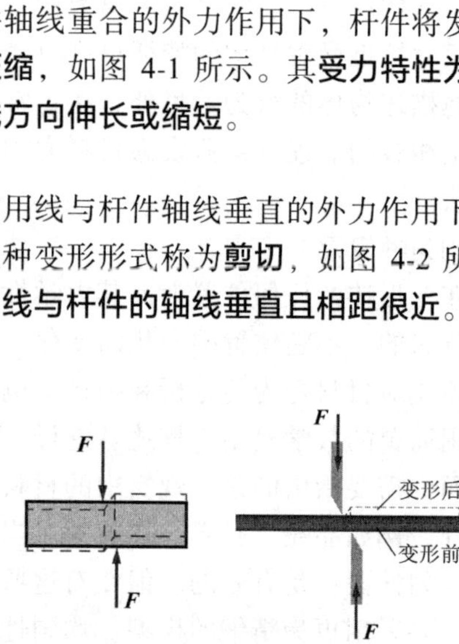

图 4-2 剪切示意图

（3）扭转

在一对大小相等、转向相反、作用面与杆件轴线垂直的外力偶作用下，杆件的任意两横截面将绕轴线发生相对转动，这种变形形式称为**扭转**，如图 4-3 所示。其**受力特性为外力偶的作用平面与杆件的轴线垂直。变形特征为任意两相邻横截面绕杆件轴线发生相对转动**。

（4）弯曲

在杆的一个纵向平面内，作用一对大小相等、转向相反的外力偶，杆将在纵向平面内弯曲，任意两横截面发生相对倾斜，这种变形形式称为**平面弯曲**，简称**弯曲**，如图 4-4 所示。其**受力特性为外力偶的作用平面处于含杆件轴线在内的纵向平面内。变形特征为杆件的轴线由直线变为曲线，任意两横截面发生相对倾斜**。

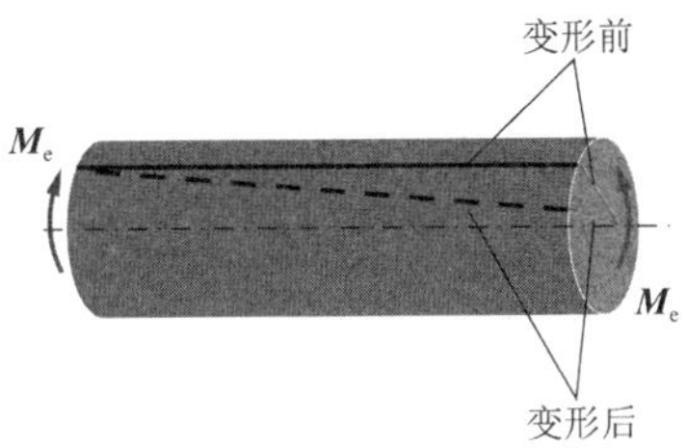

图 4-3 扭转示意图

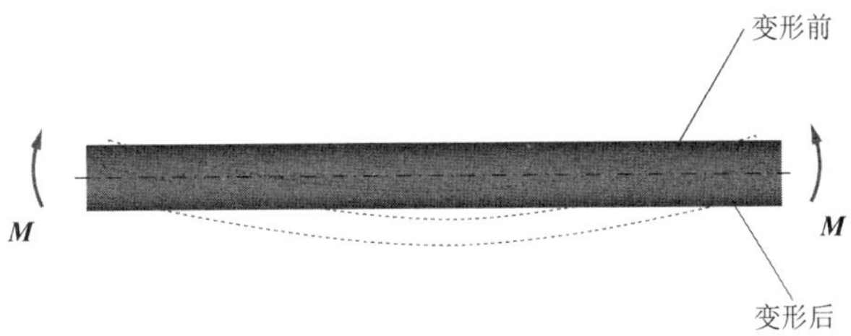

图 4-4 纯弯曲示意图

工程中常用构件在荷载作用下的变形形式，在很多情况下都包含有两种或两种以上的基本变形，我们把这种变形形式称为**组合变形**。

基本练习题

4-3 在外力作用下，杆件的基本变形形式有几种？分别举例说明。

4.3 杆件的内力与外力

（1）外力

作用在结构上的外力是指来自构件外部的力，通常包括荷载和约束力，且荷载与约束力形成平衡力系。按作用的方式分类，外力可分为**体积力**（连续分布于物体内部各点的力，如重力、惯性力、磁力等）和**表面力**（在接触面连续分布的力，例如物体间的挤压力）。按与时间的关系分类，外力可分为**静载**（荷载缓慢地由零增加到某一定值后，就保持不变或变动很不显著的荷载）和**动载**（荷载随时间而变化，如交变荷载和冲击荷载等）。

（2）内力

在力学中，研究某一物体系统的平衡时，将系统内部各物体之间的作用力称为内力。材料力学研究的对象一般是不能再拆开的单个物体。在这种单个物体中，存在着各分子之间相互吸引或相互排斥的作用力。这种作用力包括两部分：一部分是物体的固有内力或称内聚力，其作用是使物体内部的各分子维持在一定的平衡位置，保持物体一定的形状和尺寸。另一部分是物体在外力作用下，由于分子间的相对位置发生改变而产生的分子力的改变量，称为附加内力。附加内力与构件的变形和强度密切相关，而材料力学是研究强度、刚度问题的学科，因此，本书各章讨论的内力，专指附加内力而不包括固有内力。

由于内力是指物体内一部分与另外一部分之间的相互作用力，因此，在研究杆件内力时，需将构件假想地截开，使得内力显现出来，然后研究其中一段的平衡，继而求得内力的大小和方向，这种方法称为**截面法**。以任意力系作用下的杆件（图 4-5）为例，杆件被假想平面 m—m截断为两部分，为了使其中任意一部分保持平衡，必须在所截的截面上作用附加力系，这就是Ⅰ、Ⅱ两部分相互作用的内力。

由材料的连续性假设可知，作用在截面上的内力应该是一个连续分布的力系。在截面上内力的分布规律未知的情况下，无法确定截面上各点的内力，但是按照空间力系的简化结果可知，该分布力系可以向杆件横截面形心点处简化为一个主矢$\boldsymbol{F}_{\mathrm{R}}$和一个主矩$\boldsymbol{M}$。该主矢和主矩可向特定的空间直角坐标系的三个坐标轴分解并得到 6 个分量，如图 4-6 所示。

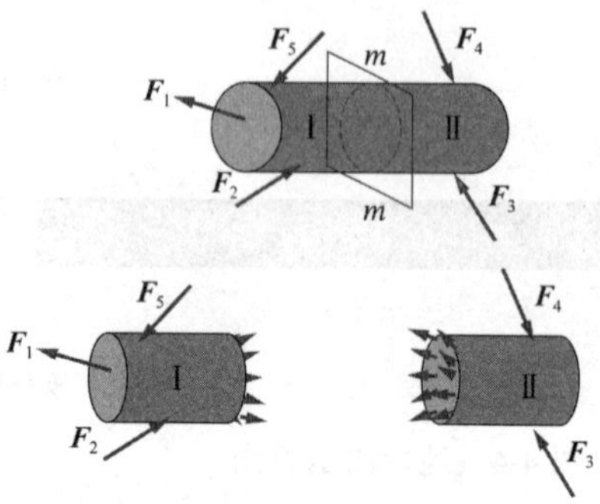

图 4-5　截面法求解弹性体内力

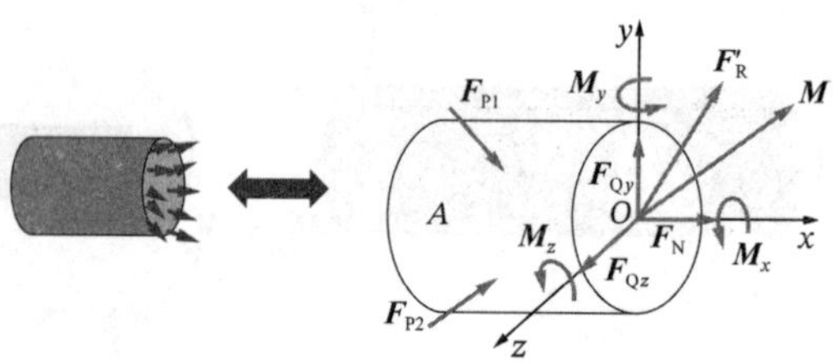

图 4-6　内力与内力分量

横截面的 6 个内力分量分别为$\boldsymbol{F}_{\mathrm{N}}$（轴力），$\boldsymbol{F}_{\mathrm{Q}y}$、$\boldsymbol{F}_{\mathrm{Q}z}$（剪力），$\boldsymbol{M}_x$（扭矩），$\boldsymbol{M}_y$及$\boldsymbol{M}_z$（弯矩）。

实际上，采用截面法将杆件截开后，在研究杆件任意一部分的平衡问题时，已经将该部分当作刚体，其所采用的平衡法与静力学中的刚体平衡方法完全一致。

（3）受力与变形特点

上一节已经介绍了弹性体受力，由于变形，其内部将产生相互作用的内力。而且在一般情形下，截面上的内力组成一个非均匀分布力系。由于物体整体平衡的要求，对于截开的每一部分也必须是平衡的。因此，作用在每一部分上的外力必须与截面上分布内力相平衡，组成平衡力系。这是弹性体受力、变形的第一个特征。这表明，弹性体由变形引起的内力不是任意的。

在外力作用下，弹性体的变形应使弹性体各相邻部分，既不能断开，也不能发生重叠。图 4-7 为从一个弹性体中取出的两相邻部分的三种变形状况，其中图 4-7（a）所示两部分在变形后发生互相重叠，这当然是不正确的；图 4-7（b）所示两部分在变形后断开了，显然这也是不正确的；图 4-7（c）所示两部分在变形后协调一致，所以是正确的。

上述分析表明，弹性体受力后发生的变形不是任意的，必须满足**协调**一致的要求。这是弹性体受力、变形的第二个特征。此外，弹性体受力后发生的变形还与材料的力学性能有关，这表明，受力与变形之间存在确定的关系，称为**物性**关系。

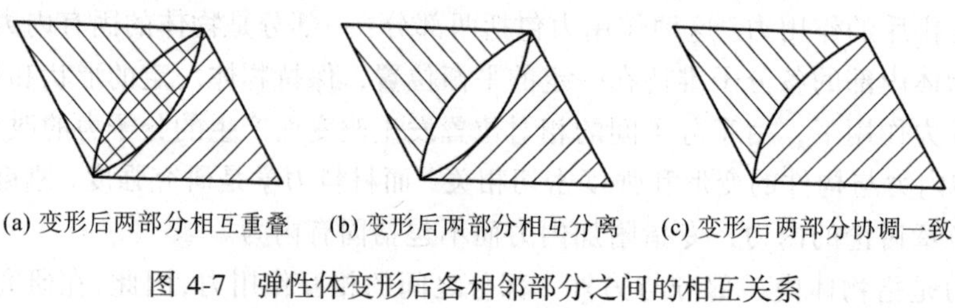

(a) 变形后两部分相互重叠　(b) 变形后两部分相互分离　(c) 变形后两部分协调一致

图 4-7　弹性体变形后各相邻部分之间的相互关系

基本练习题

4-4 弹性体受力、变形的特征有哪些？

4.4 应力、应变及其相互关系

（1）正应力与剪应力

前面已经提到，在外力作用下，杆件横截面上的内力是一个连续分布的力系。一般情形下，这个分布的内力系在横截面上各点处的强弱程度是不同的。材料力学不仅要研究并确定杆件横截面上分布的内力系的合力及其分量，还要研究横截面上的内力是怎样分布的，进而确定应力最大的点。

通过截面法，可以求出构件的内力。同样的内力，作用在不同大小的横截面上，会产生不同的效果。如图 4-8 所示，杆件横截面的面积为ΔA，设其上总内力为$\Delta \boldsymbol{F}_{\mathrm{R}}$，于是此截面面积上分布内力的平均值为：

$$p = \frac{\Delta F_{\mathrm{R}}}{\Delta A} \tag{4-1}$$

p称为平均应力，也称全应力。当所取面积趋于无穷小时，上述全应力便趋于极限值，这一极限值便能反映分布内力在该点处的强弱程度。内力的聚集程度称为内力集度，为单位面积上内力的大小，称为**应力**。在大多数情形下，工程构件的内力并非均匀分布的。内力集度的定义不仅准确而且重要，因为“破坏”或“失效”往往从内力集度最大处开始。

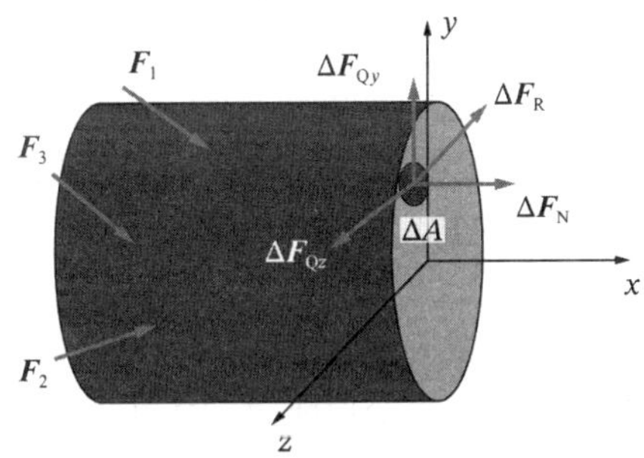

图 4-8　横截面上的应力

将总内力$\Delta \boldsymbol{F}_{\mathrm{R}}$分解为$x$、$y$、$z$三个方向的分量$\Delta \boldsymbol{F}_{\mathrm{N}}$、$\Delta \boldsymbol{F}_{\mathrm{Q}y}$、$\Delta \boldsymbol{F}_{\mathrm{Q}z}$，其中$\Delta \boldsymbol{F}_{\mathrm{N}}$的作用线垂直于横截面，$\Delta \boldsymbol{F}_{\mathrm{Q}y}$、$\Delta \boldsymbol{F}_{\mathrm{Q}z}$的作用线位于横截面。根据上述应力的定义，可以得到两种应力：一种垂直于横截面，称为**正应力**（normal stress），用希腊字母σ表示；另一种位于横截面上，称为**剪应力**或**切应力**（shear stress），用希腊字母τ表示。正应力和剪应力的极限定义为：

$$\sigma = \lim_{\Delta A \to 0} \frac{\Delta F_{\mathrm{N}}}{\Delta A} \tag{4-2}$$

$$\tau = \lim_{\Delta A \to 0} \frac{\Delta F_{\mathrm{Q}}}{\Delta A} \tag{4-3}$$

其中，ΔF_{Q}代表$\Delta \boldsymbol{F}_{\mathrm{Q}y}$或者$\Delta \boldsymbol{F}_{\mathrm{Q}z}$。需要指出的是，上述二式只是作为应力定义的表达式，对于实际应力计算并无意义。应力的国际单位为 Pa（帕斯卡），$1\mathrm{Pa} = 1\mathrm{N/m^2}$。常见的还有$1\mathrm{kPa} = 10^3\mathrm{N/m^2}$，$1\mathrm{MPa} = 10^6\mathrm{N/m^2}$，$1\mathrm{GPa} = 10^9\mathrm{N/m^2}$。

（2）应力与内力的关系

前面已经提到，内力分量是截面上分布内力系的简化结果。以正应力为例，如图 4-9 所示，应用积分方法，不难得出正应力与轴力、弯矩之间存在如下关系式：

$$\begin{cases}\int_A \sigma_x \mathrm{d}A = F_\mathrm{N} \\ \int_A (\sigma_x \mathrm{d}A)z = M_y \\ \int_A (\sigma_x \mathrm{d}A)y = -M_z\end{cases} \tag{4-4}$$

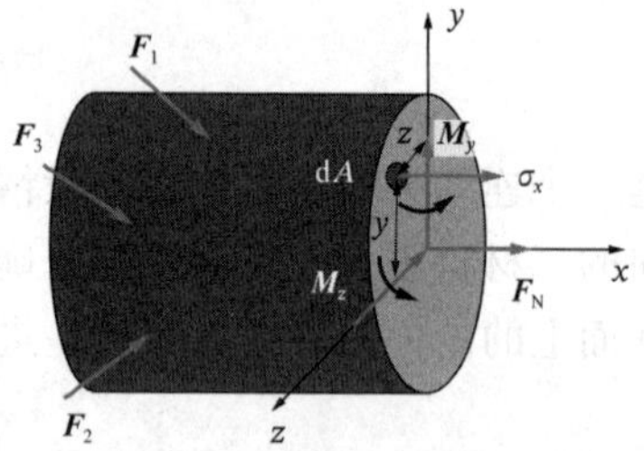

图 4-9 正应力与轴力、弯矩之间的关系

式(4-4)一方面表示应力与内力分量间的关系，另一方面也表明，如果已知内力分量并且能够确定横截面上的应力是怎样分布的，就可以确定横截面上各点处的应力数值。

同时，上述关系式还表明，仅仅根据平衡条件，只能确定横截面上的内力分量与外力之间的关系，不能确定各点处的应力。因此，为了确定横截面上的应力，还需要增加其他条件。

（3）正应变与剪应变

假如将弹性体看作由许多微单元体所组成的，这些微单元体简称微元体或微元，那么弹性体整体的变形则是所有微元体变形累加的结果。微元体的变形与作用在其上的应力有关。围绕受力弹性体中的任意点截取微元体（通常为正六面体），一般情形下微元体的各个面上均有应力作用。下面考察两种最简单的情形。如图 4-10（a）所示，对于正应力作用下的微元体，沿着正应力方向和垂直于正应力方向将产生伸长或缩短，这种变形称为线变形。描述弹性体在各点处线变形程度的量，称为**线应变**或**正应变**（normal strain），用ε表示。根据微元体变形前后x方向长度$\mathrm{d}x$的相对改变量，有：

$$\varepsilon_x = \frac{\Delta \mathrm{d}x}{\mathrm{d}x} \tag{4-5}$$

式中 $\mathrm{d}x$——变形前微元体在正应力作用方向的长度；

$\Delta \mathrm{d}x$——微元体变形后长度$\mathrm{d}x$的改变量；

ε_x——在水平方向的应变。

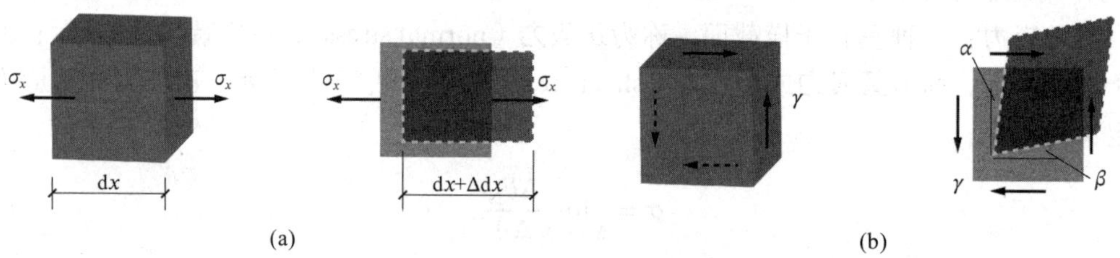

图 4-10 正应变与剪应变

剪应力作用下的微元体将发生剪切变形，剪切变形程度用微元体直角的改变量度量。微元体直角改变量称为**剪应变**或**切应变**（shearing strain），用γ表示。在图 4-10（b）中，$\gamma = \alpha + \beta$。γ的单位为 rad（弧度）。

关于正应力和正应变的正负号，一般约定：拉应力与拉应变为正；压应力与压应变为负。关于剪应力和剪应变的正负号规定将在后续介绍。

（4）线弹性材料的应力-应变关系

对于工程中常用材料，实验结果表明：若在弹性范围内加载（应力小于某一极限值），对于只承受单方向正应力或承受剪应力的微元体，正应力与正应变及剪应力与剪应变之间存在着线性关系，分别如图 4-11（a）、（b）所示。数学表达式分别为：

$$\sigma_x = E\varepsilon_x，或者\varepsilon_x = \frac{\sigma_x}{E} \tag{4-6}$$

$$\tau = G\gamma，或者\gamma = \frac{\tau}{G} \tag{4-7}$$

上述二式都称为胡克定律。其中，E和G为与材料有关的弹性常数：E称为弹性模量或杨氏模量；G称为切变模量。

式(4-6)和式(4-7)即为描述线弹性材料物性关系的方程。所谓线弹性材料是指弹性范围内加载时应力-应变满足线性关系的材料。

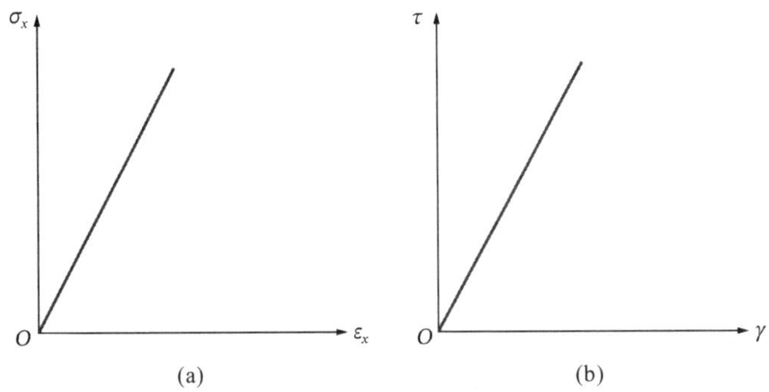

图 4-11　简单的应力-应变关系

基本练习题

4-5 如何判断正应力和正应变的正负号?

工程启示：胡佛水坝

胡佛水坝作为力学史上典型的工程案例，其建设过程深刻体现了应力分布与结构设计的重要性。在设计阶段，工程师们利用力学原理，通过复杂的计算和模拟，预测了水坝在各种工况下的应力分布情况。胡佛水坝是人类运用科学理论与工程方法，克服自然条件限制，创造的一项具有里程碑意义的工程奇迹。

科学家故事：钱学森和达·芬奇

（一）钱学森

我国杰出科学家钱学森，在空气动力学领域建树卓越。一次试验中，导弹弹体意外凹陷，钱学森凭借深厚的材料力学与空气动力学知识解决了这一问题，展现了他在材料力学与空气动力学领域的非凡洞察力与决断力。

（二）达·芬奇

达·芬奇不仅以绘画闻名于世，而且对科学的研究也颇为广泛。他通过深入观察鸟类飞行时羽毛与骨骼的相互作用，运用自己对材料力学的独特理解，尝试用竹子和丝绸等材料模仿鸟翼结构，制作飞行器模型。这一尝试展现了他对材料力学基本概念的深刻洞察与创造力。

小 结

1. 材料力学主要研究的问题

（1）杆件的拉伸问题；（2）杆件的扭转问题；（3）梁的弯曲问题；（4）压杆的稳定问题；（5）疲劳强度问题。

2. 材料力学主要的研究方法

（1）简化计算方法：包括荷载简化、约束方式简化、物理关系简化、结构形状简化等。

（2）静力平衡方法：若杆件整体平衡，则其上任何局部都平衡。

（3）变形协调分析方法：对于弹性构件或结构，其各部分变形之间必须满足相应协调条件。

（4）能量方法：将能量守恒定律、虚位移原理、最小势能原理等应用于杆件或杆件系统，得到的若干分析与计算方法。

（5）叠加方法：在线弹性和小变形的条件下，作用在杆件或杆件系统上的荷载所产生的某些效应是荷载的线性函数，因而力的独立作用原理成立。

（6）类比法：当一些量之间的关系与另一些量之间的关系彼此相似时，可通过类比或比拟的方法来帮助理解较复杂的情形。

思考题

4-1 静力学中的力学模型与材料力学中的力学模型有何异同？

4-2 阐述内力的概念。

4-3 阐述截面法的基本流程。

4-4 应力是单位面积上的分布内力，这种说法是否正确？

4-5 应变是单位长度的改变量，这种说法是否正确？

习 题

4-1 试求图 4-12 所示结构的m—m和n—n两截面上的内力，并指出杆件AB和BC的变形属于哪一类基本变形。

4-2 在图 4-13 所示简易吊车的横梁上，力$\boldsymbol{F}$可以左右移动。试求截面 1—1 和 2—2 上的内力及其最大值。

4-3 图 4-14 所示三角形薄板因受外力作用而产生变形，角点B垂直向上的位移为 0.02mm，但AB和BC仍保持为直线。试求沿OB的平均线应变，并求薄板在B点处的切应变。

4-4 图 4-15 所示圆形薄板的半径为R，变形后R的增量为$\Delta R=3\times10^{-3}$mm，试求沿半径方向和外圆圆周方向的平均线应变。

4-5 图 4-16 所示的等截面直杆在两端作用有力偶，力偶矩为$\boldsymbol{M}$，力偶作用在杆的纵向对称面内。试分析杆中点处截面A—A在杆变形后的位置（左侧为A'—A'，右侧为A''—A''）。

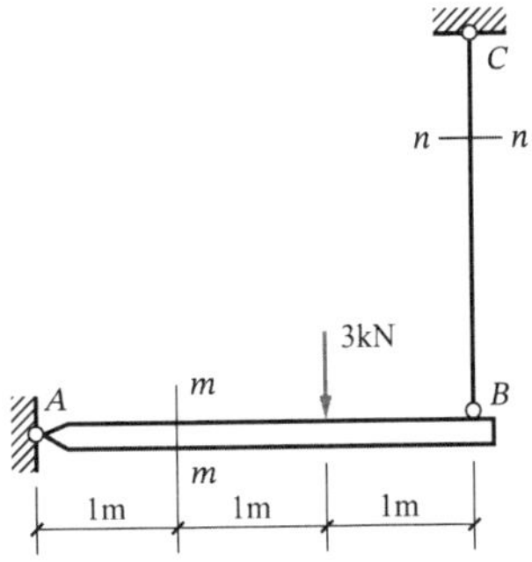

图 4-12　习题 4-1 图

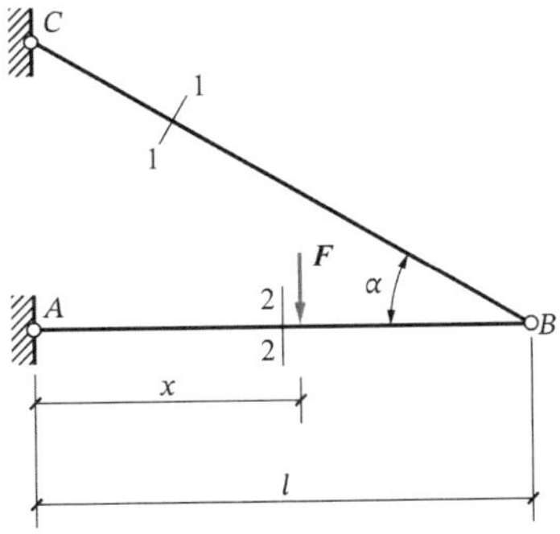

图 4-13　习题 4-2 图

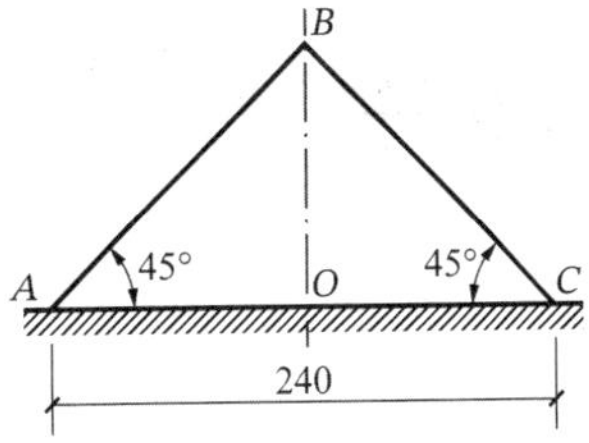

图 4-14　习题 4-3 图

4-6 利用截面法，求图 4-17 所示的简支梁 1—1 截面的内力。

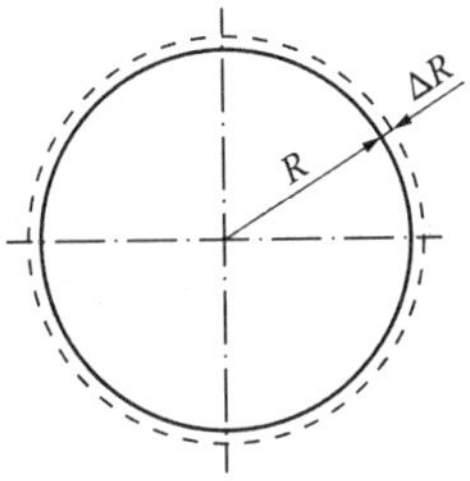

图 4-15　习题 4-4 图

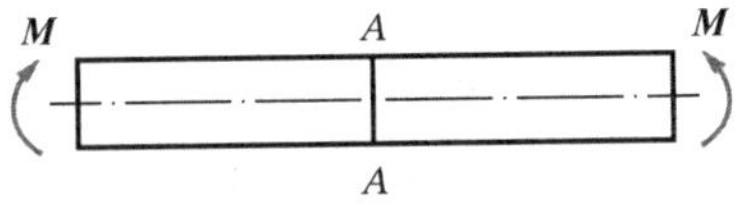

图 4-16　习题 4-5 图

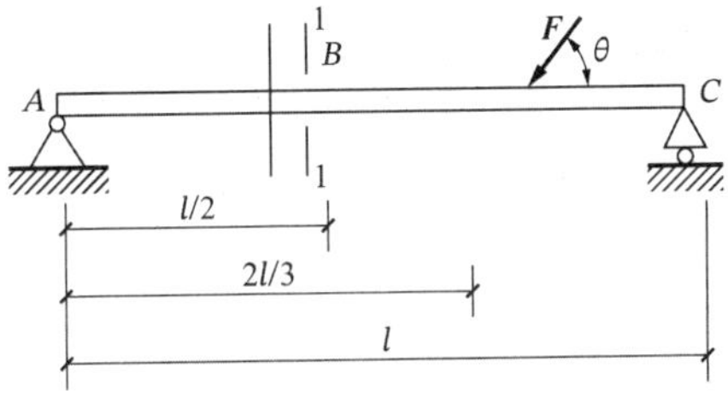

图 4-17　习题 4-6 图

4-7 如图 4-18 所示，杆件斜面上一点A处的应力为p，其方向角为θ，试求A点处的正应力σ和切应力τ。

4-8 取出某变形体在A点的微元体如图 4-19 中实线所示，变形后的微元体如图 4-19 中虚线所示。试求A点的切应变。

4-9 图 4-20 所示正方形薄板，边长为a，变形后边长增加了Δa。试求沿对角线AB的平均线应变。

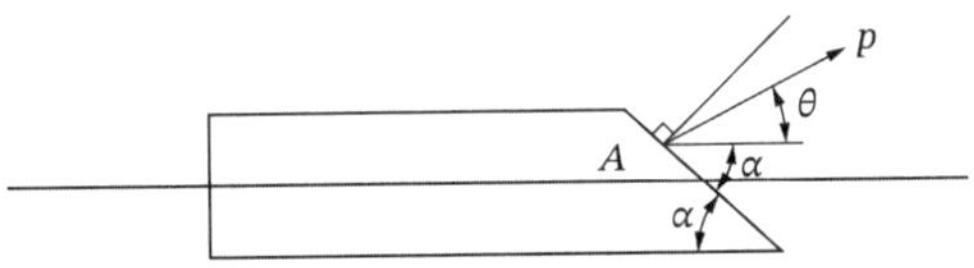

图 4-18　习题 4-7 图

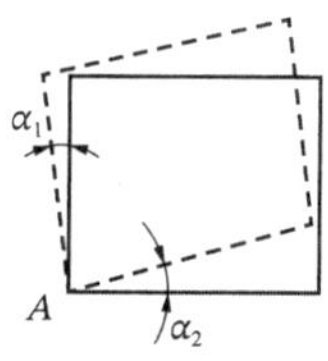

图 4-19　习题 4-8 图

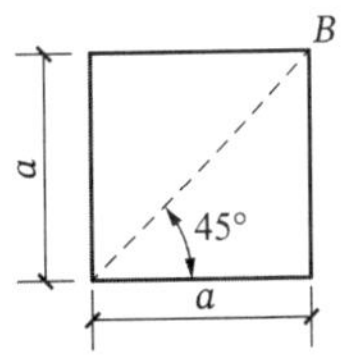

图 4-20　习题 4-9 图

4-10 图 4-21 所示拉伸试样上A、B两点的距离l称为标距。受拉力作用后，用引伸计测量出两点的距离增量为$\Delta l = 5 \times 10^{-3}$mm。若距离$l$的原长为 100mm，试求$A$与$B$两点间的平均线应变$\varepsilon_m$。

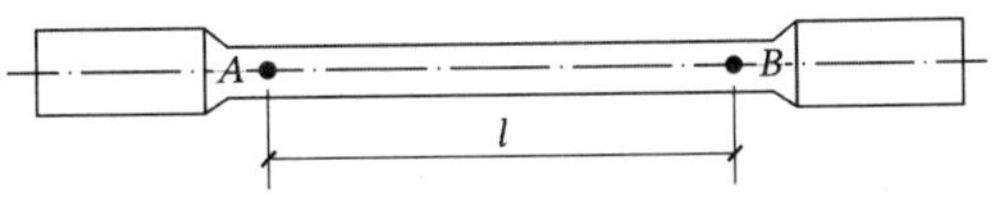

图 4-21　习题 4-10 图

第 5 章
拉伸与压缩

导读

本章介绍了轴向拉压杆的内力、应力、强度计算以及变形，此外还介绍了材料的力学性能。

学习目标

理解轴向拉压杆的受力特点和变形特点；熟练掌握轴向拉压时横截面上的轴力计算和轴力图的绘制以及轴向拉压时横截面上的应力计算；掌握材料在轴向拉压时的力学性能；理解安全系数、许用应力的概念；熟练掌握轴向拉压时的强度计算；了解轴向拉压时斜截面上的应力计算；熟练掌握轴向拉压时的变形计算。

思维导图

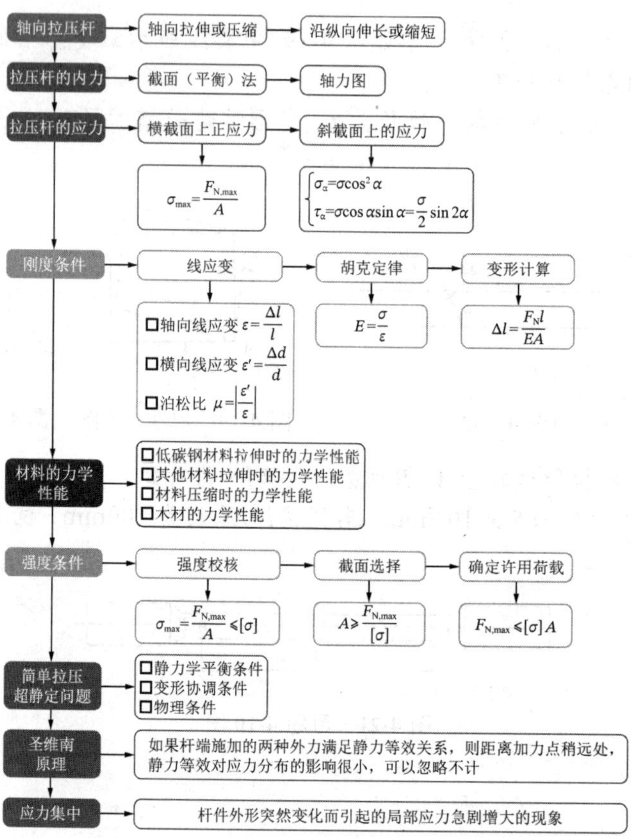

5.1　轴向拉压杆概念

轴向的拉伸与压缩是直杆变形的基本形式，普遍存在于日常生活中。例如房屋建筑中的立柱、塔式起重机塔架的杆件，以及桁架结构中的杆件，如图 5-1 所示。可以发现该类杆件除连接部分外，其余部分都为等直杆，作用于杆上的外力（或外力合力）的作用线与杆件轴线重合。这类构件简称为拉（压）杆。实际工程中，拉压杆的端部可以采用各种连接方式。如果不考虑其端部的具体连接情况，则可得到拉压杆计算简图（图 5-2），其具有以下特征：

(a) 房屋立柱　　(b) 塔式起重机塔架　　(c) 桁架结构

图 5-1　常见的轴向拉压杆

（1）几何特征

拉压杆可视为等直杆，其几何形状和尺寸由简图中所示的特定参数决定。

（2）受力特征

杆的两端分别受到一个集中力$\boldsymbol{F}$的作用，这两个力的大小相等、方向相反，并且它们的作用线与杆的轴线重合。

（3）变形特征

在受到外力作用时，拉压杆将发生纵向伸长或缩短的变形。

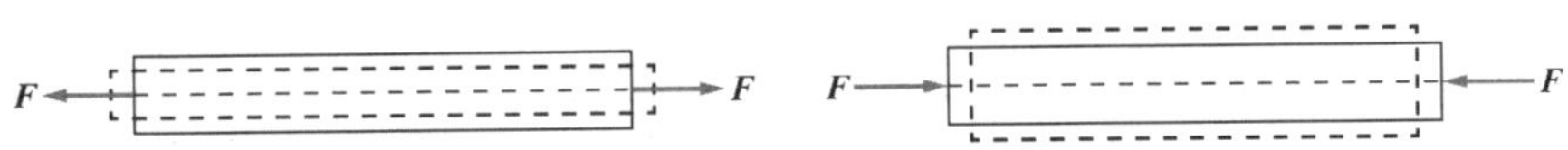

(a) 轴向拉伸　　(b) 轴向压缩

图 5-2　轴向拉伸与压缩变形

基本练习题

5-1 古代诗人贺知章《咏柳》中“碧玉妆成一树高，万条垂下绿丝绦。不知细叶谁裁出，二月春风似剪刀”的哪一句诗涉及轴向拉压的知识点？

5.2　拉压杆的内力

物体在受到外力作用而变形时，其内部各质点间的相对位置将发生变化。这将导致各质点间相互作用力的改变。这种由**外力**作用而引起的质点间相互作用力的改变量，即为内力。

由于假设物体是均匀连续的可变形固体，因此在物体内部相邻部分之间相互作用的内力，实际上是一个**连续分布**的内力系，将分布内力系的合成力或力偶简称为**内力**。因此，内力是由外力所引起的物体内相邻部分之间分布内力系合成的。

5.2.1 截面（平衡）法求解横截面上的轴力

截面（平衡）法通常将构件假想划分为两部分，并对每部分进行受力分析，获得各部分的内力分布。

以图 5-3（a）的拉杆为例，一等直杆在两端拉力$\boldsymbol{F}$的作用下保持平衡，试用截面（平衡）法分析任意横截面m—m上的内力。首先，我们假想将等直杆沿着横截面m—m分为Ⅰ和Ⅱ两个部分，任取一部分（如部分Ⅰ），弃掉另一部分（如部分Ⅱ），并将去掉部分对留下部分的作用以截开面上的内力来代替。对于留下的部分Ⅰ而言，去掉的部分Ⅱ对部分Ⅰ的作用力用内力$\boldsymbol{F}_\mathrm{N}$表示，详见图 5-3（b）。由于整个杆件处于平衡状态，因此杆件截开的任一部分都应保持平衡。于是，横截面m—m上的内力$\boldsymbol{F}_\mathrm{N}$与拉力$\boldsymbol{F}$共线，建立平衡方程：

$$\sum F_x = 0,\ F_\mathrm{N} - F = 0$$

即

$$F_\mathrm{N} = F$$

式中 F_N——代表杆件任意横截面m—m上的内力。

内力$\boldsymbol{F}_\mathrm{N}$的作用线与杆的轴线重合，即垂直于横截面并通过其**形心**（通过该点的力和力矩之和为零）。这种内力称为**轴力**，通常用符号$\boldsymbol{F}_\mathrm{N}$表示。

相似地，如果我们取部分Ⅱ进行分析，详见图 5-3（c）。由作用力与反作用力的原理可知，部分Ⅱ截面上的轴力与前述部分Ⅰ上的轴力数值相等、方向相反。显然，横截面m—m上的内力也可由部分Ⅱ的平衡条件来确定。

对于压杆而言，我们也可以采用上述的截面（平衡）法求解任意横截面上的轴力$\boldsymbol{F}_\mathrm{N}$，如图 5-4 所示。为了使由部分Ⅰ和部分Ⅱ计算所得的同一横截面上的轴力具有相同的正负号，联系变形情况，规定：**引起纵向伸长变形的轴力为正，称之为拉力**，如图 5-3 所示；**引起纵向缩短变形的轴力为负，称之为压力**，如图 5-4 所示。可见，**拉力背离横截面，而压力指向横截面**。

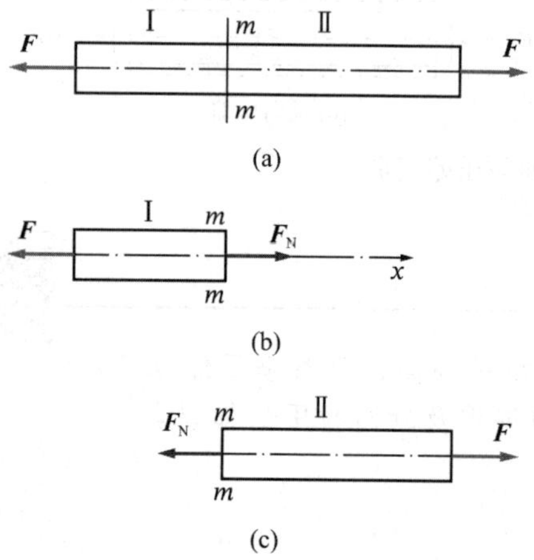

图 5-3 截面（平衡）法表示拉杆的内力

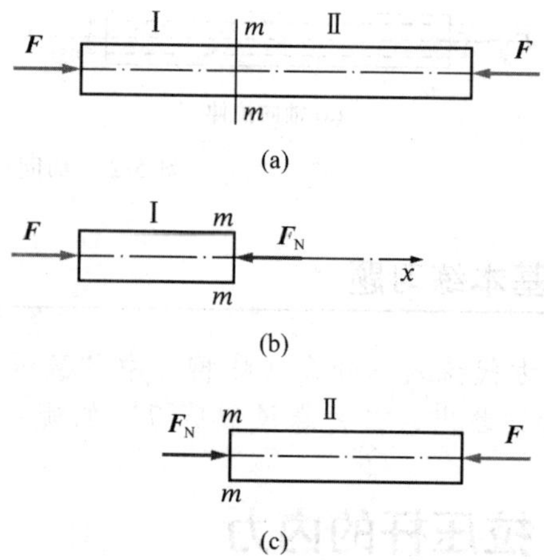

图 5-4 截面（平衡）法表示压杆的内力

上述分析轴力的方法称为**截面（平衡）法**，它是求内力的一般方法。截面法包括以下四个步骤：

① **截开**：在需求内力的截面处，假想地将杆截开分成两部分。

② **取出**：任意取一部分（一般取受力情况比较简单的部分）作为研究对象。

③ **代替**：去掉部分对留下部分的作用以截开面上的内力（力或力偶）代替。注意，这是代替去掉部分对留下部分的内力（或者作用力）。

④ **平衡**：对留下的部分建立平衡方程，根据其上的已知外力来计算杆在截开面上的未知内力。

5.2.2　轴力图

在实际工程中，杆通常受到多个轴向外力的共同作用，导致杆在不同横截面上的轴力产生差异。为了清晰地呈现各横截面上轴力的变化，一般将杆轴线作为横坐标轴，而垂直于杆轴线的纵坐标轴表示各横截面上的轴力。通过这种方式，可以作**轴力图**，展示轴力随横截面位置的变化。通常，正数值的轴力在图上位于横坐标轴上方，而相应的负数值的轴力在横坐标轴下方。通过观察轴力图，可以确定最大轴力出现的位置和数值。

【**例 5-1**】一等直杆及其受力情况如图 5-5 所示，试作该杆的轴力图。

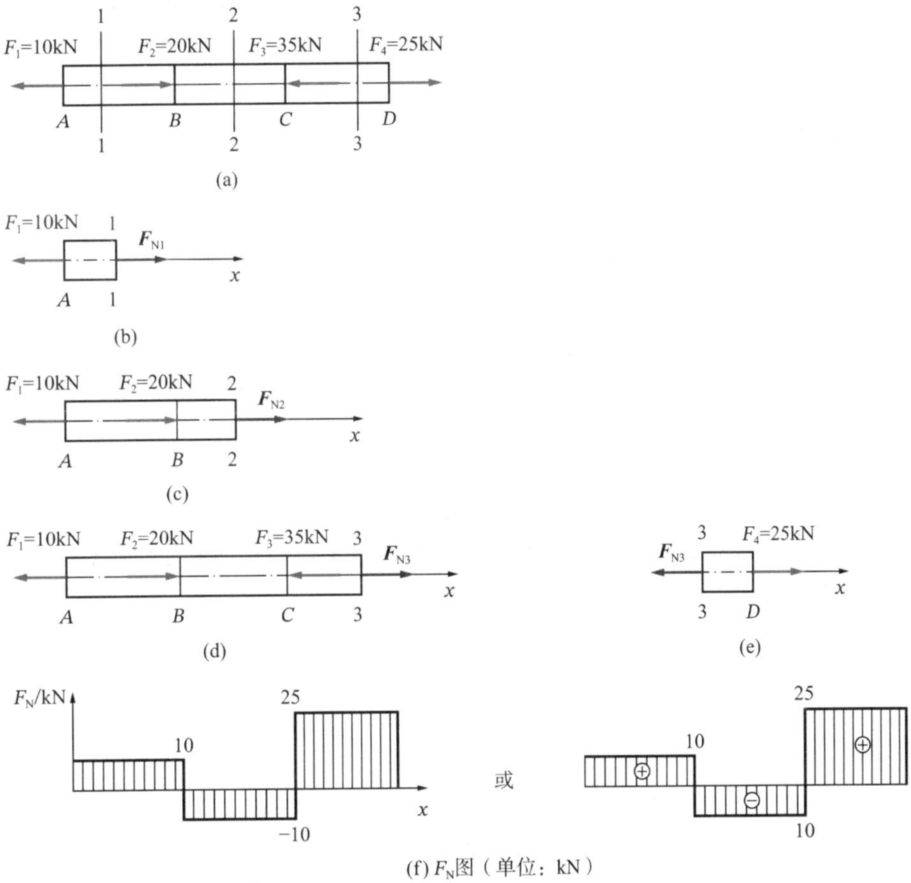

图 5-5　例 5-1 图

解：应用截面（平衡）法求各段横截面上的轴力，并作出轴力图。

AB段：沿任意截面 1—1 截开，在截面上加一个正号的轴力$\boldsymbol{F}_{N1}$。由左段的平衡条件［图 5-5（b）］：

$$\sum F_x = 0, \ F_{N1} - F_1 = 0$$

得
$$F_{N1} = 10\text{kN}$$

*BC*段：沿任意截面 2—2 截开，在截面上加一个正号的轴力$\boldsymbol{F}_{N2}$。由左段的平衡条件［图 5-5（c）］：

$$\sum F_x = 0, \ F_{N2} - F_1 + F_2 = 0$$

得
$$F_{N2} = -10\text{kN}$$

$\boldsymbol{F}_{N2}$为负值，表明假设的轴力方向与实际受力方向相反，应为轴向压力。

*CD*段：沿任意截面 3—3 截开，在截面上加一个正号的轴力$\boldsymbol{F}_{N3}$。由左段的平衡条件［图 5-5（d）］：

$$\sum F_x = 0, \ F_{N3} - F_1 + F_2 - F_3 = 0$$

得
$$F_{N3} = 25\text{kN}$$

这里也可以用右侧的平衡条件建立平衡方程求解轴力，以求解$\boldsymbol{F}_{N3}$为例，如图 5-5(e)所示。

$$\sum F_x = 0, \ F_5 - F_{N3} = 0$$

得
$$F_{N3} = 25\text{kN}$$

注意：采用截面（平衡）法求解内力时，选择哪一部分截开主要取决于哪一部分截开后进行受力分析更简单。

按照轴力图的规则，作出杆的轴力图如图 5-5（f）所示。

【例 5-2】试作图 5-6（a）所示杆的轴力图。

解：（1）求支座约束力

由整个杆的平衡方程［图 5-6（a）］：

$$\sum F_x = 0, \ -F_R - F_1 + F_2 - F_3 + F_4 = 0$$

得
$$F_R = 10\text{kN}$$

（2）应用截面（平衡）法求各段横截面上的轴力

*AB*段：沿任意截面 1—1 截开，在截面上加一个正号的轴力$\boldsymbol{F}_{N1}$。由左段的平衡条件［图 5-6（b）］：

$$\sum F_x = 0, \ F_{N1} - F_R = 0$$

得
$$F_{N1} = 10\text{kN}$$

*BC*段：沿任意截面 2—2 截开，在截面上加一个正号的轴力$\boldsymbol{F}_{N2}$。由左段的平衡条件［图 5-6（c）］：

$$\sum F_x = 0, \ -F_R - F_1 + F_{N2} = 0$$

得
$$F_{N2} = 50\text{kN}$$

*CD*段：沿任意截面 3—3 截开，在截面上加一个正号的轴力$\boldsymbol{F}_{N3}$。由左段的平衡条件［图 5-6（d）］：

$$\sum F_x = 0, \ -F_R - F_1 + F_2 + F_{N3} = 0$$

得
$$F_{N3} = -5\text{kN}$$

*DE*段：沿任意截面 4—4 截开，在截面上加一个正号的轴力$\boldsymbol{F}_{N4}$。由左段的平衡条件［图 5-6（e）］：

$$\sum F_x = 0, \ -F_R - F_1 + F_2 - F_3 + F_{N4} = 0$$

得
$$F_{N4} = 20\text{kN}$$

这里也可以用右侧的平衡条件建立平衡方程求解轴力，详见图 5-6(f)～(i)。以求解$\boldsymbol{F}_{N4}$

为例，如图 5-6（i）所示。

$$\sum F_x = 0,\ F_4 - F_{N4} = 0$$

得

$$F_{N4} = 20\text{kN}$$

按照轴力图的规则，作出杆的轴力图如图 5-6（j）所示。

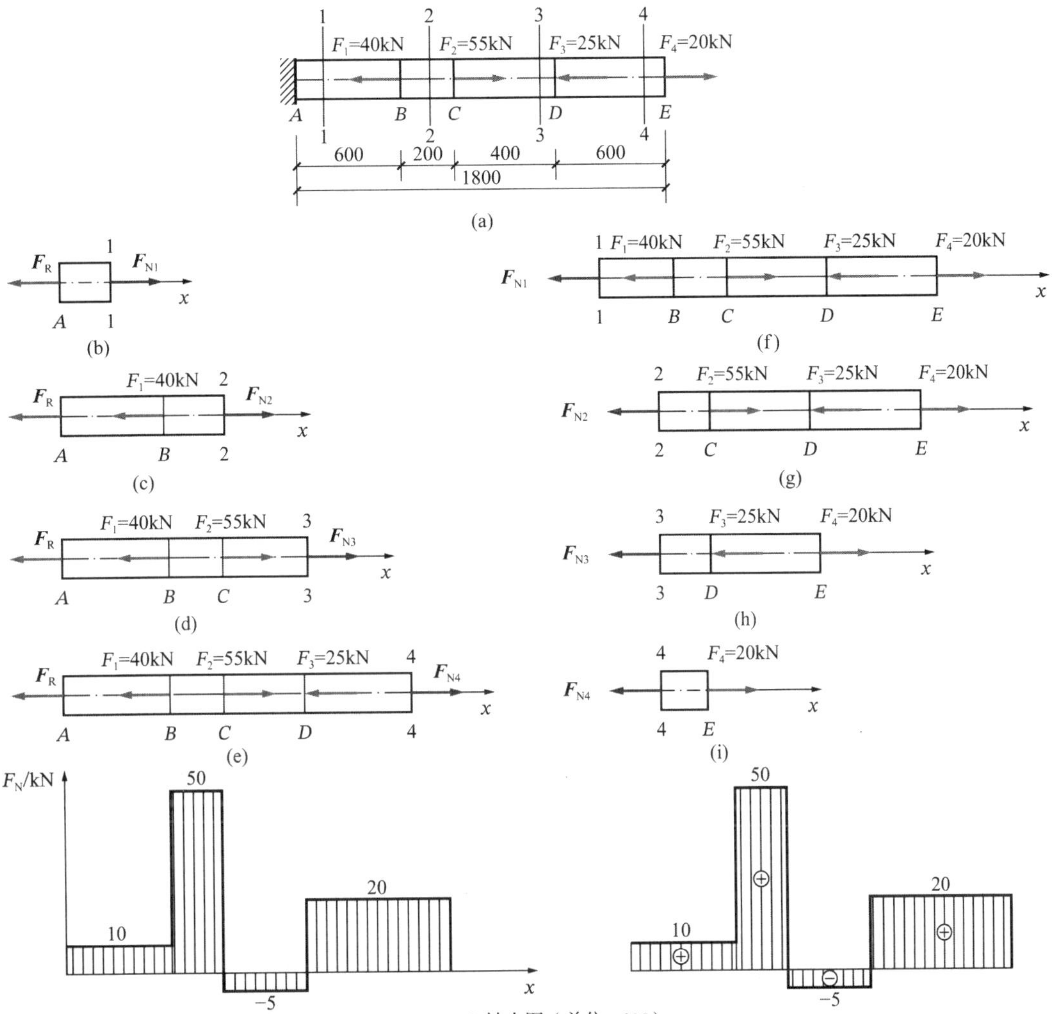

(j) 轴力图（单位：kN）

图 5-6　例 5-2 图

基本练习题

5-2 构件内力的大小不但与外力大小有关，还与材料的截面形状有关。该说法是否正确？

5.3　拉压杆的应力

通过上述的知识点可知，轴力表示的仅为杆横截面上分布内力系的合力，并不能判断杆件是否满足强度的需求。因此，在确定了拉压杆的轴力之后，还需要知道内力的分布集度，以及材料的承受能力。通常，我们将内力的分布集度称为应力。

5.3.1 拉压杆横截面上的应力

在拉压杆的横截面上，与$\boldsymbol{F}_\mathrm{N}$对应的应力是正应力$\sigma$。为求横截面上任一点的正应力，可先从分析杆件变形入手。如图 5-7（a）所示取一等直杆，变形前，在等直杆上画出垂直于杆的直线ab和cd[见图 5-7(b)]。拉伸后，发现ab和cd仍为直线，只是分别平移到$a'b'$和$c'd'$。根据这一现象，进一步假设：变形前为平面的横截面，变形后仍保持为平面且仍垂直于轴线。这一假设称为**平面假设**。由此可以推断，拉杆所有纵向纤维的伸长是相等的。进而推断各纵向纤维的受力一致。由于材料是均匀且连续的，故横截面上的轴力是均匀分布的，即拉杆横截面上各点的正应力相等［见图 5-7（c）和图 5-7（d)]，则正应力均匀分布于横截面上，σ是一个常量。因此杆件受轴向拉伸时横截面上正应力的计算公式为：

$$\sigma = \frac{F_\mathrm{N}}{A} \tag{5-1}$$

式中 σ——横截面上的应力；

F_N——轴力；

A——横截面面积。

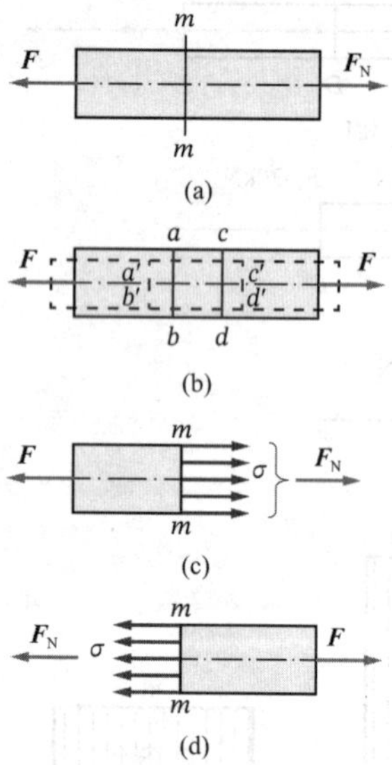

图 5-7 拉压杆横截面上的应力

公式(5-1)同样可用于杆件受压缩时横截面上的压力计算。σ的符号规定与轴力$\boldsymbol{F}_\mathrm{N}$相同，即当轴力为正时（拉力)，$\sigma$为拉应力，取正号；当轴力为负时（压力)，$\sigma$为压应力，取负号。

实际条件下，正应力在横截面上各点处相等这一结论仅在离外力作用点较远的部分成立，而在靠近外力作用点附近，由于杆端连接方式的不同，其受力情况通常较为复杂。这就是**圣维南原理**。

特别地，当等直杆件受多个轴力的作用时，可由轴力图求其最大轴力$\boldsymbol{F}_{\mathrm{N,max}}$，再根据上述公式得到杆件的最大正应力。

$$\sigma_{\max} = \frac{F_{\mathrm{N,max}}}{A}$$

最大轴力所在的截面称为**危险截面**，危险截面上的正应力称为**最大工作正应力**。

5.3.2 拉压杆斜截面上的应力

实际工作中，由于拉压杆上的外力作用较为复杂，所以杆件的破坏并不总是沿着横截面发生，较多情况下会沿着斜截面发生。为此，本小节详细讨论了杆件斜截面上的应力分布。

现研究与横截面成α角的任一斜截面$k—k$上的应力［见图 5-8（a)]。为此，假想地用一个平面沿斜截面$k—k$将杆件一分为二，并研究左段杆的平衡［见图 5-8（b)]。于是，可得斜截面$k—k$上的内力$\boldsymbol{F}_\alpha$为：

$$F_\alpha = F$$

仿照求横截面上正应力变化规律的分析过程，同样可得到斜截面上各点处的应力$\boldsymbol{P}_\alpha$相等的结论。于是，有：

$$P_\alpha = \frac{F_\alpha}{A_\alpha}$$

式中　A_α——斜截面面积，且$A_\alpha = A/\cos\alpha$。

$$P_\alpha = \frac{F}{A}\cos\alpha = \sigma_0\cos\alpha$$

式中　σ_0——拉压杆在横截面上的正应力。

与前文一致，总应力$\boldsymbol{P}_\alpha$也是矢量，其可以分解为两个分量，见图 5-8（c）：

① 沿截面法线方向的正应力为：

$$\sigma_\alpha = P_\alpha\cos\alpha = \sigma_0\cos^2\alpha \tag{5-2}$$

② 沿截面切线方向的切应力为：

$$\tau_\alpha = P_\alpha\sin\alpha = \frac{\sigma_0}{2}\sin 2\alpha \tag{5-3}$$

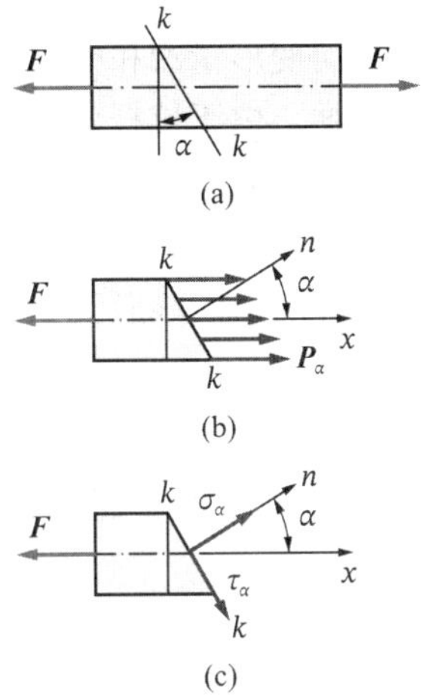

图 5-8　拉压杆斜截面上的应力

式(5-2)和式(5-3)表明，拉杆内任一点处不同方位斜截面上既有正应力σ_α也有切应力τ_α。α以x轴至斜截面外向法线为逆时针转向时为正，反之为负。其次，由上述两式发现正应力σ_α和切应力τ_α随α角的改变呈现出周期性变化，它们的最大值及其所在截面的方位为：

① 当$\alpha = 0°$时，$\sigma_\alpha = \sigma_0$是σ_α中的最大值。即通过拉压杆某一点的横截面上的正应力，是通过该点的所有截面上正应力的最大值。

② 当$\alpha = 45°$时，$\tau_\alpha = \frac{\sigma_0}{2}$是$\tau_\alpha$中的最大值，即与横截面成 45°的斜截面上的切应力，是拉压杆所有截面上切应力的最大值。

基本练习题

5-3 如图 5-9 所示变截面杆AD，分别在截面A、B、C处受集中力$\boldsymbol{F}$作用。设杆件AB、BC、CD段的横截面面积分别为A、$2A$、$3A$，横截面上的轴力和应力分别为$\boldsymbol{F}_{N1}$、σ_{AB}，$\boldsymbol{F}_{N2}$、σ_{BC}，$\boldsymbol{F}_{N3}$、σ_{CD}，下列结论中正确的是（　　）。

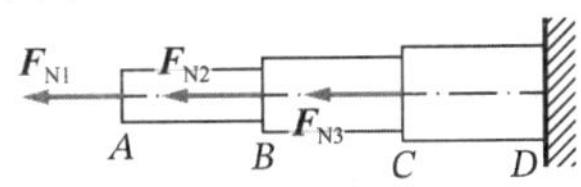

图 5-9　基本练习题 5-3 图

A. $\boldsymbol{F}_{N1} = \boldsymbol{F}_{N2} = \boldsymbol{F}_{N3}$，$\sigma_{AB} = \sigma_{BC} = \sigma_{CD}$

B. $\boldsymbol{F}_{N1} \neq \boldsymbol{F}_{N2} \neq \boldsymbol{F}_{N3}$，$\sigma_{AB} \neq \sigma_{BC} \neq \sigma_{CD}$

C. $\boldsymbol{F}_{N1} = \boldsymbol{F}_{N2} = \boldsymbol{F}_{N3}$，$\sigma_{AB} \neq \sigma_{BC} \neq \sigma_{CD}$

D. $\boldsymbol{F}_{N1} \neq \boldsymbol{F}_{N2} \neq \boldsymbol{F}_{N3}$，$\sigma_{AB} = \sigma_{BC} = \sigma_{CD}$

5.4　拉压杆的变形及胡克定律

正如前文所述，直杆受轴向拉伸或压缩作用时，杆件会产生沿轴线方向的伸长或缩短。如图 5-10 所示，设一等直杆件原长度为l，截面宽度为b。受外力$\boldsymbol{F}$的拉伸作用后，杆件的长度变为l_1，截面的宽度变为b_1。

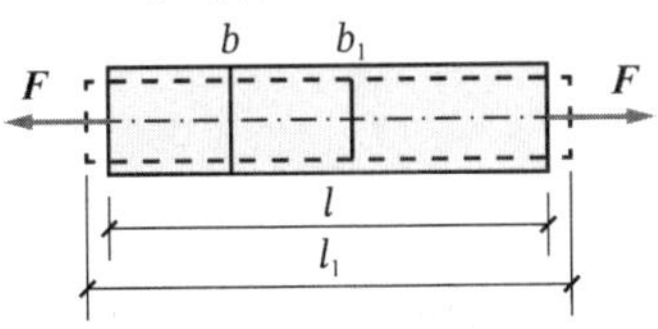

图 5-10　拉杆变形

杆件的纵向变形量为：

$$\Delta l = l_1 - l \tag{5-4}$$

杆件的横向变形量为：

$$\Delta b = b_1 - b \tag{5-5}$$

纵向变形量Δl和横向变形量Δb只反映杆的总变形量，而无法说明沿杆长度方向上各段的变形程度。由于拉杆各段的伸长是均匀的，因此，变形程度可用每单位长度的纵向变形（即$\Delta l/l$）和横向变形（$\Delta b/b$）来表示。每单位长度的伸长（或缩短）量，称为线应变，常用ε表示。在均匀变形的条件下：

拉杆的**纵向线应变**为：

$$\varepsilon = \frac{\Delta l}{l} \tag{5-6}$$

拉杆的**横向线应变**为：

$$\varepsilon' = \frac{\Delta b}{b} \tag{5-7}$$

由式(5-4)～式(5-7)可知，拉杆的纵向伸长量Δl和纵向线应变ε均为正值，横向变形量Δb和横向线应变ε'均为负值；压杆的纵向缩短量Δl和纵向线应变ε均为负值，横向变形量Δb和横向线应变ε'均为正值。

5.4.1 纵向变形及胡克定律

实验结果表明，当材料处于线弹性范围内时，拉（压）杆的伸长（或缩短）量Δl与轴力$\boldsymbol{F}_{\mathrm{N}}$以及杆长$l$成正比例关系，而与横截面面积$A$成反比例关系，即：

$$\Delta l \propto \frac{Fl}{A}$$

引入比例常数E，上式可改写为：

$$\Delta l = \frac{F_{\mathrm{N}} l}{EA} \tag{5-8}$$

式(5-8)就是轴向拉伸和压缩时纵向变形的计算公式，称为**胡克定律**（Hooke's Law）。式中比例常数E称为**弹性模量**（modulus of elasticity），又称为杨氏模量。E的数值仅与材料的固有性质相关，可以通过相关的实验测得。值得注意的是，E的量纲与应力的量纲相同，即为$\mathrm{ML^{-1}T^{-2}}$，其单位为帕斯卡（Pa）。该物理量表征材料抵抗弹性变形的能力。通常，将式中的EA称为杆件的**抗拉（压）刚度**（rigidity of tension or compression）。EA的数值越大，其刚度越大，则拉杆发生的变形越小。

改写式(5-8)为：

$$\frac{\Delta l}{l} = \frac{1}{E} \times \frac{F_{\mathrm{N}}}{A}$$

代入$\varepsilon = \frac{\Delta l}{l}$表达式，可得：

$$\varepsilon = \frac{1}{E} \times \frac{F_{\mathrm{N}}}{A}$$

由于$\frac{F_{\mathrm{N}}}{A}$为杆件上的正应力σ，因此，胡克定律又可以表达为：

$$\varepsilon = \frac{\sigma}{E} \tag{5-9}$$

在该式中，正应力和线应变的符号保持一致。具体而言，σ为拉应力时，ε为纵向伸长线应变，其符号为正；σ为压应力时，ε为纵向缩短线应变，其符号为负。

5.4.2 横向变形及泊松比

对于横向线应变ε'，实验结果表明，当应力不超过材料的比例极限时，杆件的横向线应变与其纵向线应变之比的绝对值是常数，它是一个无量纲数，称为**泊松比**，也称为**横向变形系数**，用符号μ来表示，即：

$$\mu=\left|\frac{\varepsilon'}{\varepsilon}\right|$$

纵向线应变和横向线应变的正负号总是相反的，因此：

$$\varepsilon'=-\mu\varepsilon \tag{5-10}$$

泊松比μ是材料固有的弹性常数，与弹性模量E相同，该物理量仅与材料的固有性质相关，即仅随材料的变化而变化。

弹性模量E和泊松比μ都是材料的弹性常数。部分常见材料的E和μ值列于表 5-1 中。

表 5-1 常用材料的弹性模量 E 和泊松比 μ 的约值

材料名称	E/GPa	μ
Q235 钢	200～220	0.25～0.28
Q355 钢（15Mn 钢）	200	0.25～0.30
合金钢（50CrNiMoA）	210	0.28～0.32
铜及其合金	100～110	0.31～0.35
灰口铸铁	50～150	0.23～0.27
球墨铸铁	150～180	0.25～0.27
铝及其合金	72	0.33
钛及其合金	100～110	0.31～0.35
混凝土	15～35	0.15～0.20
橡胶	0.008	0.47～0.50

【例 5-3】某杆件的长度、横截面尺寸和受力如图 5-11 所示，其弹性模量为 210GPa。试求杆件的总伸长量。

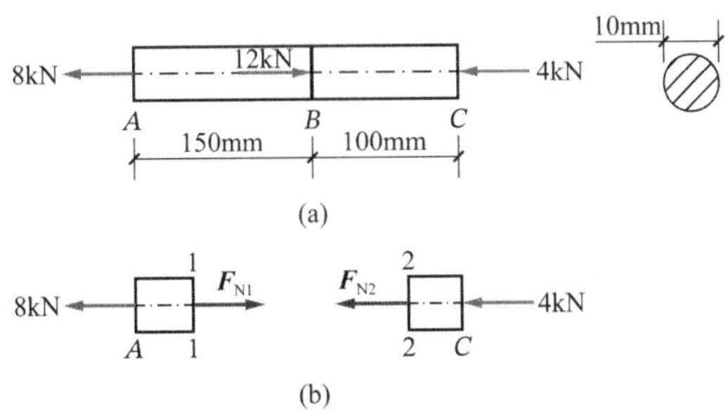

图 5-11 例 5-3 图

解：杆件受力如图 5-11（b）所示。由平衡方程可求得杆件的轴力分别为：

$$F_{N1}=8\text{kN}；\ F_{N2}=-4\text{kN}$$

根据胡克定律，AB段的纵向变形量为：

$$\Delta l_1 = \frac{F_{N1} l_{AB}}{EA} = \frac{8 \times 10^3 \times 150}{210 \times 10^9 \times \dfrac{\pi \times 20^2 \times 10^{-6}}{4}} = 0.073\text{mm}$$

根据胡克定律，BC段的纵向变形量为：

$$\Delta l_2 = \frac{F_{N2} l_{BC}}{EA} = \frac{-4 \times 10^3 \times 100}{210 \times 10^9 \times \dfrac{\pi \times 10^2 \times 10^{-6}}{4}} = -0.024\text{mm}$$

可得杆件AC的总伸长量$\Delta l = \Delta l_1 + \Delta l_2 = 0.049\text{mm}$。

基本练习题

5-4 等直杆受轴向拉压时，任何方向都不会产生切应变。该说法是否正确？

5-5 两根长度相同、横截面积相等、材料相同的等直杆，在相同的拉力作用下，若横截面分别为正方形和圆形，则两拉杆的轴向线应变ε相等、横向线应变ε'相等。该说法是否正确？

5.5 材料在轴向拉伸和压缩时的力学性能

材料的力学性能是指材料在外力作用下表现出的变形、破坏等方面的特性，这些特性都需通过实验来测定。在进行拉伸实验时，应将材料做成标准的试样，使其几何形状和受力条件都符合轴向拉伸的要求。在试样上取长为l的一段作为试验段，l称为标距。

对圆截面试样，标距l与直径d有两种比例：

$$l = 10d \text{或} l = 5d$$

对矩形截面试样，标距l与截面面积A有两种比例：

$$l = 11.3\sqrt{A} \text{或} l = 5.65\sqrt{A}$$

压缩实验常选用圆截面或正方形截面的短柱体，其长度l与直径d或正方形的边长b的比值一般规定在 1～3，这样才能避免试样在实验中被压弯。

实际工程中，材料在拉伸和压缩作用下产生变形的行为较多。本节主要介绍低碳钢在拉伸和压缩时的力学性能（通常，低碳钢指碳含量小于 0.25%的非合金钢）。

5.5.1 低碳钢拉伸时的力学性能

利用加载设备（液压万能试验机或者电子万能试验机）对标准试样施加缓慢增加的拉力，结合引伸计测量试样平行长度内指定长度段（标距：通常取 50mm）的伸长量Δl。其中，$\boldsymbol{F}$和Δl的关系曲线称为拉伸图或者F-Δl曲线，如图 5-12 所示。

为了消除尺寸对F-Δl曲线的影响，通常将拉力$\boldsymbol{F}$除以试样的横截面原始面积A，得到应力$\sigma = \frac{F}{A}$；同时，将伸长量Δl除以标距的初始长度l，得到相应的应变$\varepsilon = \Delta l / l$。以应力$\sigma$为纵坐标，$\varepsilon$为横坐标，构成$\sigma$-$\varepsilon$曲线图，也称为应力-应变曲线图，如图 5-13 所示。

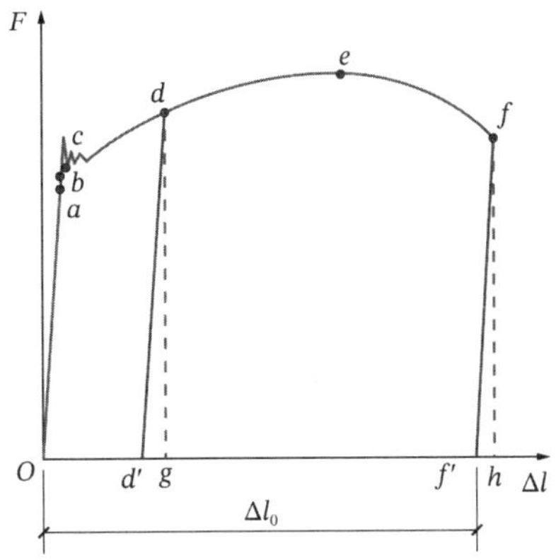

图 5-12　F-Δl曲线

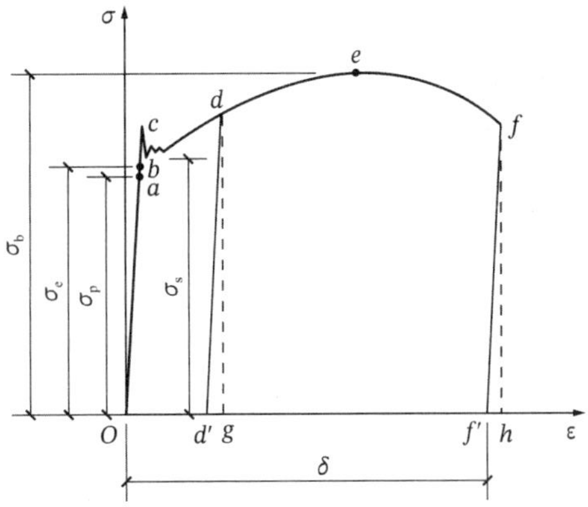

图 5-13　应力-应变曲线

（1）弹性阶段

在拉伸的初始阶段，低碳钢表现出良好的弹性。此时，应力σ与应变ε之间呈线性关系，为直线Oa段（图 5-13），该阶段的应力σ与应变ε成正比，即：

$$\sigma \propto \varepsilon$$

也可写为等式：

$$\sigma = E\varepsilon$$

即满足胡克定律。

式中　E——与材料相关的比例常数，定义为弹性模量。

由于应变ε的量纲为 1，所以弹性模量E的单位与应力的单位一致，为 GPa（1GPa = 10^9Pa）。根据上述公式可以发现$E = \frac{\sigma}{\varepsilon}$，即弹性模量为直线$Oa$的斜率。图 5-13 中，直线部分的最高点$\sigma_p$称为**比例极限**。显然，只有应力小于比例极限$\sigma_p$时，应力才与应变成正比，材料才服从胡克定律，通常称为材料的线弹性阶段。超过比例极限σ_p后，从图 5-13 中的a点到b点，σ与ε之间不再是直线，但解除拉力后变形仍然可以消失，这种变形称为弹性变形。b点所对应的应力σ_e表示材料弹性变形的极限值，称为**弹性极限**。在弹性阶段，当外力作用在低碳钢试样上时，试样会发生与外力成正比的变形，且当外力去除后，试样能够完全恢复到原始形状，不留下任何永久变形。这一阶段的力学性能对于预测和控制低碳钢在受力初期的行为至关重要。

当应力超过弹性极限后，如果卸去拉力，变形有一部分将不会随之消失，这种变形称为塑性变形或残余变形。

（2）屈服阶段

当应力超过b点增加到某一数值时，应变有非常明显的增加，而应力先是下降，然后作微小的波动，在σ-ε曲线上出现接近于水平线的小锯齿形线段。这种应力基本保持不变，而应变显著增加的现象，称为**屈服现象**或**流动现象**。材料力学中，将σ-ε曲线上应力出现首次下降前的最大应力定义为**上屈服极限**，将不计初始瞬时效应（即舍去第一个谷值的应力）时屈服阶段内最小的应力定义为**下屈服极限**。通常取下屈服极限为材料的**屈服极限**或者**屈服强度**，用σ_s来表示，屈服强度（σ_s）是衡量低碳钢抵抗塑性变形能力的重要指标。

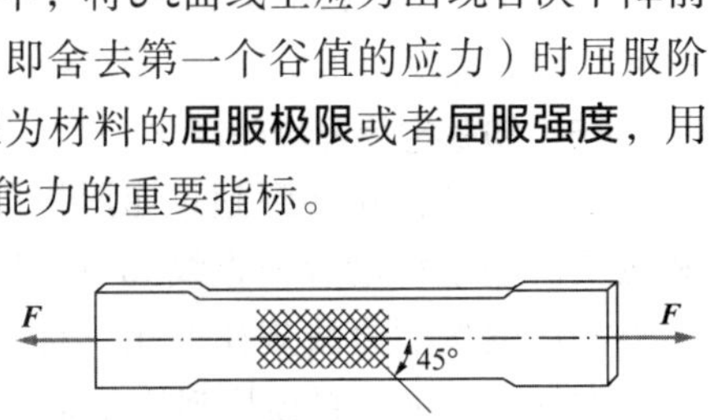

图 5-14　表面磨光的试样屈服状况

表面磨光的试样屈服时，在表面处将出现与轴线大致成 45°倾角的条纹，如图 5-14 所示。这是由于材料内部相对滑移形成的，称为滑移线。由于拉伸时在与杆轴成 45°倾角的斜截面上切应力最大，因此屈服现象的出现与最大切应力有关。

（3）强化阶段

屈服阶段之后，低碳钢试样又恢复了抵抗变形的能力，随着应变的继续增加，应力也逐渐增加，但增速逐渐放缓，这种现象称为材料的强化，这一阶段（ce段）称为强化阶段。在图 5-13 中，强化阶段中的最高点e所对应的应力σ_b是材料所能承受的最大应力，称为**强度极限或抗拉强度**。它是衡量材料强度的另一重要指标。此外，在强化阶段的低碳钢通常伴随着横截面的明显缩小。强化阶段的存在使得低碳钢在承受较大荷载时能够保持较高的承载能力，从而提高了其作为结构材料的安全性。

（4）局部变形阶段

当应力经过e点后，试样横截面面积显著收缩，出现颈缩现象（如图 5-15 所示），一直到试样被拉断，形成断口。低碳钢的断口通常呈杯状，表明试样在断裂前经历了较大的塑性变形。抗拉强度是低碳钢在拉伸过程中所能承受的最大应力值，也是衡量其抵抗断裂能力的重要指标。

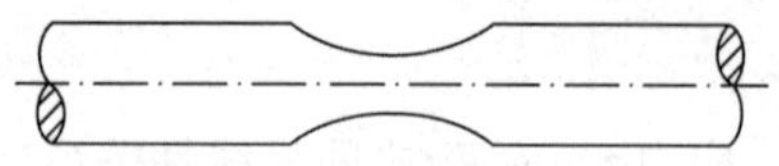

图 5-15 试样出现颈缩现象

（5）塑性指标

除了上述的屈服强度和抗拉强度外，低碳钢的塑性还可通过伸长率（δ）和断面收缩率（ψ）来衡量。**伸长率**是试样断裂后标距的伸长量与原始标距之比的百分数。

$$\delta = \frac{l_1 - l_0}{l_0} \times 100\%$$

式中 l_1——试样拉断后标距长度；

l_0——原始标距长度。

试样的塑性变形（$l_1 - l_0$）越大，伸长率δ也就越大。因此，伸长率是衡量材料塑性的指标之一。低碳钢的伸长率很高，其平均值为 20%～30%，该数值表明低碳钢具有较好的塑性性能。

工程上，通常按照伸长率的大小把材料分为塑性材料和脆性材料两大类：**伸长率**大于或等于 5%的材料称为塑性材料，比如低碳钢、黄铜、铝合金等，它们具有延展性好、韧性大、能承受较大变形等特性；伸长率小于 5%的材料称为脆性材料，如灰口铸铁、玻璃、陶瓷等，它们具有强度高、硬度大，但抗冲击和抗振动能力差等特性。

断面收缩率是试样断裂后横截面积的减小量与原始横截面积之比的百分数。

$$\psi = \frac{A_0 - A_1}{A_0} \times 100\%$$

式中 A_0——试样原横截面面积；

A_1——试样被拉断后在颈缩处测得的最小横截面面积。

伸长率（δ）和断面收缩率（ψ）共同反映了低碳钢在拉伸过程中的塑性变形能力。伸长率和断面收缩率越大，说明低碳钢的塑性越好，越能在承受较大变形时保持结构的完整性。

（6）卸载定律及冷作硬化

如果把试样拉伸到超过屈服极限后的任意一点d（图 5-13），然后逐渐卸除荷载，应力和应变的关系将沿着斜直线dd'回到d'点。斜直线dd'点近似地平行于线段Oa。卸载过程中，应力和应变按照直线规律变化，称为**卸载定律**。

在常温下把材料预拉到强化阶段然后卸载，如果在短时间内再次加载，则应力-应变会大致沿斜直线$d'd$上升，直到d点后，又沿着曲线def变化。可见再次加载时，在d点以前材料的变形是弹性的，过d点以后才开始出现塑性变形。比较图 5-13 中的$Oabcdef$和$d'def$两条曲线，可见二次加载时，其比例极限σ_p（亦即弹性阶段）得到了提高，但塑性变形和伸长率却有所下降，这种现象称为**冷作硬化**。特别地，冷作硬化现象经退火后又可以被消除。

工程中冷作硬化的应用非常广泛，主要通过金属材料的冷态塑性变形来提高其强度、硬度和耐磨性，例如喷砂处理。该方法是通过高压喷射细砂粒冲击材料表面，使材料表面产生冷作硬化现象，从而提高表面的硬度和耐磨性。然而，零件初加工后，由于冷作硬化使材料变脆变硬，增加了下一步加工的难度，且容易产生裂纹。因此，实际工程中常需要在工序之间安排退火，以消除冷作硬化的影响。

5.5.2　其他材料拉伸时的力学性能

本小节将详细讨论除传统金属材料外的其他塑性材料在拉伸过程中表现出的力学性能。图 5-16（a）是几种常见的塑性材料的σ-ε曲线，如 H62 黄铜、Q235 钢、16Mn 钢等。这些材料在拉伸过程中表现出与低碳钢明显不同的力学行为，其并不存在明显的 4 个阶段，如高碳钢 T10A，该材料中并没有明显的屈服阶段和局部变形阶段。对没有明显屈服阶段的塑性材料，可以将产生 0.2%塑性应变时的应力作为屈服指标，称为**名义屈服极限**，并用$\sigma_{0.2}$来表示，如图 5-16（b）所示。

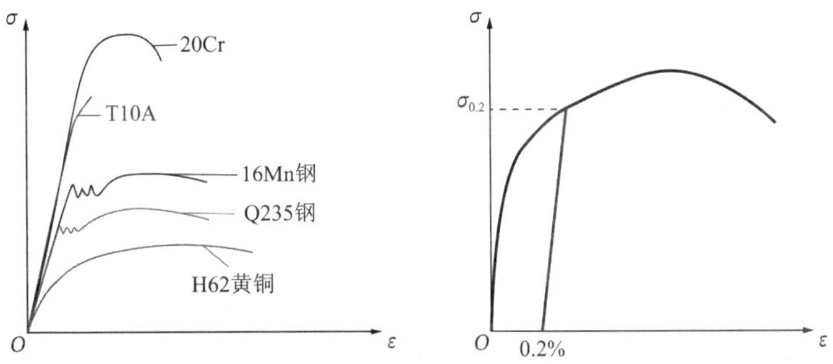

(a) 几种常见的塑性材料的σ-ε曲线　(b) 没有明显屈服阶段的塑性材料的σ-ε曲线

图 5-16　塑性材料的σ-ε曲线

脆性材料（如陶瓷、玻璃、高硬度合金和部分高分子材料）在拉伸过程中表现出与塑性材料截然不同的力学行为。这些材料通常具有较高的强度和硬度，但缺乏显著的塑性变形能力，易于在拉伸应力作用下突然断裂。图 5-17 所描述的是灰口铸铁的σ-ε曲线，可以发现在拉伸初期，脆性材料表现出近似线性的应力-应变关系，并遵循胡克定律。此阶段中，材料的应变较小，线性区域的斜率即为材料的弹性模量（E），该模量通常较大，表明材料的刚性较强。实际工程中，通常取总应变为 0.1%时σ-ε曲线的割线斜率来确定其弹性模量值，如图 5-17 中直线 Oa 所示。脆性材料在达到其极限强度之前，几乎没有明显的塑性变形阶段。与塑性材料不同，脆性材料既不会在拉伸过程中表现出屈服行为，也不会产生显著的形变硬化。当应力超过材料的断裂强度时，脆性材料会突然断裂，而不会出现塑性变形的缓冲。这种断裂通常发生在材料的弹性极限附近，并且断裂前的总应变量很小。

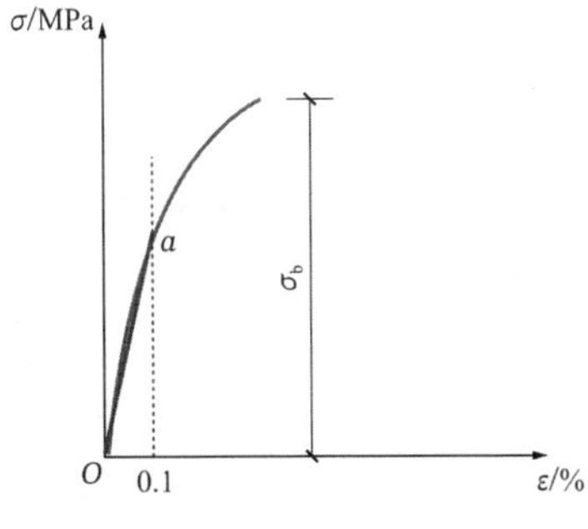

图 5-17　灰口铸铁的σ-ε曲线

5.5.3 材料压缩时的力学性能

金属材料的压缩试样一般都制成很短的圆柱，以免被压弯，圆柱高度为直径的 1.3～3 倍。混凝土、石料等非金属材料则制成立方体试块。

图 5-18 所示为低碳钢压缩时的σ-ε曲线，从图中我们可以观察到，低碳钢压缩时的弹性模量E、屈服极限σ_s与拉伸时基本保持一致。一旦进入屈服阶段后，随着压缩的进行，试样逐渐变扁，同时试样的横截面面积也在持续增大。由于试样在压缩过程中不会断裂，因此我们无法获得其压缩时的强度极限。

图 5-19 所示为铸铁材料压缩时的σ-ε曲线。可以发现，该曲线与铸铁在拉伸实验中获得的σ-ε曲线存在明显的不同。具体而言，铸铁压缩时的强度极限远远大于拉伸时的数值，为拉伸时的 2 至 5 倍。其他脆性材料的抗压强度也远高于抗拉强度，如混凝土、石材以及陶瓷等。

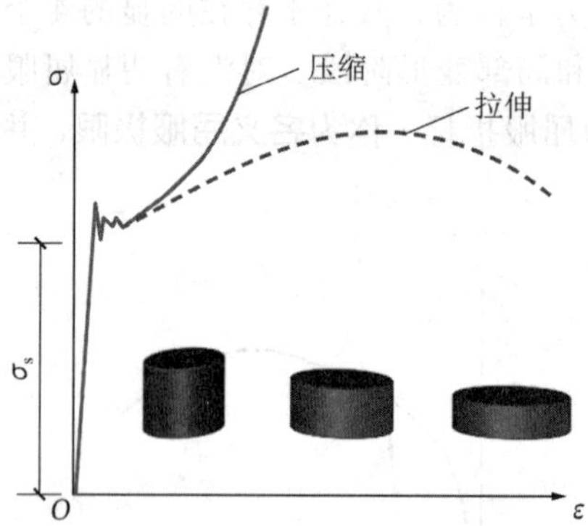

图 5-18 低碳钢压缩时的σ-ε曲线

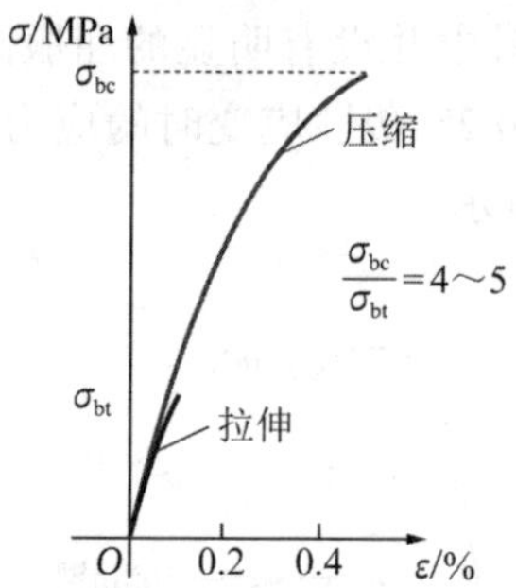

图 5-19 铸铁压缩时的σ-ε曲线

脆性材料虽然抗拉强度低、塑性差，但其抗压能力强、价格低廉，易于作为抗压构件，如机器底座、机床机身等。几种常见材料的主要力学性能详见表 5-2。

表 5-2 几种常见材料的主要力学性能

材料名称	型号	σ_s/MPa	σ_b/MPa	δ_5/%
普通碳素钢	Q235 Q275	215～235 255～275	373～551 508～590	25～27 19～21
优质碳素钢	50 55	333 333	559 598	19 15
普通低合金钢	Q355 Q390	275～353 333～512	510～571 559～590	19～21 17～19
合金结构钢	20Cr 50Cr	550 785	835 980	10 9
碳素铸钢	ZG270-500	270	500	18
可锻铸铁	KTZ550-05	270	550	5（δ_3）
球墨铸铁	QT550-10	310	550	10
灰铸铁	HT150	—	150～250	—

注：δ_5表示标距$l=5d$标准试样的断后伸长率，δ_3表示标距$l=3d$标准试样的断后伸长率。

基本练习题

5-6 材料进入屈服阶段以后，发生（ ）变形。

A. 弹性 B. 线弹性

C. 塑性 D. 弹塑性

5.6 拉压杆的强度条件

拉伸实验中，受拉材料**失效**是指材料出现**断裂**或者发生宏观可见的**塑性变形**的现象。材料失效的原因多种多样，包括但不限于强度、刚度以及稳定性的不足。例如，桥梁的突然断裂、建筑物的倒塌、机械部件的断裂等都属于失效现象。刚度以及稳定性导致的失效问题将在后面的章节中进行讨论，本章主要分析材料的强度问题。

塑性材料的失效应力为材料屈服时的屈服极限σ_s。然而，由于脆性材料没有屈服阶段，因此通常以其断裂时的强度极限σ_b来表示其失效应力。通常，将σ_s和σ_b统一用σ_u来表示，称为构件失效的**极限应力**。在实际工程中，为了保证材料不会因为强度不足而产生破坏，杆件的最大工作应力σ_{max}要低于极限应力σ_u。强度计算中，用极限应力除以大于 1 的安全系数，并将所得结果称为**许用应力**，用$[\sigma]$来表示，即：

$$[\sigma]=\frac{\sigma_u}{n} \tag{5-11}$$

式中 n——材料设计的**安全系数**，其数值大于 1。

许用应力$[\sigma]$被认为是构件工作应力的最大限度，于是为确保拉压杆不因强度不足而发生破坏，其强度需满足的条件为：

$$\sigma_{max}=\frac{F_{N,max}}{A}\leqslant[\sigma] \tag{5-12}$$

这就是杆件在轴向拉伸和压缩时的**强度条件**。通常，根据强度条件可以解决工程实际中有关构件强度的三个方面的问题。

（1）强度校核

已知杆件的尺寸、所受荷载和材料的许用应力，直接应用式(5-12)验算杆件是否满足强度条件。

（2）截面选择

已知杆件所受荷载和材料的许用应力，将式(5-12)改写成$A\geqslant\frac{F_{N,max}}{[\sigma]}$，由强度条件确定杆件所需的横截面积。

（3）确定许用荷载

已知杆件的横截面尺寸和材料的许用应力，由强度条件$F_{N,max}\leqslant A[\sigma]$确定杆件所能承受的最大轴力，最后通过静力学平衡方程算出杆件所能承担的最大许可荷载。

【例 5-4】图 5-20 所示的空心圆截面杆件，外径$D=30\text{mm}$，内径$d=20\text{mm}$，承受轴向荷载作用，$F=50\text{kN}$。材料的屈服极限$\sigma_s=235\text{MPa}$，安全系数$n=1.5$。试校核杆件的强度。

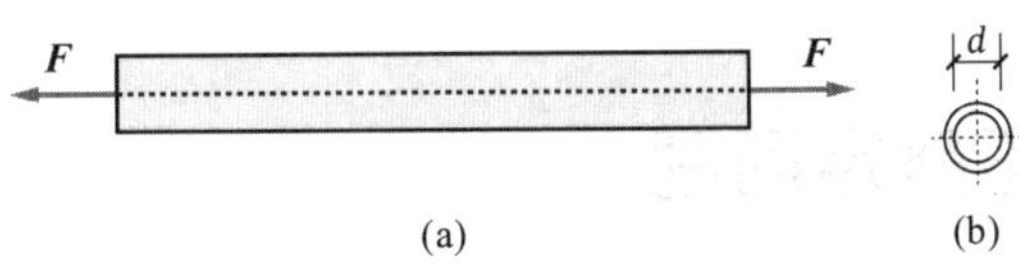

图 5-20 例 5-4 图

解：杆件横截面上的正应力为：

$$\sigma = \frac{F}{\frac{\pi(D^2 - d^2)}{4}} = \frac{4 \times 50 \times 10^3}{\pi(30^2 - 20^2) \times 10^{-6}} = 127\text{MPa}$$

材料的许用应力为：

$$[\sigma] = \frac{\sigma_u}{n} = \frac{\sigma_s}{n} = \frac{235 \times 10^6}{1.5} = 157\text{MPa}$$

上述结果可见$\sigma < [\sigma]$，即工作应力小于许用应力，强度满足要求，杆件能正常工作。

【例 5-5】简易起重设备中，AC杆由两根 80mm × 80mm × 7mm 等边角钢组成，AB杆由两根 10 号工字钢组成［图 5-21（a）］。材料为 Q235 钢，许用应力$[\sigma] = 170\text{MPa}$。求许可荷载$[F]$。

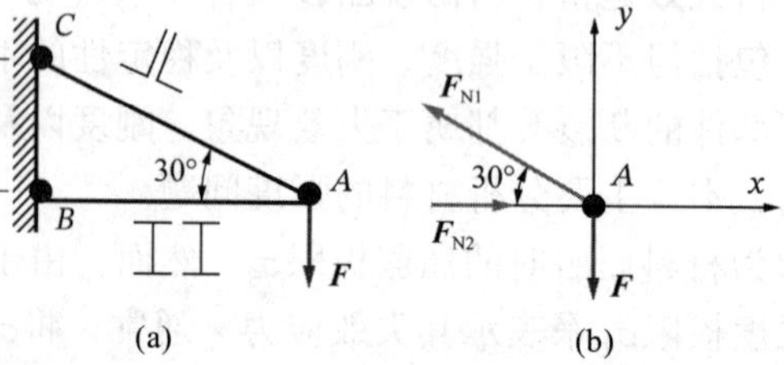

图 5-21 例 5-5 图

解：以A点为研究对象，作受力分析图［见图 5-21（b）］。

结点A的平衡方程为：

$$\sum F_y = 0, \quad F_{N1} \times \sin 30° - F = 0$$

$$\sum F_x = 0, \quad F_{N2} - F_{N1} \times \cos 30° = 0$$

$$F_{N1} = 2F, \quad F_{N2} = 1.732F$$

由附录的型钢表查得：

$$A_1 = 1086 \times 2 = 2172 \times 10^{-6}\text{m}^2$$

$$A_2 = 1430 \times 2 = 2860 \times 10^{-6}\text{m}^2$$

各杆的许可轴力为：

$$[F_{N1}] = [\sigma]A_1 = 369.24\text{kN}$$

$$[F_{N2}] = [\sigma]A_2 = 486.20\text{kN}$$

各杆的许可荷载为：

$$F_1 = \frac{[F_{N1}]}{2} = 184.62\text{kN}, \quad F_2 = \frac{[F_{N2}]}{1.732} = 280.72\text{kN}$$

结论：许可荷载$[F]$ =184.62kN。

基本练习题

5-7 轴向拉压杆横截面上正应力公式的适用条件是$\sigma = \frac{F_N}{A} \leqslant \sigma_p$。该说法是否正确？

5.7 简单拉压超静定问题

如果仅用静力平衡方程便能求解结构的全部约束力或内力，那么这类问题称为**静定问题**，这种结构称为**静定结构**。在静定结构中，所有的约束或构件都是必需的，缺少任何一个都将使结构不能保持平衡或保持一定的几何形状。工程中还广泛地存在着另一种情况，有时为了提高结构的强度和刚度，需增加一些约束或构件，而这些约束或构件对维持结构平衡来讲是多余的，习惯上称为**多余约束**。由于多余约束的存在，使得单凭静力平衡方程不能够求解全部约束力或全部内力，这类问题称为**超静定问题**，这种结构称为**超静定结构**。

与多余约束对应的支座约束反力（简称支反力）或内力，称为多余未知力。一个结构如果有n个多余未知力，则称为n次超静定结构，n称为超静定次数。求解超静定结构时，除了需要根据静力学平衡条件列出静力学平衡方程之外，还必须在多余约束处寻找各构件变形之间或者构件各部分变形之间的关系。这种变形之间的关系称为变形协调关系或变形协调条件。进而根据弹性范围内力和变形之间的关系（胡克定律），即物理条件，建立补充方程。总之，求解超静定问题需要综合考察平衡、变形和物理三方面，这是分析超静定问题的基本方法。

现以简单超静定结构为例来分析如何建立补充方程以求解超静定问题的一般过程。

【例 5-6】如图 5-22 所示两端固定的等截面直杆，在C、D界面处有一对大小相等、方向相反的力$\boldsymbol{F}$作用，杆的横截面面积为A，弹性模量为E，求A、B处的支座约束力，并画出轴力图。

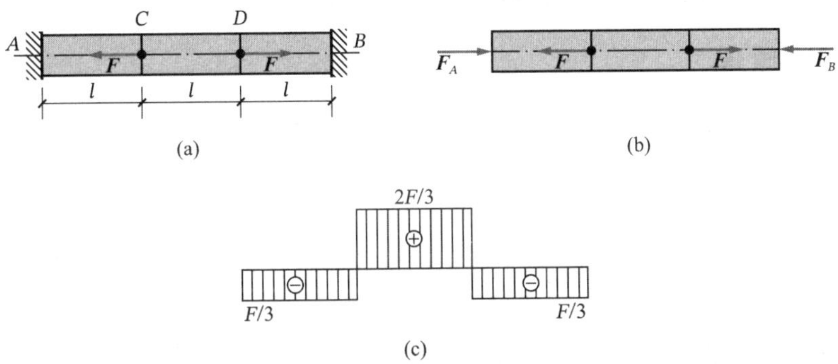

图 5-22　例 5-6 图

解：首先，分析约束力，判断超静定次数。在轴向荷载作用下，去除约束后，固定端A、B处各有一个沿杆轴方向的约束力$\boldsymbol{F}_A$和$\boldsymbol{F}_B$，可以建立一个独立的平衡方程。

$$\sum F_x = 0，F_A - F + F - F_B = 0 \Rightarrow F_A = F_B \tag{a}$$

因此，超静定次数为$n = 2 - 1 = 1$，所以除了平衡方程外还需要一个补充方程。

其次，为了建立补充方程，需要先建立变形协调方程。杆件在荷载和约束力作用下，AC、CD、DB三段都会发生轴向变形。由于整个杆件两端为固定端，因此杆件的轴向总变形量必须为零。即有：

$$\Delta l_{AB} = \Delta l_{AC} + \Delta l_{CD} + \Delta l_{DB} = 0 \tag{b}$$

这就是变形协调条件。

根据胡克定律，杆件各段的轴力与变形关系为：

$$\Delta l_{AC} = -\frac{F_A l}{EA}，\Delta l_{CD} = \frac{(F - F_A)l}{EA}，\Delta l_{AC} = -\frac{F_B l}{EA}$$

代入式(b)得到变形的几何方程为：

$$-\frac{F_A l}{EA} + \frac{(F - F_A)l}{EA} - \frac{F_B l}{EA} = 0$$

整理后得
$$2F_A + F_B = F \tag{c}$$
将式(c)代入式(a)可解得：
$$F_A = F_B = \frac{F}{3}$$
最后可以求得杆件各段的轴力，并画出AB杆的轴力图如图 5-22（c）所示。

基本练习题

5-8 如图 5-23 所示的结构中，杆AB和CD均为刚性杆，则此结构为（　　）结构。

A. 静定

B. 一次超静定

C. 二次超静定

D. 三次超静定

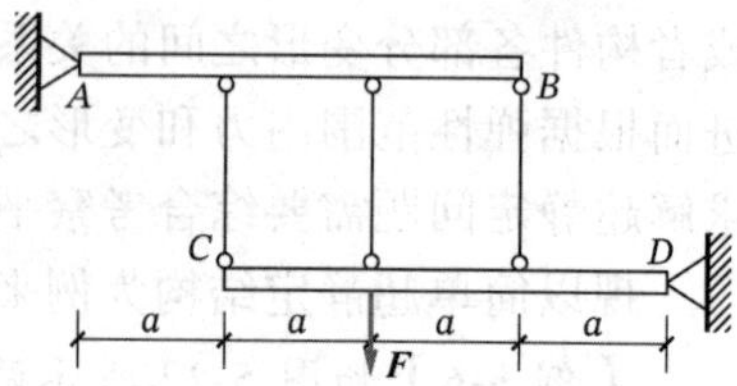

图 5-23　基本练习题 5-8 图

5.8　圣维南原理和应力集中的概念

5.8.1　圣维南原理

拉伸或压缩作用下，杆件只有沿轴线方向发生变形时，横截面上正应力才是均匀分布的。当杆端承受集中荷载或其他非均匀分布荷载时，杆件并非所有横截面都能保持为平面，进而产生均匀的轴向变形。

为说明这种情况，考察图 5-24（a）中所示的橡胶压杆模型。为观察模型各处的变形大小，加载前在表面画上小方格，当集中力通过刚性平板施加于杆件时，若平板与杆端面的摩擦极小，那么杆件的各横截面都将发生均匀轴向变形，如图 5-24（b）所示。若荷载通过尖楔块施加于杆端，则在加力点附近区域的变形是不均匀的，横截面不再保持为平面，愈接近加力点的小方格变形愈大，如图 5-24（c）所示。但是，距加力点稍远处，轴向变形依然是均匀的，因此在远离加力点区域，正应力公式仍然成立。

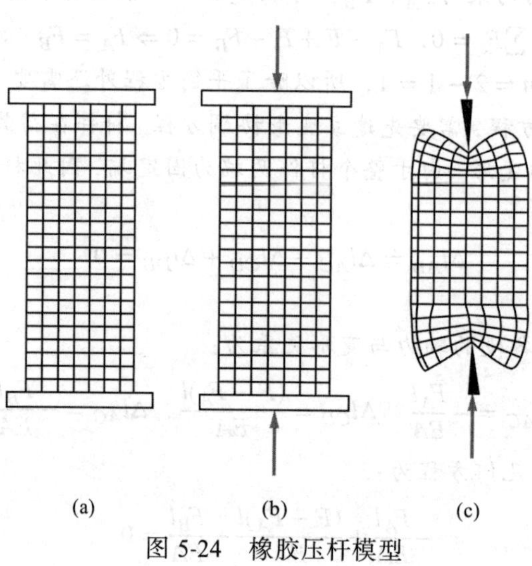

图 5-24　橡胶压杆模型

上述分析表明：如果杆端施加的两种外力满足静力等效关系，则距离加力点稍远处，等效静力对应力分布的影响很小，可以忽略不计。这一思想最早是由法国科学家圣维南（Saint-Venant）在研究弹性力学问题时提出的。1885 年，布森涅斯克（Boussinesq）将这一思想加以推广，并称之为**圣维南原理**（Saint-Venant principle）。

5.8.2　应力集中

等截面直杆受轴向拉伸或压缩时，横截面上的应力是均匀分布的。在实际工程中，有些零件在局部通常会有一些切口、切槽等尺寸变化的情况。实验结果和理论分析表明，在杆件截面突然发生变化的区域，应力并不会呈现均匀分布，而会出现局部应力骤然变化。具体而言，杆件受拉时，在切口附近的局部区域内，应力会急剧增大，但在离开圆孔或稍远处，应力会迅速减小而趋于均匀，如图 5-25 所示。这种因为杆件外形突然变化而引起的局部应力急剧增大的现象，称为**应力集中**。

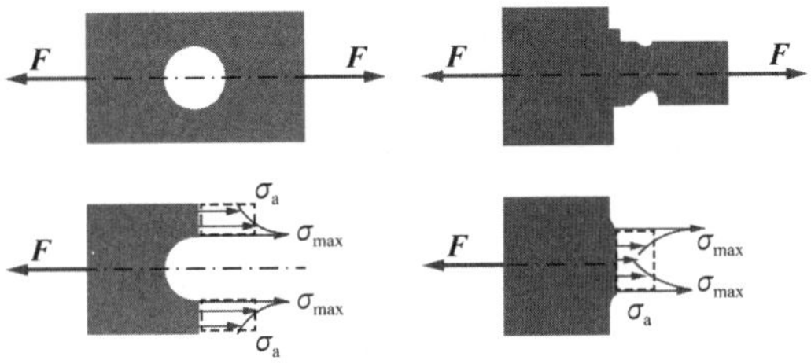

图 5-25　应力集中现象

应力集中的程度用应力集中因数来描述。应力集中处的截面上的应力最大值σ_{max}与同一截面上不考虑应力集中时的应力值σ_a（或称名义应力）之比，称为应力集中因数，用K表示：

$$K=\frac{\sigma_{max}}{\sigma_a}$$

它反映了应力集中的强度，是一个大于 1 的值。试验结果表明，截面尺寸改变得越急剧、角越尖，应力集中的程度就越严重，越容易造成破坏。值得注意的是，不同的材料对应力集中的敏感程度并不相同。

工程启示：“彗星”客机

历史上，“彗星”客机遭遇了多次严重事故。英国官方通过调查发现，造成事故的根本原因在于金属疲劳。这些事故促使人们对应力集中现象导致金属结构发生疲劳破坏有了清晰的认识，为相关工程设计提供了依据。

科学家故事：托马斯·杨

托马斯·杨不仅以光的波动理论闻名于世，而且在材料强度领域也留下了趣谈。他在一次实验中，为了直观展示材料的拉伸与压缩特性，巧妙地设计了一个简单装置，使学生对拉伸与压缩的概念有了深刻理解。这不仅激发了学生们对材料力学的兴趣，更对后续的材料科学研究产生了深远的影响。

小 结

1. 轴向拉压杆的内力：轴向拉压杆的轴向内力称为轴力。当轴力的方向与截面外法线方向一致时为正，反之为负。可采用截面法求解轴力。

2. 应力的概念

（1）截面上一点的应力：截面上任意一点处单位面积上分布的内力（内力集度）称为该点的应力，即：

$$p = \lim_{\Delta A \to 0} \frac{\Delta F}{\Delta A} = \frac{\mathrm{d}F}{\mathrm{d}A}$$

（2）一点处的应力可分解为两个应力分量：与截面垂直的分量为正应力σ；与截面相切的分量为切应力τ。

横截面上的正应力：根据平面假设，轴向拉压杆任意两横截面间的纵向纤维变形均相同，受力也相同，故各点的正应力均相等。

$$\sigma = \frac{F_{\mathrm{N}}}{A}$$

斜截面上的应力：与横截面夹角为α的斜截面上的应力为：

$$\sigma_\alpha = \sigma \cos^2 \alpha$$

$$\tau_\alpha = \frac{\sigma}{2} \sin 2\alpha$$

3. 轴向拉压杆的强度计算

$$\sigma_{\max} = \frac{F_{\mathrm{N,max}}}{A} \leqslant [\sigma]，[\sigma] = \frac{\sigma_{\mathrm{u}}}{n}$$

4. 轴向拉压杆的变形计算

轴向拉压杆的轴向线应变：$\varepsilon = \frac{\Delta l}{l}$。

轴向拉压杆的横向线应变：$\varepsilon' = \frac{\Delta b}{b}$。

泊松比：$\mu = \left|\frac{\varepsilon'}{\varepsilon}\right|$。

胡克定律：在弹性范围内应力和应变成正比，比例常数为弹性模量E，即轴向拉压杆的变形可利用胡克定律求得$E = \frac{\sigma}{\varepsilon}$。

5. 材料在拉伸、压缩时的力学性能

（1）变形的四个阶段：弹性阶段、屈服阶段、强化阶段、颈缩阶段。

（2）三个强度指标：比例极限、屈服极限、抗拉强度极限（抗压强度极限）。

（3）两个弹性指标：材料的弹性模量$E = \frac{\sigma}{\varepsilon}$和泊松比$\mu$。

（4）两个塑性指标：

伸长率：$\delta = \frac{l_1 - l_0}{l_0} \times 100\%$。

断面收缩率：$\psi = \frac{A_0 - A_1}{A_0} \times 100\%$。

（5）卸载定律、冷作硬化、冷拉时效的概念。

思考题

5-1 区分下列概念：①内力与应力；②变形与应变；③弹性变形与塑性变形；④正应力与切应力；⑤工作应力、极限应力、许用应力。

5-2 假设有两根材料不同的等截面直杆，它们承受相同的轴力，且横截面面积和长度相同。试比较它们横截面上的应力、强度和绝对变形。

5-3 在轴向拉压杆中，最大正应力横截面上的剪应力为零。那么，在最大剪应力的截面上，正应力是否也为零？请解释。

5-4 正方形截面钢杆，杆长为 $2l$，截面边长为 a，在中段铣出长为 l、宽为 $a/2$ 的槽。受力如图 5-26 所示。设 $P = 15\text{kN}$，$l = 1\text{m}$，$a = 20\text{mm}$，$E = 200\text{GPa}$。试确定杆内的最大正应力及杆的总伸长量。

5.5 如图 5-27 所示为一受轴向拉伸（压缩）的圆截面杆，试证明其横截面沿圆周方向的线应变 ε_s 等于其直径的相对改变量。

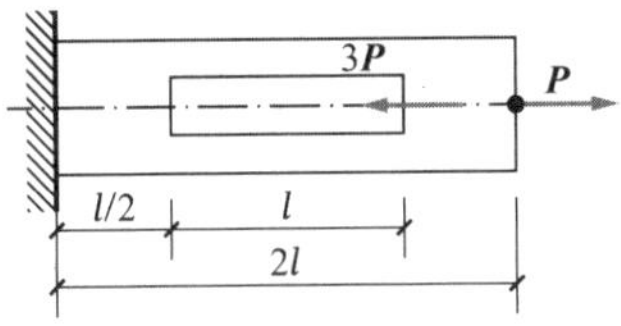

图 5-26　思考题 5-4 图

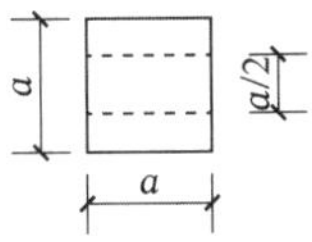

图 5-27　思考题 5-5 图

习　题

5-1 试作图 5-28 所示杆的轴力图，杆长度单位为 mm。

5-2 试作图 5-29 所示杆的轴力图。

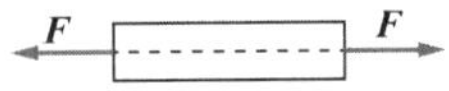

图 5-28　习题 5-1 图

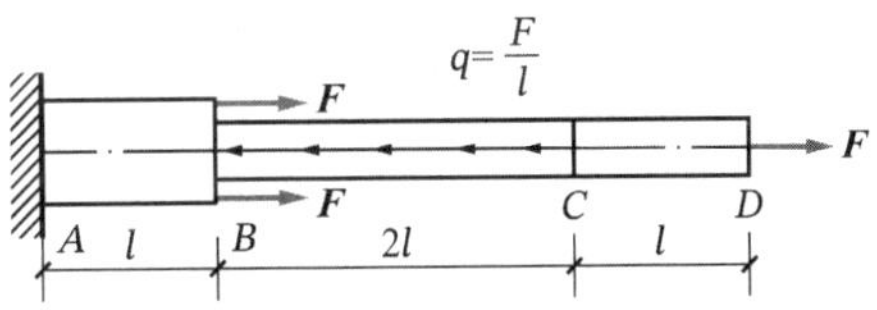

图 5-29　习题 5-2 图

5-3 试求图 5-30 所示直杆的横截面 1—1、2—2 和 3—3 上的轴力，并作轴力图。如横截面面积 $A = 200\text{mm}^2$，试求各横截面上的应力。

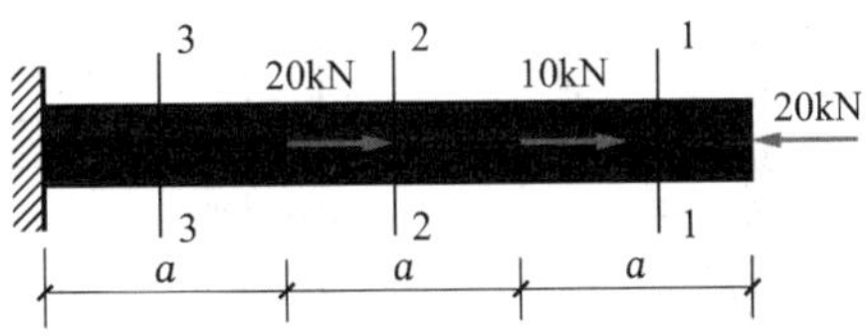

图 5-30　习题 5-3 图

5-4 试求图 5-31 所示正方形砖柱中由荷载作用引起的横截面上的最大工作应力。已

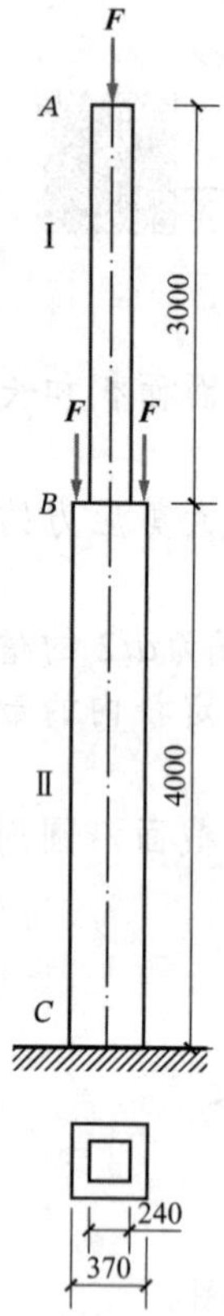

图 5-31 习题 5-4 图

知$F = 50\text{kN}$。

5-5 等直杆受力如图 5-32 所示，已知杆的横截面面积A和材料的弹性模量E。试求杆件各截面上的应力和AD杆的总伸长量。

5-6 图 5-33 所示杆系中，荷载$P = 100\text{kN}$。试求结点A的位移d_A。已知：$\alpha = 30°$，$l = 2\text{m}$，两杆直径均为$d = 25\text{mm}$，材料的弹性模量为$E = 210\text{GPa}$。

5-7 图 5-34 所示结构中，AC杆由两根 80mm × 80mm × 7mm 的等边角钢组成，AB杆由两根 10 号工字钢组成。两种型钢的材料均为 Q235 钢，$[\sigma] = 170\text{MPa}$。试求许可荷载$[F]$。

5-8 如图 5-35 所示，刚性杆ACB通过圆杆CD悬挂在D点，B端作用有集中力$F = 25\text{kN}$，已知CD杆的直径$d = 20\text{mm}$，许用应力$[\sigma] = 160\text{MPa}$。（1）试校核CD杆的强度；（2）试求结构的许可荷载$[F]$；（3）若$F = 50\text{kN}$，试设计CD杆的直径。

5-9 图 5-36 所示结构中，钢杆①为圆形截面，直径$d = 16\text{mm}$，许用应力$[\sigma_1] = 150\text{MPa}$；杆②为方形截面，边长$a = 100\text{mm}$，$[\sigma_2] = 4.5\text{MPa}$。

（1）当作用在B点的荷载$F = 20\text{kN}$ 时，试校核结构强度；

（2）求在B点处所能承受的许可荷载。

5-10 图 5-37 所示为一变截面圆杆$ABCD$。已知$F_1 = 20\text{kN}$，$F_2 = 35\text{kN}$，$F_3 = 35\text{kN}$。$l_1 = l_3 = 300\text{mm}$，$l_2 = 400\text{mm}$。$d_1 = 12\text{mm}$，$d_2 = 16\text{mm}$，$d_3 = 24\text{mm}$。

（1）试求Ⅰ—Ⅰ、Ⅱ—Ⅱ、Ⅲ—Ⅲ截面上的轴力并作轴力图。

（2）试求杆的最大正应力σ_{max}。

（3）试求B截面的位移及AD杆的变形。

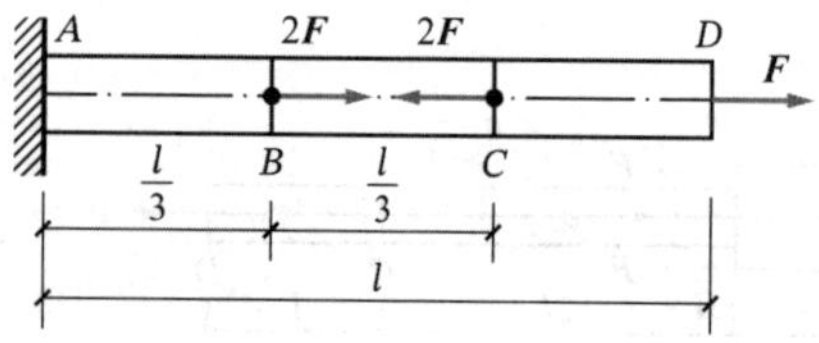

图 5-32 习题 5-5 图

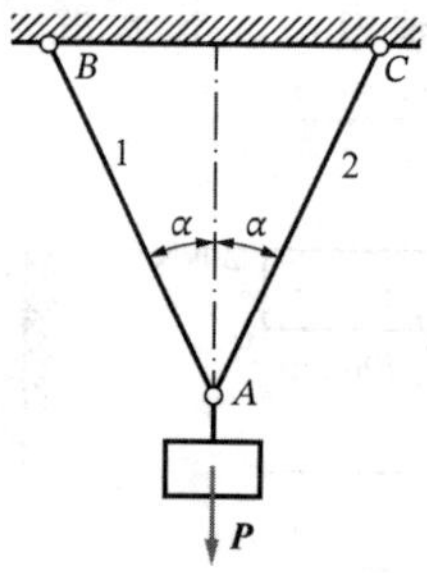

图 5-33 习题 5-6 图

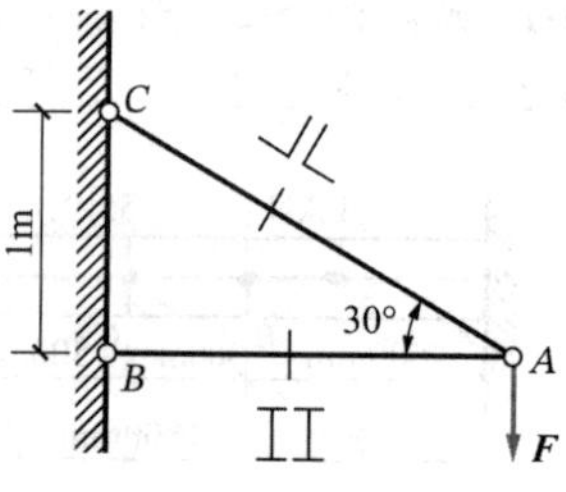

图 5-34 习题 5-7 图

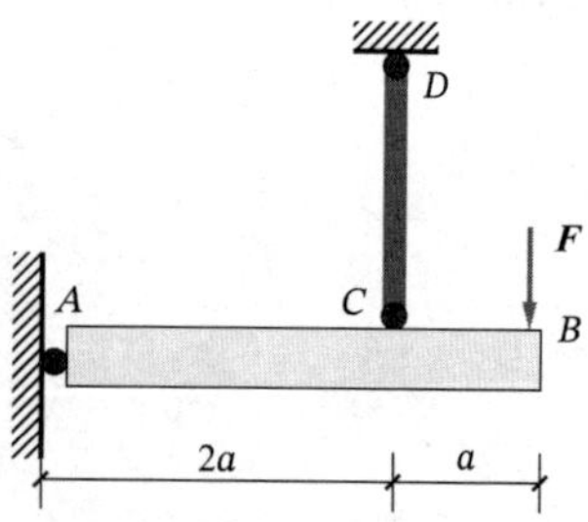

图 5-35 习题 5-8 图

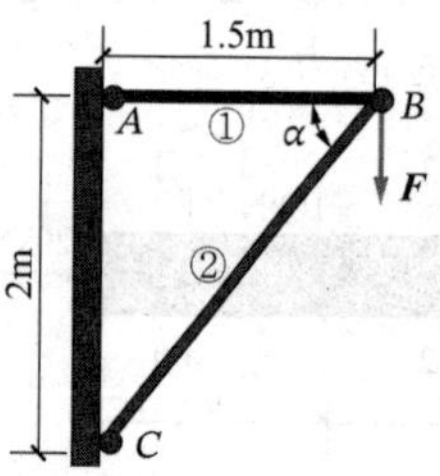

图 5-36 习题 5-9 图

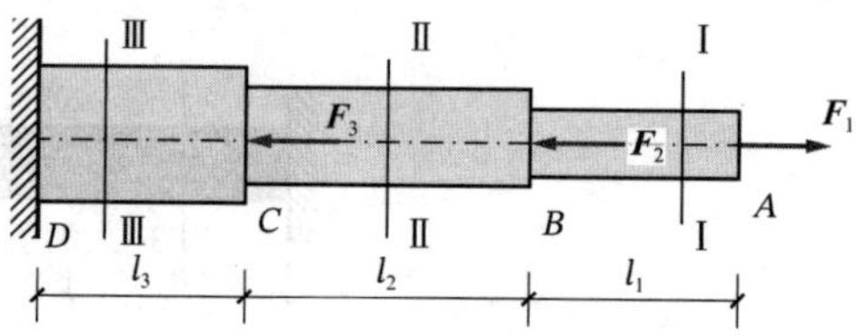

图 5-37 习题 5-10 图

第 6 章
剪切与挤压

导读

本章将介绍剪切构件的受力和变形特点、剪切构件可能的破坏形式，以及螺栓、铆钉等连接件的剪切和挤压的实用计算。

课程目标

掌握工程中各种常用连接件的受力和变形特征；了解连接件的应力分布、实用计算方法及其近似性和工程可靠性；掌握各种常用连接件的强度校核方法。

思维导图

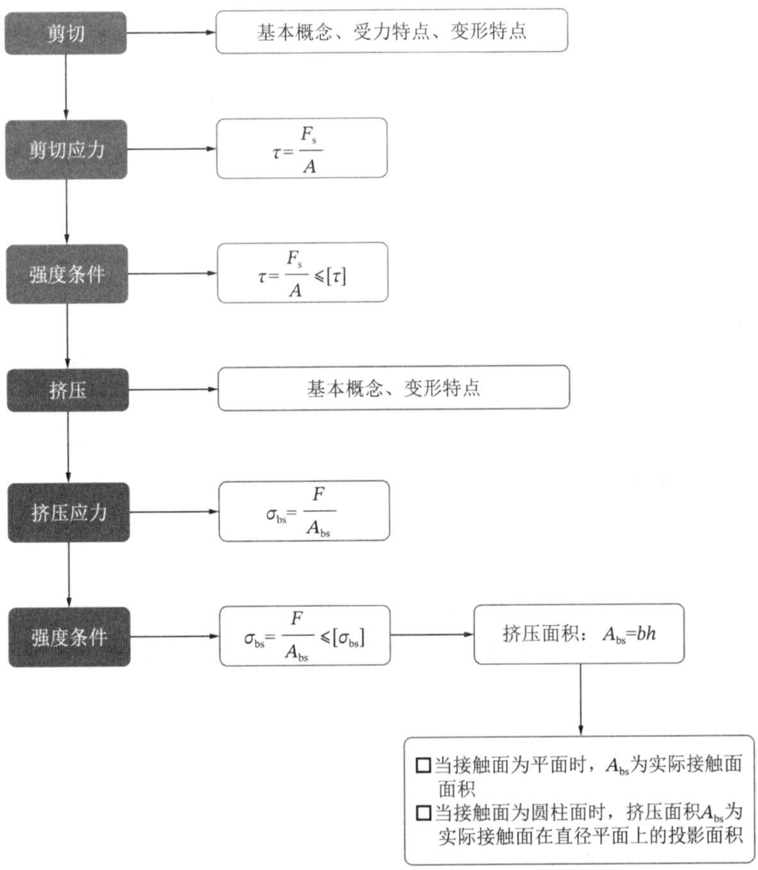

工程领域中有众多受剪切和挤压作用的构件，例如剪断钢筋过程中的钢筋、铆钉和螺栓等连接件。

受到剪切和挤压作用的构件一般并非细长杆件，其受力情况和变形过程较为复杂，通过理论分析来计算应力的难度较大。在工程应用中，通常会依据构件的实际使用情况和破坏现象，对其受力状况及应力分布作出假设，进而进行简化计算。这种简化计算方法被称为**实用计算法**。实践证明，采用此方法设计的构件是安全可靠的。

6.1 剪切的实用计算

如图 6-1 所示，当铆钉受到一对大小相等、方向相反且作用线很近的横向力（也就是垂直于铆钉轴线的力）作用时，两力间的截面将会沿着力的作用线方向产生相对错动，这样的变形被称作剪切变形。以铆钉连接中的铆钉为例［见图 6-1（b）］，铆钉的左右两侧会受到一对大小相等、方向相反并且作用线平行的外力合力$\boldsymbol{F}$。这种外力作用会使铆钉在m—m截面（即连接件之间的接触面）处发生相对错动，进而达到类似剪切的效果。其中，m—m截面称为剪切面。

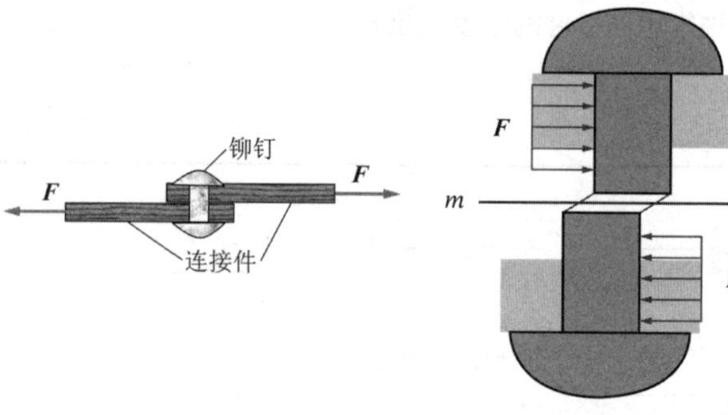

(a) (b)

图 6-1 铆钉的剪切变形

剪切的**受力特点**：作用于构件的某一横截面两侧的力大小相等、方向相反，且相互平行。

剪切的**变形特征**：构件沿两组平行力系的交界面（剪切面）发生相对错动。

采用截面法讨论剪切的内力，以剪切面m—m将构件分成两部分，并以其中一部分作为研究对象，如图 6-2 所示。m—m截面上的内力F_S与截面相切，称为剪力。由平衡方程容易求得：

$$F_S = F \tag{6-1}$$

实用计算中，直接假设剪切面上各点处的切应力相等（即切应力在构件中是均匀分布的）。若剪切面的面积用A表示，则切应力为：

$$\tau = \frac{F_S}{A} \tag{6-2}$$

切应力方向与剪力方向一致，并与剪切面相切，故常称为切向应力。

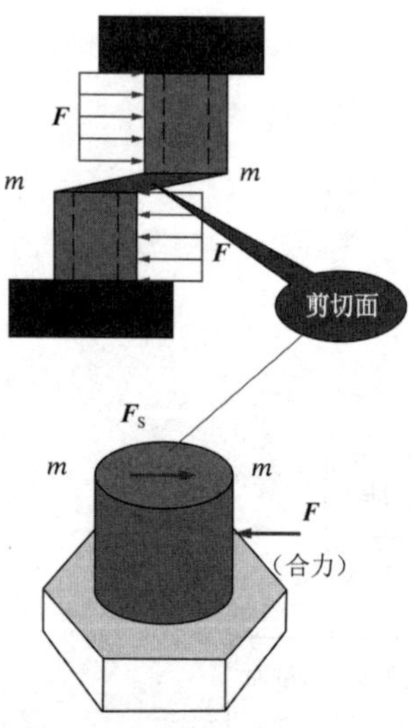

图 6-2 剪切示意图

值得关注的是，通过式(6-2)计算所得的应力只是剪切面上的“平均切应力”，它是一个名义应力。因此，在通过实验方法构建强度条件时，应使试样尽可能地接近连接件的实际情况，然后通过试验确定试样失效时的极限荷载。同样地，利用式(6-2)求出该极限荷载所对应的名义极限切应力，再将其除以安全系数，进而获得许用切应力$[\tau]$。为了保证剪切构件的安全可靠，要求其工作时的切应力不得大于许用切应力，即剪切强度条件为：

$$\tau=\frac{F_{\mathrm{s}}}{A}\leqslant[\tau] \tag{6-3}$$

根据以上强度条件，便可进行剪切的强度计算。

基本练习题

6-1 连接件的剪切实用计算是以假设切应力在剪切面上均匀分布为基础的。该说法是否正确？

6.2 挤压的实用计算

在螺栓与钢板相互接触的侧面上，会发生局部承压现象（在外力作用下，螺栓与钢板相互压紧），这种现象称为挤压。例如，在螺栓连接中，螺栓和钢板相互压紧。这可能导致螺栓或钢板的螺栓孔被压至局部产生塑性变形。因此，应当进行挤压强度的计算。在挤压面上，应力的分布较为复杂。在实用计算中，同样假设挤压面上的应力均匀分布。如图 6-3 所示，以$\boldsymbol{F}$表示挤压面上传递的力，A_{bs}表示挤压面面积，于是挤压应力为：

$$\sigma_{\mathrm{bs}}=\frac{F}{A_{\mathrm{bs}}} \tag{6-4}$$

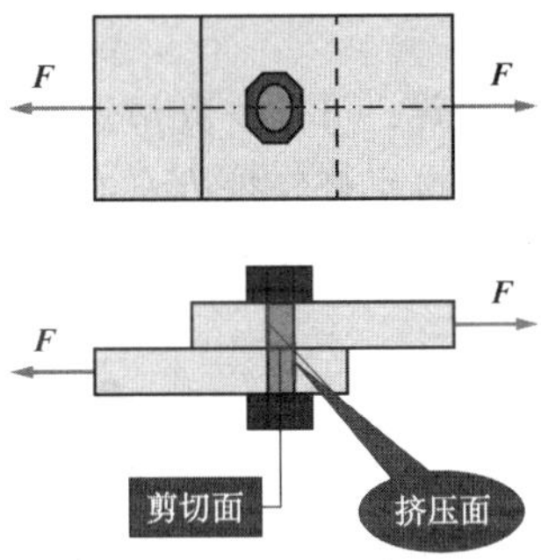

图 6-3　挤压示意图

挤压强度条件为：

$$\sigma_{\mathrm{bs}}=\frac{F}{A_{\mathrm{bs}}}\leqslant[\sigma_{\mathrm{bs}}] \tag{6-5}$$

式中　$[\sigma_{\mathrm{bs}}]$——材料的许用挤压应力。

这里要注意挤压面面积的计算，主要分为以下两种情况：

① 当接触面为平面时，A_{bs}为实际接触面面积；

② 当接触面为圆柱面时，挤压面面积A_{bs}为实际接触面在直径平面上的投影面积，如图 6-4 所示。

$$A_{\mathrm{bs}}=bh \tag{6-6}$$

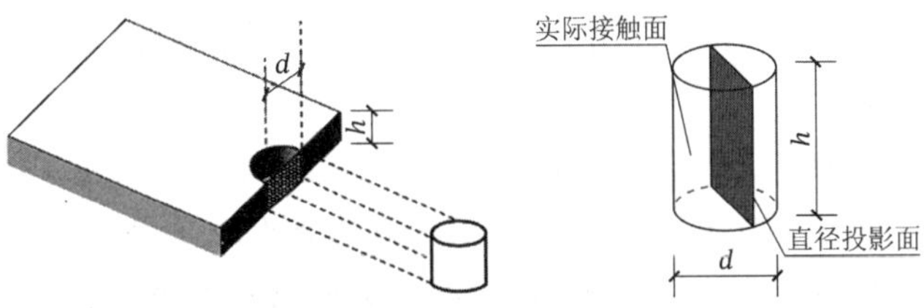

图 6-4　接触面为圆柱面时的挤压面面积

【例 6-1】有一铆钉接头如图 6-5（a）所示，已知拉力$F = 100\text{kN}$。铆钉直径$d = 16\text{mm}$，钢板厚度$t = 20\text{mm}$，$t_1 = 12\text{mm}$。铆钉和钢板的许用应力$[\sigma] = 160\text{MPa}$，$[\tau] = 140\text{MPa}$，$[\sigma_{\text{bs}}] = 320\text{MPa}$。试确定所需铆钉的个数$n$及钢板的宽度$b$。

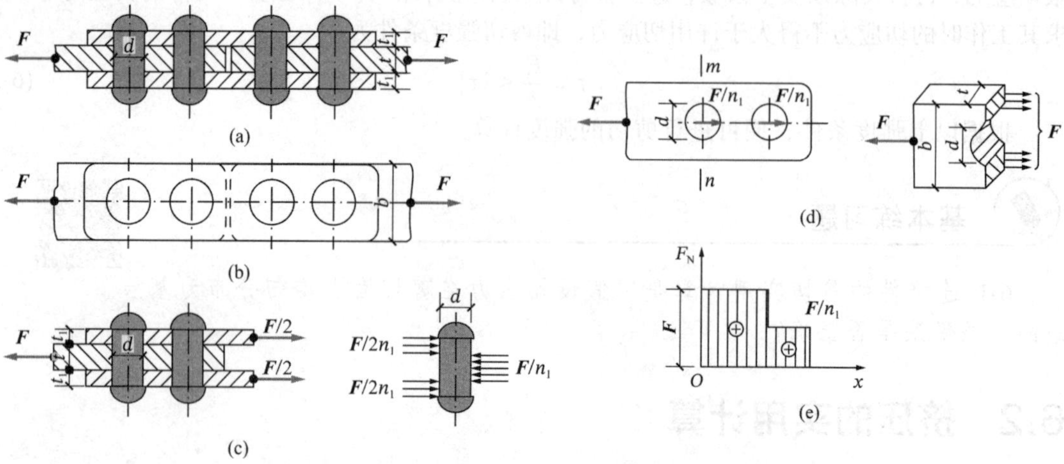

图 6-5　例 6-1 图

解：（1）按剪切强度条件计算铆钉的个数n

由于铆钉接头左右对称，故可取一半进行分析。取左半边进行分析，假设左半边需要n_1个铆钉，则每个铆钉的受力如图 6-5（c）所示，按**剪切强度条件公式**可得：

$$\tau = \frac{\dfrac{F}{n_1}}{2\times\dfrac{\pi}{4}d^2} \leqslant [\tau] \Rightarrow n_1 \geqslant \frac{4F}{2\pi d^2[\tau]} = \frac{4\times100\times10^3}{2\pi\times0.016^2\times140\times10^6} = 1.78$$

取整得$n_1 = 2$，故共需铆钉数$n = 2n_1 = 4$。

（2）校核挤压强度

上下副钢板厚度之和为 $2t_1$，中间主钢板厚度为t，由于 $2t_1 > t$，故主钢板与铆钉间的挤压应力较大。按**挤压强度公式**得：

$$\sigma_{\text{bs}} = \frac{F}{A_{\text{bs}}} = \frac{\dfrac{F}{n_1}}{dt} = \frac{\dfrac{100\times10^3}{2}}{0.016\times0.020} = 156\times10^6\text{Pa} = 156\text{MPa} < [\sigma_{\text{bs}}]$$

故挤压强度满足要求。

（3）计算钢板宽度b

钢板宽度要根据抗拉强度确定，由于 $2t_1 > t$，故主钢板抗拉强度较低，其轴力图如图 6-5（e）所示，由图可知截面$m—n$为危险截面。按**拉伸强度条件公式**得：

$$\sigma = \frac{F_{\text{N}}}{A} = \frac{F}{(b-d)t} \leqslant [\sigma_{\text{bs}}] \Rightarrow b \geqslant \frac{F}{t[\sigma_{\text{bs}}]} + d = \left(\frac{100\times10^3}{0.020\times160\times10^6} + 0.016\right)\text{m} = 47.3\text{mm}$$

所以，取$b = 48\text{mm}$。

【例 6-2】如图 6-6 所示，齿轮与轴由平键连接，已知轴的直径$d = 70\text{mm}$，平键的尺寸为$b\times h\times l = 20\text{mm}\times12\text{mm}\times100\text{mm}$，传递的扭转力偶矩为$M_{\text{e}} = 2\text{kN}\cdot\text{m}$，平键的许用切应力为$[\tau] = 60\text{MPa}$，许用挤压应力为$[\sigma_{\text{bs}}] = 100\text{MPa}$。试校核平键的强度。

解：（1）平键的受力分析如图 6-6 所示

$$F \times \frac{d}{2} = M_e \Rightarrow F = \frac{2M_e}{d} = \frac{2 \times 2 \times 10^3}{70 \times 10^{-3}} = 57.1\text{kN}$$

（2）校核平键的剪切强度

$$F_s = F$$

$$\tau = \frac{F_s}{A} = \frac{F}{bl} = \frac{57.1 \times 10^3}{20 \times 100 \times 10^{-6}} = 28.6\text{MPa} \leqslant [\tau]$$

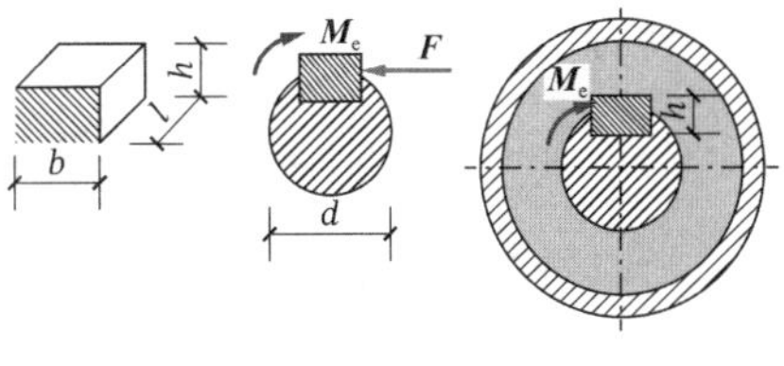

图 6-6 例 6-2 图

（3）校核平键的挤压强度

$$\sigma_{bs} = \frac{F}{A_{bs}} = \frac{F}{lh/2} = \frac{57.1 \times 10^3}{6 \times 100 \times 10^{-6}} = 95.2\text{MPa} \leqslant [\sigma_{bs}]$$

综上，平键的强度满足要求。

基本练习题

6-2 挤压发生在局部表面，是连接件在接触面上的相互压紧；而压缩则发生在杆的内部。该说法是否正确？

【例 6-3】在图 6-7（a）所示铆接接头中，已知荷载$F = 80\text{kN}$，板宽$b = 100\text{mm}$，板厚$t = 12\text{mm}$，铆钉直径$d = 16\text{mm}$，许用切应力$[\tau] = 100\text{MPa}$，许用挤压应力$[\sigma_{bs}] = 300\text{MPa}$，许用拉应力$[\sigma] = 160\text{MPa}$。试校核该接头的强度。

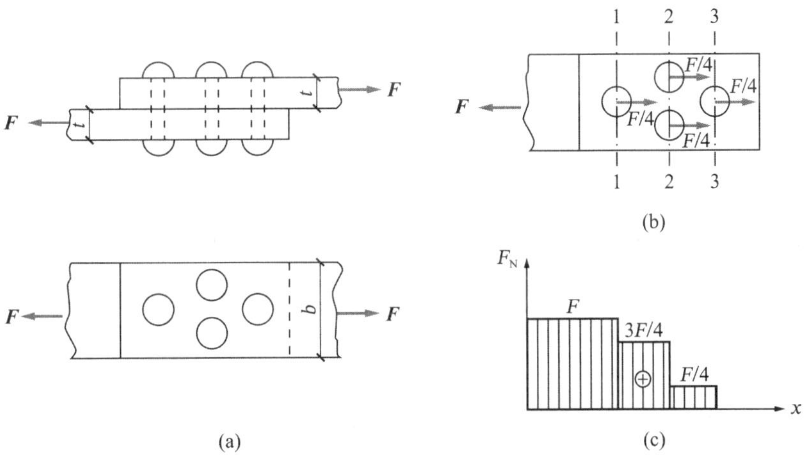

图 6-7 例 6-3 图

解：（1）铆钉的剪切强度校核

研究表明，若外力的作用线通过铆钉群横截面的形心，且各铆钉的材料与直径均相同，则每个铆钉的受力都相等。因此，对于图 6-7（a）所示铆钉群，各铆钉剪切面上的剪力均应为

$$F_s = \frac{F}{4} = \frac{80}{4} = 20\text{kN}$$

而相应的切应力则为

$$\tau = \frac{F_s}{A_s} = \frac{4F_s}{\pi d^2} = \frac{4 \times 20 \times 10^3}{\pi \times 0.016^2} \times 10^{-6} = 99.5\text{MPa} < [\tau]$$

所以铆钉的剪切强度满足要求。

（2）铆钉的挤压强度校核

铆钉所受的挤压力等于剪切面上的剪力F_s，即$F_{bs}=F_s=20\text{kN}$，所以铆钉的挤压应力为：

$$\sigma_{bs}=\frac{F_{bs}}{A_{bs}}=\frac{F_{bs}}{td}=\frac{20\times10^3}{0.012\times0.016}\times10^{-6}=104.2\text{MPa}<[\sigma_{bs}]$$

所以铆钉的挤压强度满足要求。

（3）板的拉伸强度校核

板的受力如图 6-7(b)所示。利用截面法，可求出板各段的轴力，并画出其轴力图如图 6-7（c）所示。可见，板的危险截面为截面 1—1 或截面 2—2。它们的应力分别为：

$$\sigma_{1-1}=\frac{F_{N1}}{A_1}=\frac{F}{(b-d)t}=\frac{80\times10^3}{(0.1-0.016)\times0.012}\times10^{-6}=79.4\text{MPa}<[\sigma]$$

$$\sigma_{2-2}=\frac{F_{N2}}{A_2}=\frac{\frac{3}{4}F}{(b-2d)t}=\frac{\frac{3}{4}\times80\times10^3}{(0.1-2\times0.016)\times0.012}\times10^{-6}=73.5\text{MPa}<[\sigma]$$

板的拉伸强度满足要求。因此，该接头的强度满足要求。

小 结

1. 剪切变形

（1）剪切是在一对相距很近、大小相等、方向相反的横向外力作用下，构件的横截面沿外力方向发生相对错动的变形现象。例如铆钉连接中，铆钉在受到横向力作用时，其截面会发生相对错动，就像用剪刀剪纸时纸张在刀刃处的变形情况。剪切的关键特征是外力的特定作用方式（横向、近距离、等大反向）以及横截面的相对错动。

（2）剪切强度条件公式为$\tau=\frac{F_s}{A}\leqslant[\tau]$，其中$F_s$是剪力，$\tau$是切应力，$A$是剪切面积，$[\tau]$是许用切应力。

（3）根据剪切强度条件公式可以进行强度校核（判断构件是否满足剪切强度要求）、设计截面尺寸（已知荷载和许用应力，确定合适的剪切面积）以及确定许可荷载（已知构件尺寸和许用应力，计算可承受的最大剪切力）。

2. 挤压变形

（1）挤压是指两个构件相互传递压力时，接触表面局部承受压力而产生变形的现象。在螺栓连接中，螺栓与被连接件在接触面上会出现这种局部塑性变形。挤压的特点是挤压发生在接触表面，是由压力传递引起的局部变形。

（2）挤压强度条件公式为$\sigma_{bs}=\frac{F}{A_{bs}}\leqslant[\sigma_{bs}]$，其中$\sigma_{bs}$是挤压应力，$F$是挤压力，$A_{bs}$是挤压面面积，$[\sigma_{bs}]$是许用挤压应力。

（3）挤压强度条件公式同样适用于强度校核、设计挤压面尺寸和确定许可挤压力，以保证构件在挤压作用下的安全性。

思考题

6-1 什么是剪切变形？举例说明在实际工程中有哪些情况会发生剪切变形。

6-2 什么是挤压？挤压面与剪切面有何不同？

6-3 设计一个受剪切和挤压作用的构件时，需要考虑哪些因素？

6-4 试比较剪切应力和正应力的区别。

习　题

6-1 如图 6-8 所示，销钉连接中，已知$F = 100$kN，销钉直径$d = 30$mm，材料的许用切应力$[\tau] = 60$MPa。试校核销钉的剪切强度。若强度不够，应改用多大直径的销钉？

6-2 如图 6-9 所示螺钉受到拉力$\boldsymbol{F}$的作用。已知材料的剪切许用应力$[\tau]$和拉伸许用应力$[\sigma]$之间的关系约为$[\tau] = 0.6[\sigma]$。试求螺钉直径d与钉头高度h的合理比值。

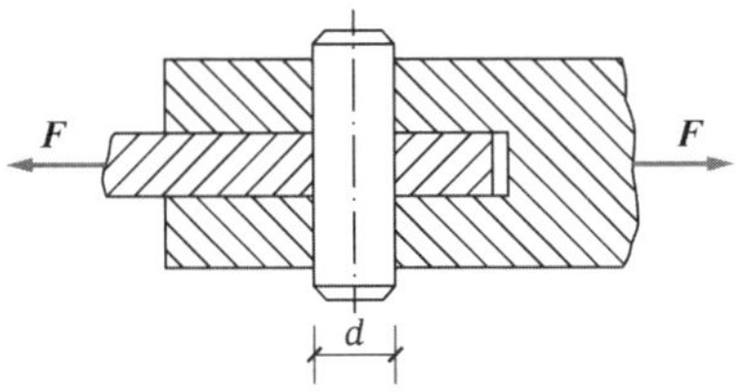

图 6-8　习题 6-1 图

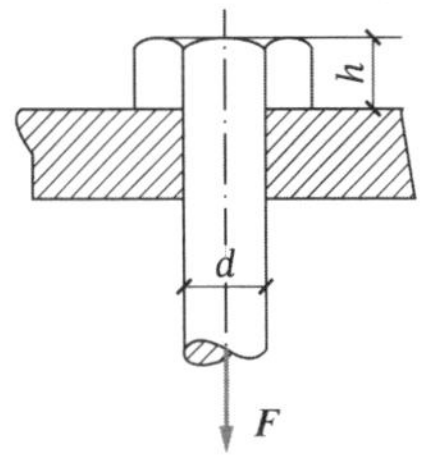

图 6-9　习题 6-2 图

6-3 木榫接头如图 6-10 所示。已知$a = b = 120$mm，$h = 350$mm，$c = 45$mm，$F = 40$kN。试求接头的切应力和挤压应力。

6-4 如图 6-11 所示，通过切料装置把直径为 6mm 的棒料切断，棒料的剪切强度$\tau_b = 320$MPa。试确定切断力F的大小。

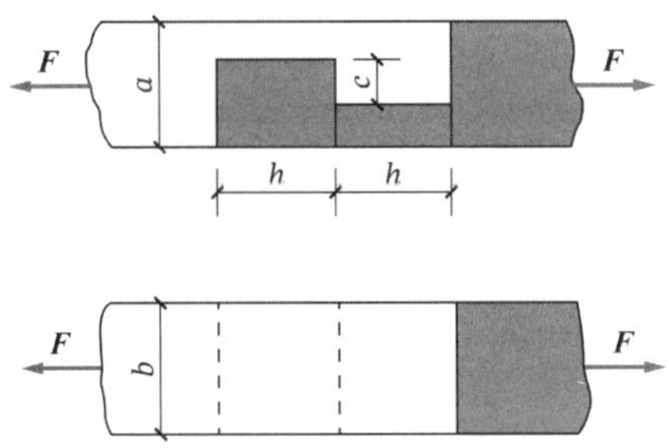

图 6-10　习题 6-3 图

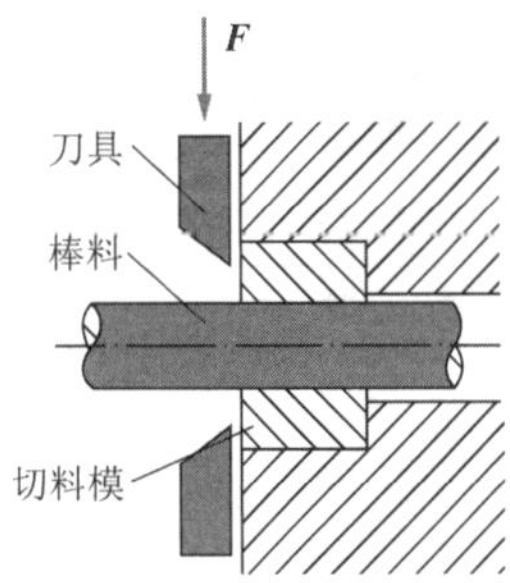

图 6-11　习题 6-4 图

6-5 图 6-12 为测定圆柱试件剪切强度的试验装置，已知试件直径$d = 12$mm，剪断时的压力$F = 169$kN，试求该材料的剪切强度极限τ_u。

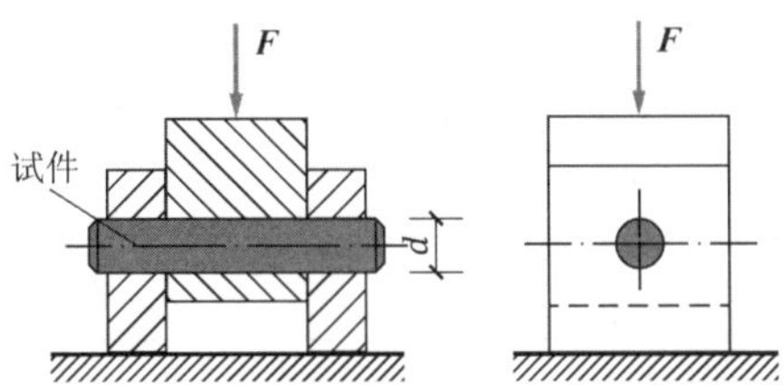

图 6-12　习题 6-5 图

第 7 章 扭转

导读

工程中常将发生扭转变形的杆件称为轴。如机械工程中汽车传动轴、电动机主轴等构件，以及土木工程中的雨篷梁、框架结构边梁和厂房中的吊车梁等结构的主要变形，都包含扭转变形。本章主要研究圆轴发生扭转变形时的强度问题和刚度问题。

学习目标

理解圆轴扭转的受力特征和变形特点；熟练掌握外力偶矩、扭矩的计算和扭矩图的绘制；熟练掌握圆轴扭转时横截面上的切应力计算和强度计算；熟练掌握圆轴扭转时的变形计算和刚度计算。

思维导图

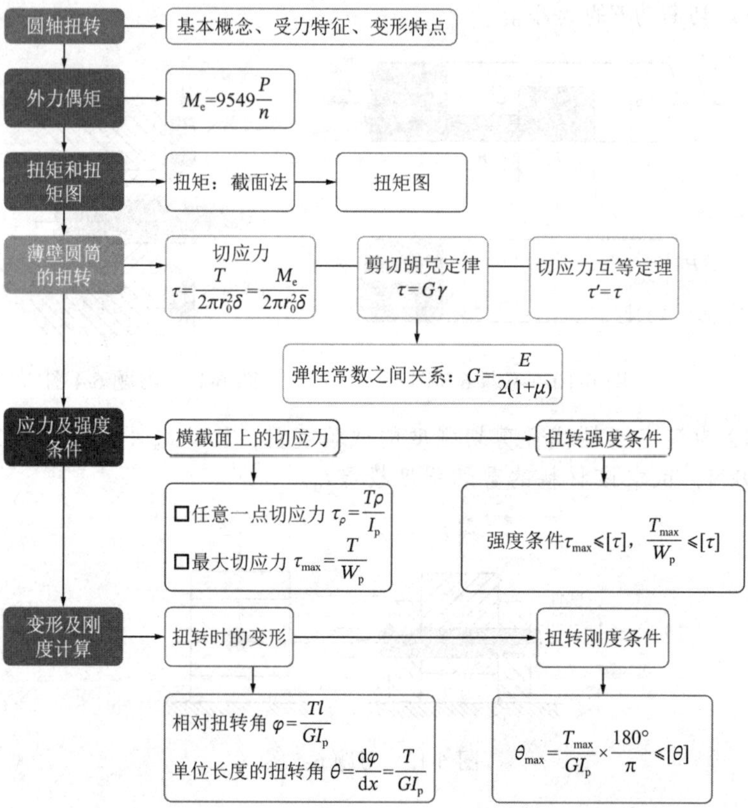

7.1　扭转的概念

工程中，扭转是一个常见的力学现象。比如，在机械设备中，电机通过传动轴驱动其他部件（如齿轮、皮带轮等）时，传动轴会受到扭转力矩的作用，从而发生扭转变形（图 7-1）。汽车转向轴是连接转向盘和车轮的重要部件。当驾驶员转动转向盘时，转向轴会受到扭转力矩的作用，从而发生扭转变形，将转向盘的旋转动作转化为车轮的转向动作，实现汽车的转向。在石油钻井过程中，钻头需要承受钻杆的扭矩作用，从而钻入地层，钻杆在动力系统的驱动下发生扭转变形，将旋转动力传递给钻头，实现旋转以破碎岩层。扭转变形在生活中也时常见到，比如，当我们使用螺丝刀拧紧或松开螺丝时，螺丝刀杆会受到一个扭转力矩的作用，从而使其发生扭转变形（图 7-2）。当我们用手拧动门把手开门时，门把手的转动轴也会受到扭转力矩的作用，使其发生扭转变形，从而实现门的开启。

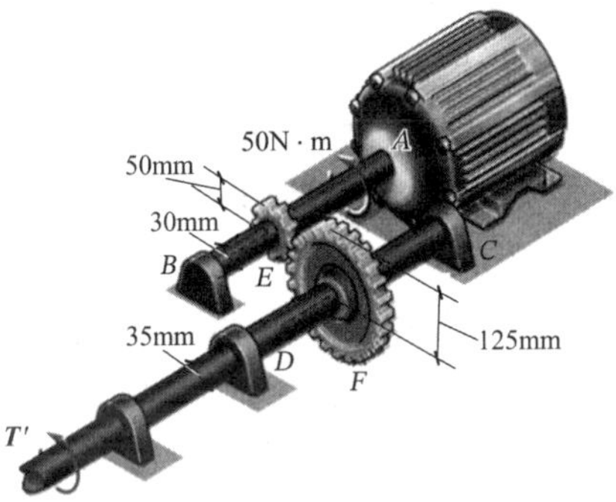

图 7-1　传动轴的扭转

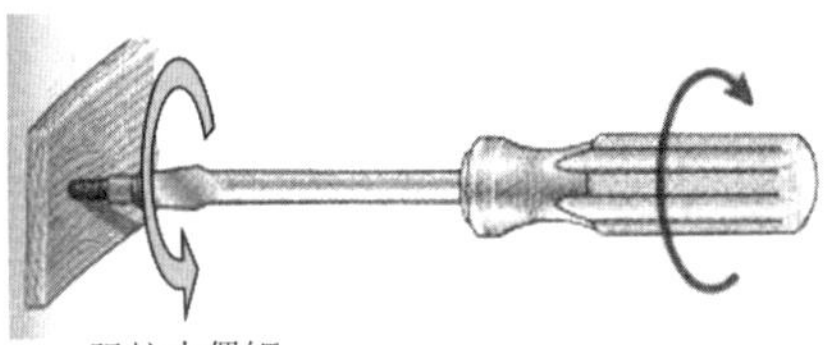

图 7-2　螺丝刀杆的扭转

扭转的工程实例广泛存在于我们的日常生活和工业生产中。扭转对于机械设备的正常运转和工程设计的优化具有重要意义。然而，在某些特殊情况下，结构发生的扭转变形却是人们不想见到的。1940 年，美国的塔科马海峡大桥在风速仅为 64 km/h（远小于设计风速）的微风中发生剧烈的扭转振动，而后垮塌。桥梁垮塌的主要原因是设计上的缺陷，包括桥面过窄、钢梁高度不足导致的抗扭刚度不足。

在一对大小相等、方向相反、作用面垂直于直杆轴线的外力偶作用下，直杆的任意两个横截面将发生绕杆件轴线的相对转动，如图 7-3 所示，这种变形形式称为**扭转**，通常把以扭转变形为主要变形的构件称为**轴**。工程中受扭的轴通常是圆截面，因此，本章主要分析圆轴受扭时横截面上的内力、应力以及横截面之间的相对扭转角，也就是圆轴扭转的强度和刚度问题。

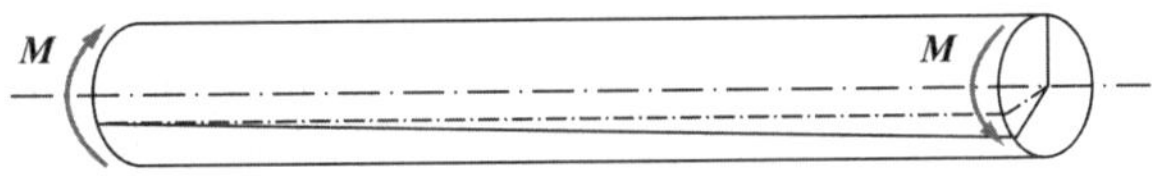

图 7-3　圆轴的扭转变形

7.2　扭矩的计算及扭矩图

7.2.1　传动轴上的外力偶矩

机械工程中，轴的扭转通常由电机驱动，因此，作用于轴上的外力偶矩与电机的功率及转速相关。对轴进行扭转强度与刚度分析，首先应通过已知的电机功率和转速，求得外力偶矩。假设已知电机的输入功率为P（kW），则电机每秒做功为：

$$W_1 = P \times 1000\mathrm{N \cdot m} \tag{7-1}$$

又已知电机的转速为n（r/min），则外力偶矩$\boldsymbol{M}_\mathrm{e}$每秒对轴所做的功为：

$$W_2 = \frac{2\pi n}{60} \times M_\mathrm{e} \tag{7-2}$$

理想情况下，电机输入的功全部转化为外力偶矩对轴所做的功，则有：

$$W_1 = W_2 \tag{7-3}$$

由此推导出外力偶矩$\boldsymbol{M}_\mathrm{e}$的计算公式：

$$M_\mathrm{e} = 9549\frac{P}{n}(\mathrm{N \cdot m}) \tag{7-4}$$

7.2.2 扭矩和扭矩图

作用在轴上的外力偶往往有多个，因此，每个轴段上的内力也各不相同。假设一根轴有多个外力偶的作用，如图 7-4 所示，其中$M_1 = M_\mathrm{e}$，$M_2 = 3M_\mathrm{e}$，$M_3 = 5M_\mathrm{e}$，$M_4 = M_\mathrm{e}$。下面采用截面法计算横截面上的内力。先求AB轴段上的横截面 1—1 上的内力，如图 7-5（a）所示，将轴沿横截面 1—1 假想地截开，取左半段为研究对象，列平衡方程：

$$\sum M_x = 0,\quad -M_1 + T_1 = 0 \tag{7-5}$$

得到$T_1 = M_1 = M_\mathrm{e}$，方向如图 7-5（b）所示。截面上的内力$\boldsymbol{T}_1$为一力偶矩，称之为**扭矩**。如果取右半段为研究对象，列平衡方程求出的该截面上扭矩数值相等、方向相反，如图 7-5（c）所示。为统一同一横截面上扭矩的正负号，对扭矩的正负号作如下规定：若将扭矩按右手螺旋法则用力偶矩矢表示，则当力偶矩矢的指向离开截面时扭矩为正，反之为负。按上述规定，截面 1—1 上的扭矩$\boldsymbol{T}_1$符号为正。

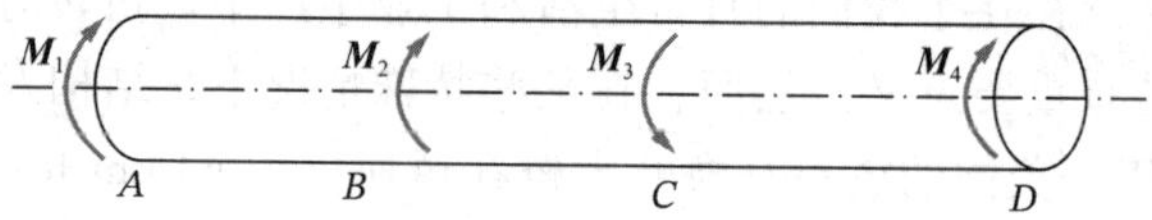

图 7-4 多个外力偶作用在轴上

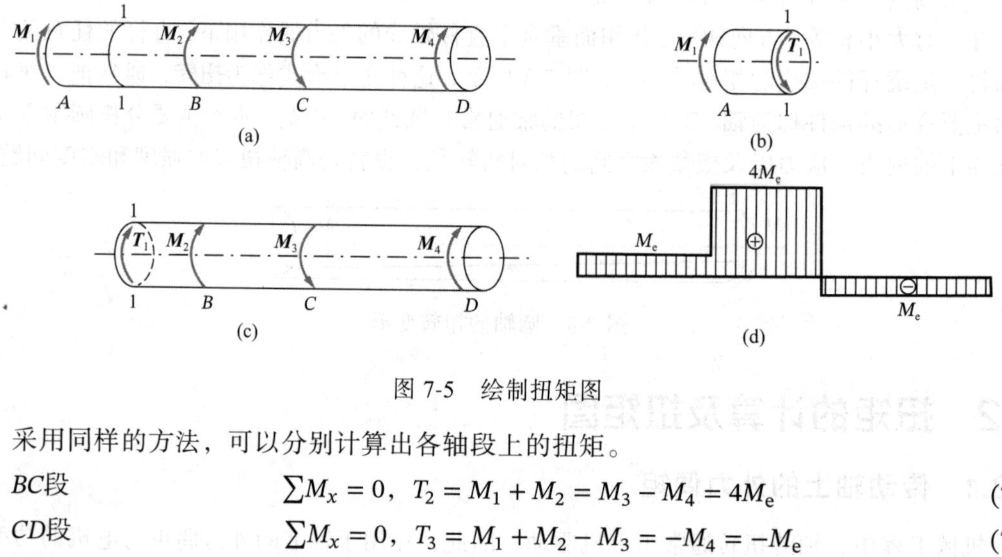

图 7-5 绘制扭矩图

采用同样的方法，可以分别计算出各轴段上的扭矩。

BC段
$$\sum M_x = 0,\ T_2 = M_1 + M_2 = M_3 - M_4 = 4M_\mathrm{e} \tag{7-6}$$

CD段
$$\sum M_x = 0,\ T_3 = M_1 + M_2 - M_3 = -M_4 = -M_\mathrm{e} \tag{7-7}$$

为了表示各横截面上扭矩沿轴线的变化情况，从而确定最大扭矩及其所在位置，可仿照拉伸压缩问题中的轴力图，绘制**扭矩图**。扭矩图以横轴表示横截面的位置，纵轴表示相应截面上的扭矩。图 7-5（a）所示轴的扭矩图如图 7-5（d）所示，可见，最大扭矩发生在BC段，值为 $4M_e$。

【例 7-1】传动轴如图 7-6（a）所示，主动轮B输入功率$P_B = 50\text{kW}$，转速$n = 400\text{r/min}$，从动轮A、C、D输出功率分别为$P_A = P_C = 15\text{kW}$，$P_D = 20\text{kW}$，试作出该转动轴的扭矩图，并求出最大扭矩及其位置。

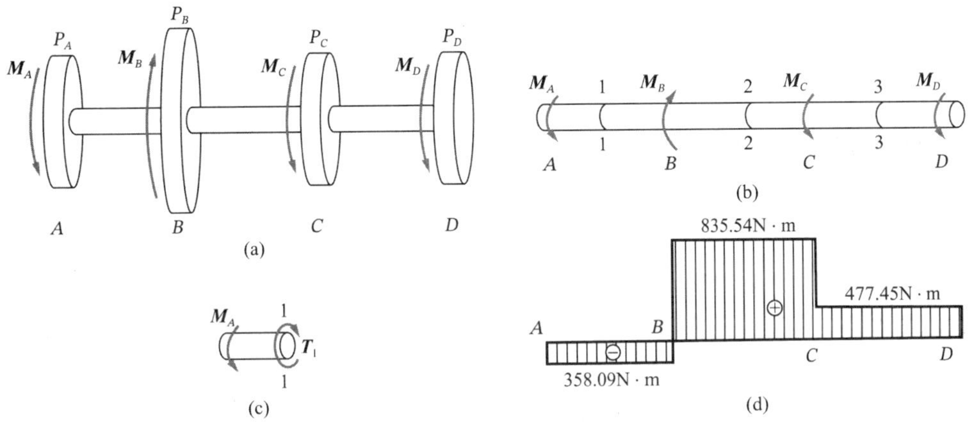

图 7-6　例 7-1 图

解：（1）计算外力偶矩

根据式(7-4)可得：

$$M_A = M_C = 9549 \times \frac{P_A}{n} = 358.09\text{N} \cdot \text{m}$$

$$M_B = 9549 \times \frac{P_B}{n} = 1193.63\text{N} \cdot \text{m}$$

$$M_D = 9549 \times \frac{P_D}{n} = 477.45\text{N} \cdot \text{m}$$

（2）计算扭矩

应用截面法，分别计算每一段轴任意截面上的扭矩。假想AB段沿 1—1 截面截开，以左半段为研究对象，假设$\boldsymbol{T}_1$为负值扭矩，如图 7-6（c）所示，列平衡方程：

$$\sum M_x = 0，\ M_A - T_1 = 0$$

得

$$T_1 = M_A = 358.09\text{N} \cdot \text{m}$$

结果为正值，说明$\boldsymbol{T}_1$的转向与假设的方向一致，为负值扭矩。

同理可得：

BC段中 2—2 截面的扭矩：

$$T_2 = -M_A + M_B = 835.54\text{N} \cdot \text{m}$$

CD段中 3—3 截面的扭矩：

$$T_3 = M_D = 477.45\text{N} \cdot \text{m}$$

（3）绘制扭矩图

根据计算结果，作扭矩图如图 7-6（d）所示。由图可见，最大扭矩发生在BC段内，其值为 $835.54\text{N} \cdot \text{m}$。

基本练习题

7-1 如图 7-7 所示，等截面圆轴上装有 4 个皮带轮，如何合理安排？以下正确的是（　　）。

A. 将轮C与轮D对调

B. 将轮B与轮D对调

C. 将轮B与轮C对调

D. 将轮B与轮D对调，然后再将轮B与轮C对调

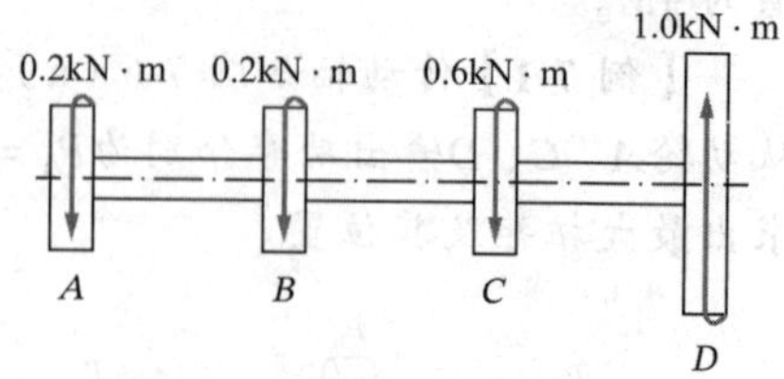

图 7-7　基本练习题 7-1 图

7.3 薄壁圆筒的扭转

7.3.1 薄壁圆筒扭转时的切应力

假设一等厚度的薄壁圆筒（其壁厚δ远小于平均半径r_0）两端承受使其产生扭转变形的外力偶矩$\boldsymbol{M}_e$的作用。为研究沿横截面圆周上各点处切应力的变化规律，可预先在圆筒表面上画上圆周线和纵向线，从而形成方格，如图 7-8（a）所示。圆筒在外力偶矩$\boldsymbol{M}_e$的作用下发生扭转变形后，纵向线发生倾斜，同时圆周线和纵向线的长度保持不变，如图 7-8（b）所示。这说明，圆筒横截面和纵向截面上都不存在正应力，横截面上只有切应力τ，它与微面积dA的乘积合成该横截面上的扭矩，与外力偶矩$\boldsymbol{M}_e$相平衡，如图 7-8（c）所示。由于筒壁厚度很小，可近似认为切应力沿厚度方向数值不变。同时又因为同一圆周上各点的情况完全相同，因此沿圆周各点处的切应力数值也相等。

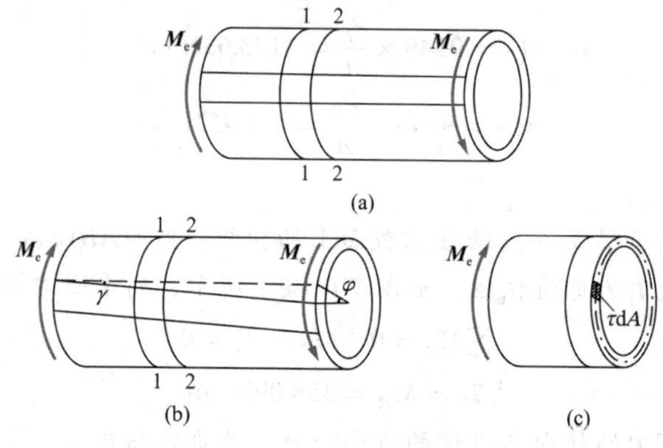

图 7-8　薄壁圆筒扭转

综上所述，图 7-8 中的薄壁圆筒扭转时，横截面上任一点处的切应力τ的数值均相等，方向与圆周相切。以 2—2 横截面为例，根据内力与应力之间的静力学关系，得：

$$T=\int_A \tau \, \mathrm{d}A\, r_0 = 2\pi r_0 \delta \tau r_0 \tag{7-8}$$

进而可得薄壁圆筒横截面上的切应力计算公式为：

$$\tau=\frac{T}{2\pi r_0^2 \delta}=\frac{M_e}{2\pi r_0^2 \delta} \tag{7-9}$$

7.3.2　剪切胡克定律

圆筒发生扭转变形时，1—1 截面和 2—2 截面相对转动的角位移，称为横截面的**相对扭转角**，用符号φ表示。圆筒表面方格直角的改变量称为**切应变**，用符号γ表示，如图 7-8（b）所示。这个切应变和横截面上沿圆周切线方向的切应力是相对应的。假设 1—1 截面和 2—2 截面间的距离为l，则切应变和相对扭转角之间的关系可表示为：

$$\gamma = \frac{R}{l}\varphi \tag{7-10}$$

式中　R——薄壁圆筒的外半径。

薄壁圆筒的扭转实验表明：相对扭转角φ与外力偶矩$\boldsymbol{M}_{\mathrm{e}}$成正比，如图 7-9（a）所示。在同一轴段内，根据式(7-9)和式(7-10)，切应力与外力偶矩成正比，相对扭转角与切应变成正比，因此，截面上的切应力与切应变亦成正比，如图 7-9（b）所示，两者之间的关系可表示为：

$$\tau = G\gamma \tag{7-11}$$

上式称为**剪切胡克定律**，式中的比例常数G称为材料的切变模量。其量纲与弹性模量E的量纲相同，单位为 Pa。钢材的切变模量约为 80GPa。

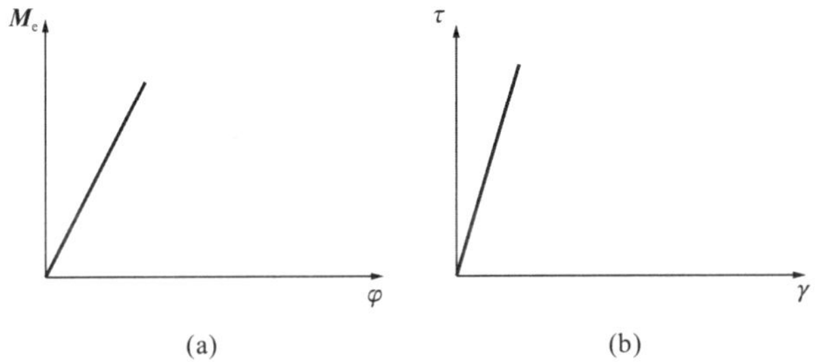

图 7-9　薄壁圆筒的扭转实验结论

值得强调的是，剪切胡克定律只适用于材料的线弹性范围，即适用于切应力不超过材料剪切比例极限的范围。

至此，本书中已引用了弹性模量E、泊松比μ和切变模量G这三个材料的弹性常数，对于各向同性材料，可以证明三个常数之间存在下列关系：

$$G = \frac{E}{2(1+\mu)} \tag{7-12}$$

7.3.3　切应力互等定理

假想用相邻的两个横截面和纵向面从圆筒中切取一个边长分别为dx、dy、δ的单元体，如图 7-10 所示。单元体的前后两个面分别为圆筒的外表面与纵向截面的一部分，上面没有作用力。单元体的左右两个面为圆筒的横截面的一部分，所以上面没有正应力，只有切应力τ，其值可由式(7-9)计算。左右两个侧面上的切应力大小相等、方向相反，组成一个力偶矩为$(\tau\delta\,\mathrm{d}y)\,\mathrm{d}x$的力偶。单元体的上下两个面为纵向截面的一部分。由前文可知，上下两个面上也没有正应力，只有切应力。在该受力状态下，单元体处于平衡状态，对整个单元体列平衡方程。

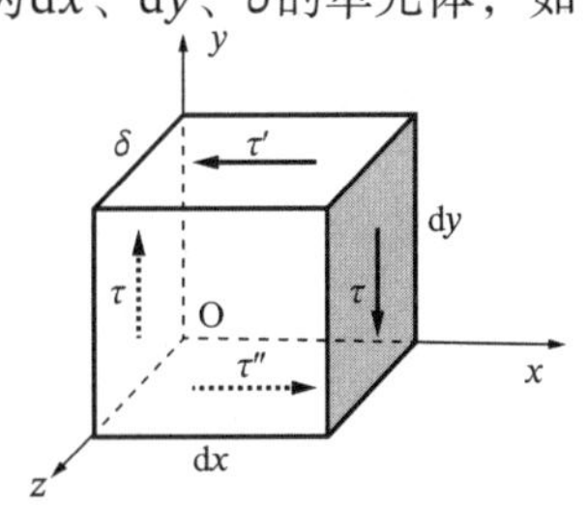

图 7-10　取单元体

$$\sum F_x = 0,\quad -\tau'\,\mathrm{d}x\delta + \tau''\,\mathrm{d}x\delta = 0$$

因此，上下两个面上的切应力相等，即$\tau'' = \tau'$。

$$\sum M_z = 0,\quad -\tau\delta\,\mathrm{d}y\,\mathrm{d}x + \tau'\delta\,\mathrm{d}x\,\mathrm{d}y = 0$$

可得$\tau' = \tau$。

上式表明，在互相垂直的两个平面上，切应力必然存在且数值相等；两者都垂直于两个平面的交线，方向则共同指向或共同背离这一交线。这就是**切应力互等定理**。该定理具有普遍意义，在单元体各平面上同时有正应力的情况下同样成立。单元体在其两对互相垂直的面上只有切应力而无正应力的状态，称为**纯剪切应力状态**。

基本练习题

7-2 切应力互等定理是由单元体（　　）。

A. 静力平衡关系导出的　　B. 几何关系导出的

C. 物理关系导出的　　D. 强度条件导出的

7.4 圆轴扭转时的应力及强度条件

7.4.1 横截面上的切应力

与薄壁圆筒相仿，在小变形条件下，圆轴扭转时横截面上也只存在切应力。不同的是，圆轴横截面上的切应力沿径向是非均匀分布的。为推导出圆轴扭转时横截面上的切应力计算公式，首先需确定切应力在横截面上的分布规律，也就是τ_ρ与半径ρ的关系，即几何关系。为了确定几何关系，还需观察圆轴受扭时表面的变形情况，推导出圆轴横截面上的变形情况，也就是应变γ_ρ和ρ之间的关系，即物理关系。最后通过静力学关系得到横截面上的扭矩$\boldsymbol{T}$与切应力τ_ρ的关系。下面对这三个方面进行详细阐述。

7.4.1.1 几何关系

为了方便观察，与薄壁圆筒类似，先在圆轴的表面画上圆周线和纵向线，如图 7-11（a）所示。在两端的外力偶作用下，圆轴将发生扭转变形，可以观察到与薄壁圆筒表面类似的现象：纵向线发生倾斜，圆周线绕轴线旋转了一个角度，同时圆周线围成的面积不变，圆周线和纵向线的长度也保持不变。

这些变形情况说明，当圆轴扭转时，横截面的运动可假设为刚性圆盘的定轴转动。因此，可以作出如下基本假设：圆轴扭转变形前为平面的横截面，扭转变形后仍保持为平面，形状和大小不变，半径仍保持为直线，且相邻两截面间的距离不变。这就是圆轴扭转的**平面假设**。这一假设也表明了，等直圆轴扭转时，横截面上任一根沿半径的直线仍保持为直线，只是绕圆心旋转了一个角度。

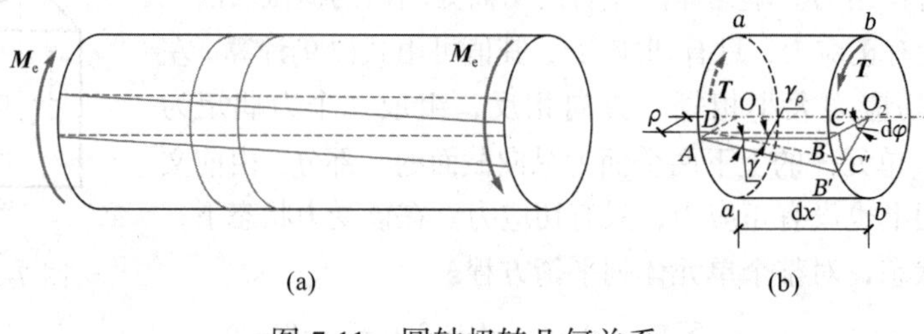

图 7-11　圆轴扭转几何关系

现在假想在圆轴上截取长度为dx的一段，如图 7-11（b）所示，研究几何关系。根据平面假设，ab段圆轴发生扭转后，表面的纵向线AB倾斜的角度为γ，即圆轴表面上点的切应变。截面b—b与截面a—a的相对扭转角为$d\varphi$。距圆心距离为ρ处的纵向线DC倾斜的角度为γ_ρ，即横截面上距圆心ρ处点的切应变为γ_ρ。假设圆轴的截面半径为r，则在圆轴发生小变形扭转的前提下，B点移动到B'点的位移可近似为

$$BB' = r\,d\varphi \tag{7-13}$$

因此

$$\gamma = \frac{BB'}{dx} = r\frac{d\varphi}{dx} \tag{7-14}$$

横截面上距圆心ρ处点的切应变γ_ρ可表示为

$$\gamma_\rho = \frac{CC'}{dx} = \rho\frac{d\varphi}{dx} \tag{7-15}$$

式中 $\frac{d\varphi}{dx}$——相对扭转角φ沿轴线的变化率，在给定的横截面上是个常量。

上式表明，在与圆轴横截面圆心距离相同的点处的切应变均相同，其值与距离ρ成正比。

7.4.1.2 物理关系

由剪切胡克定律可知，在线弹性范围内，切应力与切应变成正比，即

$$\tau = G\gamma \tag{7-16}$$

结合式(7-15)和式(7-16)可得横截面上切应力的表达式为

$$\tau_\rho = G\rho\frac{d\varphi}{dx} \tag{7-17}$$

由上式可知，在与圆轴横截面圆心距离相同的点处的切应力τ_ρ大小相等，其值与距离ρ成正比。切应力沿任意半径的变化情况如图 7-12 所示。

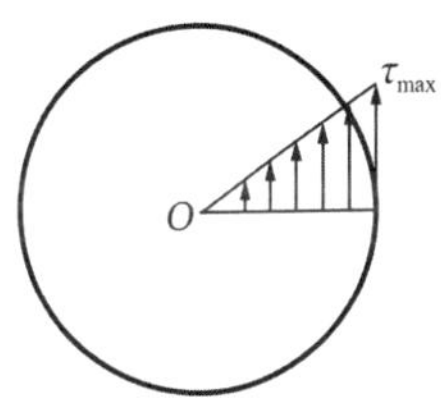

图 7-12 切应力沿任意半径的变化情况

7.4.1.3 静力学关系

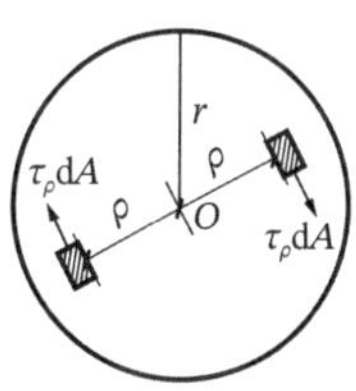

图 7-13 微元面上的内力元素

横截面上任意面积为dA的微元面上的内力元素为$\tau_\rho\,dA$，如图 7-13 所示。在横截面任一直径上距圆心相同距离两点处的内力元素等值反向，因此，整个截面上的内力元素$\tau_\rho\,dA$的合力必为零，最后合成一个力偶，即为横截面上的扭矩$\boldsymbol{T}$。微元面上的内力元素$\tau_\rho\,dA$对圆心的矩为$\rho\tau_\rho\,dA$，可根据静力学中的合力矩原理得到扭矩：

$$T = \int_A \rho\tau_\rho\,dA \tag{7-18}$$

将式(7-17)代入式(7-18)得：

$$T = G\frac{d\varphi}{dx}\int_A \rho^2\,dA \tag{7-19}$$

上式中的$\int_A \rho^2\,dA$称为**横截面对圆心O的极惯性矩**，用I_p表示，单位为 m^4，表达式为：

$$I_p = \int_A \rho^2\,dA \tag{7-20}$$

极惯性矩的值只与截面的几何量相关。

将式(7-20)带入式(7-19)，整理得：

$$\frac{\mathrm{d}\varphi}{\mathrm{d}x}=\frac{T}{GI_{\mathrm{p}}} \tag{7-21}$$

将式(7-17)中的$\frac{\mathrm{d}\varphi}{\mathrm{d}x}$代入上式，得到圆轴扭转时横截面上任一点处切应力的计算公式：

$$\tau_{\rho}=\frac{T\rho}{I_{\mathrm{p}}} \tag{7-22}$$

由式(7-17)和图 7-12 可知，当ρ等于横截面的半径r时，即点在横截面圆周上时，切应力将达到最大值：

$$\tau_{\max}=\frac{Tr}{I_{\mathrm{p}}} \tag{7-23}$$

令$W_{\mathrm{p}}=\frac{I_{\mathrm{p}}}{r}$，代入上式可得：

$$\tau_{\max}=\frac{T}{W_{\mathrm{p}}} \tag{7-24}$$

式中　W_{p}——抗扭截面模量，单位为 m^3 或 mm^9。

值得强调的是，在扭转切应力的计算公式推导过程中采用了平面假设，且材料需服从胡克定律，因此，上述公式仅适用于线弹性范围内的等直圆轴。

为计算截面的极惯性矩I_{p}和抗扭截面模量W_{p}，在圆截面距圆心ρ处取厚度为$\mathrm{d}\rho$的环形面积作为面积元素，如图 7-14（a）所示，假设截面直径为d，由式(7-20)可推导出圆截面的极惯性矩为：

$$I_{\mathrm{p}}=\int_A\rho^2\,\mathrm{d}A=\int_0^r 2\pi\rho^3\,\mathrm{d}\rho=\frac{\pi d^4}{32} \tag{7-25}$$

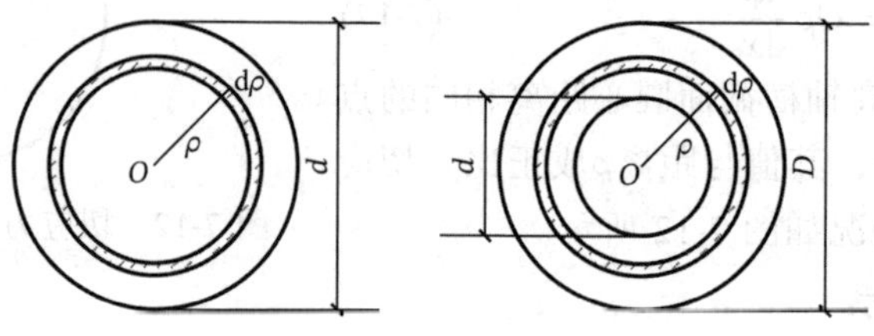

图 7-14　计算截面参数

抗扭截面模量为：

$$W_{\mathrm{p}}=\frac{I_{\mathrm{p}}}{\frac{d}{2}}=\frac{\pi d^3}{16} \tag{7-26}$$

对于空心圆截面轴，如图 7-14（b）所示，切应力公式同样适用。假设其内直径为d，外直径为D，比值为$\alpha=d/D$，采用与圆截面同样的方法，根据式(7-20)推导空心圆截面的极惯性矩：

$$I_{\mathrm{p}}=\int_A\rho^2\,\mathrm{d}A=\int_{\frac{d}{2}}^{\frac{D}{2}}2\pi\rho^3\,\mathrm{d}\rho=\frac{\pi}{32}\left(D^4-d^4\right)=\frac{\pi}{32}D^4\left(1-\alpha^4\right) \tag{7-27}$$

空心圆截面上的切应力分布规律与圆截面相同，最大切应力出现在截面的外侧圆周上，因此，扭转截面模量为：

$$W_{\mathrm{p}}=\frac{\frac{\pi}{32}D^4\left(1-\alpha^4\right)}{\frac{D}{2}}=\frac{\pi}{16}D^3\left(1-\alpha^4\right) \tag{7-28}$$

7.4.2 扭转强度条件

圆轴在扭转时，轴内各点均处于纯剪切应力状态。其强度条件是横截面上的最大工作切应力τ_{max}不超过材料的许用切应力$[\tau]$，即：

$$\tau_{max} \leqslant [\tau] \tag{7-29}$$

由于等直圆轴的最大工作应力出现在最大扭矩所在横截面（即危险截面）的圆周上任一点处，引入最大切应力的计算公式，则上述强度条件可写为：

$$\frac{T_{max}}{W_p} \leqslant [\tau] \tag{7-30}$$

利用以上公式，便可对实心或者空心截面的圆轴进行强度计算，即校核强度、设计截面几何尺寸或者计算许可荷载。

【例 7-2】一空心圆轴受到图 7-15（a）所示 3 个外力偶作用，已知$M_B = 1200\text{N} \cdot \text{m}$，$M_C = 300\text{N} \cdot \text{m}$，$M_D = 400\text{N} \cdot \text{m}$，轴的许用切应力$[\tau] = 90\text{MPa}$，横截面内直径$d = 45\text{mm}$，外直径$D = 50\text{mm}$。试校核该轴的强度。

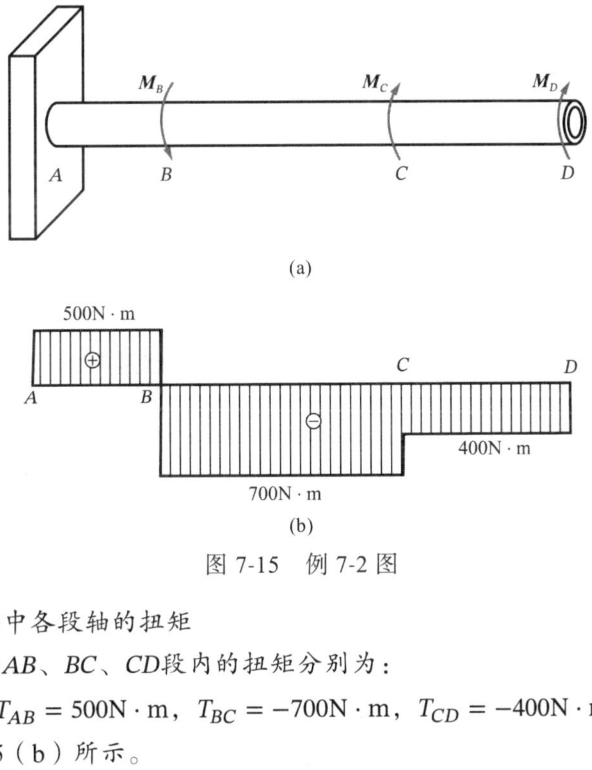

图 7-15　例 7-2 图

解：（1）求圆轴中各段轴的扭矩

由截面法可得轴AB、BC、CD段内的扭矩分别为：

$$T_{AB} = 500\text{N} \cdot \text{m}，T_{BC} = -700\text{N} \cdot \text{m}，T_{CD} = -400\text{N} \cdot \text{m}$$

扭矩图如图 7-15（b）所示。

由此可见，危险截面所在位置为BC段，最大扭矩$T_{max} = 700\text{N} \cdot \text{m}$。

（2）求最大切应力，进行强度校核

根据式(7-24)，要求最大切应力，需要先求出内外直径比值α和扭转截面模量W_p。

$$\alpha = \frac{d}{D} = 0.9$$

$$W_p = \frac{\pi}{16}D^3(1-\alpha^4) = \frac{\pi}{16} \times 0.05^3 \times (1-0.9^4) = 8.44 \times 10^{-6}\text{m}^3$$

由强度条件式(7-30)，得：

$$\tau_{max} = \frac{T_{max}}{W_p} = 82.94\text{MPa} \leqslant [\tau] = 90\text{MPa}$$

因此，该轴满足强度条件。

【例 7-3】如图 7-16（a）所示，一阶梯形变圆截面传动轴，电机A输入功率$P = 10\text{kW}$，转速$n = 300\text{r/min}$，两个从动轮B和C的输出功率相等。已知圆轴的许用切应力$[\tau] = 60\text{MPa}$，试设计两段传动轴的截面尺寸。

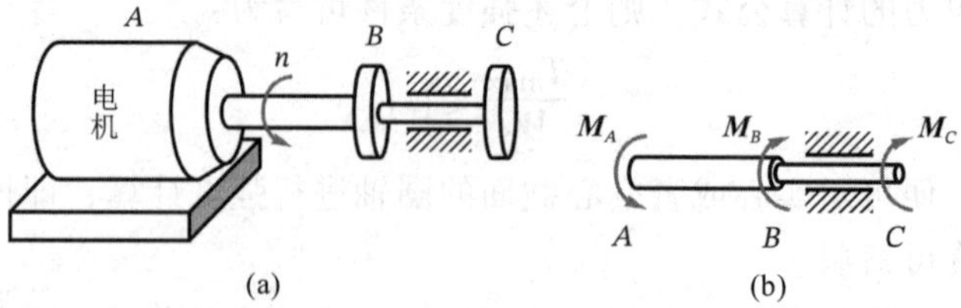

图 7-16 例 7-3 图

解：（1）外力偶矩

圆轴的受力分析如图 7-16（b）所示。

$$M_A = 9549 \times \frac{10}{300} = 318.30\text{N} \cdot \text{m}$$
$$M_B = M_C = -159.15\text{N} \cdot \text{m}$$

（2）扭矩

根据截面法求出各段轴的扭矩为$T_{AB} = -318.3\text{N} \cdot \text{m}$，$T_{BC} = -159.15\text{N} \cdot \text{m}$。

（3）分段截面尺寸设计

假设AB段直径为d_1，BC段直径为d_2，分别应用强度条件进行截面尺寸设计。

AB段 $\quad \frac{T_{AB}}{W_{pAB}} \geqslant [\tau]$，$W_{pAB} \leqslant \frac{T_{AB}}{[\tau]}$，$d_1^4 \leqslant \frac{32T_{AB}}{\pi[\tau]}$，$d_1 \geqslant 77.48\text{mm}$

BC段 $\quad \frac{T_{BC}}{W_{pBC}} \geqslant [\tau]$，$W_{pBC} \leqslant \frac{T_{BC}}{[\tau]}$，$d_2^4 \leqslant \frac{32T_{BC}}{\pi[\tau]}$，$d_2 \geqslant 65.15\text{mm}$

故，可设计AB段传动轴的截面直径为 78mm，BC段传动轴的截面直径为 66mm。

值得注意的是，阶梯形圆截面轴的最大切应力不一定出现在最大扭矩所在截面的圆周上。这是因为每一段的扭转截面模量不同。因此，在进行阶梯形圆截面轴的强度计算时，需对每一段逐一计算。

基本练习题

7-3 内外径之比α分别为 0、0.5、0.6 和 0.8 的 4 根空心圆轴，横截面面积都相等，两端均承受相同的扭转力偶作用，则承载能力最大的轴的内外径之比为（　　）。

A. $\alpha = 0$　　B. $\alpha = 0.5$　　C. $\alpha = 0.6$　　D. $\alpha = 0.8$

7.5 圆轴扭转时的变形及刚度条件

7.5.1 扭转时的变形

圆截面轴在外力偶作用下发生扭转变形时，它的任意横截面将各自绕轴的轴线作相对转动。

因此，可用两个横截面绕轴线转动的相对扭转角φ来度量圆轴的扭转变形。根据式(7-21)可得：

$$\varphi = \int_l \frac{T}{GI_p} dx \tag{7-31}$$

式中 l——两横截面的间距。

若圆轴由单一材料制成，且中间无外力偶作用，则式(7-31)中的$\frac{T}{GI_p}$为常量。式(7-31)可化简为

$$\varphi = \frac{Tl}{GI_p} \tag{7-32}$$

式中φ的单位为 rad，正负号与扭矩T一致。由上式可见，相对扭转角φ与GI_p成反比，GI_p称作圆轴的**扭转刚度**，也称**抗扭刚度**。

由于圆轴扭转时各横截面上的扭矩可能不同，且每段轴的长度也各不相同，因此通常用相对扭转角φ沿轴的长度的变化率来度量轴的刚度，称为**单位长度的扭转角**，用θ表示，单位为 rad/m。由式(7-21)可得：

$$\theta = \frac{d\varphi}{dx} = \frac{T}{GI_p} \tag{7-33}$$

显然，以上计算公式都只适用于材料在线弹性范围内的等直圆轴。

7.5.2 扭转刚度条件

圆轴扭转时，除需满足强度条件外，有时还需满足刚度条件。例如，机器的传动轴如扭转角过大，将会使机器在运转时产生较大的振动；精密机床的轴若变形过大，将会影响机床的加工精度。刚度条件通常是要求单位长度的扭转角的最大值θ_{max}不超过某一规定的限值$[\theta]$，即：

$$\theta_{max} = \frac{T_{max}}{GI_p} \leqslant [\theta] \tag{7-34}$$

工程中，已知的$[\theta]$的单位通常是°/m，然而用上式计算出来的θ_{max}的单位为 rad/m，因此还需进行单位的换算。

$$\theta_{max} = \frac{T_{max}}{GI_p} \times \frac{180°}{\pi} \leqslant [\theta] \tag{7-35}$$

依据上式可进行实心或空心圆截面轴的扭转刚度计算，即校核刚度、设计截面尺寸和计算许可荷载。各类轴的许可单位长度扭转角$[\theta]$的具体数值可在相关机械设计手册中查得。

【例 7-4】假设【例 7-2】中空心圆轴材料的切变模量为$G = 80$GPa，空心圆轴各段长度分别为$l_{AB} = 0.4$m，$l_{BC} = 1$m，$l_{CD} = 0.6$m，许可的单位长度扭转角为$[\theta] = 2°/$m。试求AD间的相对扭转角φ_{AD}，并校核该轴的刚度。

解：（1）相对扭转角φ_{AD}

AD间的相对扭转角等于横截面AB的相对扭转角、横截面BC的相对扭转角以及横截面CD的相对扭转角之和：

$$\varphi_{AD} = \varphi_{AB} + \varphi_{BC} + \varphi_{CD}$$

例 7-2 中已求出每段的扭矩，截面极惯性矩：

$$I_p = \frac{\pi D^4}{32}(1 - \alpha^4) = 2.11 \times 10^{-7} \text{m}^4$$

代入相对扭转角的计算公式(7-32)可得：

$$\varphi_{AB}=\frac{T_{AB}l_{AB}}{GI_{\mathrm{p}}}=\frac{500\times0.1}{8\times10^{10}\times2.11\times10^{-7}}=2.96\times10^{-3}\mathrm{rad}$$

$$\varphi_{BC}=\frac{T_{BC}l_{BC}}{GI_{\mathrm{p}}}=\frac{-700\times0.3}{8\times10^{10}\times2.11\times10^{-7}}=-12.44\times10^{-3}\mathrm{rad}$$

$$\varphi_{CD}=\frac{T_{CD}l_{CD}}{GI_{\mathrm{p}}}=\frac{-400\times0.2}{8\times10^{10}\times2.11\times10^{-7}}=-4.74\times10^{-3}\mathrm{rad}$$

故

$$\varphi_{AD}=-14.22\mathrm{rad}$$

（2）刚度校核

计算最大扭矩所在轴BC段的单位长度相对扭转角：

$$\theta_{BC}=\frac{T_{BC}}{GI_{\mathrm{p}}}\times\frac{180^\circ}{\pi}=-2.38^\circ/\mathrm{m}$$

$$|\theta_{BC}|>[\theta]$$

故该轴不满足刚度条件。

基本练习题

7-4 用同一材料制成的空心圆轴和实心圆轴，若长度和横截面积均相同，则扭转刚度较大的是（　　）。

A. 实心圆轴　　B. 空心圆轴　　C. 二者一样　　D. 无法判断

工程启示：圆轴的力学知识

在机械制造业中，圆轴作为传动系统的重要组成部分，其扭转性能直接关系到设备的运行效率与精度。

小　结

1. 圆轴扭转时的**受力特征**：大小相等、方向相反、作用面垂直于轴线的外力偶。

圆轴扭转时的**变形特点**：任意两个横截面发生绕杆件轴线的相对转动。

2. 外力偶矩(N·m)的计算公式

$$M_{\mathrm{e}}=9549\frac{P}{n}$$

计算过程中应注意单位的换算。

圆轴受扭产生的内力称为**扭矩**，其符号采用右手螺旋法则确定。以纵轴表示截面上的扭矩，横轴表示横截面的位置绘制**扭矩图**。

3. 薄壁圆筒横截面上的切应力计算公式

$$\tau=\frac{T}{2\pi r_0^2\delta}=\frac{M_{\mathrm{e}}}{2\pi r_0^2\delta}$$

剪切胡克定律：

$$\tau = G\gamma$$

弹性常数E、μ和G之间的关系：

$$G = \frac{E}{2(1+\mu)}$$

4. **切应力互等定理**：在互相垂直的两个平面上，切应力必然存在且数值相等；两者都垂直于两个平面的交线，方向则共同指向或共同背离这一交线。

5. 圆轴扭转时横截面上的切应力沿半径线性分布，圆心处切应力为 0，圆周上切应力最大，方向垂直于半径，距圆心ρ处任意一点的切应力计算公式：

$$\tau_\rho = \frac{T\rho}{I_p}$$

最大切应力发生在圆周上：

$$\tau_{max} = \frac{Tr}{I_p} = \frac{T}{W_p}$$

式中　I_p——极惯性矩；

W_p——抗扭截面模量。

圆轴扭转时的强度条件：

$$\frac{T_{max}}{W_p} \leqslant [\tau]$$

6. 圆轴扭转时，任意两个相距l的横截面的相对扭转角计算公式：

$$\varphi = \frac{Tl}{GI_p}$$

圆轴扭转的刚度条件：

$$\theta_{max} = \frac{T_{max}}{GI_p} \times \frac{180°}{\pi} \leqslant [\theta]$$

思考题

7-1 当单元体上同时存在切应力和正应力时，切应力互等定理是否仍然成立？为什么？

7-2 如图 7-17 所示的两个传动轴，哪一种轮的布置更有利于提高轴的承载能力？为什么？

7-3 剪切实用计算中所采用的许用剪切应力[τ]与扭转许用切应力[τ]是否相同，为什么？

7-4 从强度方面考虑，为什么空心圆截面轴比实心圆截面轴更合理？空心圆截面轴的壁厚是否越薄越好？

7-5 为什么木质圆杆在受到扭转破坏时会首先出现纵向裂纹？

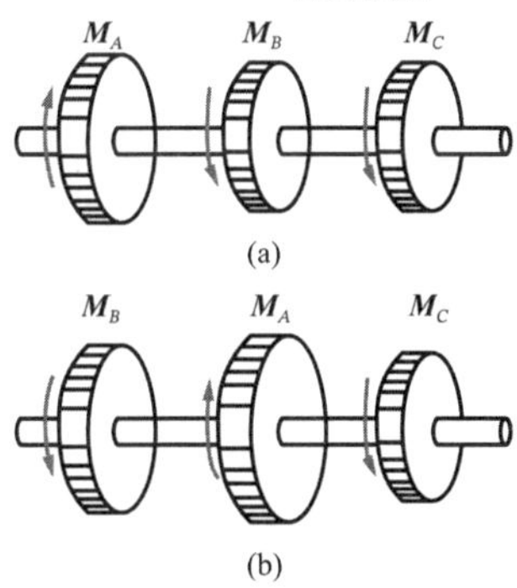

图 7-17　思考题 7-2 图

习　题

7-1 作图 7-18 所示各分图的扭矩图。

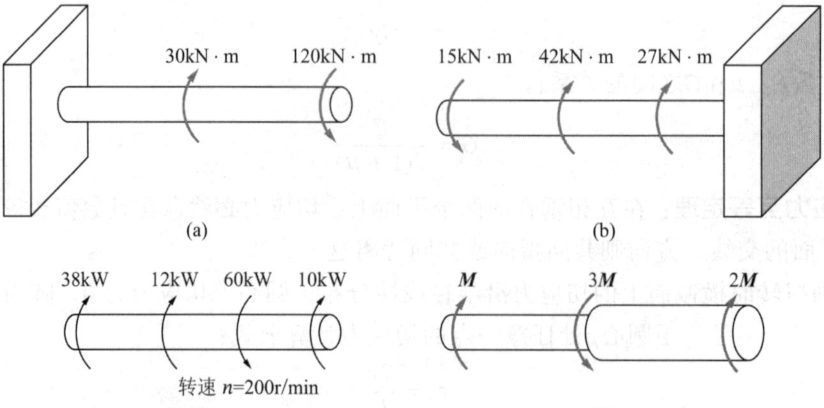

图 7-18　习题 7-1 图

7-2 图 7-19 所示一圆截面传动轴做匀速转动，转速$n = 300\mathrm{r/min}$，轴上装有五个传动轮，主动轮C的输入功率为 60kW，从动轮A、B、D、E输出功率依次为 18kW、12kW、22kW、8kW，传动轴横截面的直径$d = 40\mathrm{mm}$。（1）试作该传动轴的扭矩图；（2）试求该轴上的最大切应力。

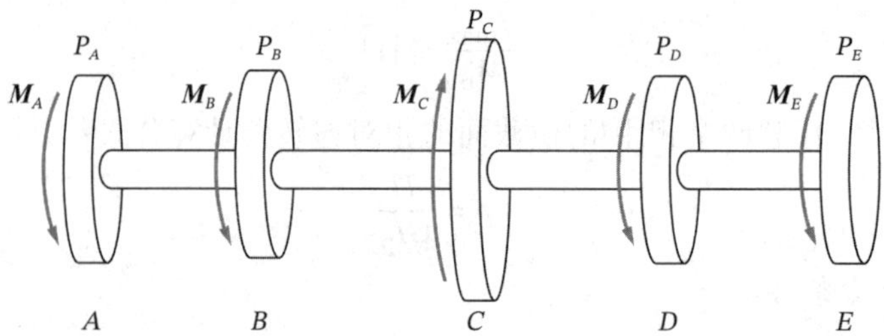

图 7-19　习题 7-2 图

7-3 一实心圆轴直径$d = 100\mathrm{mm}$，其两端作用外力偶矩为$M_e = 4\mathrm{kN \cdot m}$。（1）试求图 7-20 所示截面上$A$、$B$、$C$三点处的切应力大小，并标明方向；（2）试求该轴上的最大切应力。

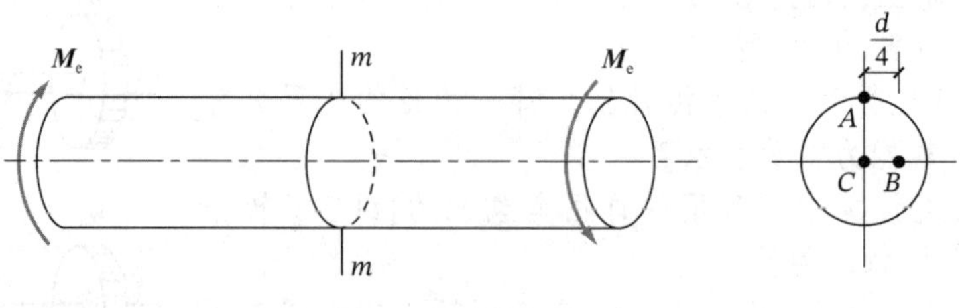

图 7-20　习题 7-3 图

7-4 如图 7-21 所示圆轴，AB段为空心，外径$D = 160\mathrm{mm}$，内径$d = 120\mathrm{mm}$，BC段为实心。外力偶矩$M_A = 36\mathrm{kN \cdot m}$，$M_B = 90\mathrm{kN \cdot m}$，$M_C = 54\mathrm{kN \cdot m}$。已知许用切应力$[\tau] = 80\mathrm{MPa}$，许用扭转角$[\theta] = 1°/\mathrm{m}$，切变模量$G = 80\mathrm{GPa}$。试校核该轴的强度和刚度。

7-5 已知一圆环截面传动轴传递的力偶矩为$M_e = 1.08\mathrm{kN \cdot m}$，内外径之比为 0.8，材料的许用切应力$[\tau] = 40\mathrm{MPa}$，$G = 80\mathrm{GPa}$，$[\theta] = 1°/\mathrm{m}$，试设计轴的直径。

7-6 图 7-22 所示一牙嵌式离合器连接一实心轴和内外径比值为 0.5 的空心轴。已知轴的转速$n = 100\text{r/min}$，传递的功率$P = 6.75\text{kW}$，材料的许用切应力$[\tau] = 40\text{MPa}$。试设计实心轴的直径d_1和空心轴的外直径D_2。

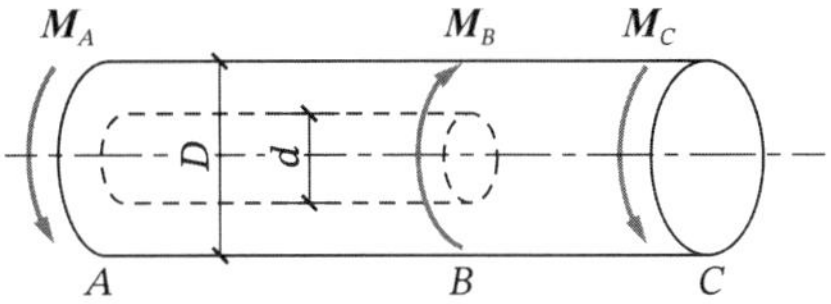

图 7-21　习题 7-4 图

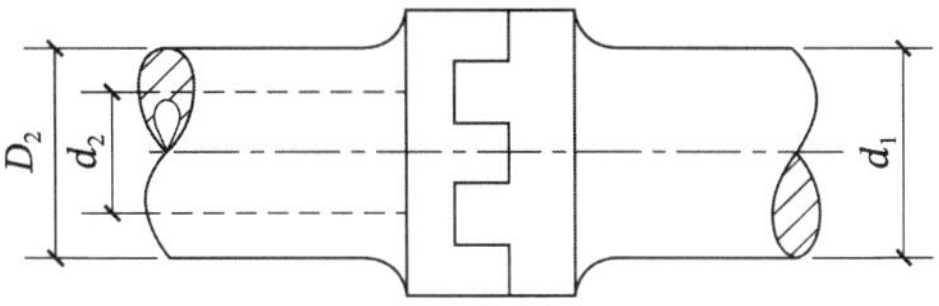

图 7-22　习题 7-6 图

7-7 图 7-23 所示阶梯形圆轴的直径分别为$d = 45\text{mm}$, $D = 60\text{mm}$, 轴上装有三个传动轮。已知主动轮A的输入功率为$P_A = 5P$，轮C的输出功率$P_C = 2P$，轴作匀速转动，转速为$n = 200\text{r/min}$，材料的许用切应力$[\tau] = 70\text{MPa}$，$G = 80\text{MPa}$，许用扭转角$[\theta] = 1.5°/\text{m}$。试求：许可的P值。

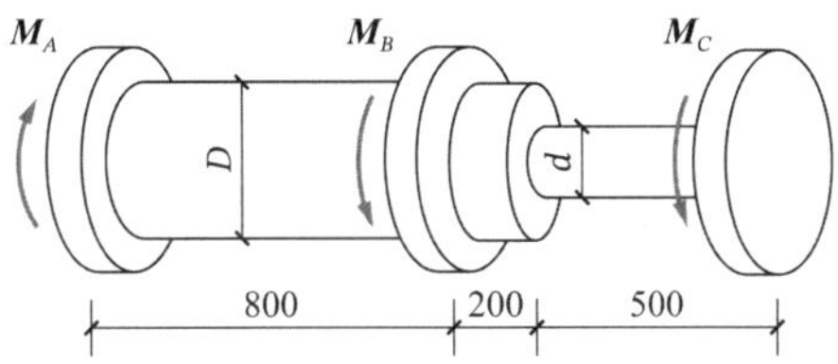

图 7-23　习题 7-7 图

7-8 同一材料制成的两根轴，其中一根是直径为D_1的实心轴，另一根是内直径与外直径之比为$d_2/D_2 = 0.7$ 的空心轴。若两轴横截面上的扭矩相同，且最大切应力相等，试求两轴的直径之比D_1/D_2。

7-9 一钢质实心轴和铝质空心轴（内外径比值$\alpha = 0.8$）的横截面面积相等，已知$[\tau]_{钢} = 80\text{MPa}$，$[\tau]_{铝} = 50\text{MPa}$。若仅从强度条件考虑，哪一根轴能承受的扭矩更大?

7-10 图 7-24 所示圆锥形轴，锥度很小，两端直径分别为d_1、d_2，长度为l，试求在外力偶矩M的作用下，轴两个端面的相对扭转角。

7-11 图 7-25 所示阶梯形圆截面轴的左端固定，受到一集度为m的均布力偶矩作用，AB段直径为D，BC段直径为d，两段的长度均为l，试求C截面绕其轴线的转角φ。

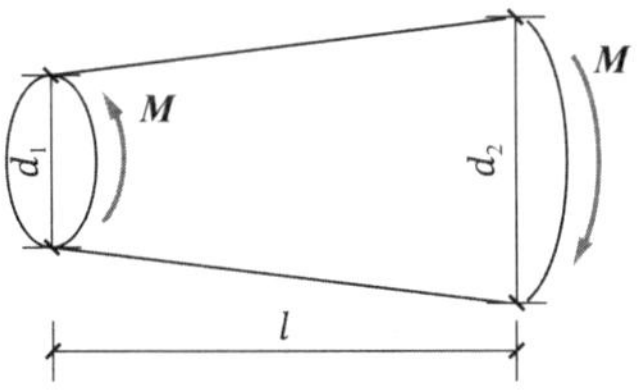

图 7-24　习题 7-10 图

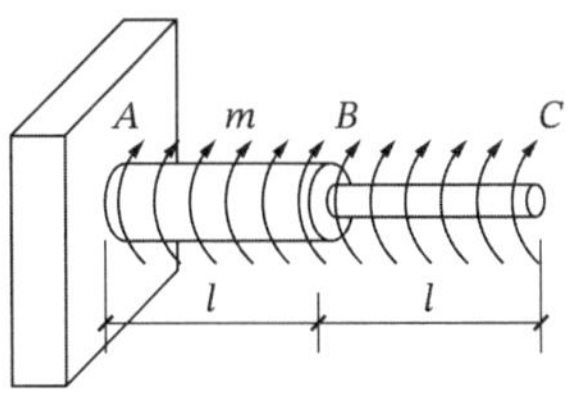

图 7-25　习题 7-11 图

第 8 章 梁的弯曲内力

导读

本章主要探讨弯曲内力的概念、理论基础和实际应用。弯曲内力是工程结构分析中至关重要的内容，有助于理解梁、板等结构在外力作用下的应力和变形分布。

学习目标

明确弯曲内力、弯矩和剪力的定义及其相互关系；熟练绘制各种类型的梁在不同荷载作用下的弯矩图和剪力图，并能从中提取出关键信息；能够将所学理论应用于实际工程案例，进行结构设计和安全评估。

思维导图

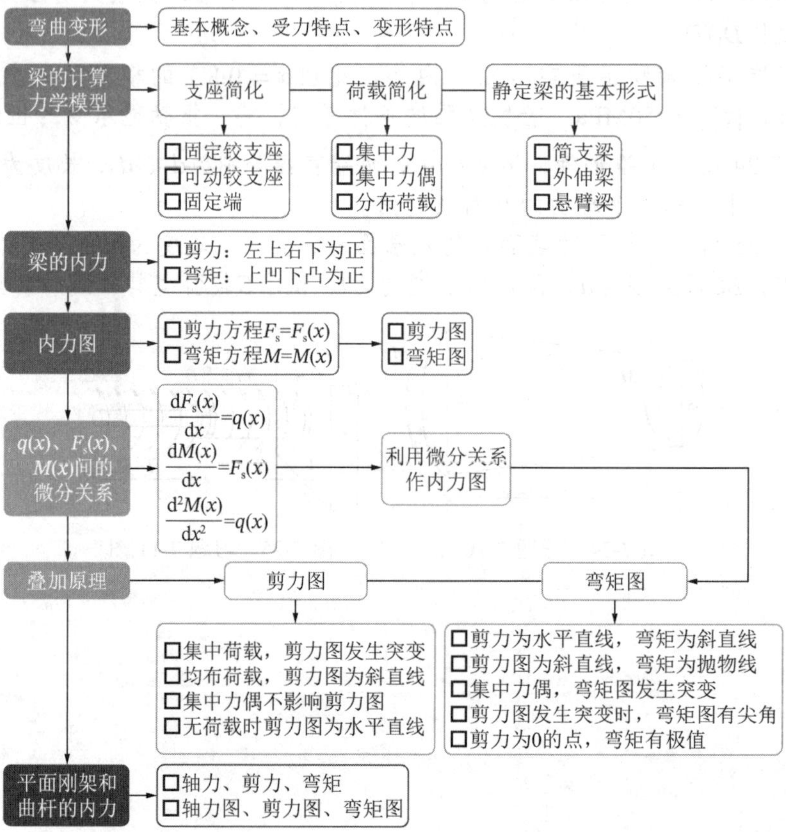

8.1 弯曲变形的概念和力学模型

8.1.1 弯曲的概念

等直杆件在包含其轴线的纵向平面内，承受垂直于杆轴线的横向外力或外力偶的作用时，杆的轴线将变为曲线，这种变形称为**弯曲**。以弯曲变形为主要变形的杆件，统称为**梁**。工程实际中，可以看作梁的对象有很多，如下列图 8-1 至图 8-6 所示的房梁、机翼、起重机大梁、高层建筑、桥梁、风力机叶片等。

图 8-1 房梁

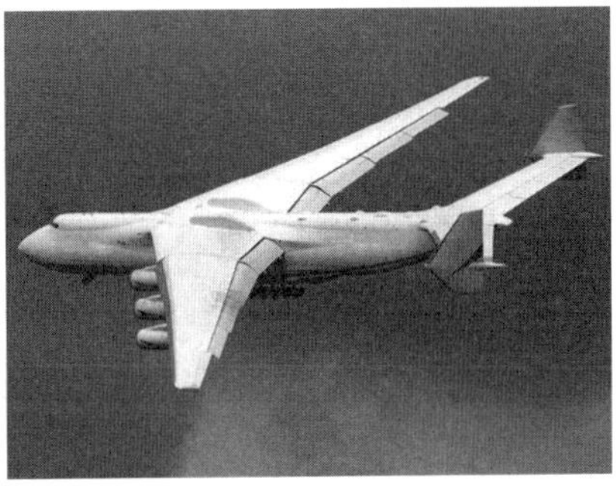

图 8-2 机翼

图 8-3 起重机大梁

图 8-4 高层建筑

图 8-5 桥梁

图 8-6 风力机叶片

这些受弯杆件中，若其横截面具有对称轴，且所受到的横向力或（及）力偶均作用在包含该对称轴的纵向平面内，则变形后的轴线也将位于这个纵对称面内（图 8-7）。这种弯曲称为**平面弯曲**或**对称弯曲**。若梁不具有纵对称面，或梁虽有纵对称面但横向力或力偶不作用在纵对称面内，这种弯曲称为**非对称弯曲**。本书只讨论梁在对称弯曲时的应力和变形计算。

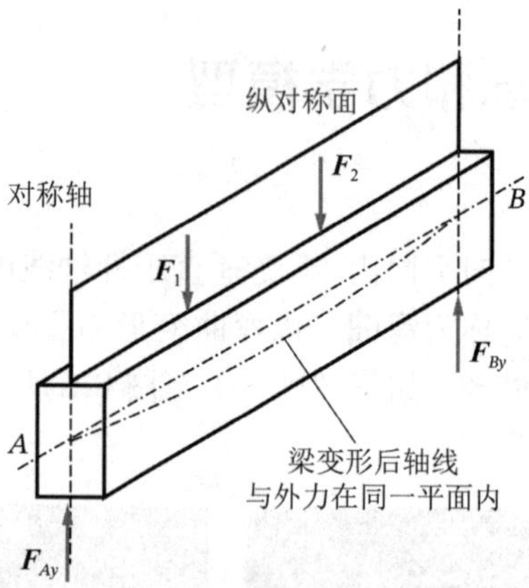

图 8-7 对称弯曲

8.1.2 梁的计算力学模型

（1）支座的简化

对于对称弯曲的等截面直梁，梁的计算简图可用梁的轴线来表示，而梁的支座可简化为以下三种基本形式。

① **固定铰支座**。固定铰支座的简化形式如图 8-8（a）所示。这种支座限制梁在支座处的截面沿水平方向和垂直方向的移动，但并未限制绕铰中心的转动。因此，固定铰支座的约束反力可以用通过铰链中心的水平分力$\boldsymbol{F}_x$和垂直分力$\boldsymbol{F}_y$来表示［图 8-8（d）］。

② **可动铰支座**。可动铰支座的简化形式如图 8-8（b）所示。这种支座只能限制梁在支座处的截面沿垂直于支座支承面方向的移动。因此，可动铰支座的约束反力只有一个，即垂直于支座支承面的反力$\boldsymbol{F}_{\mathrm{R}}$来表示［图 8-8（e）］。

③ **固定端**。固定端的简化形式如图 8-8（c）所示。这种支座使梁的端截面既不能移动，也不能转动。因此，它对梁的端截面有三个约束。相应地，就有三个支座反力，即水平支反力$\boldsymbol{F}_x$、铅垂支反力$\boldsymbol{F}_y$和矩为$\boldsymbol{M}$的支座反力偶［图 8-8（f）］。

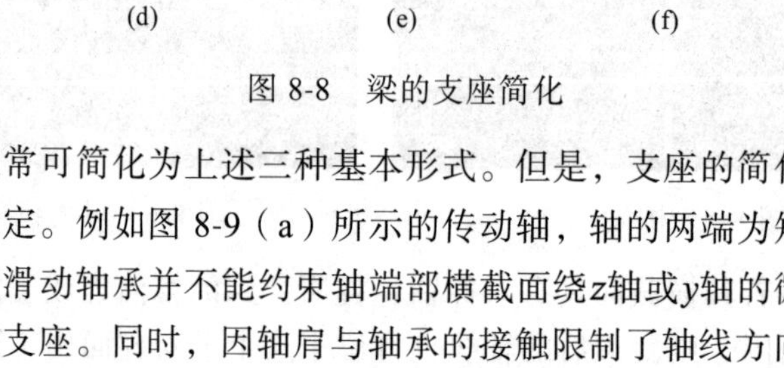

图 8-8 梁的支座简化

梁的实际支座通常可简化为上述三种基本形式。但是，支座的简化主要是根据每个支座对梁的约束情况来确定。例如图 8-9（a）所示的传动轴，轴的两端为短滑动轴承。由于支承处的间隙等原因，短滑动轴承并不能约束轴端部横截面绕z轴或y轴的微小偏转。这样就可把短滑动轴承简化为铰支座。同时，因轴肩与轴承的接触限制了轴线方向的位移，故可将两轴承中的一个简化为固定铰支座，另一个简化为可动铰支座［图 8-9（b）］。

对于图 8-10（a）所示的插入砖墙内的过梁，由于插入端较短，因而梁有水平移动趋势时，另一端将与砖墙接触而限制梁的水平移动。因此，两个支座可分别简化为固定铰支座和可动铰支座。

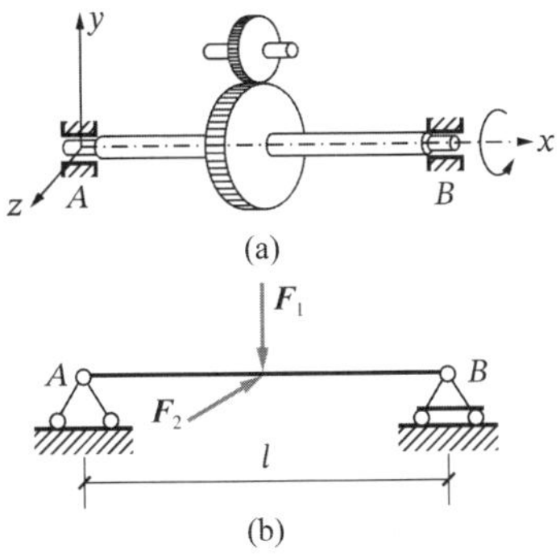

图 8-9　传动轴简化

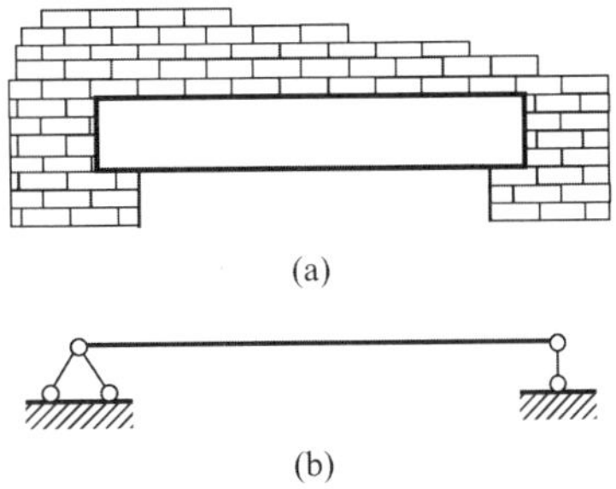

图 8-10　过梁简化

（2）荷载的简化

梁的计算简图中，梁上作用的荷载可简化为集中力、集中力偶和分布荷载。当把荷载作用的范围看成一个点且不影响荷载对梁的作用效应时，可将荷载简化为一集中力，否则应将荷载简化为分布荷载。例如梁的重力的简化，在理论力学中，我们是将其简化为一个作用在刚体重心处的集中力。在只考虑重力的运动效应时，这种简化是可以的。但在材料力学中，由于要考虑重力的变形效应，因此只能简化为分布荷载。我们用q来表示分布荷载集度，指的是沿梁长度方向单位长度上所受到的力，其常用单位为 N/m（牛/米）或 kN/m（千牛/米）。

（3）梁的基本形式

工程上根据梁的约束情况可将梁分为**静定梁**和**超静定梁**。**静定梁是指所有支反力都能够由静力平衡方程求解的梁**，其常见的形式有三种：简支梁、外伸梁和悬臂梁（图 8-11）。生活中常见的过路桥、房屋建筑中的预制混凝土楼板、公园的长凳、图书馆书架上的木板等都可简化为简支梁；门式起重机、火车轮毂等可简化为外伸梁；路灯、阳台结构、游泳池跳板、飞机机翼、风力机叶片等可简化为悬臂梁。

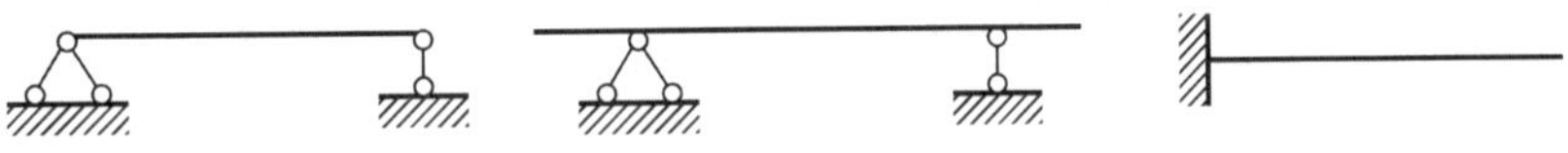

(a) 简支梁　　(b) 外伸梁　　(c) 悬臂梁

图 8-11　静定梁

超静定梁是指支座约束不能完全由静力平衡方程确定的梁（图 8-12）。生活中，连续梁桥就是典型的超静定梁结构，其跨过多个支撑点，能够更有效地减小梁跨中的弯矩。大跨度的钢结构屋顶，如体育馆或展览中心的屋顶，通常设计为超静定梁系统。这些梁结构通过与多个柱子或墙体固定连接，提高了结构的抗弯能力和稳定性。

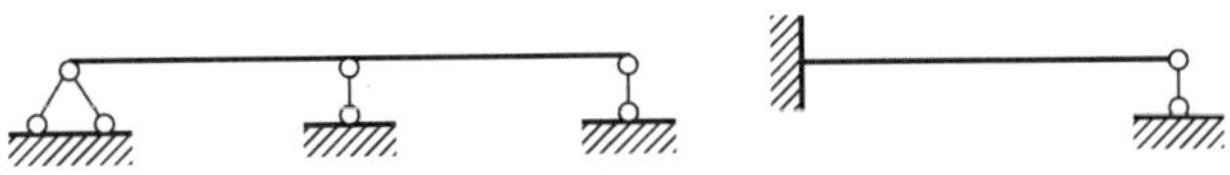

图 8-12　超静定梁

基本练习题

8-1 如图 8-13 所示，火车轮轴产生的是（　　）。

A. 拉伸或压缩变形

B. 剪切变形

C. 扭转变形

D. 弯曲变形

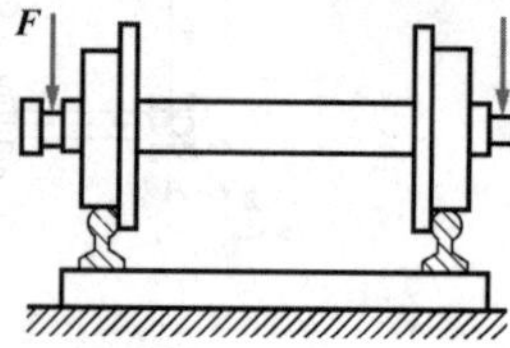

图 8-13 基本练习题 8-1 图

8.2 梁的内力及内力图

8.2.1 梁的剪力和弯矩

在实际工程结构的设计中往往要考虑其强度和刚度问题，如故宫的木结构建筑群经历数百年风雨，其保护和修复工程就需要运用材料力学原理对古建筑进行适当加固，从而确保结构的安全与稳定。而在计算结构强度之前，首先要确定结构受力后任意截面上的内力情况。当作用在梁上的所有外力（包括荷载和支反力）已知时，我们可以利用截面法来确定内力。

现以图 8-14 所示简支梁为例分析横截面上的内力。先利用平衡方程计算出支座的约束反力$\boldsymbol{F}_A$、$\boldsymbol{F}_B$。再利用截面法沿横截面m—m假想地把梁截成左、右两段，任取一段（如左段）进行受力分析。左段梁上作用有向上的力$\boldsymbol{F}_A$和向下的外力$\boldsymbol{F}_1$，横截面m—m上有一个与横截面相切的内力$\boldsymbol{F}_\mathrm{s}$，由$\sum F_y = 0$可得

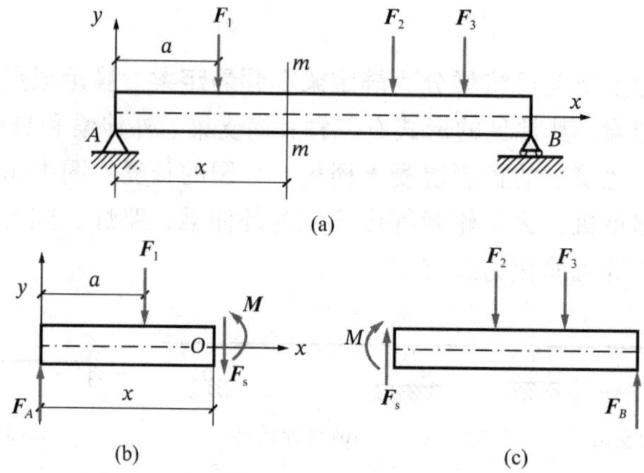

图 8-14 简支梁横截面上的内力分析

$$F_A - F_1 - F_\mathrm{s} = 0$$
$$F_\mathrm{s} = F_A - F_1$$

$\boldsymbol{F}_\mathrm{s}$称为横截面$m$—$m$上的**剪力**。同时，由力矩平衡条件可知，若把左段上所有的外力和内力对横截面形心O取矩，其力矩的代数和应为 0。这就要求横截面上必有一个内力偶。设此内力偶的矩为$\boldsymbol{M}$，由$\sum M_O = 0$可得

$$M + F_1(x-a) - F_A x = 0$$
$$M = F_A x - F_1(x-a)$$

$\boldsymbol{M}$称为横截面m—m上的**弯矩**。从上面的计算来看，m—m截面上存在的内力有一个集中

力和一个集中力偶，但实际上该面上的内力是一个分布力系，**利用截面法计算出来的集中力和集中力偶是该分布内力系向截面形心简化后的合力和合力偶**。

上面的计算是以左段为研究对象分析出来的内力，是梁的右段对左段的作用。同理，可以把右段作为研究对象，计算出$m—m$面上的剪力和弯矩，在数值上应该与上式中的剪力和弯矩相等，但方向均相反。这一结果是必然的，因为它们是作用力与反作用力的关系。

为使左右两段梁上算得的同一截面上剪力和弯矩在正负号上相同，现参考变形情况下剪力和弯矩的正负号加以规定。自梁内取一个微段dx，通常规定：**剪力F_s使微段发生“左上右下”错动时剪力为正，反之为负**［图 8-15（a）、（b）］；**弯矩M使微段发生“上凹下凸”的弯曲变形时为正，反之为负**［图 8-15（c）、（d）］。按上述符号规定，计算某横截面上的内力时，无论是分析左段还是分析右段，所得结果的数值和符号都是一样的。

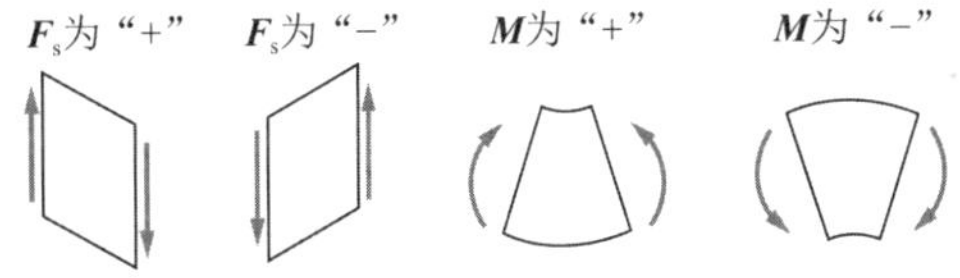

(a)　(b)　(c)　(d)

图 8-15　剪力和弯矩的正负号

下面举例说明如何利用截面法计算梁指定横截面上的剪力和弯矩。

【**例 8-1**】简支梁如图 8-16（a）所示。已知$q=20\text{kN/m}$，试计算C截面上的内力。

解：（1）计算A、B支座的约束反力

对梁进行受力分析，如图 8-16（b）所示，由平衡方程：

$$\sum F_x=0,\ F_{Ax}=0$$

$$\sum F_y=0,\ F_{Ay}+F_{By}-4q=0$$

$$\sum M_A(F)=0,\ 2q+6F_{By}-4q\times 2=0$$

可得$F_{Ay}=60\text{kN}$，$F_{By}=20\text{kN}$。

（2）计算C截面的内力

将梁沿C截面假想地截开，保留左段。画出左段上作用的荷载并在C截面上假设剪力$\boldsymbol{F}_s$和弯矩$\boldsymbol{M}$皆为正（按图 8-15 所示为正的方向），如图 8-16（c）所示。由平衡方程：

$$\sum F_y=0,\ F_{Ay}-2q-F_s=0$$

$$\sum M_C(F)=0,\ 2q\times 1+M-2F_{Ay}=0$$

可得$F_s=20\text{kN}$，$M=80\text{kN}\cdot\text{m}$。

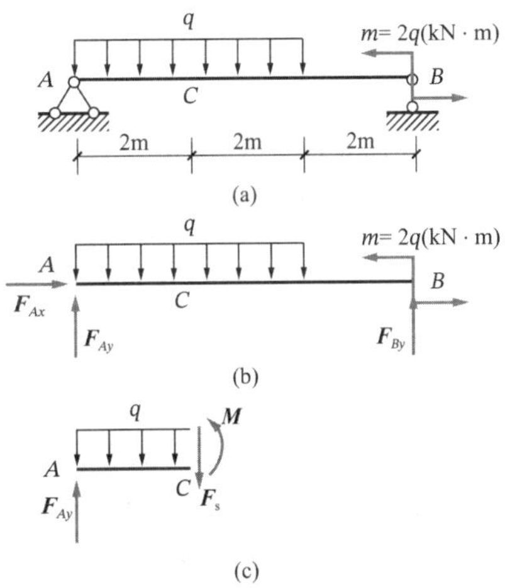

图 8-16　例 8-1 图

计算得到的剪力和弯矩都为正，说明弯矩和剪力的假设方向就是它们的实际方向。为了不引起正负号的混乱，一般地，我们在假设剪力和弯矩时按正号假设，最后求出的剪力和弯矩如为正值，即表明该截面的剪力与弯矩与假设相同，如为负值，则表明剪力与弯矩和假设相反。

8.2.2　梁的剪力图和弯矩图

在一般情况下，梁横截面上的剪力和弯矩是随横截面的位置变化而变化的。若以坐标x表

示横截面在梁轴线上的位置，则横截面上的剪力和弯矩都可以表示为x的函数，即：

$$F_s = F_s(x)$$
$$M = M(x) \tag{8-1}$$

上面的函数表达式即为梁的剪力方程和弯矩方程。

为了直观、形象地表现剪力和弯矩随横截面的位置变化情况，我们可根据剪力方程和弯矩方程绘制剪力图和弯矩图。一般地，在绘制剪力图时将正的剪力画在x轴上侧；绘制弯矩图时偏土木工程专业的通常绘制在梁受拉的一侧，即画在x轴下侧，而偏机械专业的通常绘制在x轴上侧。本书以弯矩图绘制在x轴下侧为例。

【例 8-2】在工程中，梁式起重机吊起重物的过程可简化为简支梁受集中荷载的作用，如图 8-17（a）所示，试画出简支梁AB承受集中力$\boldsymbol{P}$作用时的剪力图和弯矩图。

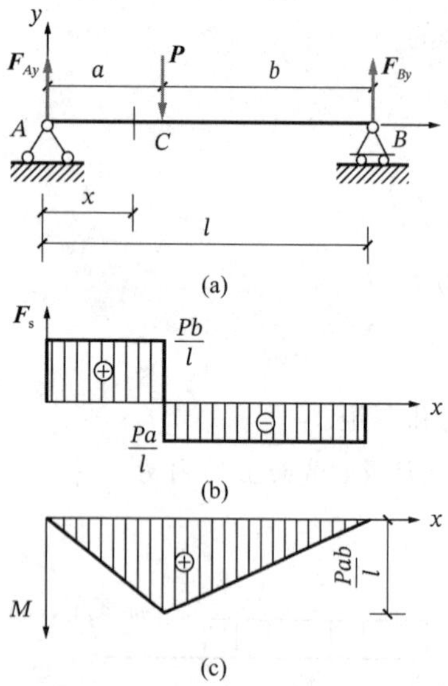

图 8-17 例 8-2 图

解：（1）计算约束力

$$\sum M_A(F) = 0，F_{By}l - Pa = 0$$
$$\sum M_B(F) = 0，Pb - F_{Ay}l = 0$$

可得$F_{Ay} = \frac{Pb}{l}$，$F_{By} = \frac{Pa}{l}$。

（2）列出剪力方程和弯矩方程

由于梁在C点受集中力作用，显然，在集中荷载两侧梁的剪力和弯矩方程均不同，故将梁分成AC和CB两段。分别写出其剪力方程和弯矩方程。

以梁的左端为坐标原点，AC段的剪力方程和弯矩方程为：

$$F_s(x) = \frac{Pb}{l} \quad (0 < x < a) \tag{a}$$
$$M(x) = \frac{Pb}{l}x \quad (0 \leqslant x \leqslant a) \tag{b}$$

同理，CB段的剪力方程和弯矩方程为：

$$F_s(x) = \frac{Pb}{l} - P = -\frac{P(l-b)}{l} = -\frac{Pa}{l} \quad (a < x < l) \tag{c}$$

$$M(x) = \frac{Pb}{l}x - P(x-a) = \frac{Pa}{l}(l-x) \quad (a \leqslant x \leqslant l) \tag{d}$$

（3）作剪力图和弯矩图

由式(a)和式(c)可知，AC和CB两段的剪力方程都为常数，所以此两段的剪力图是与横坐标轴平行的两条水平线，如图 8-17（b）所示。

由式(b)和式(d)可知，AC和CB两段的弯矩方程都是x的一次函数，所以此两段的弯矩图都是斜直线，绘制时只要确定两点就可以了。弯矩图如图 8-17（c）所示，可见，最大的剪力为$|F_{smax}| = Pb/l$，最大的弯矩为$|M_{max}| = Pab/l$。

【例 8-3】工程中，飞机的机翼在考虑自重的情况下可简化为一个受均布荷载作用的悬臂梁，如图 8-18（a）所示，试画出悬臂梁AB在均布荷载q作用下的剪力图和弯矩图。

解：（1）计算约束力

$$\sum F_y = 0，F_{Ay} - ql = 0$$

$$\sum M_A(F) = 0，M_A - ql \times \frac{l}{2} = 0$$

可得$F_{Ay}=ql$，$M_A=\frac{ql^2}{2}$。

（2）列剪力方程和弯矩方程

选取坐标系如图 8-18（a）所示，在距离原点x的横截面处，如选取左侧进行分析，存在约束力、约束力偶和均布荷载q，而在右侧只有均布荷载。因此可选择右侧来计算剪力和弯矩。

$$F_S(x)=q(l-x) \tag{a}$$

$$M(x)=-q(l-x)\frac{(l-x)}{2}=-\frac{q(l-x)^2}{2} \tag{b}$$

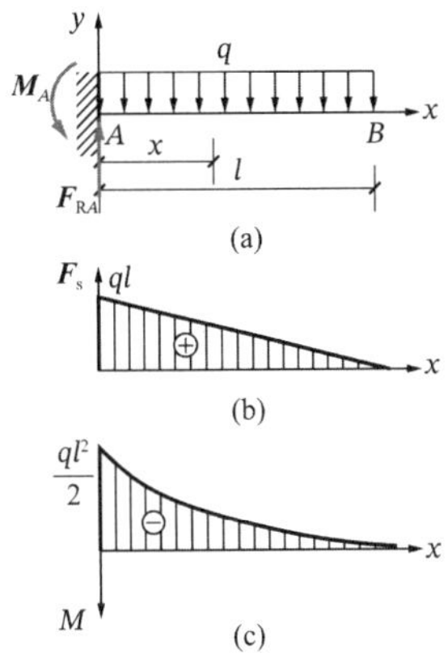

图 8-18　例 8-3 图

剪力方程式(a)表明，剪力图是一条斜直线，只要确定两个端点即可画出剪力图。如图 8-18（b）所示。弯矩方程式(b)表明弯矩图为抛物线，需要确定多个曲线上的点，例如：

$$x=0,\ M(0)=-\frac{1}{2}ql^2;\ x=\frac{l}{4},\ M\left(\frac{l}{4}\right)=-\frac{9}{32}ql^2$$

$$x=\frac{l}{2},\ M\left(\frac{l}{2}\right)=-\frac{1}{8}ql^2;\ x=l,\ M(l)=0$$

最后用光滑的曲线连接几个点绘制出弯矩图如图 8-18（c）所示。

【例 8-4】试画出图 8-19（a）所示简支梁AB在均布荷载q和集中力偶$\boldsymbol{M}_e$作用下的剪力图和弯矩图。

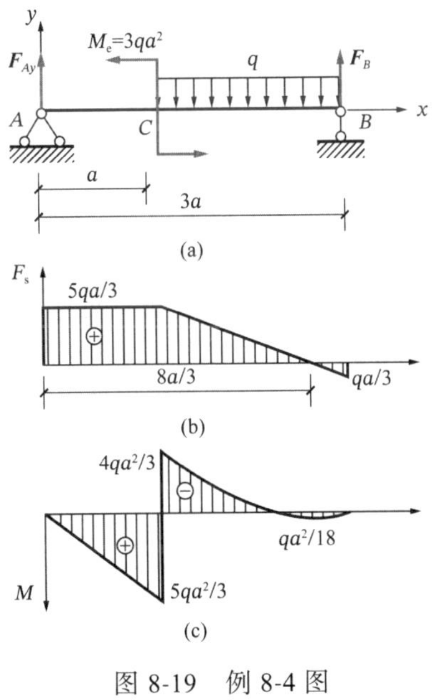

图 8-19　例 8-4 图

解：（1）计算约束力

$$\sum M_A(F)=0,\ M_e-q\times 2a\times 2a+F_B\times 3a=0$$

$$\sum F_y=0,\ F_{Ay}-q\times 2a+F_B=0$$

得$F_{Ay}=\frac{5qa}{3}$，$F_B=\frac{qa}{3}$。

（2）列剪力方程和弯矩方程

选取坐标系如图 8-19（a）所示，将梁分为AC和CB两段，在距离原点x的横截面处，如选取左侧进行分析。

AC段：
$$F_s(x) = F_{Ay} \tag{a}$$
$$M(x) = F_{Ay}x \tag{b}$$
CB段：
$$F_s(x) = F_{Ay} - q(x-a) \tag{c}$$
$$M(x) = F_{Ay}x - M_e - q\frac{(x-a)^2}{2} \tag{d}$$

式(a)和式(c)表明，AC段剪力图是一条水平直线，CB段为一条斜直线。如图 8-19（b）所示。式(b)和式(d)表明AC段弯矩图为斜直线，CB段为抛物线。如图 8-19（c）所示。

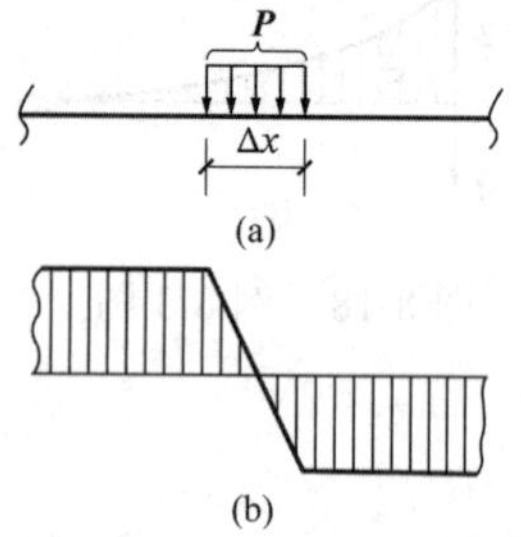

图 8-20 集中荷载的简化

通过以上例题可知，在集中力或集中力偶作用处，梁的弯矩方程应分段列出。集中荷载（集中力偶）作用处的左右两侧横截面上的剪力值（弯矩值）有骤然的变化，并且两者的代数差等于此集中力（集中力偶）的值。我们把这种内力值的骤然变化称为**突变**。

实际上，集中荷载是作用在很短的一段梁Δx上的分布力的简化，若将分布力视为Δx范围内均匀分布［图 8-20（a）］，则在该段梁上的剪力图将按直线规律连续变化［图 8-20（b）］。同理，集中力偶也是简化的结果，若按其实际分布情况，绘出的弯矩图也是连续变化的。

通过以上例题我们可以将**绘制剪力图和弯矩图的步骤**归纳如下：

① 计算梁的支座反力（对于悬臂梁可不必计算）；

② 根据梁所受到的外力对梁进行分段，一般而言，梁的两个端点、集中力作用点、集中力偶作用点、分布荷载的开始处和结束处都要作为段与段之间的分界点；

③ 在每一段内均取一个距原点为x的横截面进行内力计算，并分段列出每段梁的剪力方程和弯矩方程；

④ 根据每段梁的剪力方程和弯矩方程分段画出剪力图和弯矩图。

另外，在绘制剪力图和弯矩图时需注意：在集中力作用处，其左右两侧横截面上的剪力值有突变，且突变的大小等于该集中力的大小，突变的方向与该集中力的方向一致（即集中力向上，则剪力图向上突变，反之向下突变），而弯矩图在此处形成一个拐点；在集中力偶作用处，其左右两侧横截面上的弯矩值有突变，且突变的大小等于该集中力偶的大小，突变的方向与该集中力偶引起的弯矩的正负号一致（即顺时针的集中力偶引起正弯矩，则弯矩图向下突变，反之向上突变），而剪力图在此处却无变化。且弯矩图在剪力$F_s = 0$的截面处存在极值。

基本练习题

8-2 如图 8-21 所示四种情况中，截面上的弯矩$\boldsymbol{M}$为正、剪力$\boldsymbol{F}_s$为负的是哪一种？

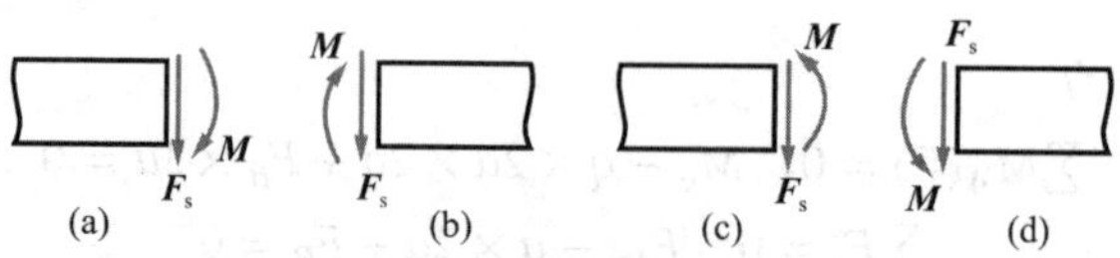

图 8-21 基本练习题 8-2 图

8-3 在求梁横截面上的内力时，能否直接由该截面任一侧梁上的外力来计算，为什么？

8-4 若将坐标轴的原点取在梁的右端，以指向左为正，剪力方程和弯矩方程有无不同之处？

8.3　剪力图和弯矩图的简易画法

上节我们讨论了作剪力图和弯矩图的一般方法，从计算过程来看，要分段列剪力方程和弯矩方程并分段绘制图形。本节讨论利用荷载集度、剪力和弯矩间的微分关系来绘制剪力图和弯矩图。

8.3.1　剪力、弯矩与分布荷载集度间的微分关系及其应用

如图 8-22（a）所示，设梁上作用有多种荷载，分布荷载集度为$q(x)$，并设$q(x)$向上为正。现取梁的左端为x轴的坐标原点。从梁上截取长为$\mathrm{d}x$的一个微段，如图 8-22（b）所示。设坐标为x处的m—m截面上剪力和弯矩分别为$F_\mathrm{S}(x)$和$M(x)$，该处的荷载集度为$q(x)$，并均为正值，则在坐标为（$x+\mathrm{d}x$）的n—n截面上剪力和弯矩分别为$F_\mathrm{S}(x)+\mathrm{d}F_\mathrm{S}(x)$和$M(x)+\mathrm{d}M(x)$。

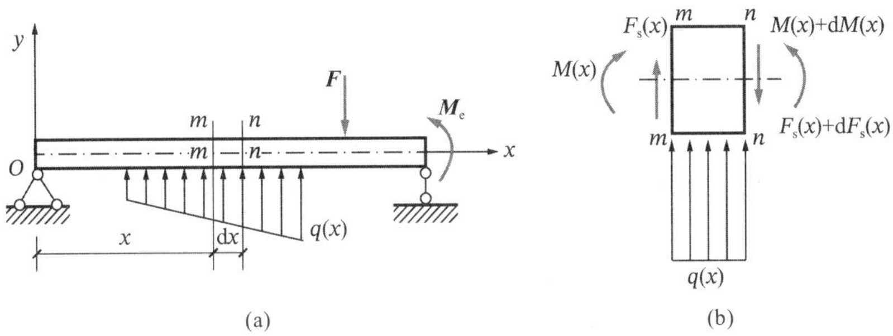

图 8-22　剪力、弯矩与分布荷载集度间的微分关系

考虑$\mathrm{d}x$段的平衡有：

$$\sum F_y=0,\ F_\mathrm{S}(x)-[F_\mathrm{S}(x)+\mathrm{d}F_\mathrm{S}(x)]+q(x)\,\mathrm{d}x=0$$

$$\sum M_C=0,\ M(x)+\mathrm{d}M(x)-M(x)-F_\mathrm{S}(x)\,\mathrm{d}x-q(x)\,\mathrm{d}x\times\frac{\mathrm{d}x}{2}=0$$

整理以上两式，并略去第二式中的高阶微量$q(x)\,\mathrm{d}x\frac{\mathrm{d}x}{2}$，得：

$$\frac{\mathrm{d}F_\mathrm{S}(x)}{\mathrm{d}x}=q(x) \tag{8-2}$$

$$\frac{\mathrm{d}M(x)}{\mathrm{d}x}=F_\mathrm{S}(x) \tag{8-3}$$

将式(8-3)代入式(8-2)可得：

$$\frac{\mathrm{d}^2M(x)}{\mathrm{d}x^2}=q(x) \tag{8-4}$$

以上三式表示了直梁的$q(x)$、$F_\mathrm{S}(x)$和$M(x)$间的微分关系。

根据上述微分关系，容易得出下面一些推论。这些推论为绘制剪力图和弯矩图提供了简便方法。

① 剪力图上某点处的切线斜率等于该点处荷载集度的大小。

② 弯矩图上某点处的切线斜率等于该点处剪力的大小。

③ 根据$q(x)>0$或者$q(x)<0$来判断弯矩图的凹凸性，且$q(x)>0$时有极小值，$q(x)<0$时有极大值。

④ 对式(8-2)进行积分可得$F_\mathrm{S}(b)-F_\mathrm{S}(a)=\int_a^b q(x)\,\mathrm{d}x$，可知$a$、$b$两截面剪力值的差等于分布

荷载与x轴围成的面积。需注意的是，该面积是有正有负的，当$q(x)$向下时为负，向上时为正。

⑤ 对式(8-3)进行积分可得$M_b - M_a = \int_a^b F_s(x)\,dx$，即$a$、$b$两截面弯矩值的差等于剪力图与$x$轴围成的面积。

根据以上推论可得规律如表 8-1 所示。

表 8-1 在几种荷载下剪力图与弯矩图的特征

梁段上的外力	向下的均布荷载 q	无荷载	集中力 F C	集中力偶 M_e C
剪力图特征	向下方倾斜的直线 ⊕ 或 ⊖	水平直线 ⊕ 或 ⊖	在点C处有突变 F	在点C处无变化 C
弯矩图特征	下凸的二次抛物线	一般为斜直线 或	在点C处有尖角	在点C处有突变 M
最大弯矩所在截面的可能位置	在$F_s=0$处的截面	—	在剪力突变处的截面	在紧靠点C某一侧的截面
举例	例 8-3	例 8-2	例 8-2	例 8-4

【例 8-5】 利用q、$\boldsymbol{F}_s$、$\boldsymbol{M}$间的微分关系绘制如图 8-23（a）所示外伸梁的剪力图和弯矩图。

解：（1）计算约束力

$$\sum M_A(F) = 0,\quad -10\times1-4-2\times2\times3+F_B\times4-2\times5=0$$

$$\sum F_y = 0,\quad F_{Ay}-10-2\times2+F_B-2=0$$

得$F_{Ay}=7\text{kN}$，$F_B=9\text{kN}$。

（2）绘制剪力图

从左往右，将梁分为AC、CD、DB、BE四段。由梁上的集中荷载可知，在点A、C、B、E的左侧截面处，剪力图有突变，且突变的数值等于荷载本身的大小。AC、CD和BE段无荷载，则剪力图为水平直线。DB段存在均布荷载，则剪力图为斜直线，且点B处截面左侧的剪力值可根据均布荷载的面积关系进行确定。由此可得：

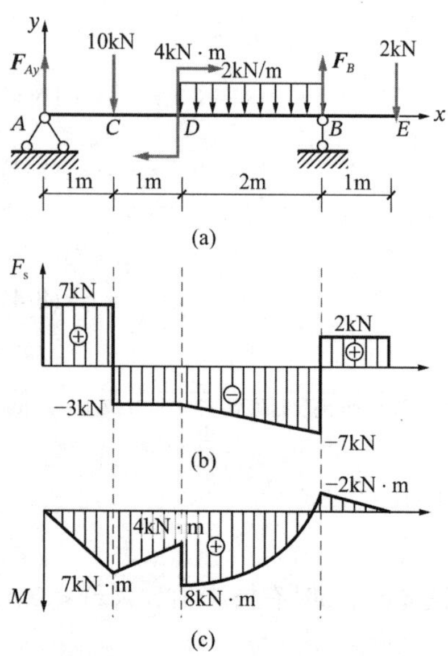

图 8-23 例 8-5 图

A截面右侧：$F_s(A_+)=0+7=7\text{kN}$；

C截面右侧：$F_s(C_+)=7-10=-3\text{kN}$；

B截面左侧：$F_s(B_-)=-3-2\times2=-7\text{kN}$；

B截面右侧：$F_s(B_+)=-7+9=2\text{kN}$；

E截面右侧：$F_s(E_+)=2-2=0\text{kN}$，剪力图回到横轴。如图 8-23（b）所示。

（3）绘制弯矩图

根据剪力图来绘制弯矩图。AC、CD和BE段剪力图为水平直线，则弯矩图为斜直线；AC和BE段剪力图为正，则弯矩图为斜向下的直线；CD段剪力图为负值，则弯矩图为斜向上的直线，大小等于剪力图的面积，即

C截面左侧：$M(C_-)=7\times1=7\text{kN}\cdot\text{m}$；

D截面左侧：$M(D_-)=7-3\times1=4\text{kN}\cdot\text{m}$。

D截面有集中力偶，则弯矩图发生突变，且顺时针力偶产生正弯矩，弯矩图向下突变，即

D截面右侧：$M(D_+) = 4 + 4 = 8\text{kN} \cdot \text{m}$。

DB段剪力图为斜直线，则弯矩图为抛物线且$q < 0$，抛物线向下凸。剪力图面积为负，则弯矩减小，D截面为抛物线极值。

B截面左侧：$M(B_-) = 8 - \frac{(3+7)\times2}{2} = -2\text{kN} \cdot \text{m}$。

BE段弯矩图为斜向下直线，且在E点弯矩值$-2 + 2 \times 1 = 0$，弯矩回到横轴，如图 8-23（c）所示。

8.3.2　利用叠加原理作梁的剪力图和弯矩图

当梁在荷载作用下产生微小变形时，其跨长的改变可略去不计，因而在求梁的约束力、剪力和弯矩时，均可按其原始尺寸进行计算，而所得到的结果均与梁上荷载呈线性关系。在这种情况下，当梁上受几项荷载共同作用时，某一横截面上的弯矩等于梁在各项荷载单独作用下同一横截面上弯矩的叠加。例如，图 8-24（a）所示悬臂梁受集中荷载$\boldsymbol{F}$和均布荷载q共同作用，在距左端为x的任意横截面上的弯矩$M(x) = Fx - \frac{qx^2}{2}$，等于集中荷载$\boldsymbol{F}$和均布荷载$q$单独作用［图 8-24（b）、（c）］时，该截面上的弯矩Fx和$-\frac{qx^2}{2}$的叠加。由于两弯矩作用在同一平面内，则叠加结果即为两个弯矩的代数和。

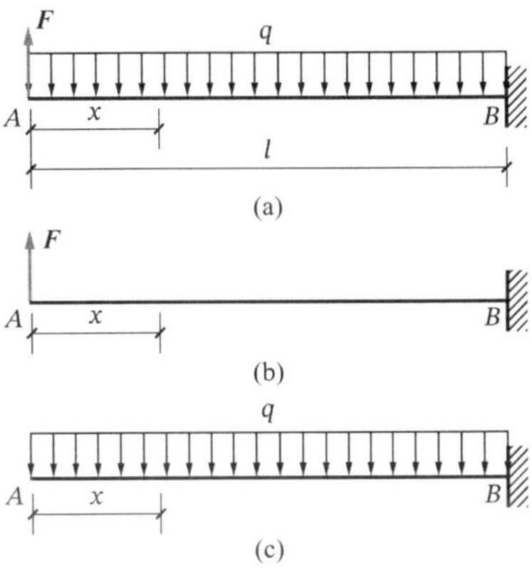

图 8-24　叠加原理

这是一个普遍性的原理，即**叠加原理**：当所求参数（内力、应力或位移）与梁上荷载为线性关系时，由几项荷载共同作用时所引起的某一参数，等于每项荷载单独作用时所引起的该参数值的叠加。当该参数处于同一平面内的同一方向时，叠加即为代数和。若处于不同平面或不同方向时，则为几何和。

由于弯矩可以叠加，故相应的弯矩图也可以叠加。分别作出各项荷载单独作用下梁的弯矩图，然后将其相应的坐标叠加，即得梁在所有荷载共同作用下的弯矩图。

【例 8-6】利用叠加原理作图 8-25（a）所示悬臂梁的剪力图和弯矩图。

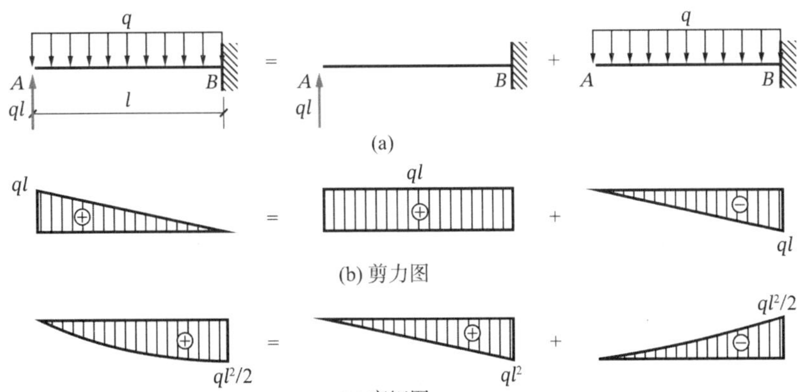

图 8-25　例 8-6 图

解：先将梁上的每项荷载分开，分别作只有集中力和只有均布荷载作用下的剪力图和弯矩图。再将两剪力和两弯矩图叠加，叠加后的剪力图和弯矩图，如图 8-25（b）、（c）所示。

注意，直线与直线叠加后为直线，直线与曲线或曲线与曲线叠加后为曲线。由图 8-25(b)、(c)可知，梁上最大剪力$F_{s,max}=ql$，最大弯矩$M_{max}=\frac{1}{2}ql^2$。

【例 8-7】 试按叠加原理作图 8-26（a）所示简支梁的弯矩图，已知$M_e=\frac{ql^2}{8}$，计算梁的极值弯矩和最大弯矩。

解： 将简支梁上的荷载分开，如图 8-26（a）所示，分别作只有集中力偶作用时简支梁的弯矩图和只有均布荷载作用时简支梁的弯矩图。两弯矩图正负号不同，叠加结果如图 8-26（b）所示。下面计算极值弯矩。首先确定支座A的约束反力，由$\sum M_B=0$，得：

$$F_A=\frac{M_e}{l}+\frac{ql}{2}=\frac{5}{8}ql \quad (\uparrow)$$

极值弯矩所在的截面剪力为零，因此：

$$F_s(x)=F_A-qx=\frac{5}{8}ql-qx=0$$

$$x=\frac{5}{8}l$$

此截面的极值弯矩为：

$$M=F_Ax-M_e-\frac{qx^2}{2}=\frac{9}{128}ql^2$$

如图 8-26（b）所示，该简支梁的最大弯矩在$x=0$处的截面上，$M_{max}=\frac{1}{8}ql^2$。

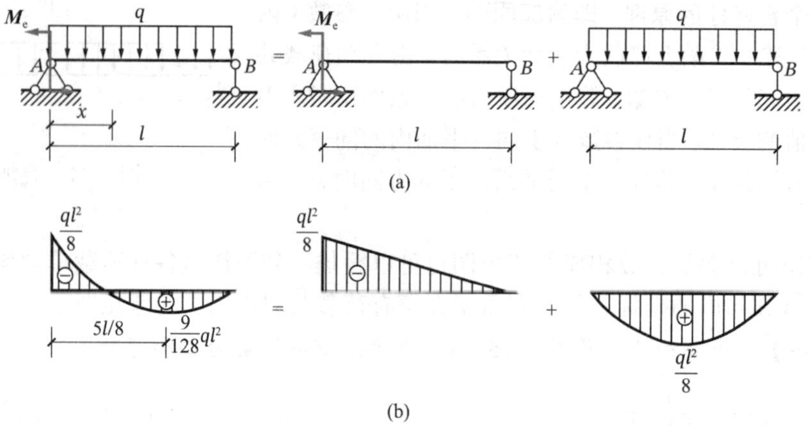

图 8-26 例 8-7 图

基本练习题

8-5 一个集中荷载$\boldsymbol{F}$如图 8-27 所示，它可以在简支梁上移动。试问：不论荷载在什么位置，最大弯矩是否总是在荷载所在位置的横截面上？

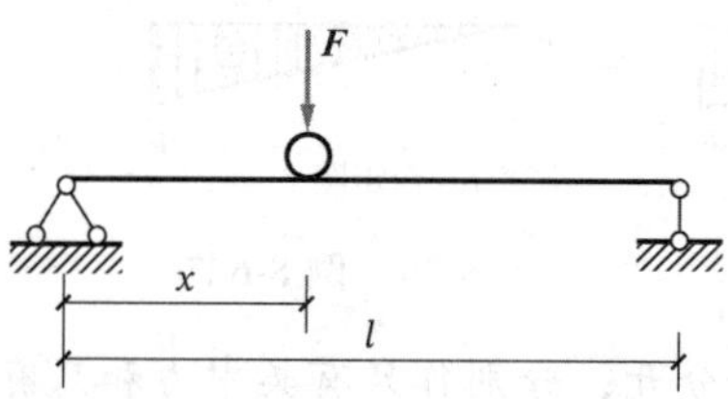

图 8-27 基本练习题 8-5 图

8-6 （1）图 8-28（a）所示梁中，AC段和CB段剪力图图线的斜率是否相同？为什么？

（2）图 8-28（b）所示梁在集中力偶作用处，左右两段弯矩图图线的斜率是否相同？为什么？

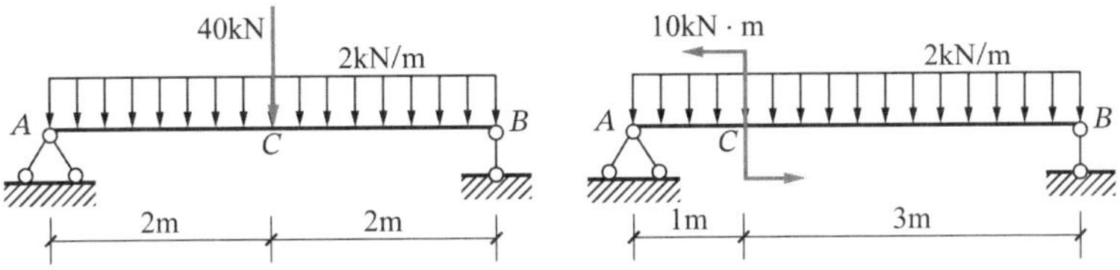

(a)　　(b)

图 8-28　基本练习题 8-6 图

8.4　平面刚架和曲杆的内力

平面刚架是由在同一平面内、不同取向的杆件，通过杆端相互刚性连接而组成的结构。平面刚架各杆横截面上的内力通常有轴力、剪力和弯矩。轴力仍以拉为正，剪力和弯矩的正负号规定和梁的相同。内力图的绘图步骤也与梁相同，内力的正负号习惯上按下列约定：

轴力图及剪力图：画在刚架轴线的任一侧（通常正值画在刚架的外侧），须标明正负号。

弯矩图：画在各杆的受拉一侧，不需标明正负号。

曲杆横截面上的内力情况及其内力图的绘制方法，与平面刚架类似。

【例 8-8】图 8-29（a）所示的刚架下端为固定端，在其轴线平面内承受集中荷载$\boldsymbol{F}_1$和$\boldsymbol{F}_2$作用。试作刚架的内力图。

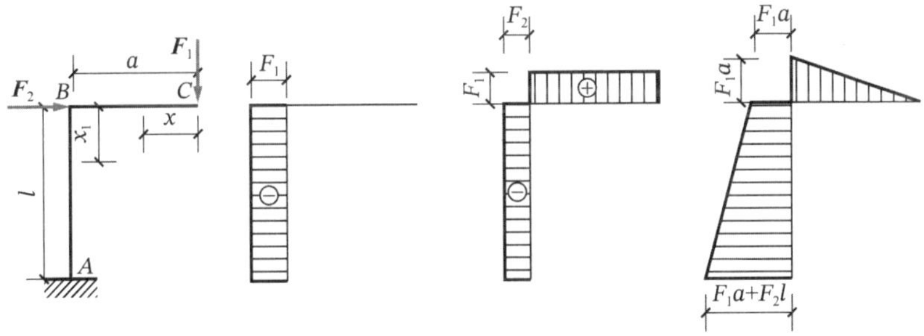

(a) 刚架示意图　(b) 轴力图　(c) 剪力图　(d) 弯矩图

图 8-29　例 8-8 图

解：（1）内力方程

计算内力时，一般应先求刚架的约束力。但本题中刚架的C点为自由端，若取包含自由端部分为研究对象，可不求约束力。各杆的内力方程为：

CB段：

$$F_N(x)=0,\ F_s(x)=F_1 \tag{8-5}$$

$$M(x)=-F_1x\quad(0\leqslant x\leqslant a)$$

BA段：

$$F_N(x_1)=-F_1,\ F_s(x_1)=F_2 \tag{8-6}$$

$$M(x_1)=-F_1a-F_2x_1\quad(0\leqslant x\leqslant a)$$

（2）内力图

根据各段杆的内力方程，即可绘出轴力图、剪力图和弯矩图，分别如图 8-29（b）、（c）、（d）所示。

【例 8-9】一端固定的半圆环在其轴线平面内承受集中荷载$\boldsymbol{F}$作用，如图 8-30（a）所示。试作曲杆的弯矩图。

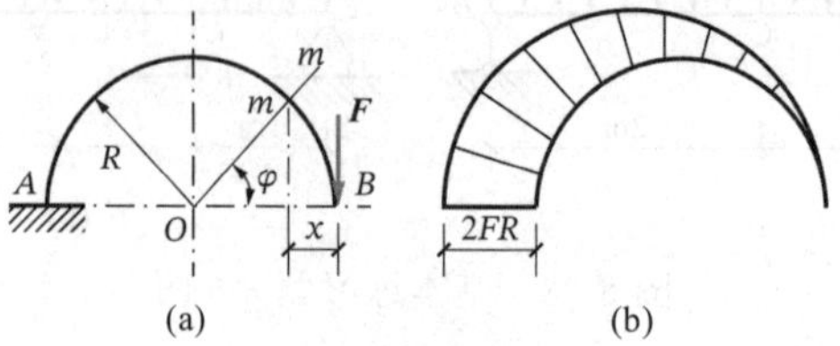

图 8-30　例 8-9 图

解：（1）弯矩方程

对于环状曲杆，应采用极坐标系，取环的中心O为极点，以OB为极轴，并用φ表示横截面的位置［如图 8-30（a）］。对于曲杆，通常规定使曲杆曲率增加（即外侧受拉）的弯矩为正。由此，求得曲杆的弯矩方程为：

$$M(\varphi)=Fx=FR(1-\cos\varphi)\quad(0\leqslant\varphi\leqslant\pi)$$

（2）弯矩图

在弯矩方程的适用范围内，对φ取不同值，算出相应横截面上的弯矩。以曲杆的轴线为基线，将弯矩分别标在与横截面相应的径向线上，用光滑曲线连接这些点，得到曲杆的弯矩图，如图 8-30（b）所示。与刚架类似，将弯矩图画在曲杆的受拉一侧，而不标注正负号。

基本练习题

8-7 作图 8-31 所示刚架的轴力图、剪力图和弯矩图。

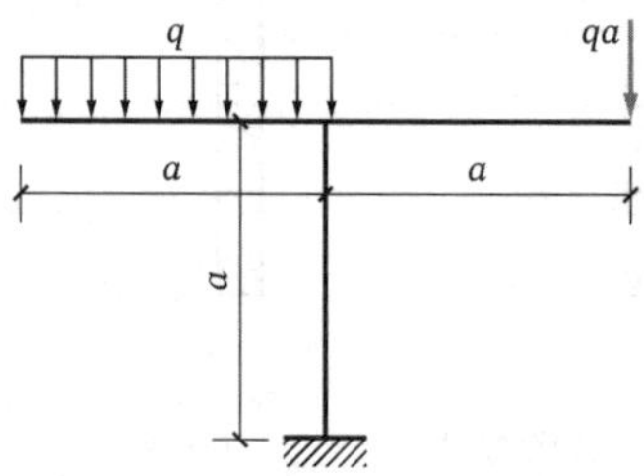

图 8-31　基本练习题 8-7 图

工程启示：古罗马的万神庙

古罗马的万神庙是一个杰出的建筑典范，它不仅以宏伟的规模和完美的比例著称，还巧妙地展示了梁结构在承受巨大重量时发生的弯曲变形及其稳定性。在万神庙的设计中，建筑师们充分运用了力学原理，特别是关于梁的弯曲变形的知识。这一工程案例不仅展示了古罗马建筑师们的卓越才华和精湛技艺，也为我们今天理解和应用材料力学中弯曲变形的知识提供了宝贵的参考和启示。

科学家故事：欧拉和铁摩辛柯

（一）欧拉

欧拉对弯曲内力的研究有着里程碑式的贡献。欧拉不仅以其在微积分、图论等领域的卓越成就闻名，而且在材料力学中提出了著名的“欧拉-伯努利梁理论”，深刻揭示了梁在弯曲时内力的分布规律。他的工作不仅推动了材料力学的发展，也启发了无数后来者，成为该领域公认的先驱与巨擘。欧拉的故事，是对科学探索精神的颂歌，激励着每一代材料力学学者不断前行。

（二）铁摩辛柯

在材料力学的殿堂里，铁摩辛柯的名字同样熠熠生辉。作为 20 世纪杰出的材料力学家，铁摩辛柯面对传统梁理论在复杂截面和高次超静定问题上的局限，他提出了“铁摩辛柯梁理论”，极大地丰富了梁弯曲分析的理论体系。他的贡献不仅在于理论创新，更在于推动了材料力学知识的普及与应用，为工程科学的进步奠定了坚实基础。

小　结

1. 梁弯曲的基本概念：平面弯曲是指梁变形后轴线所在的平面与外力的作用面重合或平行。若梁横截面有纵对称轴，而且外力均作用于纵对称面内，则该平面弯曲又称为对称弯曲。

2. 在对梁的内力计算之前，先求出约束反力。

3. 梁横截面上的内力通常有两个：剪力和弯矩。

（1）剪力是沿着横截面的内力，规定：剪力使横截面处的微段梁产生左上右下的变形为正，反之为负。

（2）弯矩为作用于横截面上的内力偶矩，规定：该力偶使横截面处的微段梁产生上凹下凸的变形为正，反之为负。

4. 用截面法计算指定截面上内力值的步骤。

5. 建立剪力方程和弯矩方程，画剪力图和弯矩图的方法。

6. 内力图的作图方法：

（1）根据剪力、弯矩与分布荷载集度之间的微分、积分关系进行计算。

$$\frac{\mathrm{d}F_{\mathrm{S}}}{\mathrm{d}x}=q,\quad \frac{\mathrm{d}M}{\mathrm{d}x}=F_{\mathrm{S}},\quad \frac{\mathrm{d}^2M}{\mathrm{d}x^2}=q$$

（2）根据剪力方程和弯矩方程作剪力图和弯矩图。

（3）用叠加法绘制梁的弯矩图。通常情况下，在绘制几种简单荷载共同作用下的弯矩图时才使用叠加法。

思考题

8-1 什么是弯曲？在什么条件下梁发生的是平面弯曲？

8-2 弯曲内力有哪些？正负号是怎样规定的？如何计算？

8-3 梁上集中力、集中力偶、均布荷载及无荷载区的剪力图和弯矩图有什么特点？

8-4 剪力（$\boldsymbol{F}$）、弯矩（$\boldsymbol{M}$）和分布荷载（q）之间的微分关系是什么？这些关系对绘制剪力图和弯矩图有什么指导意义？

8-5 采用不同的坐标原点和x轴正向时，梁上某指定截面的剪力（$\boldsymbol{F}$）和弯矩（$\boldsymbol{M}$）的数值及正负号是否会随之变化？

习　题

8-1 利用截面法求图8-32所示各梁指定截面上的剪力和弯矩。截面1—1、2—2无限接近于截面C或截面D。

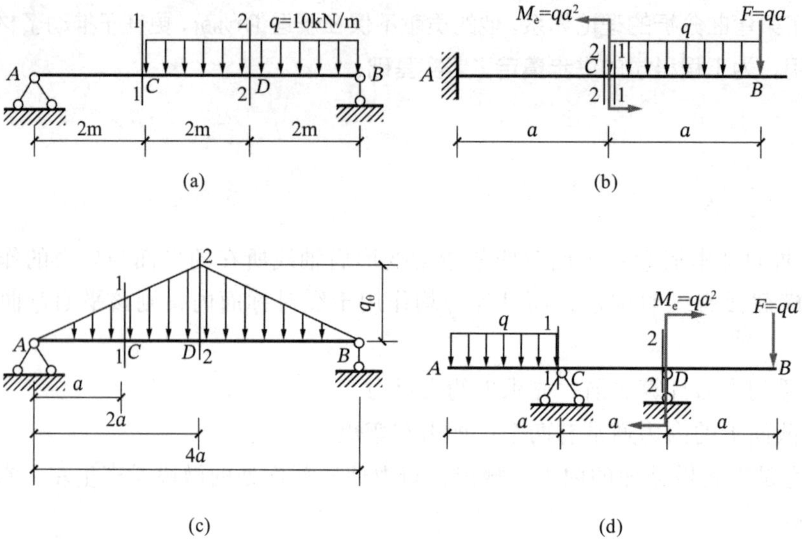

图8-32　习题8-1图

8-2 试列出图8-33所示各梁的剪力方程和弯矩方程，作剪力图和弯矩图，并求出$|F_s|_{max}$和$|M|_{max}$。

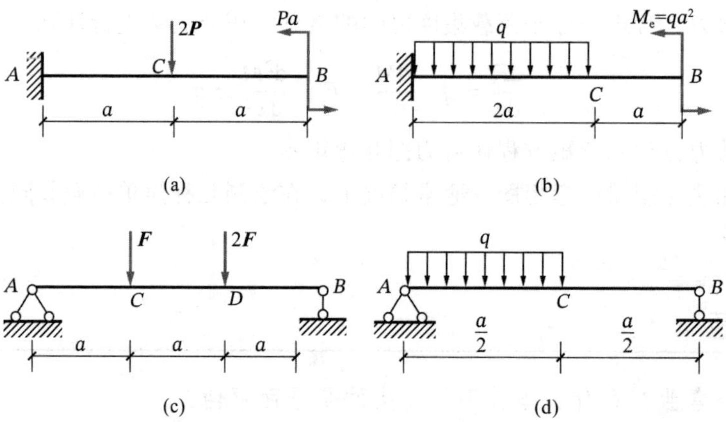

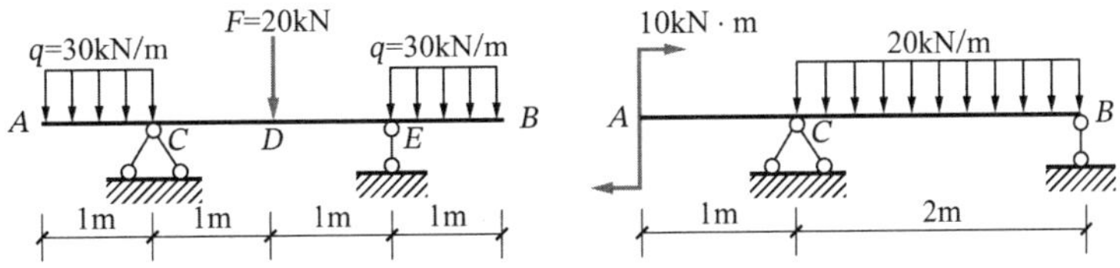

(e)　　(f)

图 8-33　习题 8-2 图

8-3 试利用弯矩、剪力和荷载集度间的微分关系绘制图 8-34 所示各梁的剪力图、弯矩图。

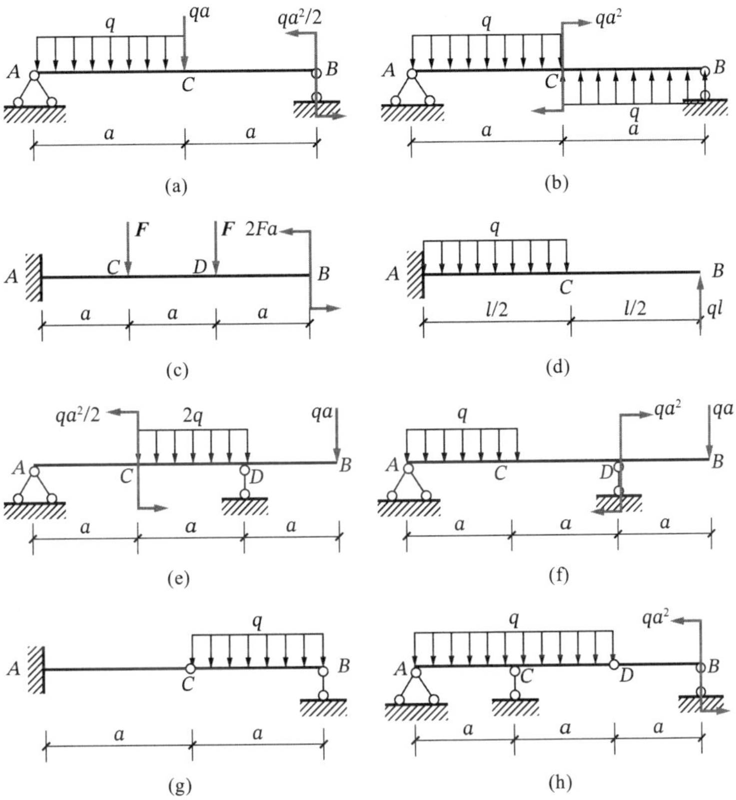

图 8-34　习题 8-3 图

8-4 一根搁在地基上的梁承受荷载如图 8-35 所示，假设地基的约束力是均匀分布的，试分别求地基约束力的集度q_R，并作梁的剪力图和弯矩图。

8-5 在桥式起重机大梁上行走的小车如图 8-36 所示，每个轮子对大梁的压力均为$\boldsymbol{P}$，小车在什么位置时梁内弯矩最大？并求出这一最大弯矩。

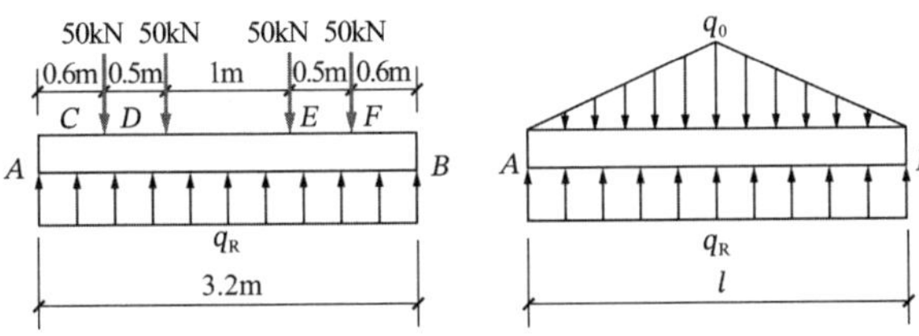

(a)　　(b)

图 8-35　习题 8-4 图

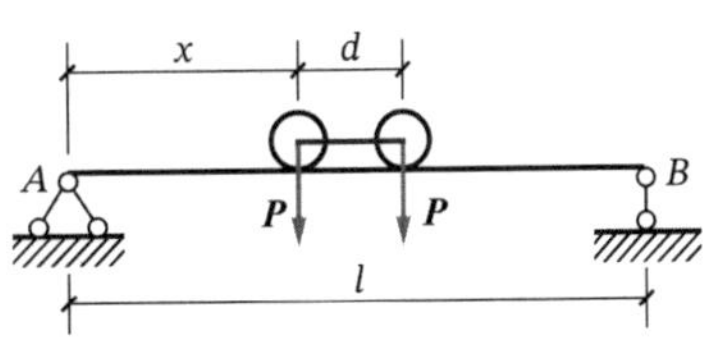

图 8-36　习题图

8-6 试作图 8-37 所示各刚架的剪力图、弯矩图和轴力图。

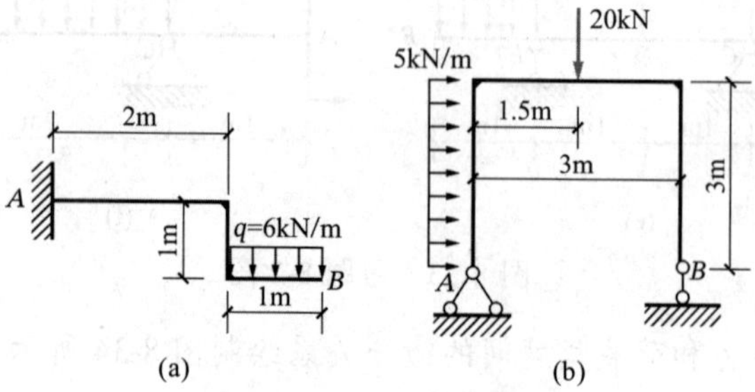

图 8-37 习题 8-6 图

第 9 章
梁的弯曲应力

导读

弯曲应力是材料力学中的一个核心概念，它描述了当梁、柱、轴等杆件结构受到垂直于轴线的外力作用并发生弯曲变形时，其内部各点所承受的应力状态。这种应力不仅影响结构的强度和稳定性，还直接关系到结构的安全性和使用寿命。理解弯曲应力的分布规律、计算方法及影响因素，对工程结构设计、优化及安全性评估至关重要。本章将深入探讨弯曲应力的基本原理、计算方法及其在实际工程中的应用。

学习目标

深入理解弯曲应力在结构工程中的基本原理，掌握弯曲应力的计算方法和分布规律，以及这些因素如何影响结构的强度和稳定性。通过学习，期望能够准确分析不同工况下结构的弯曲应力状态，评估其安全性，并能在实际工程设计中合理运用弯曲应力的知识，优化结构设计，提高结构的承载能力和使用寿命。

思维导图

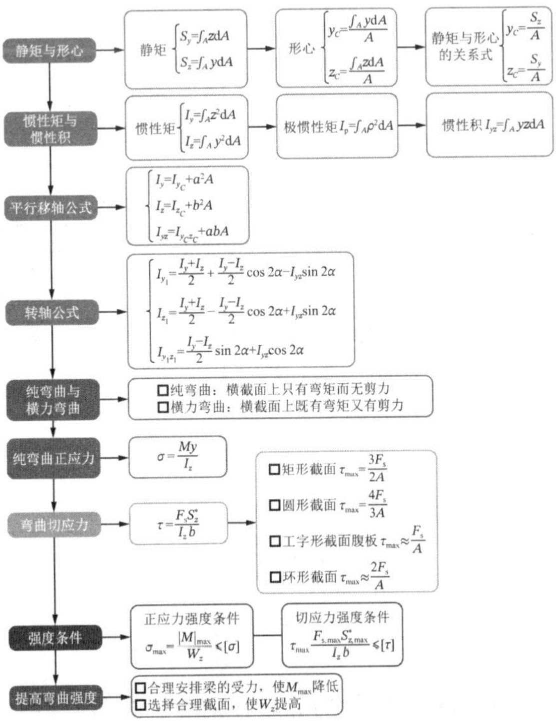

发生弯曲变形时，梁在最大应力点处失效。对于弯曲应力的分析，不仅要考虑内力最大的“危险截面”，还要考虑与截面几何性质相关的应力最大的点，这些点均称为“危险点”。

在大部分细长梁的失效分析中，正应力为主要控制参量，切应力为次要影响参量。本章将介绍梁横截面上正应力、切应力的计算方法以及梁的强度研究。

本章首先介绍与应力分析有关的截面图形几何性质；随后应用变形协调条件、物理关系以及平衡方程，建立弯曲正应力与切应力的公式；最后说明弯曲强度校核与设计方法。

9.1　截面的几何性质

在第 5 章中，拉压杆的正应力计算与杆件横截面的面积A相关；在第 7 章中，受扭圆轴横截面上剪应力的大小与横截面的极惯性矩I_p相关。除截面面积A和极惯性矩I_p外，杆件横截面的形心、静矩、惯性矩、惯性半径和惯性积等参量都在结构的强度、刚度计算中发挥着重要的作用，这些与材料力学性质无关的参量统称为截面的几何性质。

9.1.1　静矩与形心

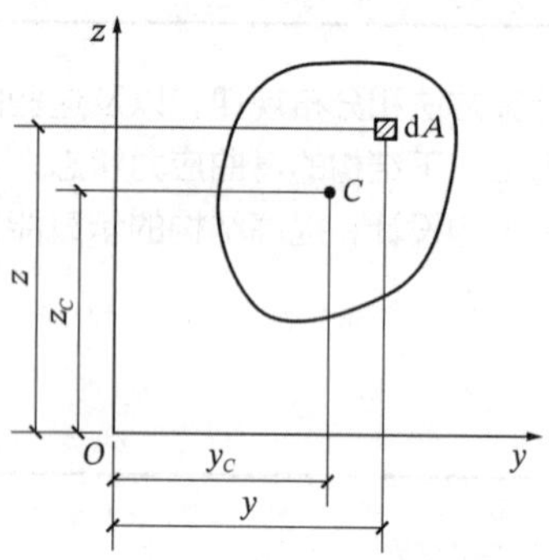

图 9-1　平面几何图形的静矩与形心

设有yOz坐标系，取任意面积为A的平面几何图形如图 9-1 所示，在其上取坐标为(y,z)的面积微元$\mathrm{d}A$。

图形对y轴和z轴的**一次矩**或**静矩**（static moment）可定义为：

$$\left.\begin{aligned} S_y &= \int_A z\,\mathrm{d}A \\ S_z &= \int_A y\,\mathrm{d}A \end{aligned}\right\} \tag{9-1}$$

静矩的值可正可负，也可为零，其单位为长度单位的三次方，通常表示为 m^3 或 mm^3。

若将此平面几何图形视为均质等厚的超薄板，则该薄板满足“三心合一”，即形心、重心和质心三者在yOz平面内重合。设形心C的坐标为(y_C,z_C)，由静力学的力矩定理可知，薄板重心的坐标y_C和z_C分别为：

$$\left.\begin{aligned} y_C &= \frac{\int y\,\mathrm{d}W}{W} = \frac{\int y\,\mathrm{d}A\rho g}{A\rho g} = \frac{\int_A y\,\mathrm{d}A}{A} \\ z_C &= \frac{\int z\,\mathrm{d}W}{W} = \frac{\int z\,\mathrm{d}A\rho g}{A\rho g} = \frac{\int_A z\,\mathrm{d}A}{A} \end{aligned}\right\} \Rightarrow \left.\begin{aligned} y_C &= \frac{\int_A y\,\mathrm{d}A}{A} \\ z_C &= \frac{\int_A z\,\mathrm{d}A}{A} \end{aligned}\right\} \tag{9-2}$$

式(9-2)即为平面几何图形形心C的坐标计算公式。

综合式(9-1)和式(9-2)，静矩与形心的关系式可表示为：

$$\left.\begin{aligned} y_C &= \frac{S_z}{A} \\ z_C &= \frac{S_y}{A} \end{aligned}\right\} \tag{9-3}$$

或

$$\left.\begin{aligned} S_y &= z_C A \\ S_z &= y_C A \end{aligned}\right\} \tag{9-4}$$

上述公式表明：平面图形对y轴和z轴的静矩分别等于图形形心坐标z_C和y_C与面积A的乘

积。由此，可进一步推导出以下结论：

① 若截面对某一轴的静矩等于零，则该轴必过形心；

② 截面对形心轴的静矩等于零。

由几个简单图形组成的截面称为**组合截面**，如工字形截面、T 形截面、C 形截面等，如图 9-2 所示。

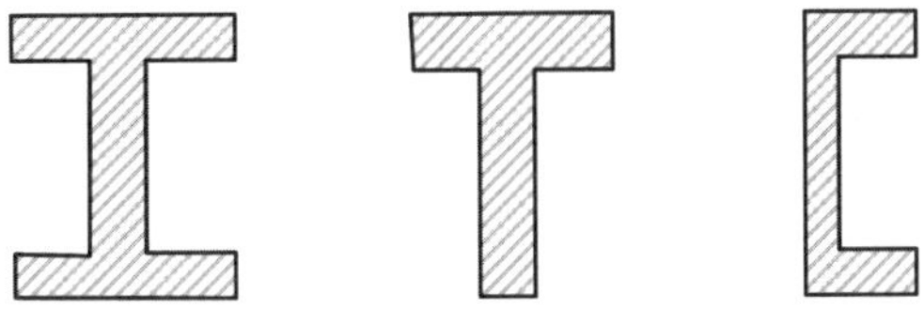

图 9-2　典型组合截面

组合截面对某一个轴的静矩等于各组成部分对这个轴静矩的代数和，即：

$$\left.\begin{aligned} S_y &= \sum_{i=1}^{n} A_i z_{Ci} \\ S_z &= \sum_{i=1}^{n} A_i y_{Ci} \end{aligned}\right\} \tag{9-5}$$

式中　　A_i——第i个简单截面的面积；

(y_{Ci}, z_{Ci})——第i个简单截面的形心坐标。

组合截面的形心坐标表示为：

$$\left.\begin{aligned} y_C &= \frac{\sum_{i=1}^{n} A_i y_{Ci}}{\sum_{i=1}^{n} A_i} \\ z_C &= \frac{\sum_{i=1}^{n} A_i z_{Ci}}{\sum_{i=1}^{n} A_i} \end{aligned}\right\} \tag{9-6}$$

【**例 9-1**】试确定图 9-3 所示截面形心C的位置。

解：将截面分为Ⅰ、Ⅱ两个矩形，取y轴和z轴分别与截面的底边和左边缘重合，如图 9-3 所示，则两矩形的面积及形心位置分别为：

矩形Ⅰ　　$A_1 = 120 \times 10 = 1200\text{mm}^2$

$y_1 = 5\text{mm}$，$z_1 = 60\text{mm}$

矩形Ⅱ　　$A_2 = 80 \times 10 = 800\text{mm}^2$

$y_2 = 50\text{mm}$，$z_2 = 5\text{mm}$

根据式(9-6)，整个截面形心C的坐标为

$$y_C = \frac{A_1 y_1 + A_2 y_2}{A_1 + A_2} = 23\text{mm}，\quad z_C = \frac{A_1 z_1 + A_2 z_2}{A_1 + A_2} = 38\text{mm}$$

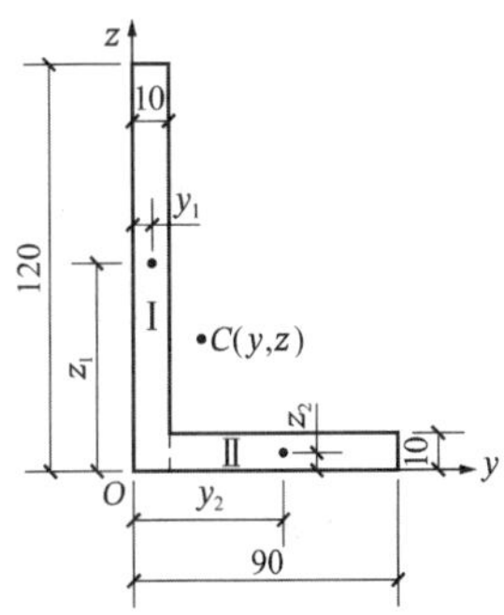

图 9-3　例 9-1 图

9.1.2　惯性矩与惯性积

如图 9-1 所示，在yOz坐标系上的任意平面几何图形，其面积为A，定义如下积分：

$$
\left.\begin{aligned}
I_y &= \int_A z^2 \,\mathrm{d}A \\
I_z &= \int_A y^2 \,\mathrm{d}A
\end{aligned}\right\} \tag{9-7}
$$

两式分别为图形对于y轴和z轴的**截面二次轴矩**或**惯性矩**（moment of inertia）。惯性矩的值恒为正，其单位为长度单位的四次方，通常表示为 m^4 或 mm^4。

设矩形的高和宽分别为h和b，取微面积$\mathrm{d}A$如图 9-4 所示。

根据惯性矩的定义［式(9-7)］，矩形截面对通过其形心、平行于矩形边的y轴与z轴的惯性矩分别为：

$$
I_y = \int_A z^2 \,\mathrm{d}A = \int_{-\frac{h}{2}}^{\frac{h}{2}} bz^2 \,\mathrm{d}z = \frac{bh^3}{12} \tag{9-8}
$$

$$
I_z = \int_A y^2 \,\mathrm{d}A = \int_{-\frac{b}{2}}^{\frac{b}{2}} hy^2 \,\mathrm{d}y = \frac{hb^3}{12} \tag{9-9}
$$

对于直径为D的圆，取半径为r、角度为θ、径向厚度为$\mathrm{d}r$的微面积$\mathrm{d}A$如图 9-5 所示。

因为圆截面对任意直径轴的惯性矩都是相等的，所以有：

$$
I_y = I_z = \int_0^{2\pi} \int_0^{r} r^2 \sin^2 \theta r \,\mathrm{d}r \,\mathrm{d}\theta = \frac{\pi d^4}{64} \tag{9-10}
$$

上式即为圆截面的惯性矩表达式。

如图 9-6 所示，以ρ表示微面积$\mathrm{d}A$到坐标原点O的距离。

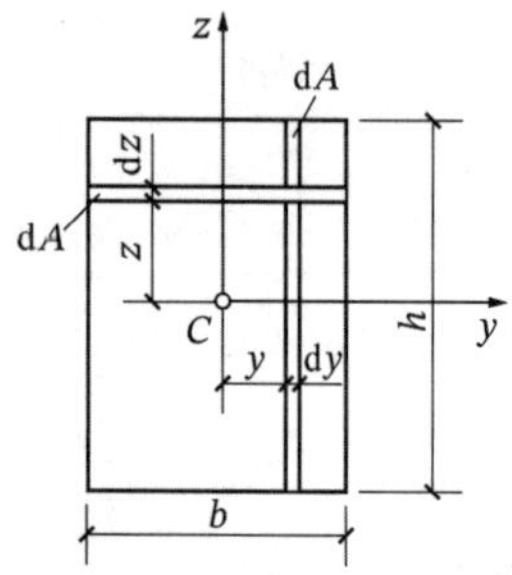

图 9-4　矩形截面

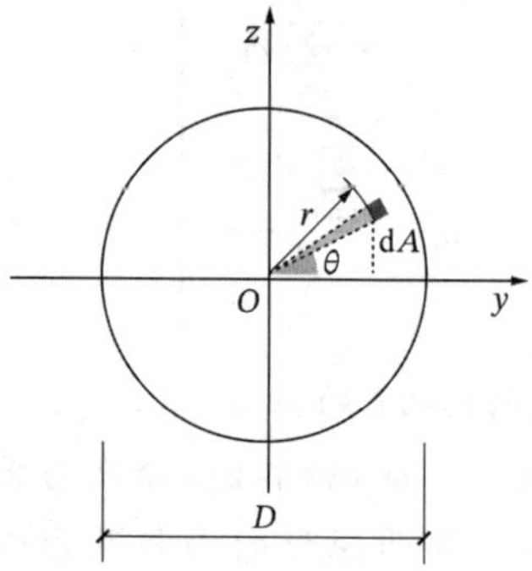

图 9-5　圆形截面

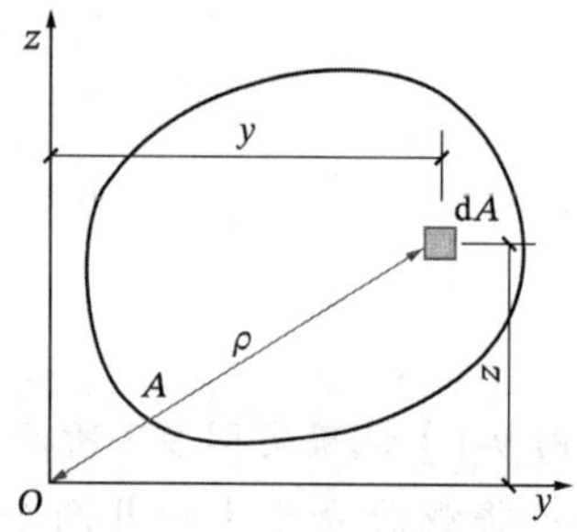

图 9-6　几何图形

图形的**二次极矩**或**极惯性矩**（polar moment of inertia）定义为：

$$
I_{\mathrm{p}} = \int_A \rho^2 \,\mathrm{d}A \tag{9-11}
$$

因为$\rho^2 = y^2 + z^2$，所以：

$$
I_{\mathrm{p}} = \int_A z^2 \,\mathrm{d}A + \int_A y^2 \,\mathrm{d}A = I_y + I_z \tag{9-12}
$$

所以得出结论：平面几何图形对任意一点的极惯性矩等于该图形对通过该点的任意一对相互垂直的坐标轴的惯性矩之和。

组合截面对某一轴的惯性矩等于各组成部分对该轴惯性矩的代数和。

在力学计算中，有时把惯性矩写成：

$$I_y = Ai_y^2,\ I_z = Ai_z^2 \tag{9-13}$$

惯性半径可表示为

$$i_y = \sqrt{\frac{I_y}{A}},\ i_z = \sqrt{\frac{I_z}{A}} \tag{9-14}$$

式中　i_y——图形对y轴的惯性半径；

i_z——图形对z轴的惯性半径。

如图 9-6 所示，在平面图形坐标(y,z)处，取微面积$\mathrm{d}A$，定义如下积分：

$$I_{yz} = \int_A yz\,\mathrm{d}A \tag{9-15}$$

式中　I_{yz}——截面的**惯性积**（product of inertia）。

惯性积的值可能为正，也可能为负，还可能为零。惯性积的单位为长度单位的四次方，通常表示为 m^4 或 mm^4。

若坐标轴y或z中有一个为图形的对称轴，如图 9-7 中的z轴。此时，如在z轴两侧的对称位置处各取一微面积$\mathrm{d}A$，则两者的z坐标相同，y坐标数值相等但符号相反。因此，两个微面积的惯性积因为yz数值相等、符号相反而抵消，即图中的所有微面积均存在与之对称并相互抵消的微面积，所以该截面的惯性积为零。

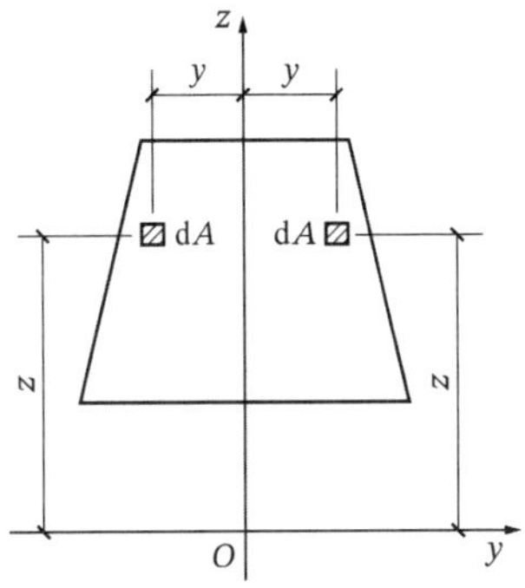

图 9-7　只有一个对称轴的图形

由此，得出结论：若y、z两坐标轴中有一个为截面的对称轴，则截面对y、z轴的惯性积一定等于零。定义I_{yz}为零的任意一对正交轴称为**主惯性轴**（principal axis of inertia），简称**主轴**。

组合截面的惯性矩和惯性积表示为：

$$I_y = \sum_{i=1}^{n} I_{yi},\ I_z = \sum_{i=1}^{n} I_{zi},\ I_{yz} = \sum_{i=1}^{n} I_{yzi} \tag{9-16}$$

式中　I_{yi}——第i个简单截面对y轴的惯性矩；

I_{zi}——第i个简单截面对z轴的惯性矩；

I_{yzi}——第i个简单截面对y、z轴的惯性积。

第9章

9.1.3　平行移轴公式

同一平面几何图形对于平行的两对坐标轴的惯性矩或惯性积并不相同。如图 9-8 所示，图形对形心轴y_C和z_C的惯性矩分别为I_{y_C}和I_{z_C}，形心轴y_C与y轴的距离为a，形心轴z_C与z轴的距离为b。

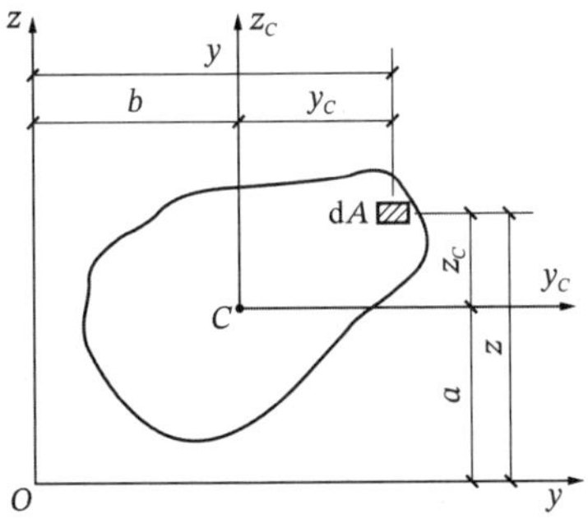

图 9-8　平行移轴公式求惯性矩

对于该平面几何图形，有：

$$\left.\begin{aligned} I_y &= I_{y_C} + a^2A \\ I_z &= I_{z_C} + b^2A \\ I_{yz} &= I_{y_C z_C} + abA \end{aligned}\right\} \tag{9-17}$$

式(9-17)被称为**平行移轴公式**，表明：

① 截面对任意轴的惯性矩等于截面对与该轴平行的形心轴的惯性矩加上截面面积与二轴间距平方的乘积；

② 截面对任意一对直角坐标轴的惯性积，等于截面对

于平行于该坐标轴的一对通过形心的直角坐标轴的惯性积加上图形面积与形心坐标a、b的乘积；

③ 因为面积恒为正，且a^2和b^2也恒为正，所以自形心轴移至与之平行的其他任意轴时，其惯性矩均增大；反之，自任意轴移至与之平行的形心轴时，其惯性矩均减小；

④ a、b为图形的形心在yOz坐标系中的坐标，需区分正负，二者同号时abA为正值，二者异号时abA为负值。因此移轴后的惯性积既可能增大，也可能减小。

【**例 9-2**】求如图 9-9 所示梯形截面对其形心轴y_C的惯性矩。

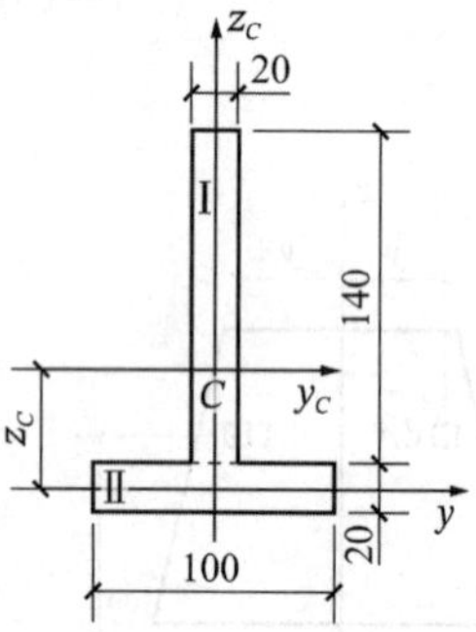

图 9-9　例 9-2 图

解：将截面分成Ⅰ、Ⅱ两个矩形截面，由截面的对称性，其形心必在对称轴z_C上。取过矩形Ⅱ形心且平行于底边的轴作为参考轴，记作y轴，有：

$$A_1 = 20\text{mm} \times 140\text{mm},\ z_{C1} = 80\text{mm};\ A_2 = 100\text{mm} \times 20\text{mm},\ z_{C2} = 0$$

则截面形心的坐标为：

$$z_C = \frac{A_1 z_{C1} + A_2 z_{C2}}{A_1 + A_2} = 46.7\text{mm}$$

根据矩形的惯性矩公式［式(9-8)］，有：

$$I_{y_{C2}} = \frac{1}{12} \times 20 \times 140^3 + 20 \times 140 \times (80 - 46.7)^2 = 7.68 \times 10^{-6}\text{mm}^4$$

$$I_{y_{C2}} = \frac{1}{12} \times 100 \times 20^3 + 100 \times 20 \times (0 - 46.7)^2 = 4.43 \times 10^{-6}\text{mm}^4$$

基于平行移轴公式［式(9-17)］，该截面对其形心轴y_C的惯性矩为：

$$I_{y_C} = I_{y_{C1}} + I_{y_{C2}} = 1.21 \times 10^{-5}\text{m}^4$$

9.1.4 转轴公式

如图 9-10 所示，平面几何图形对y、z两坐标轴的惯性矩和惯性积分别为I_y、I_z，若将yOz坐标系绕坐标原点O逆时针转过α角，得到新坐标系y_1Oz_1坐标系。

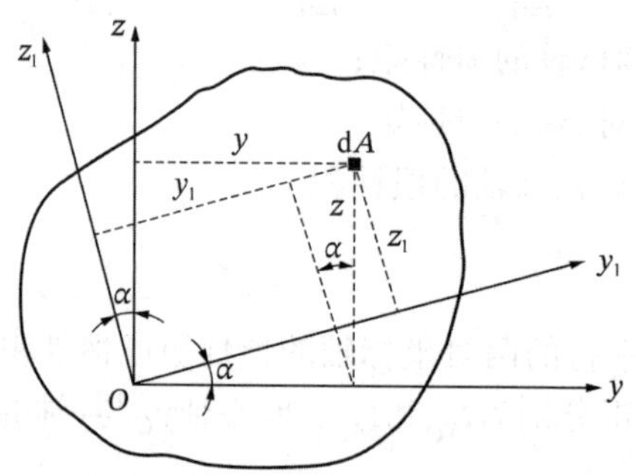

图 9-10　旋转坐标系

根据坐标变换$y_1 = y\cos\alpha + z\sin\alpha$，$z_1 = z\cos\alpha - y\sin\alpha$，在新坐标系下有：

$$\left.\begin{aligned} I_{y_1} &= \int_A z_1^2\,\mathrm{d}A = \int_A (z\cos\alpha - y\sin\alpha)^2\,\mathrm{d}A \\ I_{z_1} &= \int_A y_1^2\,\mathrm{d}A = \int_A (y\cos\alpha + z\sin\alpha)^2\,\mathrm{d}A \\ I_{y_1z_1} &= \int_A y_1 z_1\,\mathrm{d}A = \int_A (y\cos\alpha - z\sin\alpha)(y\cos\alpha + z\sin\alpha)\,\mathrm{d}A \end{aligned}\right\} \tag{9-18}$$

将式(9-18)中各项展开，得：

$$\left.\begin{aligned} I_{y_1} &= I_y \cos^2\alpha + I_z \sin^2\alpha + I_{yz}\sin 2\alpha \\ I_{z_1} &= I_y \sin^2\alpha + I_z \cos^2\alpha - I_{yz}\sin 2\alpha \\ I_{y_1z_1} &= -\frac{I_y - I_z}{2}\sin 2\alpha + I_{yz}\cos 2\alpha \end{aligned}\right\} \tag{9-19}$$

进一步改写，有：

$$\left.\begin{aligned} I_{y_1} &= \frac{I_y + I_z}{2} + \frac{I_y - I_z}{2}\cos 2\alpha - I_{yz}\sin 2\alpha \\ I_{z_1} &= \frac{I_y + I_z}{2} - \frac{I_y - I_z}{2}\cos 2\alpha + I_{yz}\sin 2\alpha \\ I_{y_1z_1} &= \frac{I_y - I_z}{2}\sin 2\alpha + I_{yz}\cos 2\alpha \end{aligned}\right\} \tag{9-20}$$

式(9-20)即为转轴时惯性矩与惯性积之间的关系，定义为惯性矩与惯性积的**转轴定理**。

由转轴定理，可得：

$$I_{y_1} + I_{z_1} = I_y + I_z \tag{9-21}$$

这表明，平面几何图形对通过同一点的任意一对正交轴的两个惯性矩之和为常数，且等于平面几何图形对该点的极惯性矩。

对于不通过图形形心的坐标轴，转轴定理同样适用。

9.2 平面弯曲的正应力

9.2.1 纯弯曲与横力弯曲

对于发生平面弯曲的梁，其横截面上通常有两个内力分量，即剪力和弯矩。当梁的横截面上有弯矩而无剪力时，这种平面弯曲称为**纯弯曲**（pure bending）。图 9-11 中的几种梁的AB段都属于纯弯曲。纯弯曲情形下，由于梁的横截面上只有弯矩，因而只有可以组成弯矩的垂直于横截面的正应力。

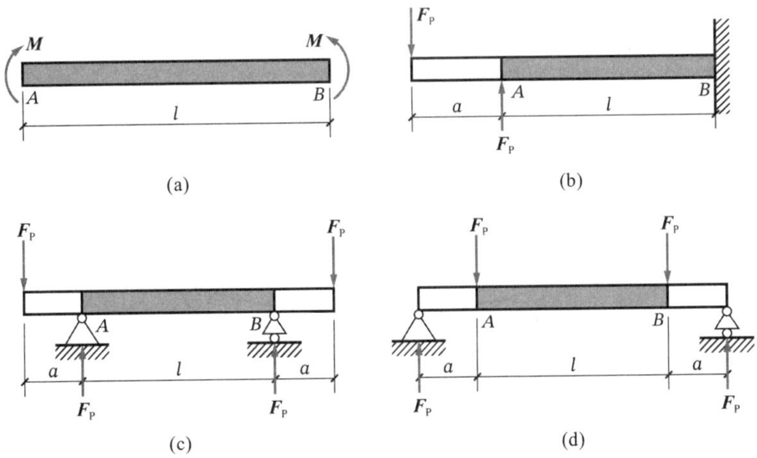

图 9-11　纯弯曲案例

在垂直于梁轴线的横向力作用下，梁的横截面上将同时产生剪力和弯矩。这时，梁的横截面上不仅有正应力，还存在切应力。这种平面弯曲称为**横力弯曲**，简称**横弯曲**。图 9-11 中的几种梁上除AB段外的各段梁都属于横弯曲。

9.2.2 纯弯曲正应力

要分析梁发生纯弯曲变形时横截面上的正应力，就要确定正应力与弯矩、横截面形状与尺寸的关系。因为梁的应力变化不可见而变形可见，所以，本节参考扭转切应力的推导过程，同样从几何、物理和静力三方面的关系入手推导纯弯曲时梁横截面上的正应力计算公式。

9.2.2.1 几何方面

为得到梁横截面上的正应力变化规律，需要找出与之对应的纵向线应变在横截面上的变化规律。为方便观察，在加载前梁的表面标记出与梁轴线平行的纵向线段aa、bb和与之垂直的横向线段mm、nn，如图 9-12（a）所示。

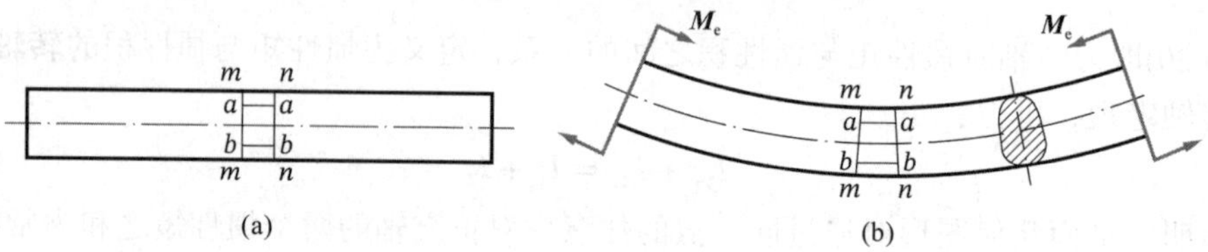

图 9-12 纯弯曲变形

当在梁的两端施加力偶$\boldsymbol{M}$后，使梁发生纯弯曲变形，如图 9-12（b）所示。此时可以观察到：

① 弯曲前画在梁侧面上的相邻横向线mm和nn之间的纵向直线段aa和bb在梁弯曲后成为弧线，靠近梁的顶面的线段aa缩短，而靠近梁的底面的线段bb则伸长；

② 相邻横向线mm和nn在梁弯曲后仍为直线，只是相对旋转了一个角度，且与弧线aa和bb保持正交。

根据梁的表面变形情况，并设想横向线mm和nn是梁的横截面与侧表面的交线，可作出如下推论：梁在纯弯曲变形时，其原来的横截面仍保持为平面，只是绕垂直于弯曲平面（纵向平面）的某一轴转动，转动后的横截面与梁弯曲后的轴线保持正交。这就是弯曲变形的**平面假设**，此假设已被弹性力学的理论分析结果所证实。

设想梁由平行于轴线的众多相同的纵向纤维组成，纯弯曲变形后，横截面的转动使梁凹入一侧的纵向线缩短，凸出一侧的纵向线伸长。根据变形的连续性可知，中间必有一层纵向线只弯曲而无长度改变，如图 9-13 所示。该层称为**中性层**（neutral surface），而中性层与横截面的交线即为梁弯曲时横截面绕着它转动的轴，称为**中性轴**（neutral axis）。在平面弯曲条件下，梁的变形对称于梁的纵向对称平面，所以中性轴应垂直于纵向对称面和横截面的纵向对称轴。

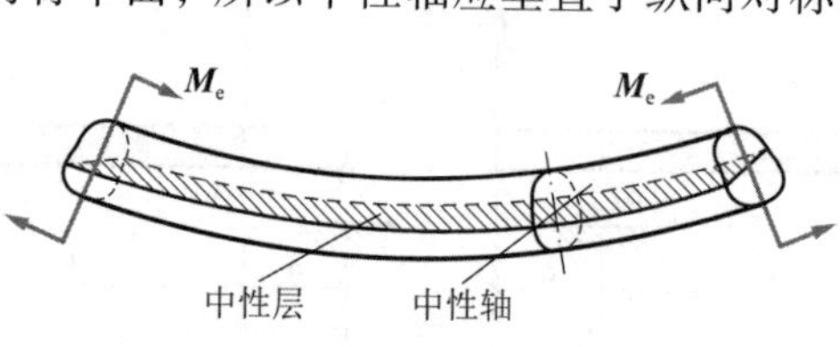

图 9-13 中性层和中性轴示意图

用相邻的两个横截面从梁上截取长度为dx的一个微段，两横截面绕中性轴相对转动了角度$d\theta$［图 9-14（a）］，在横截面上建立$Oxyz$坐标系［图 9-14（b）］，其中x轴沿梁的轴线方向，

y轴沿横截面高度方向并与加载方向一致，z轴与中性轴重合（中性轴的位置尚未确定）。

由图 9-14（a），梁的横截面上距中性轴z轴为任意距离y处的纵向线应变为：

$$\varepsilon = \frac{B_1B}{AB_1} = \frac{B_1B}{O_1O_2} = \frac{y\,\mathrm{d}\theta}{\mathrm{d}x} \tag{9-22}$$

令中性层的曲率半径为ρ，则根据曲率的定义：

$$\frac{1}{\rho} = \frac{\mathrm{d}\theta}{\mathrm{d}x} \tag{9-23}$$

有
$$\varepsilon = \frac{y}{\rho} \tag{9-24}$$

当梁的横截面、材料以及加载情况确定时，中性层的曲率半径ρ为常数，即当梁发生纯弯曲时，其横截面上任一点处的纵向线应变ε与该点至中性轴的距离y成正比，如图 9-14（c）所示。

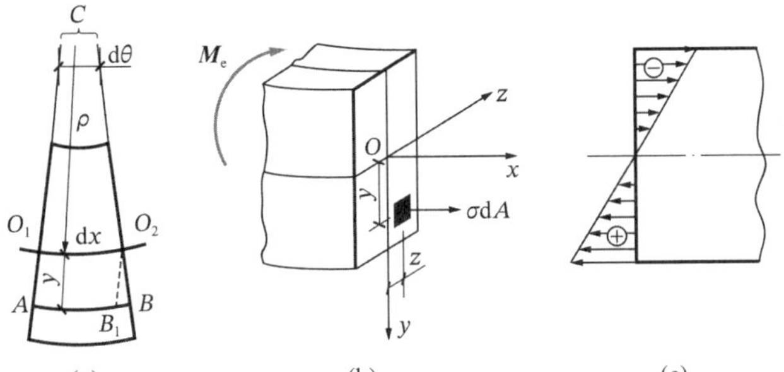

图 9-14　线应变与中性轴距离的关系

9.2.2.2　物理方面

根据梁横截面上纵向线应变ε的变化规律可获取横截面上正应力的变化规律。小变形时纯弯曲情况下，可假设梁的各纵向线之间无挤压，梁内各点均处于单轴应力状态。当梁的材料在线弹性范围内工作，且拉、压弹性模量相同时，基于胡克定律，有：

$$\sigma = E\varepsilon = E\frac{y}{\rho} \tag{9-25}$$

上式表明：与梁的横截面纵向线应变ε一致，横截面上的正应力沿垂直于中性轴的方向也按直线规律变化，距离中性轴为y的同一横线上各点处正应力相等，变化规律如图 9-14（c）所示。

9.2.2.3　静力学方面

借助静力方程，可确定中性轴的位置以及横截面上正应力的计算公式。建立如图 9-14（b）所示坐标系，根据截面法和平衡条件，纯弯曲时，横截面上只能有弯矩一个内力分量，正应力在横截面上不能组成一个轴力，也不能组成对与中性轴垂直的y轴的内力偶矩，只能组成对中性轴z的内力偶矩，即：

$$\left.\begin{aligned} F_{\mathrm{N}} &= \int_A \sigma\,\mathrm{d}A = 0 \\ M_y &= \int_A z\sigma\,\mathrm{d}A = 0 \\ M_z &= \int_A y\sigma\,\mathrm{d}A = M \end{aligned}\right\} \tag{9-26}$$

将式(9-25)代入式(9-26)，有：

$$
\left.\begin{aligned}
F_N &= \int_A \sigma\,dA = \frac{E}{\rho}\int_A y\,dA = \frac{ES_z}{\rho} = 0\\
M_y &= \int_A z\sigma\,dA = \frac{E}{\rho}\int_A yz\,dA = \frac{EI_{yz}}{\rho} = 0\\
M_z &= \int_A y\sigma\,dA = \frac{E}{\rho}\int_A y^2\,dA = \frac{EI_z}{\rho} = M
\end{aligned}\right\} \tag{9-27}
$$

由于上式中的E/ρ不为零，因此，有：

① 横截面对中性轴z的静矩等于零，即中性轴z通过横截面的形心；

② 横截面对y轴和z轴的惯性积等于零，即在对称弯曲情况下，y轴为横截面的对称轴，因而这一条件自动满足；

③ 直梁纯弯曲时中性层的曲率为：

$$
\frac{1}{\rho} = \frac{M}{EI_z} \tag{9-28}
$$

式中　EI_z——**抗弯刚度**，上式为中性层的曲率ρ与横截面上的弯矩M以及抗弯刚度EI_z的关系式。

将式(9-28)代入式(9-25)，得到梁发生纯弯曲变形时的正应力公式为：

$$
\sigma = \frac{My}{I_z} \tag{9-29}
$$

要注意的是，当应用此式时，如果按图 9-14（b）取y轴向下为正的坐标系，则在弯矩M按以前章节的规定确定其正负的情况下，所得正应力的正负自动表示拉应力或压应力。但是，在实际应用中通常直接根据横截面上弯矩的转向，以及所求正应力的点在中性轴的哪一侧来判别弯曲正应力是拉应力还是压应力，在此情况下可以把式中的y看作所求应力的点与中性轴z的距离。

由式(9-29)可见，横截面上的正应力与该截面上的弯矩$\boldsymbol{M}$及点到中性轴的距离y成正比，与横截面的惯性矩I_z成反比，正应力沿y轴呈线性分布，而中性轴上各点的正应力为零，即工程中最关心的梁的最大正应力发生在距离中性轴最远的边缘各点处。对于中性轴z为横截面对称轴的梁［图 9-15（a）、（b）］，其横截面上的最大拉应力和最大压应力的值相等；对于中性轴z不是横截面对称轴的梁［图 9-15（c）］，其横截面上的最大拉应力和最大压应力的值不相等。

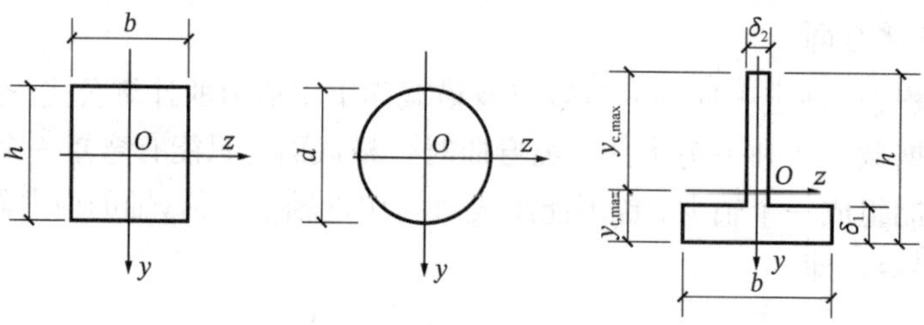

(a)　(b)　(c)

图 9-15　中性轴为横截面对称轴的梁

当中性轴z为横截面的对称轴时［图 9-15（a）、（b）］，横截面上最大拉、压应力的值σ_{max}为：

$$
\sigma_{max} = \frac{My_{max}}{I_z} = \frac{M}{\dfrac{I_z}{y_{max}}} = \frac{M}{W_z} \tag{9-30}
$$

式中　W_z——截面的几何性质，称为**抗弯截面模量**，其单位为长度单位的三次方，通常表示为 m^3 或 mm^3。

当中性轴z不是横截面的对称轴时［图 9-15（c）］，其横截面上最大拉应力值和最大压应力值分别为：

$$\left.\begin{aligned}\sigma_{t,max}&=\frac{My_{t,max}}{I_z}\ （拉）\\ \sigma_{c,max}&=\frac{My_{c,max}}{I_z}\ （压）\end{aligned}\right\}\tag{9-31}$$

式中　$y_{t,max}$——截面受拉一侧离中性轴最远各点到中性轴的距离；

$y_{c,max}$——截面受压一侧离中性轴最远各点到中性轴的距离。

此外，某一个横截面上的最大正应力不一定是梁内的最大正应力，应该首先判断有哪些截面可能产生最大正应力，这些截面均称为危险截面；然后比较所有危险截面上的最大正应力，其中最大者为梁内横截面上的最大正应力。为保证梁安全工作而不发生破坏，梁内最大正应力不得超过材料或结构的许用应力值。

在应用弯曲正应力的计算公式时，应注意以下问题：

① 本节的公式推导中，为了方便理解而将梁截面画成矩形，但对于有纵向对称面，且荷载作用于该平面内的受荷梁，上述推导所得正应力公式均适用；

② 由于在公式的推导过程中应用了胡克定律，因此该公式只在材料线弹性范围内可用；

③ 公式是由等截面直梁在平面弯曲变形下推导得到的，故不适用于直梁的非平面弯曲情况，也不适用于曲梁，但可近似用于曲率半径$1/\rho$比梁高h大得多的曲梁。

事实上，实际工程中的梁构件多发生横力弯曲变形，即梁的横截面上不仅有正应力的存在，还有切应力。横力弯曲情况下，横截面因为切应力的存在而不再满足平面假设，同时，纵向纤维之间通常也存在正应力。

虽然正应力公式的推导是在纯弯曲情况下进行的，但在横力弯曲情况下，当梁的跨距l与梁横截面高h之比大于 5，即$l/h > 5$时，正应力公式仍然适用，且误差很小，能够满足工程问题所需要的精度。

【例 9-3】图 9-16（a）所示简支梁由 56a 号工字钢制成，其截面简化后的尺寸见图 9-16（b），单位为 mm。已知$F = 150\text{kN}$。试求危险截面上的最大正应力σ_{max}和同一横截面上翼缘与腹板交界处a点的正应力σ_a。

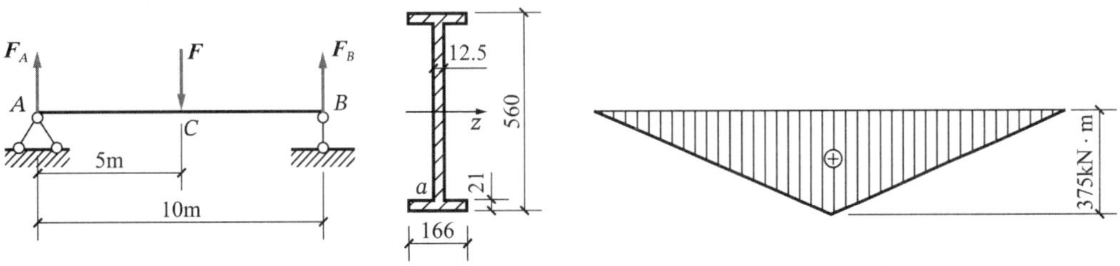

(a) 简支梁　(b) 截面简化尺寸　(c) 弯矩图

图 9-16　例 9-3 图

解：在不考虑梁自重的情况下，该梁的弯矩图如图 9-16（c）所示，截面C为危险截面，相应的最大弯矩值为：

$$M_{\max} = \frac{Fl}{4} = \frac{150 \times 10}{4} = 375\text{kN} \cdot \text{m}$$

由附录的型钢表查得 56a 号工字钢，有：

$$W_z = 2340\text{cm}^3,\ I_z = 65600\text{cm}^4$$

因此，有 $$\sigma_{\max} = \frac{M_{\max}}{W_z} = \frac{375 \times 10^3}{2340 \times 10^{-6}} = 160 \times 10^6\text{Pa} = 160\text{MPa}$$

危险截面上点a处的正应力为：

$$\sigma_a = \frac{M_{\max} y_a}{I_z} = \frac{375 \times 10^3 \times \left(\frac{0.56}{2} - 0.021\right)}{65600 \times 10^{-8}} = 148 \times 10^6\text{Pa} = 148\text{MPa}$$

此外，a点处的正应力σ_a也可根据直梁横截面上的正应力在与中性轴z垂直的方向按直线变化的规律，利用已求得的该横截面上的$\sigma_{\max} = 160\text{MPa}$ 来计算，即：

$$\sigma_a = \frac{y_a}{y_{\max}} \sigma_{\max} = \frac{\frac{0.56}{2} - 0.021}{\frac{0.56}{2}} \times 160 = 148\text{MPa}$$

可见，两种方法所得结果相同。

基本练习题

9-1 在推导梁平面弯曲的正应力公式$\sigma = \frac{M_y}{I_z}$时，下面不必要的假定是（　　）。

A. $\sigma \leqslant \sigma_p$　　B. 平面假设

C. 材料拉压时弹性模量相同　　D. 材料的$[\sigma]^- = [\sigma]^+$

9-2 由梁弯曲时的平面假设，经变形几何关系分析得到的结果中正确的是（　　）。

A. 中性轴通过截面形心　　B. $\frac{1}{\rho} = \frac{M}{EI_z}$

C. $\varepsilon = \frac{y}{\rho}$　　D. 梁只产生平面弯曲

9.3 弯曲切应力

横力弯曲情况下，梁的横截面上既有弯矩又有剪力，因此既有正应力又有切应力。本节将按照梁截面的形状分类，讨论几种典型工况下梁截面的弯曲切应力。

9.3.1 矩形截面梁

在图 9-17(a)所示矩形截面梁的任意截面上，剪力$\boldsymbol{F}_\text{s}$与截面的对称轴y重合[图 9-17(b)]。关于横截面上切应力的分布规律，作以下两个假设：

① 横截面上各点的切应力方向都平行于剪力$\boldsymbol{F}_\text{s}$；

② 切应力沿截面宽度b均匀分布。

在截面高度h大于宽度b的情况下，基于上述假定，在距中性轴z为y的横线pq上，各点的切应力τ均相等，且均平行于$\boldsymbol{F}_\text{s}$；由切应力互等定理，在沿pq切出的平行于中性层z的pr平面上，也必然有与τ相等的τ'，且沿宽度方向τ'也均匀分布。

在如图 9-17（a）所示矩形截面梁中，以横截面m—n和m_1—n_1为分割面，取出长为$\mathrm{d}x$的梁段［图 9-17（c）］。设m—n和m_1—n_1截面上的弯矩分别为M和$M+\mathrm{d}M$，以平行于中性层且与中性层距离为y的pr平面从这一段梁中截出一部分$prnn_1$，则在这一截出部分的左侧面rn上作用有因弯矩M引起的正应力，在右侧面pn_1上作用有因弯矩$M+\mathrm{d}M$引起的正应力，在顶面pr上作用有切应力τ'，以上三种应力均平行于x轴。在右侧面pn_1上［图 9-17（d）］，由微内力$\sigma\,\mathrm{d}A$组成的内力系的合力为：

$$F_{\mathrm{N2}}=\int_{A_1}\sigma\,\mathrm{d}A \tag{9-32}$$

式中　A_1——右侧面pn_1的面积。

基于弯曲正应力的计算公式［式(9-29)］，有：

$$F_{\mathrm{N2}}=\int_{A_1}\sigma\,\mathrm{d}A=\int_{A_1}\frac{(M+\mathrm{d}M)y_1}{I_z}\mathrm{d}A=\frac{(M+\mathrm{d}M)}{I_z}\int_{A_1}y_1\,\mathrm{d}A=\frac{(M+\mathrm{d}M)}{I_z}S_z^* \tag{9-33}$$

式中　S_z^*——横截面的部分面积A_1对中性轴z的静矩，即距中性轴z为y的横线pq以下的面积对中性轴z的静矩。

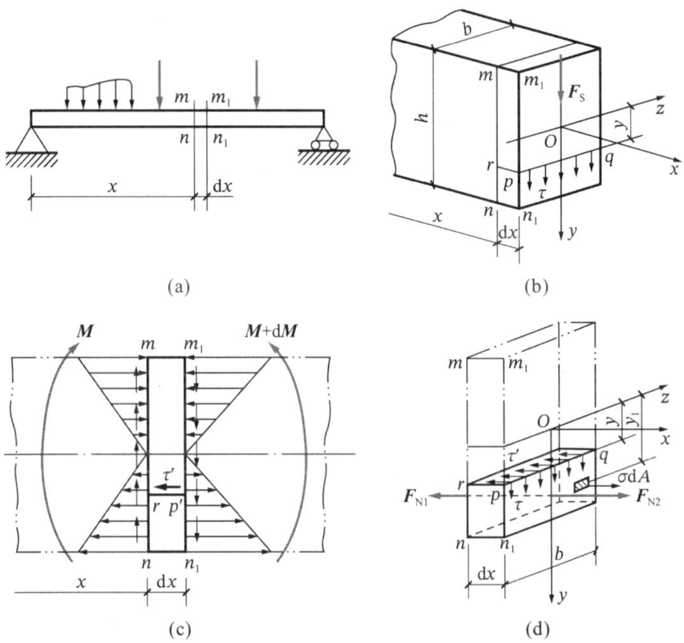

图 9-17　矩形截面梁

同理，可以求得左侧面rn上的内力系合力F_{N1}为：

$$F_{\mathrm{N1}}=\frac{M}{I_z}S_z^* \tag{9-34}$$

在顶面pr上，与顶面相切的内力系合力为：

$$\mathrm{d}F_{\mathrm{S}}'=\tau' b\,\mathrm{d}x \tag{9-35}$$

因为F_{N2}、F_{N1}和$\mathrm{d}F_{\mathrm{S}}'$都平行于$x$轴，满足平衡条件，即：

$$\sum F_x=F_{\mathrm{N2}}-F_{\mathrm{N1}}-\mathrm{d}F_{\mathrm{S}}'=0 \tag{9-36}$$

将F_{N2}、F_{N1}和$\mathrm{d}F_{\mathrm{S}}'$的表达式代入式(9-36)，有：

$$\frac{(M+\mathrm{d}M)}{I_z}S_z^*-\frac{M}{I_z}S_z^*-\tau' b\,\mathrm{d}x=0 \tag{9-37}$$

将上式简化后得：

$$\tau' = \frac{\mathrm{d}M}{\mathrm{d}x} \times \frac{S_z^*}{I_z b} \tag{9-38}$$

由前述章节弯矩M与剪力F_S的关系式，有：

$$\tau' = \frac{F_S S_z^*}{I_z b} \tag{9-39}$$

式中　τ'——距离中性层为y的pr平面上的切应力。

由切应力互等定理，横截面上的切应力τ可表示为：

$$\tau = \frac{F_S S_z^*}{I_z b} \tag{9-40}$$

式中　F_S——横截面上的剪力；

b——截面宽度；

I_z——整个截面对中性轴z的惯性矩；

S_z^*——截面上距中性轴z为y的横线以下部分的面积对中性轴z的静矩。

式(9-40)即为矩形截面梁弯曲切应力的计算公式，该公式虽然是在两个假设的基础上推导得出的，但所得结果与精确解相比误差较小，可应用于工程分析。

如图 9-18（a）所示矩形截面，取$\mathrm{d}A = b\,\mathrm{d}y$，则截面阴影部分面积对中性轴$z$的静矩$y$为：

$$S_z^* = \int_{A_1} y_1\,\mathrm{d}A = \int_y^{\frac{h}{2}} b y_1\,\mathrm{d}y_1 = \frac{b}{2}\left(\frac{h^2}{4} - y^2\right) \tag{9-41}$$

将上式代入式(9-40)，得：

$$\tau = \frac{F_S}{2I_z}\left(\frac{h^2}{4} - y^2\right) \tag{9-42}$$

由式(9-42)可知，沿截面高度方向切应力τ按抛物线规律变化，如图 9-18（b）所示。在梁横截面的上下边缘处，即$y = h/2$或$y = -h/2$时，切应力为 0。随着离中性轴距离y的减小，τ逐渐增大。当$y = 0$，即在中性轴z处，切应力达到最大值。此时，有：

$$\tau_{\max} = \frac{F_S h^2}{8I_z} \tag{9-43}$$

对于矩形截面，$I_z = bh^3/12$，则：

$$\tau_{\max} = \frac{F_S h^2}{8I_z} = \frac{F_S h^2}{8 \times (bh^3/12)} = \frac{3}{2} \times \frac{F_S}{bh} = \frac{3F_S}{2A} \tag{9-44}$$

即矩形截面梁的最大切应力在数值上等于平均切应力的 3/2 倍。

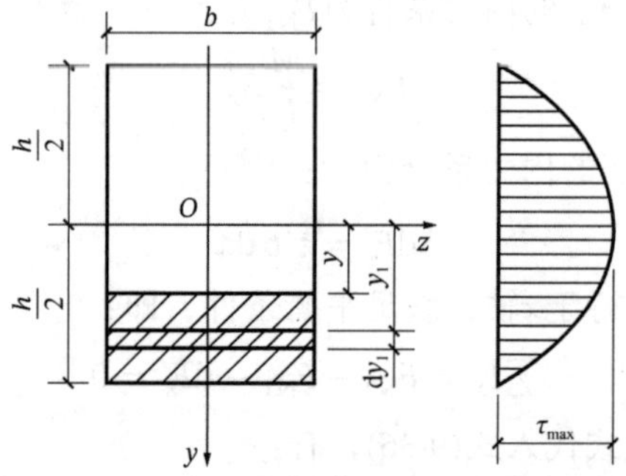

图 9-18　沿截面高度方向切应力的变化规律

9.3.2　工字形截面梁

如图 9-19（a）所示，工字形截面梁可分为腹板和翼缘两部分。首先，关注腹板的切应力分布。腹板截面可看作一个狭长的矩形，且关于矩形截面上切应力分布的两个假设仍然适用。采用与矩形截面相同的方法，可以推导出工字形截面梁腹板部分的切应力计算公式为：

$$\tau = \frac{F_{\mathrm{s}} S_z^*}{I_z b_0} \tag{9-45}$$

式中　b_0——腹板宽度。

当计算腹板上与中性轴z距离为y处的切应力时，S_z^*即为图 9-19（a）中阴影线部分的面积对中性轴z的静矩，即：

$$\begin{aligned} S_z^* &= b\delta\left(\frac{h}{2}-\frac{\delta}{2}\right)+\left(\frac{h}{2}-\delta-y\right)b_0 \times \left(\frac{\frac{h}{2}-\delta-y}{2}+y\right) \\ &= \frac{b\delta}{2}(h-\delta)+\frac{b_0}{2}\left[\left(\frac{h}{2}-\delta\right)^2-y^2\right] \end{aligned} \tag{9-46}$$

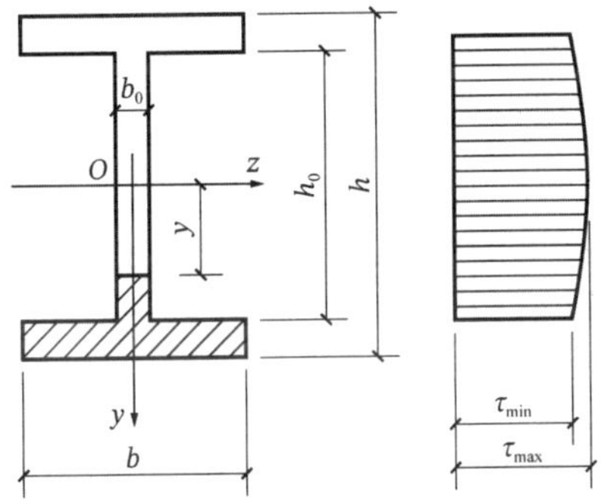

(a)　(b)

图 9-19　工字形截面梁的切应力

将式(9-46)代入式(9-45)，有：

$$\tau = \frac{F_{\mathrm{s}}}{I_z b_0}\left[\frac{b\delta}{2}(h-\delta)+\frac{b_0}{2}\left(\frac{h_0^2}{4}-y^2\right)\right] \tag{9-47}$$

式(9-47)即为工字形截面梁腹板上切应力的计算公式，可见，腹板上的切应力在与中性轴z垂直的方向按二次抛物线规律变化，如图 9-19（b）所示，最大切应力和最小切应力分别发生在$y=0$ 的中性轴z处和$y=h_0/2$或$y=-h_0/2$的腹板与翼缘交界处，即：

$$\left.\begin{aligned} \tau_{\max} &= \frac{F_{\mathrm{s}}}{I_z b_0}\left[\frac{b\delta}{2}(h-\delta)-\frac{b_0 h_0^2}{8}\right] \\ \tau_{\min} &= \frac{F_{\mathrm{s}}}{I_z b_0}\times\frac{b\delta}{2}(h-\delta) \end{aligned}\right\} \tag{9-48}$$

因为腹板的宽度b_0远小于翼缘的宽度h，所以最大切应力与最小切应力在数值上相差不大。

在工字形截面梁翼缘横截面上，平行于剪力F_{s}的切应力在其上、下边缘处为零（翼缘的上、下表面无切应力）。因此，翼缘横截面上其他各处平行于剪力F_{s}的切应力也很小，故不予考虑。分析表明，工字形截面梁的腹板承担了整个横截面上剪力F_{s}的 90%以上。

考虑到腹板几乎负担了工字形截面上的全部剪力F_{s}，而且腹板上的切应力又接近于均匀分布，因此可采用剪力F_{s}除以腹板的截面面积A来近似地得出腹板内的切应力，即：

$$\tau = \frac{F_s}{b_0 h_0} \tag{9-49}$$

9.3.3 圆截面梁

圆截面梁在竖直平面内弯曲时，其横截面上切应力的特征如图 9-20（a）所示。假设离中性轴z距离为y的水平直线kk'上各点处的切应力均汇交于k点和k'点处切线的交点O'，且这些切应力沿y方向的分量σ_y相等，这与对矩形截面梁所作假设相同，故圆截面梁的切应力亦可采用式(9-40)来计算，即：

$$\tau = \frac{F_s S_z^*}{I_z b} \tag{9-50}$$

式中 b——弦AB的长度；

S_z^*——图 9-20（b）中阴影线的面积对中性轴z的静矩。

在中性轴z处，圆截面梁横截面上的切应力最大，其计算公式为：

$$\tau_{\max} = \frac{F_s\left(\frac{1}{2}\times\frac{\pi d^2}{4}\right)\times\frac{2d}{3\pi}}{\frac{\pi d^4}{64}d} = \frac{4F_s}{3\left(\frac{\pi}{4}d^2\right)} = \frac{4F_s}{3A} \tag{9-51}$$

即最大切应力是平均切应力的 4/3 倍。

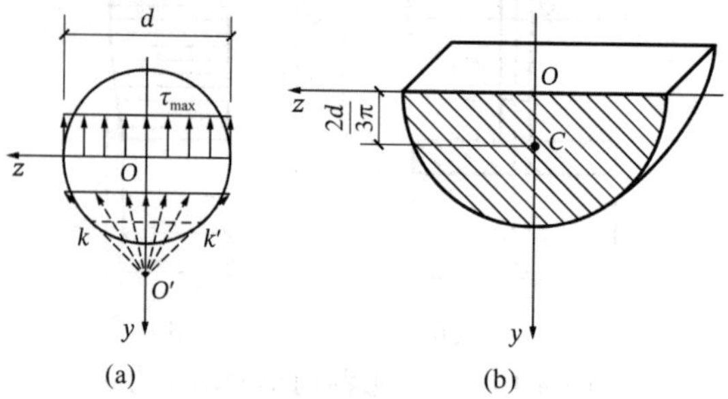

图 9-20 圆截面梁横截面上的切应力

综合以上 3 种横截面梁的弯曲最大切应力计算公式，可总结出最大切应力计算公式的一般形式为：

$$\tau_{\max} = k\frac{F_s}{A} \tag{9-52}$$

式中 k——与截面形状相关的系数，不同的形状对应不同的k值，矩形为 3/2，工字形为 1，圆形为 4/3。

【例 9-4】图 9-21（a）所示为由 56a 号工字钢制成的简支梁，其中$F = 150\text{kN}$，试求梁的横截面上的最大切应力$\tau_{\max}$和同一横截面上腹板a点处［图 9-21（b）］的切应力τ_a。不计梁的自重。

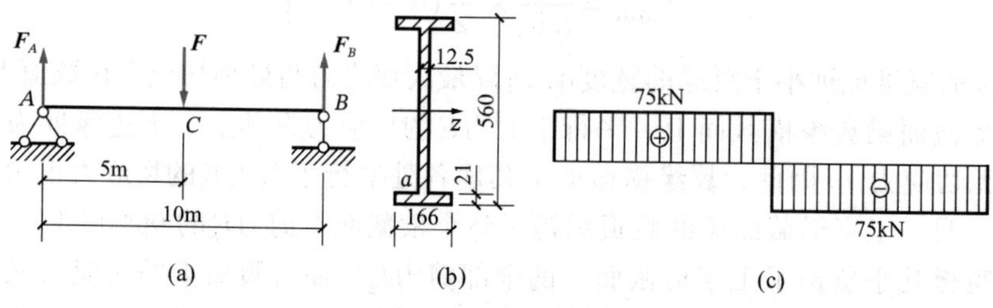

图 9-21 例 9-4 图

解： 梁的剪力图如图 9-21（c）所示，由图可见$F_{s,max}=75\text{kN}$。工字钢截面的$I_z=65600\text{cm}^4$，$I_z/S^*_{z,max}=47.73\text{cm}$，$b_0=12.5\text{mm}$。因此，有：

$$\tau_{max}=\frac{F_{s,max}}{\frac{I_z}{S^*_{z,max}}b_0}=\frac{75\times10^3}{47.73\times10^{-2}\times12.5\times10^{-3}}$$
$$=12.6\times10^6\text{Pa}=12.6\text{MPa}$$

在a点处，静矩S^*_{za}为：

$$S^*_{za}=166\ \times21\times\left(\frac{560}{2}-\frac{21}{2}\right)=940\times10^3\ \text{mm}^3$$

因此，a点处的切应力为：

$$\tau_a=\frac{75\times10^3\times940\times10^{-6}}{65600\times10^{-8}\times12.5\times10^{-3}}=8.6\times10^6\ \text{Pa}=8.6\ \text{MPa}$$

基本练习题

9-3 下列结论中正确的是（　　）。

①若梁的横截面具有一条对称轴，则横截面的形心和弯曲中心必位于该对称轴上

②若梁的横截面具有两条对称轴，则横截面的形心和弯曲中心必位于这两条对称轴的交点

③若梁的横截面具有两根对称轴，则横截面的形心和弯曲中心必重合

A. ①、②　　B. ②、③　　C. ①、③　　D. 全对

9-4 非对称的薄壁截面梁受横向力作用时，若要求梁只产生平面弯曲而不产生扭转，则横向力作用的条件应为（　　）。

A. 作用面与形心主惯性面重合

B. 作用面与形心主惯性面平行

C. 通过弯曲中心的任意平面

D. 通过弯曲中心，平行于主惯性平面

9-5 影响梁截面弯曲中心位置的主要因素是（　　）。

A. 材料的力学性质　　B. 荷载的分布情况

C. 截面的几何形状和尺寸　　D. 支承条件

9.4 弯曲强度计算

9.4.1 弯曲正应力的强度计算

等直梁横截面上的最大正应力发生在最大弯矩所在横截面上距中性轴最远的边缘处。在这些边缘处，即使是横力弯曲情况，由剪力引起的切应力也等于零或其值很小；至于由横向力引起的挤压应力，则可以忽略不计。因此，可以认为梁的危险截面上最大正应力所在各点均处于单轴应力状态。

按单轴应力状态下的强度条件形式来建立梁的正应力强度条件：

$$\sigma_{max}\leqslant[\sigma] \tag{9-53}$$

式中　$[\sigma]$——材料的许用弯曲正应力。

对于中性轴为横截面对称轴的梁，上述强度条件可写作为

$$\frac{M_{\max}}{W_z} \leqslant [\sigma] \tag{9-54}$$

对于由拉、压许用应力$[\sigma_t]$和$[\sigma_c]$不相等的铸铁等脆性材料制成的梁，为充分发挥材料的强度，其横截面上的中性轴往往不是对称轴，以尽量使梁的最大工作拉应力$\sigma_{t,\max}$和最大工作压应力$\sigma_{c,\max}$分别达到（或接近）材料的许用拉应力$[\sigma_t]$和许用压应力$[\sigma_c]$。

【**例 9-5**】图 9-22（a）所示的由 56b 号工字钢制成的梁，其计算简图可取为如图 9-22（b）所示的简支梁。钢的许用弯曲正应力$[\sigma] = 152\text{MPa}$。试选择工字钢的型号。

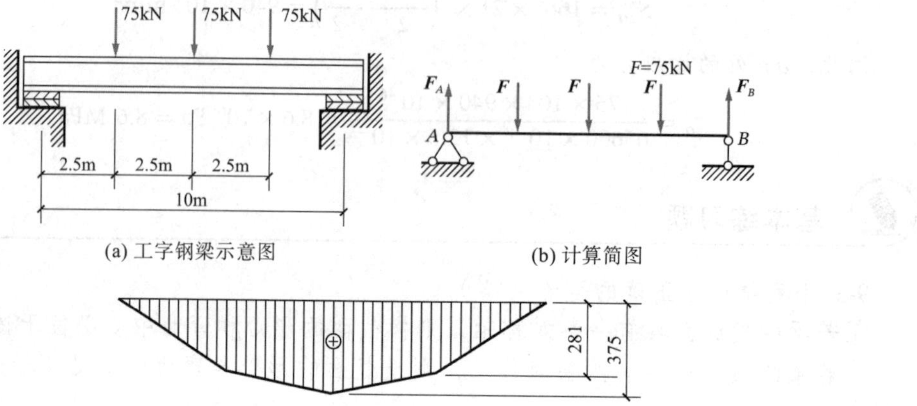

(a) 工字钢梁示意图　(b) 计算简图

(c) 弯矩图（单位：kN · m）

图 9-22　例 9-5 图

解：画弯矩图如图 9-22（c）所示，可知该简支梁的最大弯矩$M_{\max} = 375\text{kN} \cdot \text{m}$。

根据强度条件公式［式(9-54)］，有：

$$W_z \geqslant \frac{M_{\max}}{[\sigma]} = \frac{375 \times 10^3}{152 \times 10^6} = 2467 \times 10^{-6}\text{m}^3$$

由附录的型钢表查得 56b 号工字钢的W_z为：

$$W_z = 2450\ \text{cm}^3 = 2450 \times 10^{-6}\ \text{m}^3$$

此值虽略小于要求的W_z，但相差不到 1%，故可以选用 56b 号工字钢。

【**例 9-6**】图 9-23（a）所示为槽形截面铸铁梁，横截面尺寸和形心C的位置，如图 9-23（b）所示。已知横截面对于中性轴z的惯性矩$I_z = 5493 \times 10^4\text{mm}^4$，$b = 2\text{m}$。铸铁的许用拉应力$[\sigma_t] = 30\text{MPa}$，许用压应力$[\sigma_c] = 90\text{MPa}$。试求梁的许可荷载$[F]$。

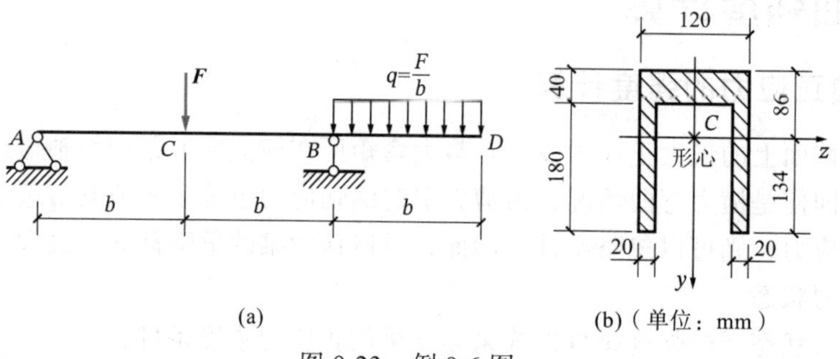

(a)　(b)（单位：mm）

图 9-23　例 9-6 图

解：铸铁的拉压强度不等，其强度条件为$\sigma_{t,\max} \leqslant [\sigma_t]$，$\sigma_{c,\max} \leqslant [\sigma_c]$。由图 9-24（a）所示弯矩图可知，$B$、$C$截面上正应力的分布规律如图 9-24（b）所示。

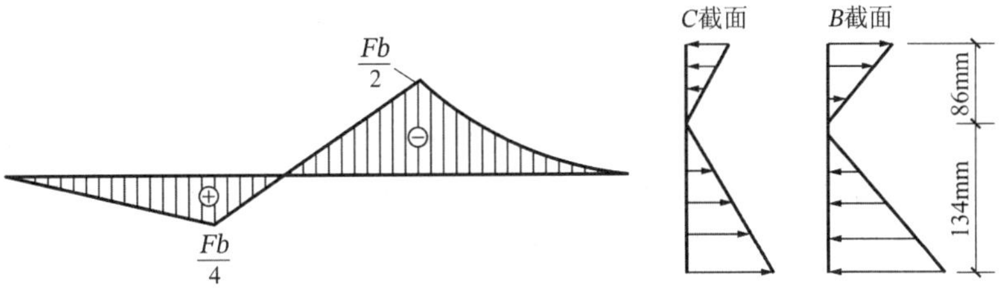

(a) 弯矩图　　(b) B、C截面上正应力的分布

图 9-24　内力图

B、C截面上的最大拉应力分别为：

$$\sigma_{t,max}^{B}=\frac{Fb\times 86}{2I_z}，\ \sigma_{t,max}^{C}=\frac{Fb\times 134}{4I_z}$$

最大压应力分别为：

$$\sigma_{c,max}^{B}=\frac{Fb\times 134}{2I_z}，\ \sigma_{c,max}^{C}=\frac{Fb\times 86}{4I_z}$$

可见，梁的最大拉应力和最大压应力分别为：

$$\sigma_{t,max}=\sigma_{t,max}^{B}=\frac{Fb\times 86}{2I_z}，\ \sigma_{c,max}=\sigma_{c,max}^{B}=\frac{Fb\times 134}{2I_z}$$

首先，由$\sigma_{t,max}\leqslant[\sigma_t]$确定$[F]$，即：

$$\sigma_{t,max}=\frac{F_1\times 2\times 86\times 10^{-3}}{2\times 5493\times 10^{-8}}\leqslant 30\times 10^6\text{Pa}$$

故，$F_1\leqslant 19.2\text{kN}$。

其次，由$\sigma_{c,max}\leqslant[\sigma_c]$确定$[F]$，即：

$$\sigma_{c,max}=\frac{F_2\times 2\times 134\times 10^{-3}}{2\times 5493\times 10^{-8}}\leqslant 90\times 10^6\text{Pa}$$

故，$F_2\leqslant 36.9\text{kN}$。

因此，梁的许用荷载为 19.2kN，由拉应力确定。

9.4.2　弯曲切应力的强度计算

梁的最大剪力切应力通常出现在中性轴上，略去约束力产生的挤压应力，可认为最大切应力所处各点处于纯剪切应力状态，即切应力的强度条件为：

$$\tau_{max}\leqslant[\tau] \tag{9-55}$$

亦即

$$\frac{F_{s,max}S_{z,max}^{*}}{I_z b}\leqslant[\tau] \tag{9-56}$$

式中　$[\tau]$——材料在横力弯曲时的许用切应力。

细长梁的控制因素通常是弯曲正应力，满足弯曲正应力强度条件的梁，一般都能满足切应力的强度条件。只有在下述一些特殊情况下，才需要进行梁的弯曲切应力强度校核：

① 梁的跨度较短，或在支座附近作用较大的荷载，以致梁的弯矩较小，而剪力较大；

② 铆接或焊接的工字钢梁，如腹板较薄而截面高度颇大，以致厚度与高度的比值小于型钢的相应比值；

③ 经焊接、铆接或胶合而成的梁。

在选择梁的截面尺寸时，通常先按正应力强度条件定出截面尺寸，再按切应力强度条件校核。

【例 9-7】一简易吊车的示意图如图 9-25（a）所示，其中$F = 30\text{kN}$，跨长$l = 5\text{m}$。吊车大梁由 20a 号工字钢制成，许用弯曲正应力$[\sigma] = 170\text{MPa}$，许用切应力$[\tau] = 100\text{MPa}$。试校核梁的强度。

解：吊车梁可简化为如图 9-25（b）所示简支梁。

（1）正应力强度校核

荷载移至跨中C截面处时，梁横截面上的最大弯矩比荷载在其他任何位置都要大，荷载在此最不利位置时的弯矩如图 9-25（c）所示，有：

$$M_{\max} = \frac{Fl}{4} = 37.5\text{kN} \cdot \text{m}$$

由附录型钢表查得 20a 号工字钢的$W_z = 237\text{cm}^3$，则梁的最大弯曲正应力为：

$$\sigma_{\max} = \frac{M_{\max}}{W_z} = \frac{37.5 \times 10^3}{237 \times 10^{-6}} = 158 \times 10^6\text{Pa} = 158\text{MPa} < [\sigma]$$

故，梁的弯曲正应力满足强度要求。

（2）切应力强度校核

如图 9-25（d）所示，荷载移至紧靠支座A处时梁的剪力最大，此时的约束力$F_A \approx F$，相应的剪力图如图 9-25（e）所示，$F_{\text{s,max}} = F_A = 30\text{kN}$。

对于 20a 号钢，由型钢表查得：

$$\frac{I_z}{S_{z,\max}^*} = 17.2\text{cm}，d = 7\text{mm}$$

因此

$$\tau_{\max} = \frac{F_{\text{s,max}}}{\dfrac{I_z}{S_{z,\max}^*} b} = \frac{30 \times 10^3}{17.2 \times 10^{-2} \times 7 \times 10^{-3}} = 24.9 \times 10^6\text{Pa} = 24.9\text{MPa} < [\tau]$$

故，梁的弯曲切应力满足强度要求。

由于梁的正应力和切应力强度条件均能满足，因此该梁是安全的。

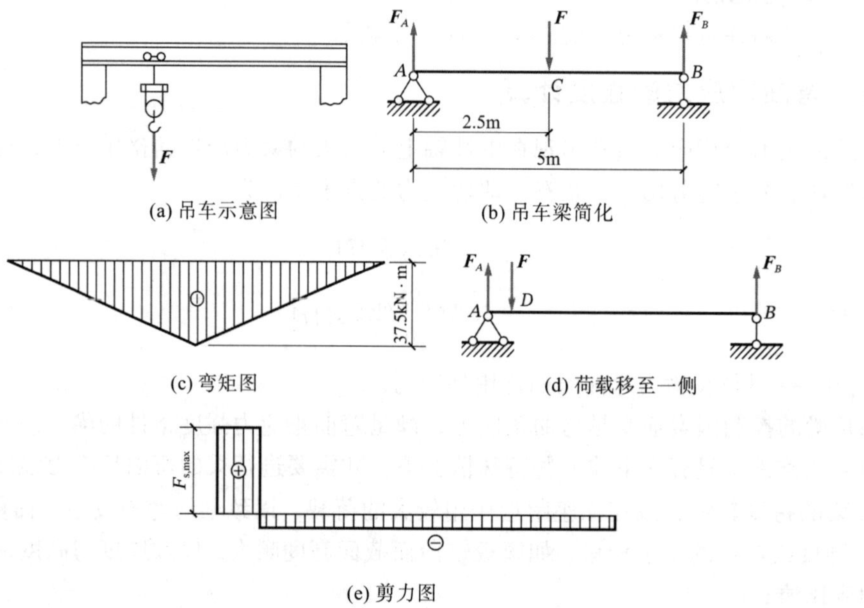

(a) 吊车示意图　(b) 吊车梁简化　(c) 弯矩图　(d) 荷载移至一侧　(e) 剪力图

图 9-25　例 9-7 图

基本练习题

9-6 当矩形截面梁横截面的高度增加一倍，且宽度减小一半时，从正应力强度条件考虑，该梁的承载能力将（ ）。

A. 不变 B. 增大一倍 C. 减小一半 D. 增大三倍

9-7 对于矩形截面梁，在横力荷载作用下有以下结论，错误的是（ ）。

A. 在出现最大正应力的点处，切应力必为 0

B. 在出现最大切应力的点处，正应力必为 0

C. 最大正应力的点和最大切应力的点不一定在同一截面上

D. 梁上不可能出现这样的截面，即该截面上最大正应力和最大切应力均为 0

9.5 提高梁弯曲强度的措施

考虑到弯曲正应力是控制梁的主要因素，因此式(9-54)所示的弯曲正应力的强度条件往往是进行梁结构设计的主要依据。

要提高梁的承载能力，通常从以下几个方面考虑：

①合理安排梁的受力情况，以降低M_{max}的数值。②采用合理的截面形状，以提高W_z的数值，充分利用材料的性能。③设计等强度梁。

基于此，通常采用以下几种措施提高梁的强度。

（1）合理配置梁的荷载和支座

合理配置梁的荷载可降低M_{max}的数值，如图 9-26（a）所示简支梁，当在跨中承受集中力$\boldsymbol{P}$作用时，在梁内产生的最大弯矩为$M_{max}=Pl/4$；若能将$\boldsymbol{P}$布置在靠近支座的地方[图 9-26(b)]，则最大弯矩为$M_{max}=5Pl/36$；如果不改变$\boldsymbol{P}$的作用点，而是增加一个辅梁[图 9-26（c）]，使集中力$\boldsymbol{P}$通过辅梁再作用到梁上，则最大弯矩降低为$M_{max}=Pl/8$；如图 9-26（d）所示，如果将集中力$\boldsymbol{P}$分散为均布荷载q（$q=P/l$），则最大弯矩为$M_{max}=ql^2/8$，且仅出现在中心截面处。

此外，合理地设置支座位置，也可降低梁内的最大弯矩。以均布荷载作用下的简支梁为例，如图 9-27(a)所示，最大弯矩为$M_{max}=ql^2/8$；若将两端支座各向中点移动 0.2l，如图 9-27（b）所示，则最大弯矩减小为$M_{max}=ql^2/40$。

综上，合理配置荷载和支座都能有效降低梁内最大弯矩M_{max}的数值，从而提高梁的强度。该方法在工程中应用广泛。图 9-28（a）所示门式起重机的立柱位置和图 9-28（b）所示静置压力容器的支承均采用了这种方法降低最大弯矩。

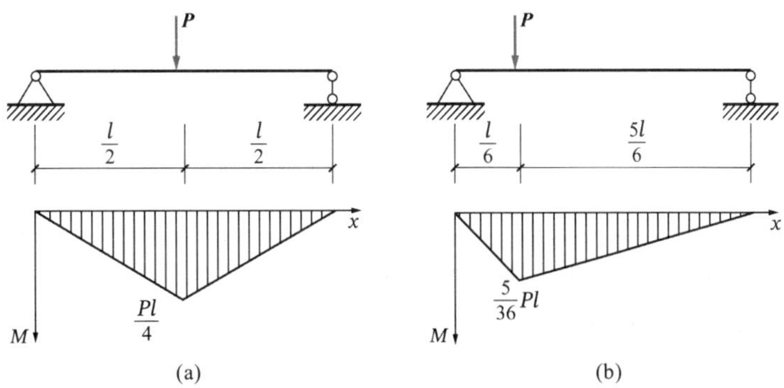

图 9-26

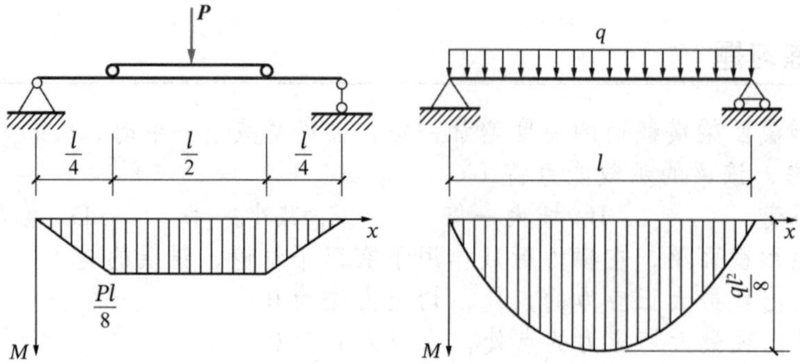

(c) (d)

图 9-26 合理配置荷载位置

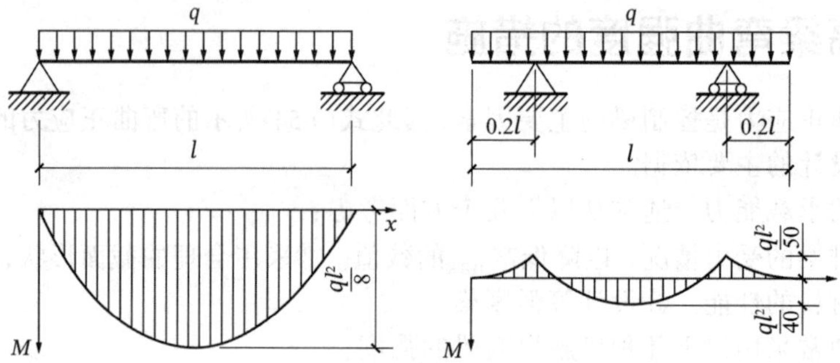

(a) (b)

图 9-27 合理设置支座位置

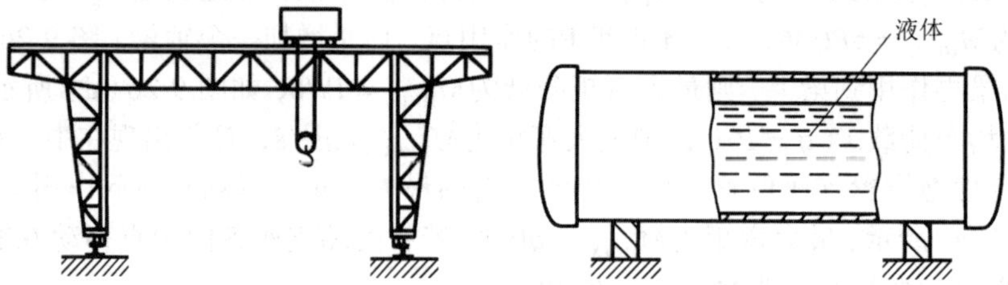

(a) (b)

图 9-28 案例

（2）合理选取截面形状

梁能承担的最大应力σ_{max}与抗弯截面模量W_z成反比。通常，横截面面积A越大，抗弯截面模量W_z也越大。但是在实际工程中，为避免材料使用过量、梁自重过大等问题，并不能一味地增大横截面的尺寸。所以，梁的合理截面应是使用相对小的截面面积A得到更大的抗弯截面模量W_z，一般采用W_z/A来衡量截面形状的合理性。W_z/A较大时，认为截面设计较为合理。

表 9-1 中给出了几种典型截面的W_z和A的比值。为了获得更高强度的梁结构，通常选择矩形截面比圆截面合理，而工字形截面和槽形截面又比矩形合理。这可以从正应力在横截面上的分布规律来解释，即正应力沿横截面高度按线性规律分布，离中性轴越远，正应力越大。为充分利用材料，应尽可能把材料放置到离中性轴较远的位置上。对于圆形截面来说，大量的材料堆积在中性轴附近，工字形截面的材料则主要集中于上、下边缘处。所以，基于此，

工程中大型结构的梁往往制成工字形或箱形截面。

表 9-1　几种典型截面的 W_z 和 A 的比值

截面形状	圆形	矩形	槽钢	工字钢
W_z/A	$0.125d$	$0.167h$	$(0.27\sim0.31)h$	$(0.27\sim0.31)h$

（3）设计等强度梁

在正应力的强度条件中，最大正应力出现在弯矩最大的横截面上距离中性轴最远的各点处，即当最大弯矩截面上的最大正应力达到材料的许用应力时，其余各横截面上的最大正应力均小于材料的许用应力。

为了节省材料、减轻自重，可将梁的截面高度设计成考虑各截面弯矩大小变化的变截面梁。若梁的各横截面上的最大正应力都相等，并且都达到材料的许用应力，则这种变截面梁称为等强度梁。

工程中常见的阶梯形汽轮机转子［图 9-29（a）］、鱼腹梁［图 9-29（b）］等结构均基于等强度的概念设计。

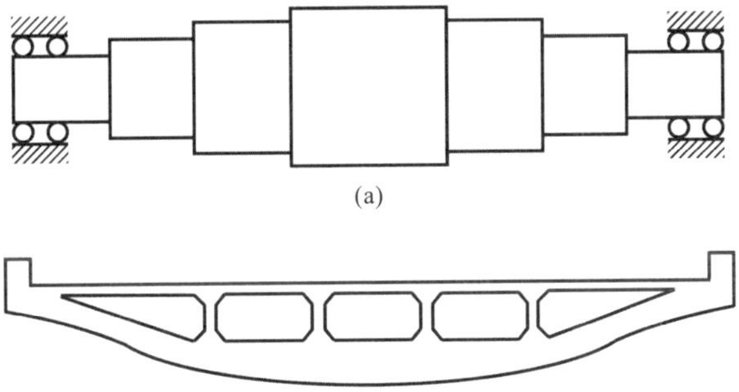

(a)

(b)

图 9-29　等强度设计案例

基本练习题

9-8 图 9-30（a）所示的矩形截面采用两种放置方式，从弯曲正应力强度条件考虑，图 9-30（c）的承载能力是图 9-30（b）的（　　）倍。

A. 2　　B. 4　　C. 6　　D. 8

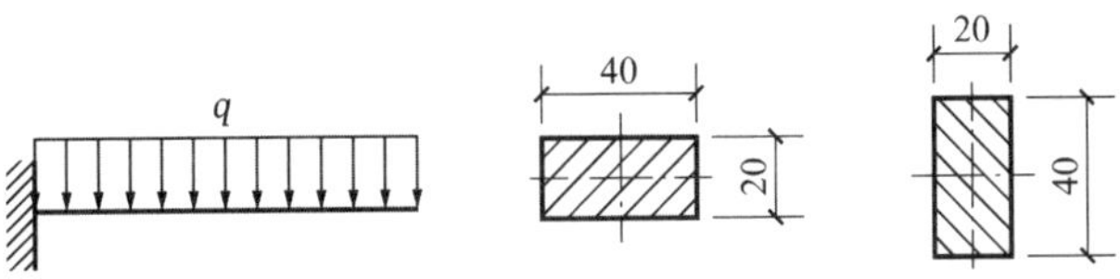

(a)　(b)　(c)

图 9-30　基本练习题 9-8 图

小　结

1. 梁横截面上存在两种应力：正应力和切应力。

2. 梁的支座可简化为：固定铰支座、活动铰支座、固定端。

3. 作用在梁上的荷载可简化为：集中荷载F、分布荷载q、集中力偶M。

4. 常见的静定梁：悬臂梁、简支梁、外伸梁。

5. 剪力和弯矩符号规定

（1）剪力：使截面绕其内侧任一点有顺时针旋转趋势的剪力为正，反之为负。

（2）弯矩：使受弯杆件下侧纤维受拉为正，使受弯杆件上侧纤维受拉为负。

6. 弯曲正应力计算公式及正应力强度条件

（1）弯曲正应力的计算公式为$\sigma=\frac{My}{I_z}$。

（2）正应力强度条件为$\sigma_{\max}=\frac{M_{\max}y_{\max}}{I_z}=\frac{M_{\max}}{W_z}\leqslant[\sigma]$。

7. 弯曲切应力计算公式及切应力强度条件

弯曲梁横截面上各点的切应力计算公式为$\tau=\frac{F_sS_z^*}{bI_z}$，最大切应力计算公式$\tau_{\max}=1.5\frac{F_s}{A}$。同样的方法，推导了工字形截面梁切应力的分布；圆形截面梁切应力的分布及最大切应力的计算公式$\tau_{\max}=\frac{4}{3}\frac{F_s}{A}$；薄壁圆环形截面梁切应力的分布及最大切应力的计算公式$T_{\max}=2\frac{F_s}{A}$。一般情况下，横截面上的最大切应力出现在中性轴上各点处，且这些点均处于纯剪切应力状态。因此，切应力强度条件为$\tau_{\max}=\frac{F_{s,\max}S_{z,\max}^*}{I_zb}\leqslant[\tau]$。

8. 提高梁弯曲强度的一些措施

（1）降低M的措施：梁支承的合理安排，合理布置荷载。

（2）合理放置梁。

（3）合理选择梁的截面。

（4）根据材料特性合理确定截面形状。

（5）采用变截面梁。

思考题

9-1 什么是纯弯曲？在推导纯弯曲正应力公式时采用了哪些假设？

9-2 梁的正应力在横截面上是如何分布的？如何判定横截面上的正应力是拉应力还是压应力？

9-3 当梁发生纯弯曲变形时，绘制实心圆、空心圆、矩形和T形截面上的正应力分布图。

9-4 塑性材料和脆性材料的弯曲强度计算有什么不同？

9-5 矩形截面和工字形截面的腹板上，弯曲切应力的分布情况如何？如何计算最大切应力？

9-6 提高梁承载能力的措施主要有哪些？

9-7 如果矩形截面梁的高度增加一倍，梁的承载能力会增加几倍？如果宽度增加一倍，梁的承载能力又会增加几倍？

习 题

9-1 试确定图9-31所示各图形形心的位置。

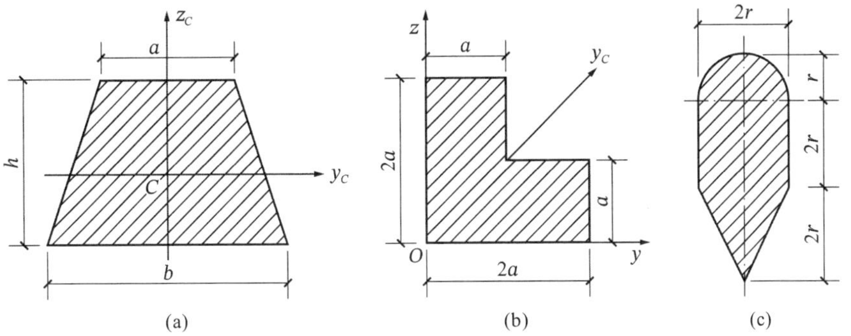

图 9-31　习题 9-1 图

9-2 试确定图 9-32 所示平面图形形心主惯性轴的位置，并求形心主惯性矩。

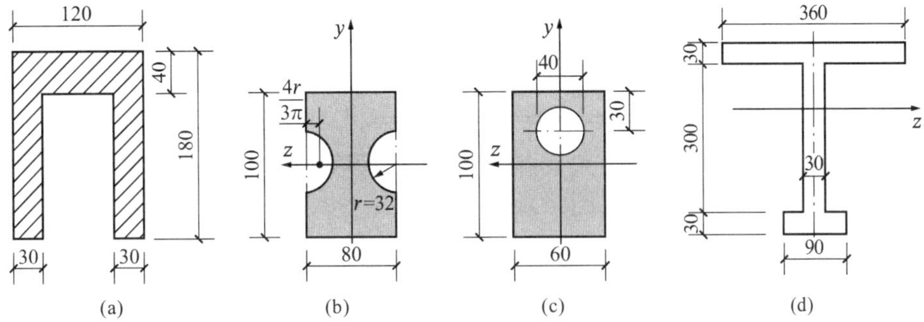

图 9-32　习题 9-2 图（单位：mm）

9-3 某悬臂梁受力情况及截面尺寸如图 9-33 所示。1—1 截面图中的尺寸单位为 mm。试求梁 1—1 截面上A、B两点处的正应力。

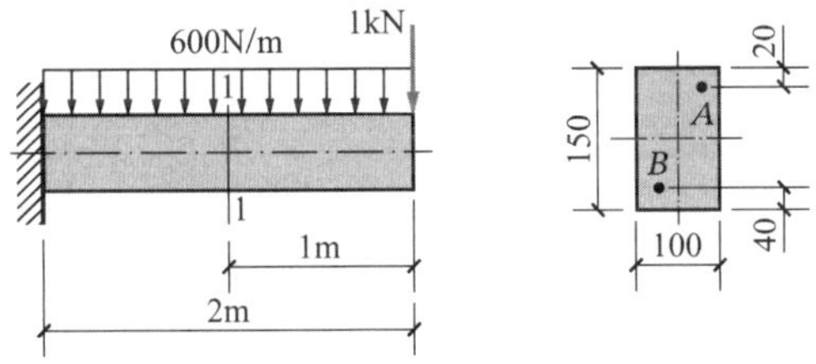

图 9-33　习题 9-3 图

9-4 如图 9-34 所示，有一受均布荷载作用的简支梁，试计算：

（1）1—1 截面A—A线上 1、2 两点的正应力（1—1 截面图中的尺寸单位为 mm）；

（2）此截面上的最大正应力；

（3）全梁的最大正应力。

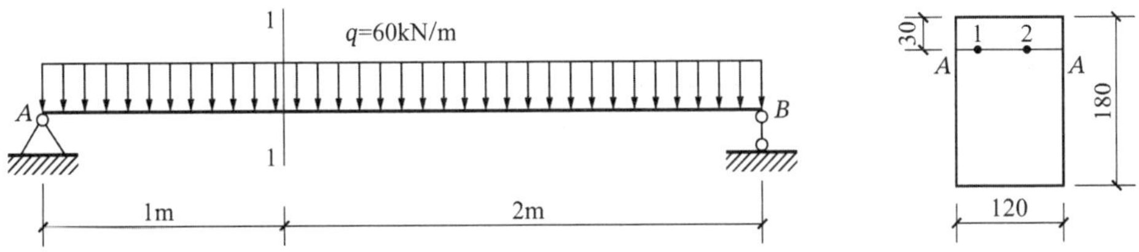

图 9-34　习题 9-4 图

9-5 图 9-35（a）所示矩形截面简支梁，承受均布荷载q的作用。若已知$q = 2\text{kN/m}$，$l = 3\text{m}$，$h = 2b = 240\text{mm}$。试求截面竖放［图 9-35（b）］和横放［图 9-35（c）］时梁内的最大正应力，并加以比较。

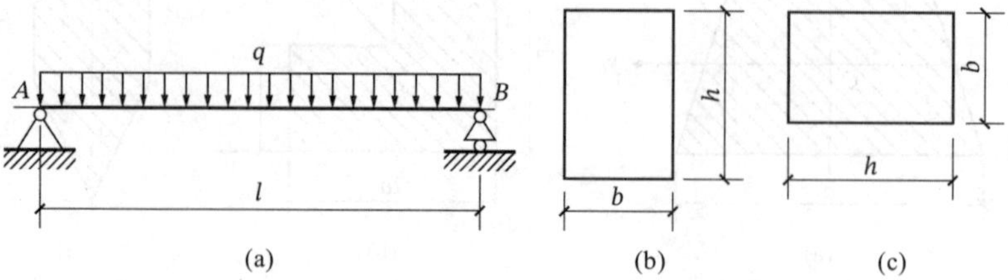

图 9-35　习题 9-5 图

9-6 如图 9-36 所示 20a 号工字钢梁的支承和受力情况，若$[\sigma] = 160\text{MPa}$，试求该梁的许可荷载。

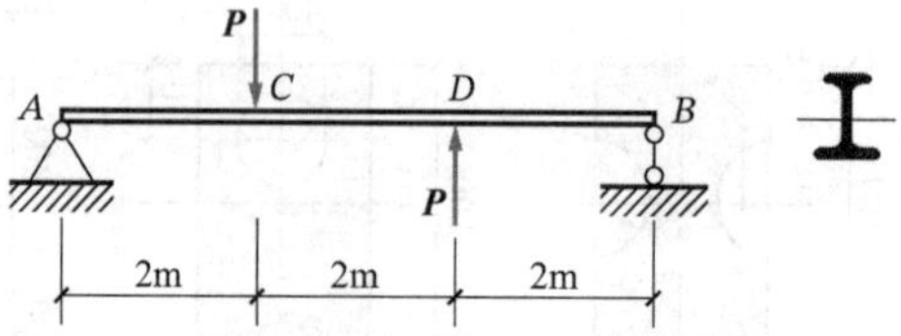

图 9-36　习题 9-6 图

9-7 如图 9-37 所示悬臂梁AB，已知$F_P = 10\text{kN}$，$M = 70\text{kN} \cdot \text{m}$，$a = 3\text{m}$。梁横截面的形状及尺寸均表示于图中（单位为 mm），C为截面形心，截面对中性轴的惯性矩为$I = 1.02 \times 10^8\text{mm}^4$，材料的许用拉应力$[\sigma_t] = 40\text{MPa}$，许用压应力$[\sigma_c] = 120\text{MPa}$。试校核梁的弯曲强度是否安全。

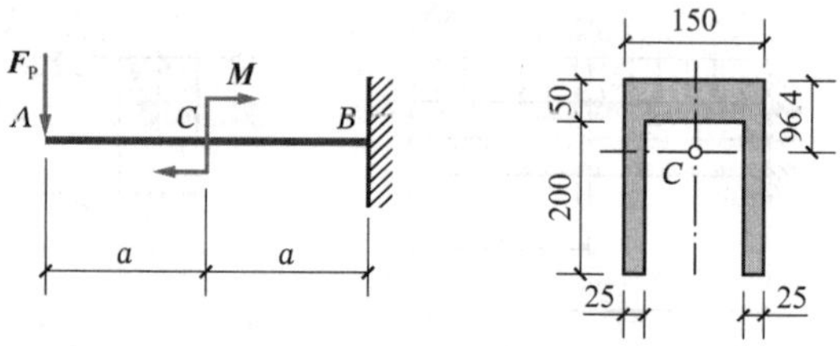

图 9-37　习题 9-7 图

9-8 图 9-38 所示 T 形截面铸铁梁（尺寸单位为 mm）承受荷载作用，铸铁的许用拉应力$[\sigma_t] = 40\text{MPa}$，许用压应力$[\sigma_c] = 160\text{MPa}$。试按正应力强度条件校核梁的强度。若荷载不变，但将 T 形横截面倒置为⊥形，请问是否合理？为什么？

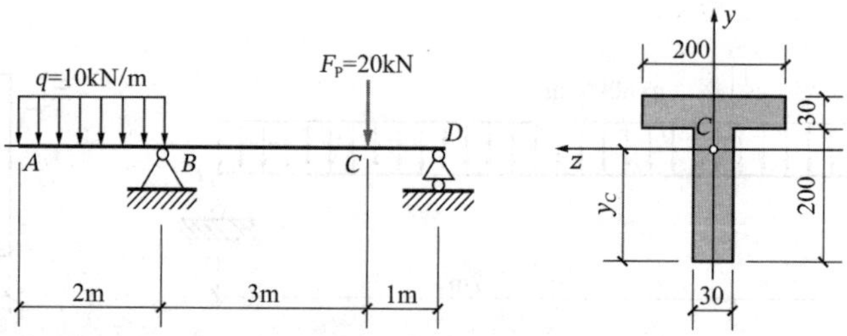

图 9-38　习题 9-8 图

9-9 如图 9-39 所示，起重机下的梁由两根工字钢组成。起重机自重$Q = 50\text{kN}$，起吊重量$P = 10\text{kN}$。许用应力$[\sigma] = 160\text{MPa}$，$[\tau] = 100\text{MPa}$。若不考虑梁的自重，试按正应力强度条件选定工字钢型号，再按切应力强度条件进行校核。

9-10 如图 9-40 所示，《营造法式》中已给出梁截面的高宽比约为 1.5，试从理论上证明这是从直径为d的圆木中锯出一个强度最大的矩形截面梁的最佳比值。

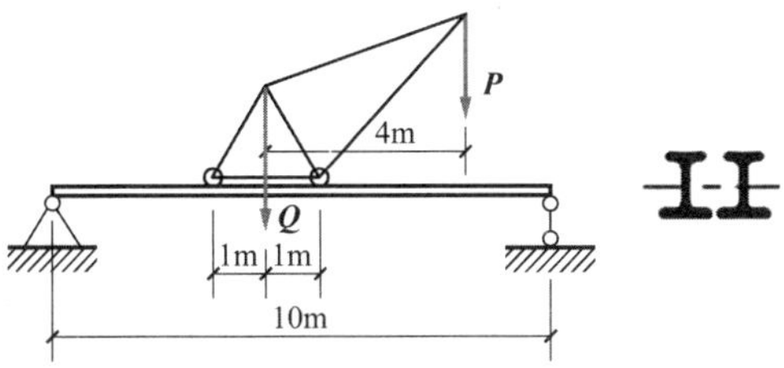

图 9-39　习题 9-9 图

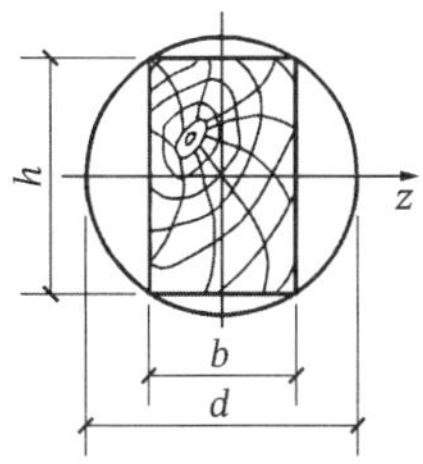

图 9-40　习题 9-10 图

第9章

第 10 章 梁的弯曲变形

导读

本章深入探讨梁在拉压、扭转与弯曲作用下的位移分析与刚度设计。基于胡克定律揭示拉压变形规律，运用微分方程精确计算扭转变形，并在边界条件下求解弯曲变形，系统解析梁的力学特性。通过研究扭转与弯曲杆件的刚度条件，保证结构的稳定性与功能性。此外，阐述简单超静定问题的求解方法，为复杂工程问题提供分析思路。

学习目标

掌握拉压杆轴向与横向变形、扭转相对角及梁弯曲挠度、横截面转角、挠曲线等核心概念；能够熟练运用胡克定律、微分方程求解拉压变形与扭转角，以及利用积分法与叠加法计算梁变形；理解并实践杆件在扭转与弯曲下的刚度校核方法，确保结构安全；同时，掌握解超静定问题的基本技巧，提升解决复杂位移分析与刚度设计问题的能力。

思维导图

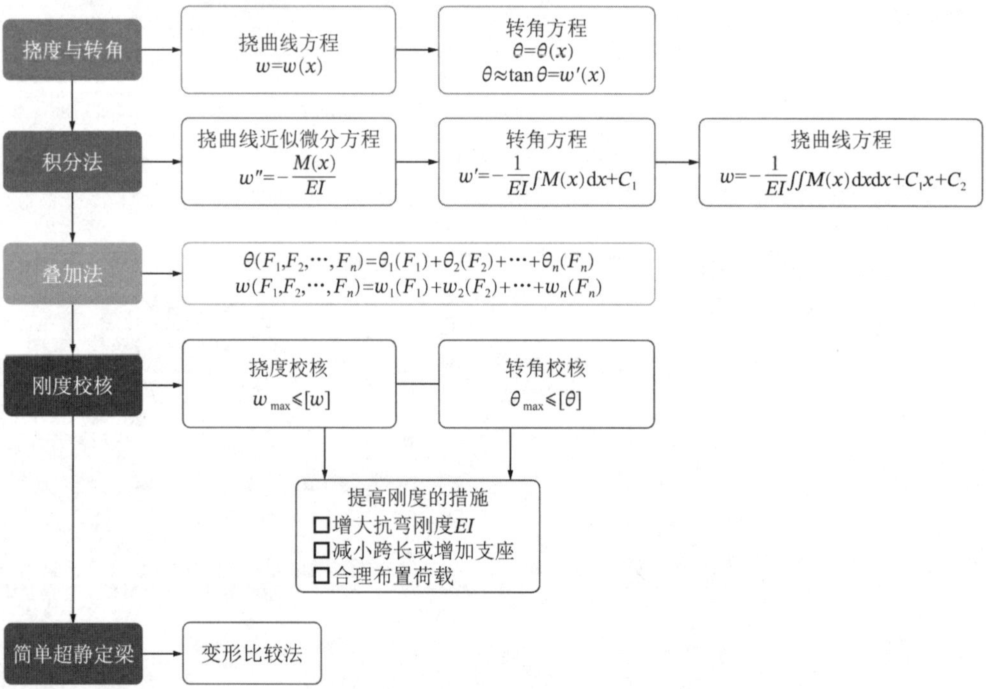

前面已经提到，等直梁在包含其轴线的纵向平面内，承受垂直于杆轴线的横向外力或者外力偶作用时，梁的轴线变成曲线。弯曲变形后的梁轴线称为梁的挠曲线。本章的研究限制在平面弯曲范围内，因此本章的挠曲线均位于梁的纵对称平面内。

10.1　梁的挠度与转角

当忽略剪力对弯曲的影响时，梁变形后横截面发生两种位移：横截面形心的线位移和横截面的角位移。在小变形情况下，梁的变形可用两个量来描述：

① **横截面形心在垂直于轴线方向的位移，称为挠度，通常用字母w表示，常用单位为 mm**。梁上不同横截面处的挠度不同，因此，挠度w是与横截面位置x相关的函数，即为梁的挠曲线方程：

$$w = w(x) \tag{10-1}$$

② **变形后的横截面相对于变形前所处位置绕中性轴转过的角度，称为转角，通常用字母θ表示，常用单位为弧度 rad 或度（°）**。转角θ也是与横截面位置x相关的函数，即为梁的转角方程：

$$\theta = \theta(x) \tag{10-2}$$

由图 10-1 可知，挠度w与转角θ存在以下关系式：

$$\tan\theta = \frac{\mathrm{d}w}{\mathrm{d}x} \tag{10-3}$$

挠曲线是在线弹性范围内考虑的，因此挠曲线也可称为弹性曲线。由于变形很小、转角θ很小，有$\theta \approx \tan\theta$，于是得到如下转角方程：

$$\theta \approx \tan\theta = w'(x) \tag{10-4}$$

即挠曲线上任一点的切线斜率w'可近似等于该点处横截面的转角θ。

在本章中关于挠度w和转角θ的正负号规定如下：

挠度w：向下为正，向上为负。

转角θ：顺时针转向为正，逆时针转向为负。

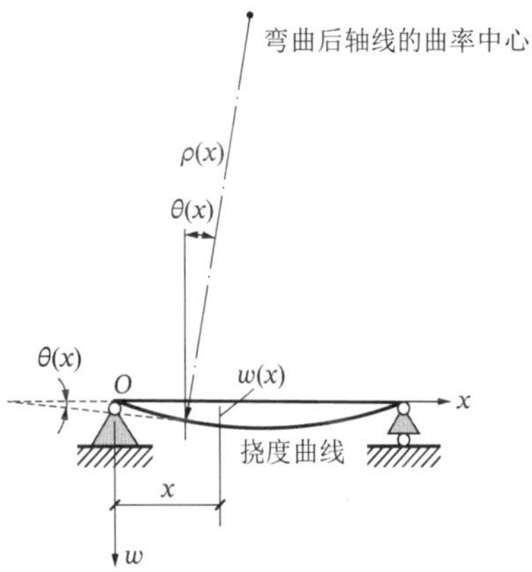

图 10-1　挠度与转角的关系

10.2　按积分法计算梁的挠度与转角

前一章中提到，等直梁在线弹性范围内纯弯曲情况下中性层的曲率为：

$$\frac{1}{\rho} = \frac{M}{EI} \tag{10-5}$$

在横力弯曲下，梁的横截面上除弯矩外，还有剪力，而剪力产生的剪切变形对梁的变形也会产生影响。但工程上常用的梁跨长l往往大于横截面高度h的 10 倍，此时剪力对梁变形的影响可略去不计。同时，此时弯矩M和曲率半径ρ都是与界面位置x相关的函数，即：

$$\frac{1}{\rho(x)} = \frac{M(x)}{EI} \tag{10-6}$$

在高等数学中，平面曲线上任一点的曲率又可表示为：

$$\frac{1}{\rho}=\pm\frac{w''}{(1+w'^2)^{3/2}} \tag{10-7}$$

根据式(10-4)，由于θ很小，因而θ^2与 1 相比很小，可以略去不计，式(10-7)可以写为：

$$\frac{1}{\rho}=\pm w'' \tag{10-8}$$

如图 10-2 所示，若选取x轴向右为正、w轴向下为正，当弯矩$M<0$时，挠曲线向上凸，$w''>0$；当弯矩$M>0$时，挠曲线向下凸，$w''<0$。于是，将式(10-8)代入式(10-6)，得到：

$$w''=-\frac{M(x)}{EI} \tag{10-9}$$

式(10-9)称为**梁的挠曲线近似微分方程**。

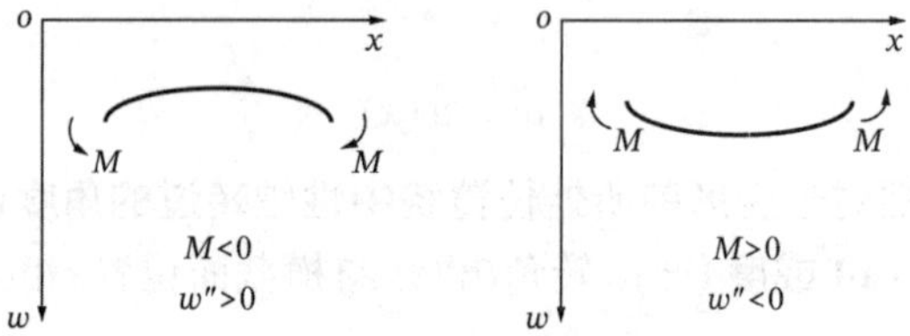

图 10-2 弯矩与挠曲线的关系

由于弯矩M是关于x的函数，故对于式(10-9)可用逐次积分法，并通过梁的变形相容条件给出的边界条件确定积分常数，即可得梁的挠曲线方程。对于确定的等截面直梁，抗弯刚度EI为常量，式(10-9)经过一次积分，得到：

$$EIw'=-\int M(x)\,\mathrm{d}x+C_1 \tag{10-10}$$

上式是将式(10-9)改写为$EIw''=-M(x)$，再进行积分得到。接着，将式(10-10)继续积分一次，得到：

$$EIw=-\iint M(x)\,\mathrm{d}x\,\mathrm{d}x+C_1x+C_2 \tag{10-11}$$

上式中的C_1和C_2为积分常数，其值可通过挠曲线的边界位移条件和光滑连续条件确定。以上应用两次积分求出挠曲方程的方法称为二次积分法，该方法是计算梁变形的最基本的方法。

简支梁和悬臂梁挠曲线的边界位移条件分别如图 10-3（a）和图 10-3（b）所示，简支梁左右两端铰支座处有$w_A=0$，$w_B=0$；悬臂梁的固定端处有$w_A=0$，$\theta_A=0$。对于图 10-3（c）中的梁有边界位移条件$w_A=0$，$\theta_A=0$，$w_B=0$，以及光滑连续条件$w_{C左}=w_{C右}$。上述的边界位移条件和光滑连续条件，称为弯曲位移中的**变形相容条件**。

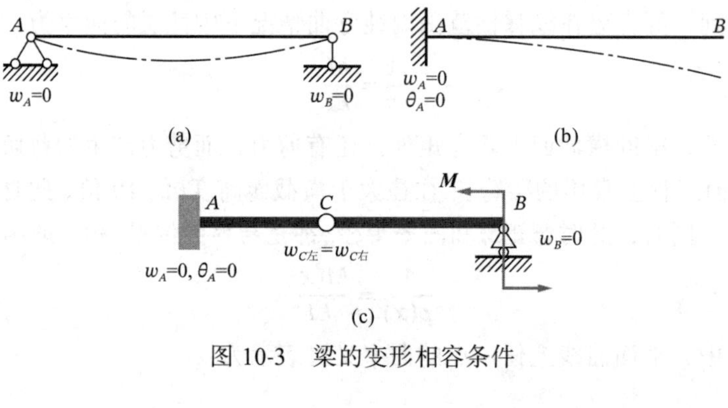

图 10-3 梁的变形相容条件

【例 10-1】承受集中荷载作用的简支梁，如图 10-4 所示，抗弯刚度EI、长度L、荷载$\boldsymbol{F}_{\mathrm{P}}$等均已知。试用积分法求梁的挠度方程和转角方程，并计算加力点B处的挠度和支承A和C处截面的转角。

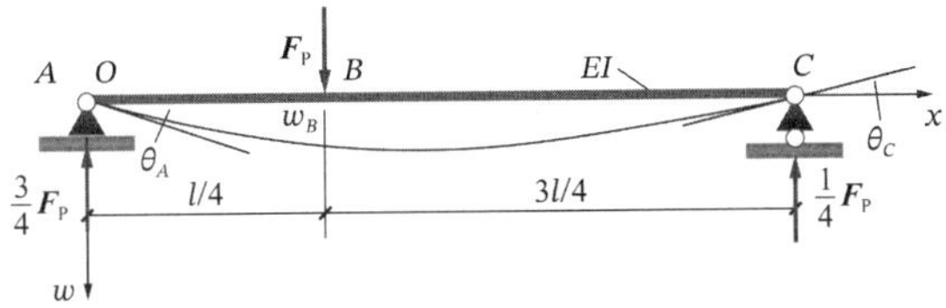

图 10-4 例 10-1 图

解：（1）确定梁约束力

首先，应用平衡方程求得梁在支承A、C二处的约束力分别如图 10-4 中所示。

（2）分段建立梁的弯矩方程

因为B处作用有集中力$\boldsymbol{F}_{\mathrm{P}}$，所以需要分成$AB$和$BC$两段建立弯矩方程。

在图 10-4 所示坐标系中，为确定梁在 $0\sim l/4$范围内各截面上的弯矩，需要考虑左端A处的约束力$3\boldsymbol{F}_{\mathrm{P}}/4$；而确定梁在$l/4\sim l$范围内各截面上的弯矩，则需要考虑左端$A$处的约束力$3\boldsymbol{F}_{\mathrm{P}}/4$和荷载$\boldsymbol{F}_{\mathrm{P}}$。于是，$AB$和$BC$两段的弯矩方程分别为：

AB段
$$M_1(x)=\frac{3}{4}F_{\mathrm{P}}x \quad \left(0\leqslant x\leqslant \frac{l}{4}\right) \tag{a}$$

BC段
$$M_2(x)=\frac{3}{4}F_{\mathrm{P}}x-F_{\mathrm{P}}\left(x-\frac{l}{4}\right) \quad \left(\frac{l}{4}\leqslant x\leqslant l\right) \tag{b}$$

（3）将弯矩表达式代入小挠度微分方程并分别积分

$$EI\frac{\mathrm{d}^2w_1}{\mathrm{d}x^2}=-M_1(x)=-\frac{3}{4}F_{\mathrm{P}}x \quad \left(0\leqslant x\leqslant \frac{l}{4}\right) \tag{c}$$

$$EI\frac{\mathrm{d}^2w_2}{\mathrm{d}x^2}=-M_2(x)=-\frac{3}{4}F_{\mathrm{P}}x+F_{\mathrm{P}}\left(x-\frac{l}{4}\right) \quad \left(0\leqslant x\leqslant \frac{l}{4}\right) \tag{d}$$

将式(c)积分后得：

$$EI\theta_1=-\frac{3}{8}F_{\mathrm{P}}x^2+C_1 \tag{e}$$

$$EIw_1=-\frac{1}{8}F_{\mathrm{P}}x^3+C_1x+D_1 \tag{f}$$

将式(d)积分后得：

$$EI\theta_2=-\frac{3}{8}F_{\mathrm{P}}x^2+\frac{1}{2}F_{\mathrm{P}}\left(x-\frac{l}{4}\right)^2+C_2 \tag{g}$$

$$EIw_2=-\frac{1}{8}F_{\mathrm{P}}x^3+\frac{1}{6}F_{\mathrm{P}}\left(x-\frac{l}{4}\right)^3+C_2x+D_2 \tag{h}$$

式中 C_1、D_1、C_2、D_2——积分常数，由支承处的约束条件和AB段与BC段梁交界处的连续条件确定。

（4）利用约束条件和连续条件确定积分常数

在支座A、C两处挠度应为零，即：

$$x=0，w_1=0 \tag{i}$$

$$x=l，w_2=0 \tag{j}$$

因为，梁弯曲后的轴线应为连续光滑的曲线，所以AB段与BC段梁交界处的挠度和转角必须分别相等，即：

$$x=l/4，w_1=w_2 \tag{k}$$

第10章

$$x = l/4, \ \theta_1 = \theta_2 \tag{l}$$

将式(i)代入式(f)，得：

$$D_1 = 0$$

将式(l)代入式(e)、式(g)，得：

$$C_1 = C_2$$

将式(k)代入式(f)、式(h)，得到：

$$D_1 = D_2 = 0$$

将式(j)代入式(h)，有：

$$0 = -\frac{1}{8}F_{\mathrm{P}}l^3 + \frac{1}{6}F_{\mathrm{P}}\left(l - \frac{l}{4}\right)^3 + C_2 l$$

从中解出

$$C_1 = C_2 = \frac{7}{128}F_{\mathrm{P}}l^2$$

（5）确定转角方程和挠度方程及指定横截面的挠度与转角

将所得的积分常数代入式(e)～式(h)，得到梁的转角和挠度方程为：

$$\left.\begin{aligned} \theta(x) &= \frac{F_{\mathrm{P}}}{EI}\left(-\frac{3}{8}x^2 + \frac{7}{128}l^2\right) \\ w(x) &= \frac{F_{\mathrm{P}}}{EI}\left(-\frac{1}{8}x^3 + \frac{7}{128}l^2 x\right) \end{aligned}\right\} \quad \left(0 \leqslant x \leqslant \frac{l}{4}\right)$$

$$\left.\begin{aligned} \theta(x) &= \frac{F_{\mathrm{P}}}{EI}\left[-\frac{3}{8}x^2 + \frac{1}{2}\left(x - \frac{l}{4}\right)^2 + \frac{7}{128}l^2\right] \\ w(x) &= \frac{F_{\mathrm{P}}}{EI}\left[-\frac{1}{8}x^3 + \frac{1}{6}\left(x - \frac{l}{4}\right)^3 + \frac{7}{128}l^2 x\right] \end{aligned}\right\} \quad \left(\frac{l}{4} \leqslant x \leqslant l\right)$$

据此，可以求得加力点B处的挠度和支承处A和C的转角分别为：

$$w_B = \frac{2}{256}\frac{F_{\mathrm{P}}l^3}{EI}, \ \theta_A = \frac{7}{128}\frac{F_{\mathrm{P}}l^2}{EI}, \ \theta_C = -\frac{5}{128}\frac{F_{\mathrm{P}}l^2}{EI}$$

【例 10-2】图 10-5 所示的简支梁，其抗弯刚度为EI，梁上受集度为q的均布荷载作用。试用积分法求简支梁的挠曲线方程和转角方程，并确定其最大挠度和最大转角。

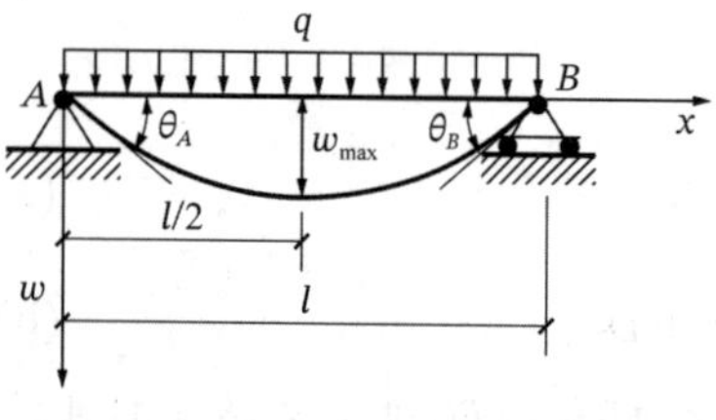

图 10-5 例 10-2 图

解：建立如图 10-5 所示坐标系，x轴沿梁轴线向右为正，w轴向下为正。

（1）列出弯矩方程

$$M(x) = \frac{ql}{2}x - \frac{q}{2}x^2$$

（2）得到挠曲线近似微分方程

$$ELw'' = -M(x) = -\left(\frac{ql}{2}x - \frac{q}{2}x^2\right)$$

（3）对挠曲线近似微分方程进行积分

$$EIw' = -\frac{ql}{4}x^2 + \frac{q}{6}x^3 + C_1$$

$$EIw = -\frac{ql}{12}x^3 + \frac{q}{24}x^4 + C_1 x + C_2$$

（4）简支梁的边界位移条件

$w_A = 0$，$w_B = 0$，即

$$x = 0, \ w_A = 0$$

$$x = l,\ w_B = 0$$

（5）梁的转角方程和挠曲线方程

通过上述边界位移条件确定积分常数$C_1 = ql^3/24$，$C_2 = 0$。最终得到梁的转角方程和挠曲线方程分别为

$$w' = \theta = \frac{q}{24EI}\left(4x^3 - 6lx^2 + l^3\right)$$
$$w = \frac{qx}{24EI}\left(x^3 - 2lx^2 + l^3\right)$$

（6）最大转角和最大挠度

通过上述方程可知，在$x = 0$和$x = l$处转角的绝对值相等且都是最大值，而在梁中点$x = l/2$处有最大挠度值，即：

$$\theta_{\max} = \theta_A = -\theta_B = \frac{ql^3}{24EI}$$
$$w_{\max} = \frac{5ql^4}{384EI}$$

采用积分法计算梁的挠度与转角的步骤：

① 分段列出各区段（n个区段）的弯矩方程；

② 根据各段弯矩方程列出对应的挠曲线方程；

③ 对挠曲线方程进行一次积分得到n个积分常数，再进行第二次积分得到n个积分常数（共$2n$个积分常数）；

④ 利用变形相容条件（边界位移条件和光滑连续条件），确定上述步骤中的积分常数，从而获得转角方程和挠曲线方程；

⑤ 结合数学方法，通过上述转角方程和挠曲线方程确定最大转角和最大挠度。

基本练习题

10-1 已知EI，试用积分法求图 10-6 所示梁的挠曲线方程，自由端的挠度和转角。

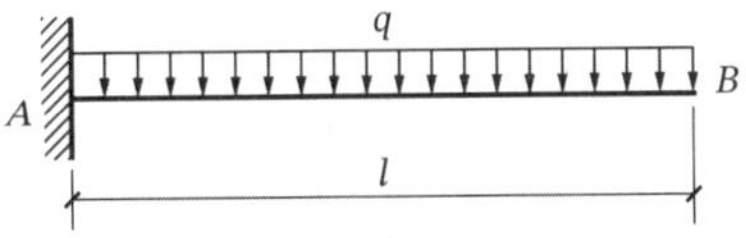

图 10-6　基本练习题 10-1 图

10.3　按叠加法计算梁的挠度与转角

在线弹性范围内，挠曲线曲率与弯矩成正比，当挠度很小时，曲率与挠度之间呈线性关系，并且弯矩与荷载也呈线性关系。因此，梁的挠度和转角与作用在梁上的荷载呈线性关系。在上述情况下，可用叠加法计算梁的挠度与转角，即分别计算出各个荷载单独作用时引起该截面的转角与挠度，再求它们的代数和。

$$\theta(F_1, F_2, \cdots, F_n) = \theta_1(F_1) + \theta_2(F_2) + \cdots + \theta_n(F_n)$$
$$w(F_1, F_2, \cdots, F_n) = w_1(F_1) + w_2(F_2) + \cdots + w_n(F_n) \tag{10-12}$$

在实际工程中，一般情况下无须清楚每一截面处的挠度和转角，通常只需计算梁在各荷

载共同作用下的最大挠度和最大转角。此时采用叠加法进行计算就较为简便。

表 10-1 为几种常用梁在简单荷载单独作用下的挠度与转角，当采用叠加法计算梁的挠度与转角时，可参考此表。

表 10-1 常用梁在简单荷载作用下的挠度和转角

序号	梁上荷载及弯矩图	挠曲线方程	转角和挠度
1	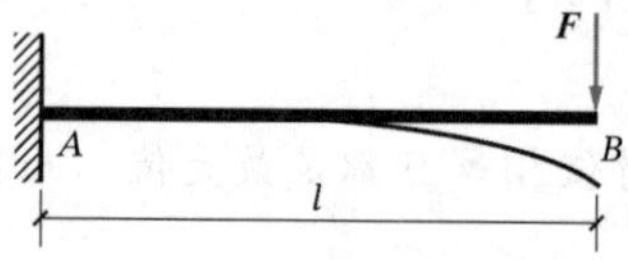	$w=\dfrac{Fx^2}{6EI}(3l-x)$	$\theta_B=\dfrac{Fl^2}{2EI}$ $w_B=\dfrac{Fl^3}{3EI}$
2	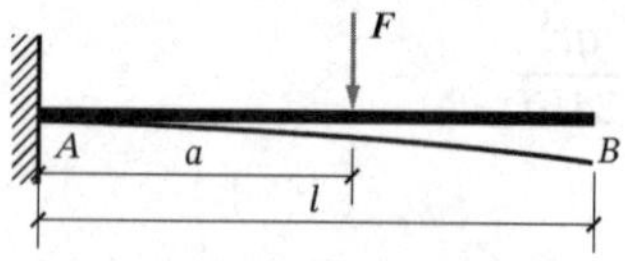	$w=\dfrac{Fx^2}{6EI}(3a-x)$ $(0\leqslant x\leqslant a)$ $w=\dfrac{Fa^2}{6EI}(3x-a)$ $(a\leqslant x\leqslant l)$	$\theta_B=\dfrac{Fa^2}{2EI}$ $w_B=\dfrac{Fa^2}{6EI}(3l-a)$
3	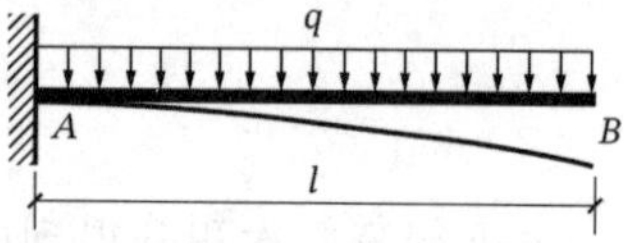	$w=\dfrac{qx^2}{24EI}(x^2+6l^2-4lx)$	$\theta_B=\dfrac{ql^3}{6EI}$ $w_B=\dfrac{ql^4}{8EI}$
4	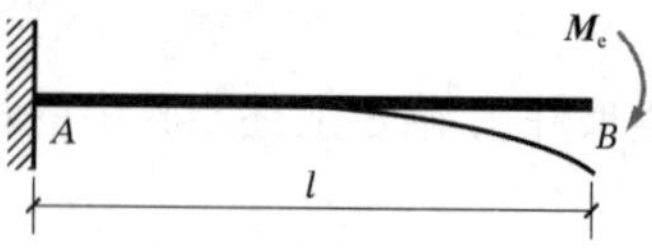	$w=\dfrac{M_e x^2}{2EI}$	$\theta_B=\dfrac{M_e l}{EI}$ $w_B=\dfrac{M_e l^2}{2EI}$
5	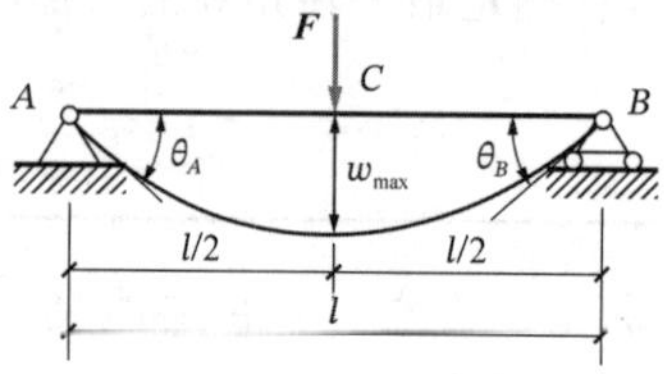	$w=\dfrac{Fx^2}{48EI}(3l^2-4x^2)$ $\left(0\leqslant x\leqslant\dfrac{l}{2}\right)$	$\theta_A=\dfrac{Fl^2}{16EI}$ $\theta_B=-\dfrac{Fl^2}{16EI}$ $w_{max}=\dfrac{Fl^3}{48EI}$
6	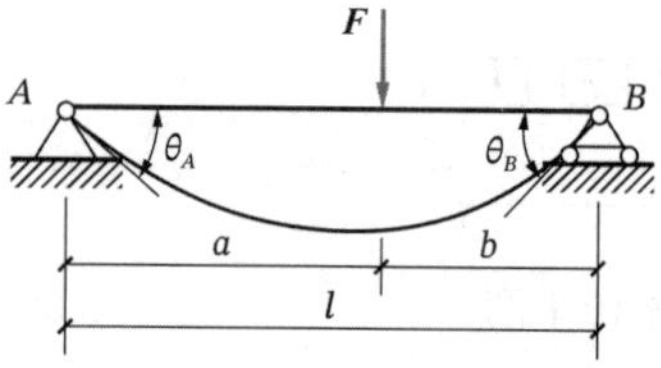	$w=\dfrac{Fbx}{6EIl}(l^2-x^2-b^2)$ $(0\leqslant x\leqslant a)$ $w=\dfrac{Fb}{6EIl}\Big[\dfrac{l}{b}(x-a)^3+$ $(l^2-b^2)x-x^3\Big]$ $(a\leqslant x\leqslant l)$	$\theta_A=\dfrac{Fab(l+b)}{6EIl}$ $\theta_B=-\dfrac{Fab(l+a)}{6EIl}$ 若$a>b$， 在$x=\sqrt{\dfrac{l^2-b^2}{3}}$处， $w_{max}=\dfrac{Fb(l^2-b^2)^{3/2}}{9\sqrt{3}EIl}$
7	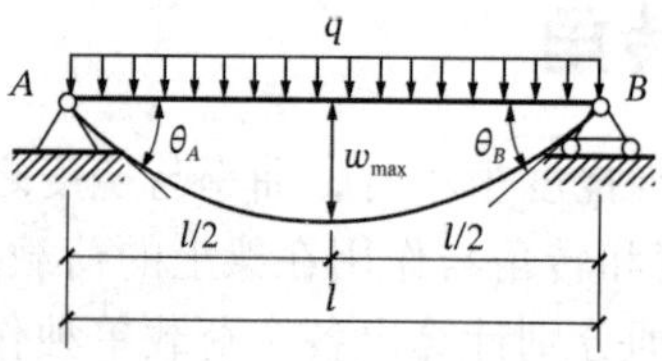	$w=\dfrac{qx}{24EI}(x^3-2lx^2+l^3)$	$\theta_A=\dfrac{ql^3}{24EI}$ $\theta_B=-\dfrac{ql^3}{24EI}$ $w_{max}=\dfrac{5ql^4}{384EI}$
8	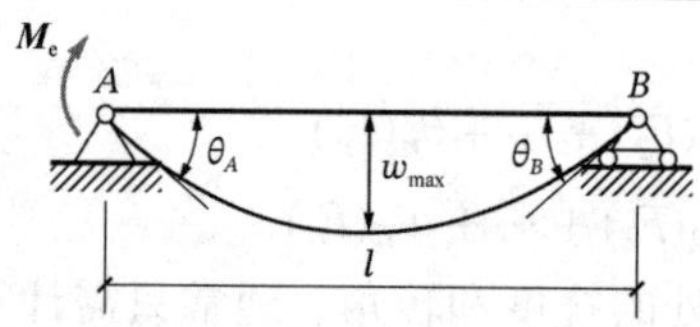	$w=\dfrac{M_e x}{6EIl}(l-x)(2l-x)$	$\theta_A=\dfrac{M_e l}{3EI}$ $\theta_B=-\dfrac{M_e l}{6EI}$ $w_{max}=\dfrac{M_e l^2}{16EI}$

续表

序号	梁上荷载及弯矩图	挠曲线方程	转角和挠度
9	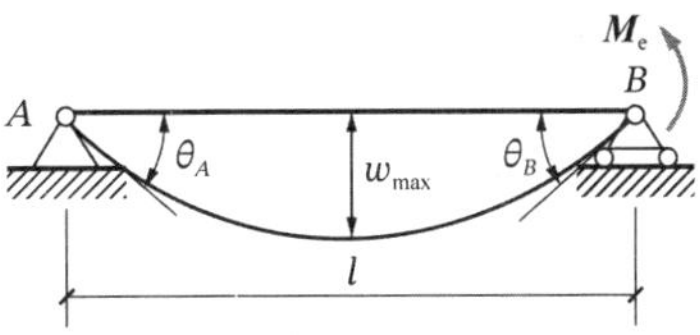	$w=\dfrac{M_e x}{6EIl}(l^2-x^2)$	$\theta_A=\dfrac{M_e l}{6EI}$ $\theta_B=-\dfrac{M_e l}{3EI}$ $w_{max}=\dfrac{M_e l^2}{16EI}$
10	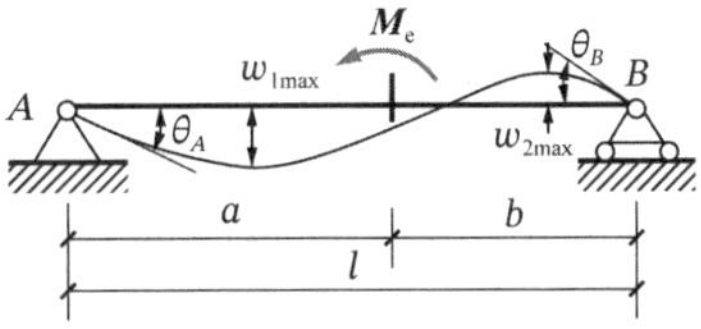	$w=\dfrac{M_e x}{6EIl}(6al-3a^2-2l^2-x^2)$ $(0\leqslant x\leqslant a)$ $w=\dfrac{M_e x}{6EIl}[-x^3+3l(x-a)^2+$ $(l^2-3b^2)x]$ $(a\leqslant x\leqslant l)$	$\theta_A=\dfrac{M_e l}{6EIl}(6al-3a^2-2l^2)$ $\theta_B=\dfrac{M_e l}{6EIl}(l^2-3a^2)$ $x_1=\sqrt{\dfrac{l^2-3b^2}{3}}$ $w_{1max}=-\dfrac{M_e(l^2-3b^2)^{3/2}}{9\sqrt{3}EI}$ $x_2=\sqrt{\dfrac{l^2-3a^2}{3}}$ $w_{2max}=-\dfrac{M_e(l^2-3a^2)^{3/2}}{9\sqrt{3}EI}$

【例 10-3】试用叠加原理求图 10-7 中梁的挠度w_C。

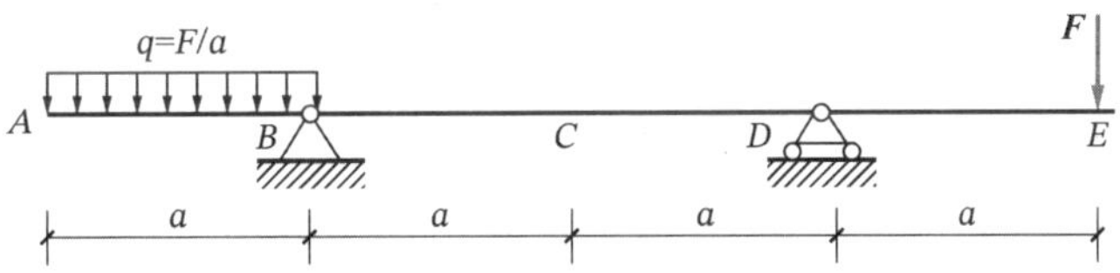

图 10-7　例 10-3 图

解： 由分布力q和集中外力$\boldsymbol{F}$引起梁BD段变形如图 10-8 所示，即弯矩$\frac{qa^2}{2}$和Fa。

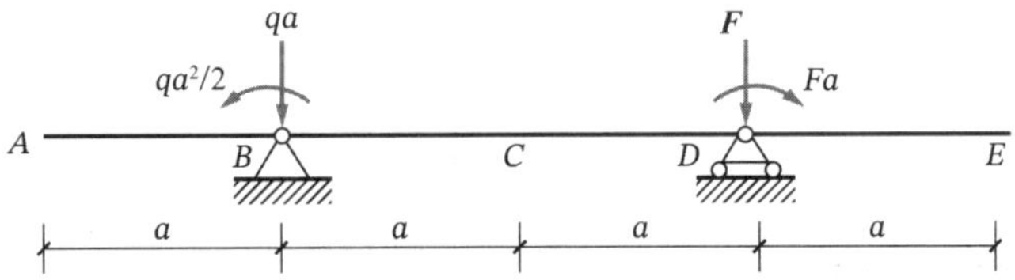

图 10-8　梁BD段变形

通过查表 10-1 中的序号 8 和 9，并结合叠加原理：

$$w_C=\frac{-(qa^2/2)(2a)^2}{16EI}+\frac{-(Fa)(2a)^2}{16EI}=-\frac{3Fa^3}{8EI}$$

本题C处的挠度方向向上，因此w_C为负。

基本练习题

10-2 已知EI，试用叠加法求图 10-9 所示梁B端的挠度和转角。

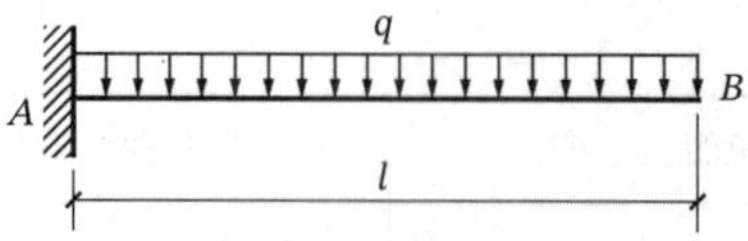

图 10-9 基本练习题 10-2 图

10.4 梁的刚度校核与提高刚度的措施

抗弯刚度是指材料在受力时抵抗变形的能力，它不仅仅是一种物理性能，更是工程中材料道德约束和社会责任的一种体现。在工程设计和实践中，我们不仅要追求抗弯刚度的高性能，还要关注其对于社会、环境和可持续发展的影响。首先，高抗弯刚度的材料和结构可以提高工程的安全性和可靠性，降低事故发生概率，保护人们的生命和财产安全，体现了对社会公共利益的尊重。其次，考虑到资源的有限性和环境的可持续性，我们应该在追求高抗弯刚度的同时，尽量减少材料的消耗和能源的浪费，推动绿色环保的工程实践，为后人留下更美好的环境和资源。此外，抗弯刚度的提高也意味着工程结构的长期稳定性和经济性的提升，可以减少维护和修复的成本，为社会节约资源和资金，实现经济效益和社会效益的双赢。

梁在设计时不仅需要满足强度条件，还需满足刚度条件。若梁的位移或转角过大，则可能影响其安全性。在土建工程中，通常只对挠度加以限制，即只校核挠度；而在机械工程中，则通常需要对挠度和转角均进行校核。

对于刚度条件的应用主要分为以下三类：①**刚度校核**；②**设计截面尺寸**；③**确定许可荷载**。**梁的刚度条件**表达如下。

$$挠度校核：w_{max} \leqslant [w] \tag{10-13}$$

$$转角校核：\theta_{max} \leqslant [\theta] \tag{10-14}$$

式中 $[w]$——许用挠度；

$[\theta]$——许用转角。

【例 10-4】如图 10-10 所示的矩形截面梁，已知$q = 10\text{kN/m}$，$l = 3\text{m}$，$E = 196\text{GPa}$，许用应力$[\sigma] = 118\text{MPa}$，许用挠度$[w] = \frac{l}{250}$。试设计矩形截面尺寸。

解：通过许用正应力计算出矩形截面的尺寸，首先画出弯矩图，如图 10-11 所示。

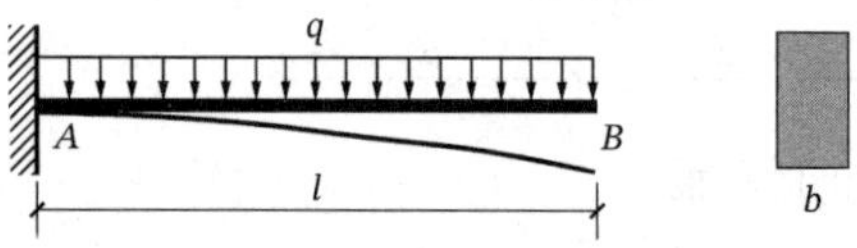

图 10-10 例 10-4 图

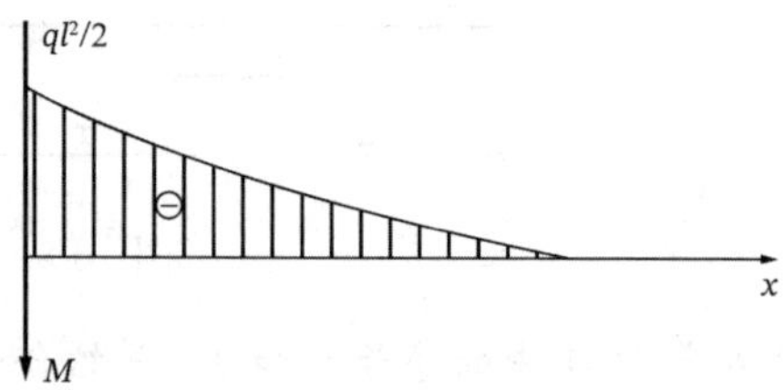

图 10-11 弯矩图

该悬臂梁的最大弯矩值为：

$$|M_{max}| = \frac{1}{2}ql^2$$

其次，矩形截面的抗弯截面模量公式为：

$$W = \frac{bh^2}{6} = \frac{2b^3}{3}$$

因此，由强度条件$\sigma_{\max} = \frac{M_{\max}}{W} \leqslant [\sigma]$，得：

$$b \geqslant \sqrt[3]{\frac{3M_{\max}}{2[\sigma]}} = 83\text{mm}$$

由刚度设计条件计算出矩形截面的尺寸，查表 10-1 得：

$$w_{\max} = w_B = \frac{ql^4}{8EI}$$

矩形截面的惯性矩公式为：

$$I = \frac{bh^3}{12} = \frac{2b^4}{3}$$

因此，由刚度条件$\frac{w_{\max}}{l} \leqslant \left[\frac{w}{l}\right]$，得到：

$$\frac{ql^4}{8EI} \leqslant \frac{l}{250}$$

$$b \geqslant \sqrt[4]{\frac{3 \times 250ql^3}{16E}} = 89.6\text{mm}$$

最终，该悬臂梁的矩形截面尺寸取$b = 90\text{mm}$，$h = 180\text{mm}$。

由表 10-1 可见，梁的挠度、转角与梁的支承和荷载情况有关，同时与抗弯刚度EI成反比，与l^n（l为跨长，$n = 1,2,3,4$）成正比。为提高梁的刚度，通常采用以下措施：

（1）增大抗弯刚度EI

由于各类钢材的弹性模量E数值较为接近，因此采用弹性模量较大的钢材，对于提高梁的刚度可能效果不佳，同时可能还会增加经济损耗。一般情况下，通过选择合理的截面形状，以增大截面的惯性矩。例如，由四根 100mm × 80mm × 10mm 不等边角钢按四种不同方式焊成的梁（四种截面的高度均为 160mm）如图 10-12 所示，可见图 10-12（a）和（d）的惯性矩最大。这也是工程上广泛采用工字形梁和箱形梁的原因。

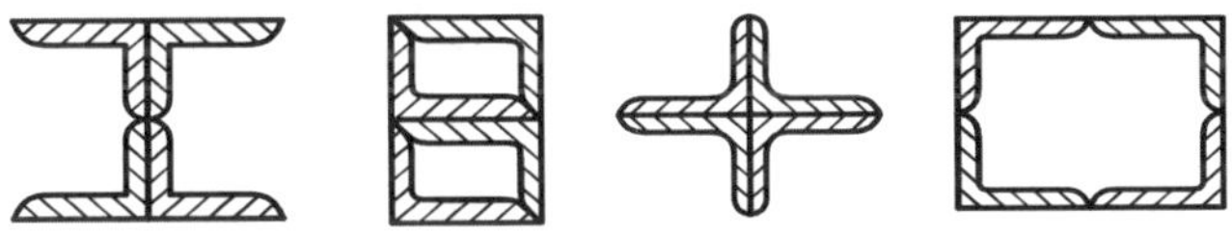

(a)　(b)　(c)　(d)

图 10-12　截面形状对刚度的影响

（2）减小跨长l或增加支座

由于梁的挠度、转角与梁的跨长成正比，因此，采取一定措施缩短梁的跨长是提高梁刚度的有效措施，可以显著减小梁的挠度和转角值。例如，在实际工程中，钢梁通常采用两端外伸的结构，其原理是通过减小跨长以减小梁的最大挠度值。同时，钢梁两端外伸出的部分的重量可以使支座中间处产生向上的挠度，从而使该跨的向下挠度被减小。若梁的跨度无法改变，则可以通过增加梁的支座来提高梁的刚度。

（3）合理布置荷载

通过改变荷载位置或者作用方式，可以减小梁内弯矩，从而达到减小梁的变形位移值。

基本练习题

10-3 当圆截面梁的直径增加一倍时，梁的强度为原来的___倍，梁的刚度为原来的___倍。

10-4 正方形截面梁分别按图 10-13（a）、（b）两种形式放置，则两者间的抗弯刚度关系为

A.（a）>（b） B.（a）<（b）

C.（a）=（b） D. 不一定

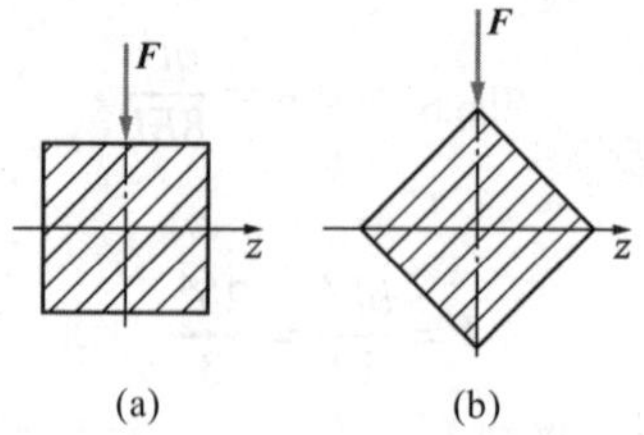

图 10-13 基本练习题 10-4 图

10.5 简单超静定梁

通过前面的内容可知，静定梁和超静定梁可以通过静力平衡方程进行判定。当仅用静力平衡方程便可求解出全部支座反力时，该梁称为**静定梁**。在前面到过，实际工程中会通过增加支座的措施提高梁的刚度。若在静定梁的基础上增加支座，此时，不能仅通过静力平衡方程求解出全部支座反力，这便是**超静定梁或静不定梁**。增加的支座对于保持梁的平衡是多余的，即使没有该增加的支座，梁也是平衡的。因此，该支座是多余约束，与之对应的约束力称为多余约束力。多余约束的个数，称为梁的超静定次数。

变形比较法常被用来求解简单超静定梁，该方法是通过解除原超静定梁的多余约束，以多余约束反力代替多余未知力，从而得到与原超静定梁对应的静定基。原超静定梁与对应的静定基的受力和变形都相同，因此便可以解出多余约束力，求解超静定问题。

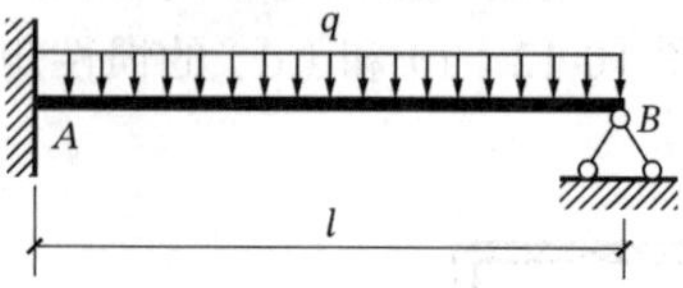

图 10-14 例 10-5 图

【例 10-5】已知q、EI、l，用变形比较法求解如图 10-14 所示超静定梁中支座B处的约束力。

解：解除该超静定梁的多余约束（铰支座B），以约束力$\boldsymbol{F}$为多余未知力，超静定梁可以转化为对应的静定基，如图 10-15 所示。

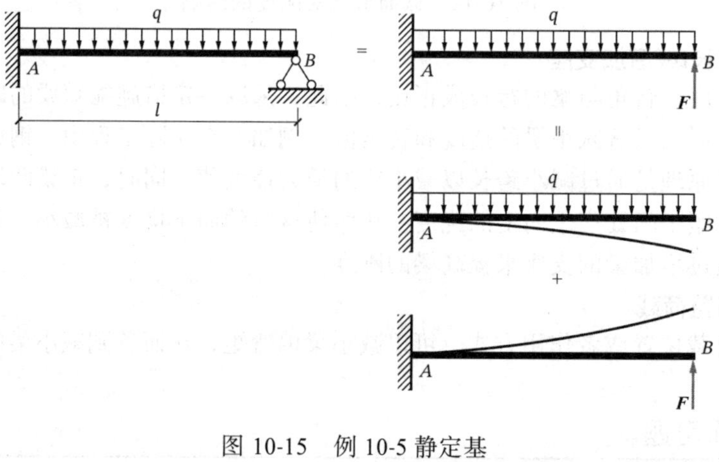

图 10-15 例 10-5 静定基

由变形协调方程：

$$w_B = w_q + w_F$$

查表 10-1 中的序号 1 和 3，得到：

$$\frac{ql^4}{8EI} - \frac{Fl^3}{3EI} = 0$$

因此，得到

$$F = \frac{3}{8}ql$$

铰支座B处的约束力为$\frac{3}{8}ql$，方向向上。

【例 10-6】已知q_0、EI、L、L_{BC}、EA，用变形比较法求解如图 10-16 所示超静定梁中支座B处的约束力以及BC杆的变形位移。

解：（1）建立静定基（图 10-17）

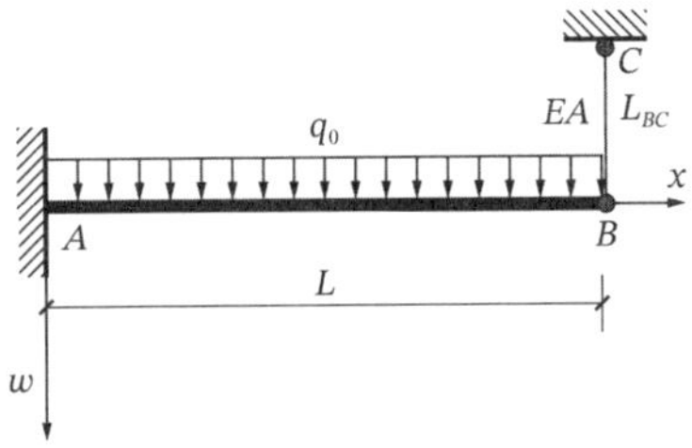

图 10-16　超静定梁

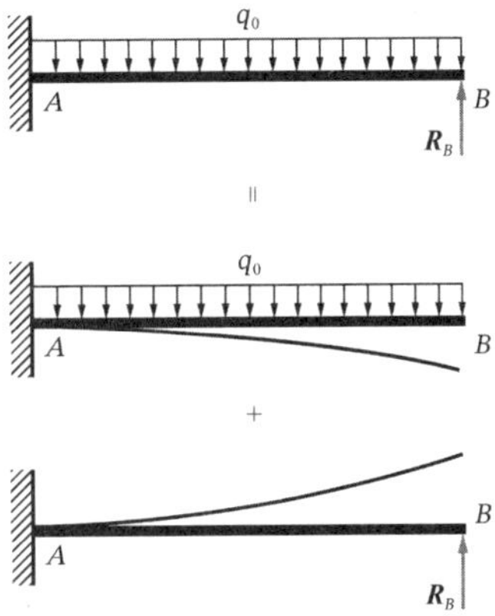

图 10-17　例 10-6 静定基

（2）几何方程——变形协调方程

$$w_B = w_{Bq} + w_{BRB} = \Delta L_{BC}$$

（3）物理方程——变形与力的关系

$$\frac{q_0L^4}{8EI} - \frac{R_BL^3}{3EI} = \frac{R_BL_{BC}}{EA}$$

得到

$$R_B = \frac{q_0L^4}{8I\left(\frac{L_{BC}}{A} + \frac{L^3}{3EI}\right)}$$

所以，BC杆的变形位移为：

$$\Delta L_{BC} = \frac{L_{BC}q_0L^4}{8EAI\left(\frac{L_{BC}}{A} + \frac{L^3}{3EI}\right)}$$

基本练习题

10-5 一超静定梁受荷载作用如图 10-18 所示，当梁长l增加一倍，其余不变时，跨中挠度w增大______倍。

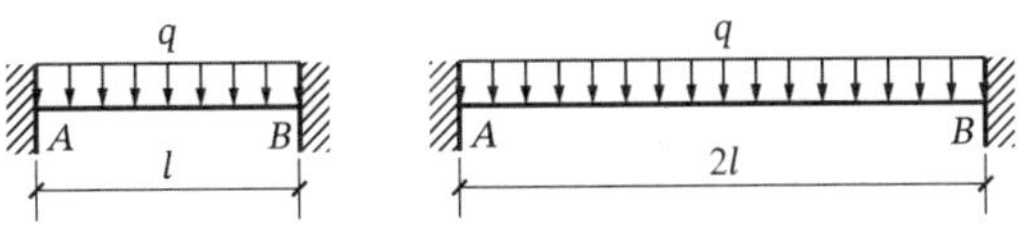

图 10-18　基本练习题 10-5 图

工程启示：塔科马海峡大桥

塔科马海峡大桥的坍塌促使工程师们对梁的位移分析与刚度设计重新审视。该桥的重建采用增加桥面的整体刚度的方式，同时预测并控制桥梁在不同风速和荷载条件下的变形。新的塔科马海峡大桥不仅成功抵御了风致振动，还成为了结构工程领域的经典之作。塔科马海峡大桥的坍塌与重建，深刻体现了位移分析与刚度设计在桥梁结构中的关键作用。

科学家故事：周培源

周培源是著名流体力学家、理论物理学家、教育家和社会活动家，中国近代力学奠基人和理论物理奠基人之一。周培源与国际力学大师冯·卡门齐名，并携手创立了国际理论和应用力学联盟（IUTAM）。国际理论和应用力学联盟的成立不仅提升了中国力学在国际上的地位，也彰显了中国科学家在全球合作与交流中的重要作用。

小　结

1. 当梁发生平面弯曲时，变形后梁的轴线变为一条光滑的平面曲线，称为梁的挠曲轴线，也称弹性曲线、挠曲线。

2. 积分法求挠度

挠曲线近似微分方程为：

$$w''(x)=-\frac{M(x)}{EI}$$

挠曲线近似微分方程积分一次后，得到转角方程：

$$w'(x)=-\frac{1}{EI}\int M(x)\,\mathrm{d}x+C_1$$

再次积分后，得到挠曲线方程：

$$w(x)=-\frac{1}{EI}\iint M(x)\,\mathrm{d}x\,\mathrm{d}x+C_1x+C_2$$

积分常数C_1和C_2由光滑连续条件和边界条件确定。

3. 叠加法求挠度

简单荷载作用下简支梁、悬臂梁的挠曲线方程及特定截面的转角和挠度由上述挠曲线近似微分方程算出，见表 10-1。通过查表，并使用叠加原理，可求解几项荷载共同作用下梁特定截面的挠度和转角。

4. 超静定梁

梁中未知约束力的数目超过静力学平衡方程的数目，某些约束力不能完全由静力学平衡方程求出。

在静定梁上增加的约束，对于维持构件平衡来说是多余的，因此称为多余约束。与多余约束所对应的支座约束力或约束力偶，称为多余约束力。

$$超静定次数=未知约束力总个数-独立平衡方程数$$

5. 梁的刚度条件

对于跨度较大的梁或传动轴，在设计时，既要满足强度条件，也要限制变形，即满足如下刚度条件：

$$\frac{w_{\max}}{l} \leqslant \left[\frac{w}{l}\right],\ \theta_{\max} \leqslant [\theta]$$

思考题

10-1 什么是挠度、转角、挠曲线？

10-2 挠度与转角之间有何关系？这种关系成立的条件是什么？

10-3 最大挠度处的转角是否一定为零？

10-4 叠加法是什么？使用叠加法的条件是什么？

10-5 提高梁的刚度的措施有哪些？

习　题

10-1 如图 10-19 所示的简支梁，在梁上受一集中力$\boldsymbol{P}$作用，试求此梁的转角方程和挠曲线方程。

10-2 如图 10-20 所示，各梁的抗弯刚度EI为常数，试用积分法计算截面C处的挠度与转角。

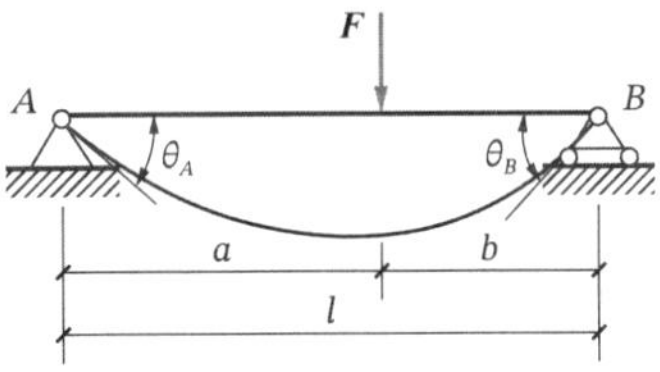

图 10-19　习题 10-1 图

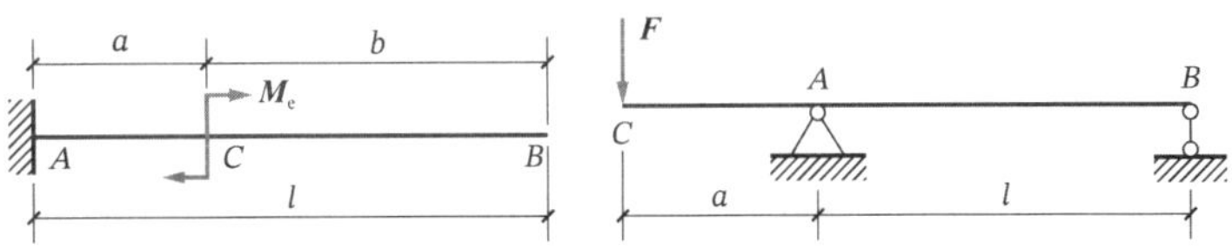

(a)　(b)

图 10-20　习题 10-2 图

10-3 如图 10-21 所示，各梁的抗弯刚度EI为常数，试根据梁的荷载与支座情况，写出积分常数的个数及确定积分常数的边界条件。

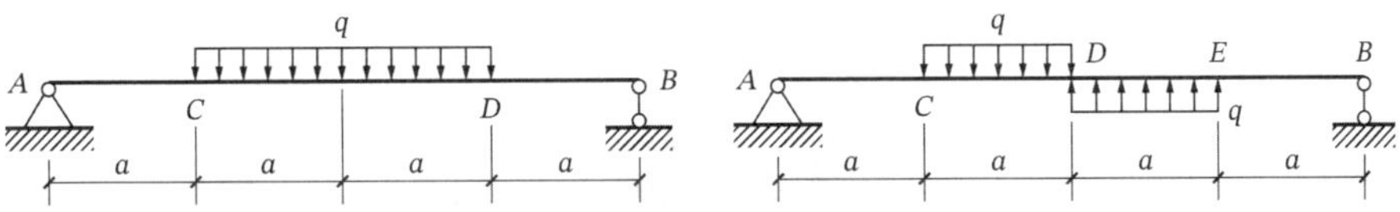

(a)　(b)

图 10-21　习题 10-3 图

10-4 简支梁承受荷载作用，如图 10-22 所示，试写出需要分几段建立小挠度微分方程，积分常数有几个，确定积分常数的条件是什么。

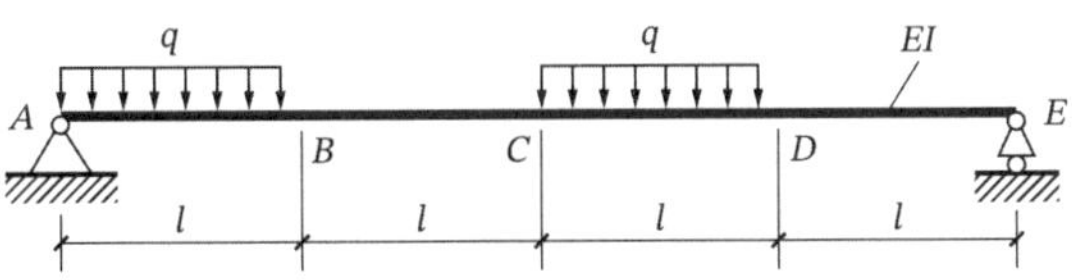

图 10-22　习题 10-4 图

10-5 用积分法求图 10-23 所示的阶梯悬臂梁自由端的挠度。

10-6 试用叠加法求图 10-24 所示悬臂梁中点处和自由端处的挠度。

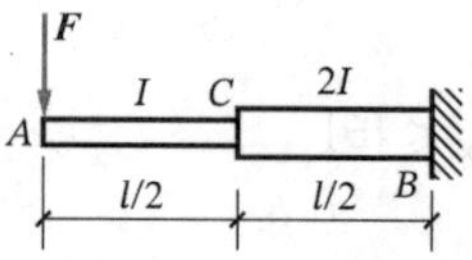

图 10-23 习题 10-5 图

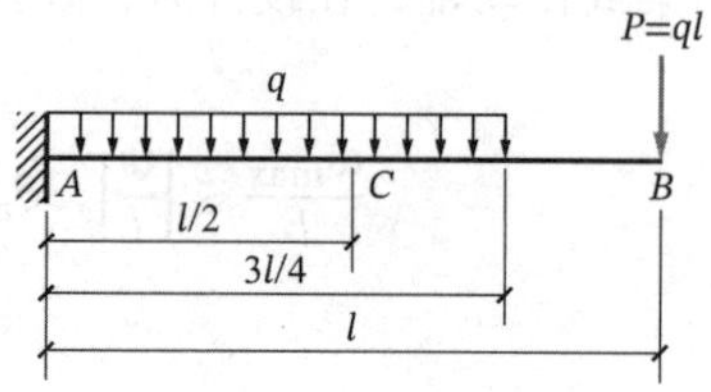

图 10-24 习题 10-6 图

10-7 图 10-25 所示木梁的右端由钢拉杆支承，已知梁的横截面为正方形截面，面积为$A_1 = 0.04\text{m}^2$，$q = 40\text{kN} \cdot \text{m}$，$E_1 = 10\text{GPa}$；钢拉杆的横截面面积为$A_2 = 250\text{mm}^2$，$E_2 = 210\text{GPa}$。试求拉杆的伸长量及梁中点沿铅垂方向的位移。

10-8 在如图 10-26 所示的结构中，梁为 16 号工字钢；拉杆的截面为圆形，直径$d = 10\text{mm}$。上述梁和拉杆均采用 Q235 钢，$E = 200\text{GPa}$，试求梁及拉杆内的最大正应力。

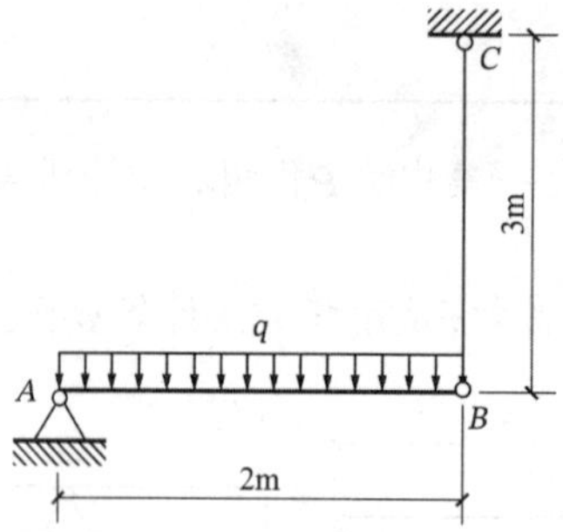

图 10-25 习题 10-7 图

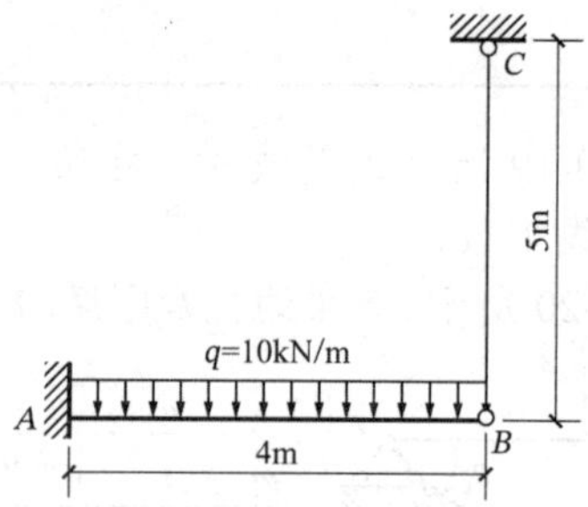

图 10-26 习题 10-8 图

10-9 轴受力如图 10-27 所示，已知$F_P = 1.6\text{kN}$，$d = 32\text{mm}$，材料的弹性模量$E = 200\text{GPa}$。若要求加力点的挠度不大于许用挠度$[w] = 0.05\text{mm}$，试校核该轴是否满足刚度要求。

10-10 如图 10-28 所示，一端外伸的轴在飞轮重力作用下发生变形，已知飞轮重$W = 20\text{kN}$，轴材料的弹性模量$E = 200\text{GPa}$，轴承B处的许用转角$[\theta] = 0.5$。试设计轴的直径。

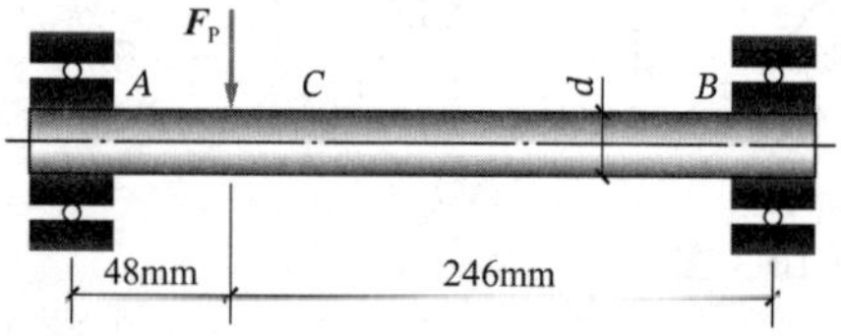

图 10-27 习题 10-9 图

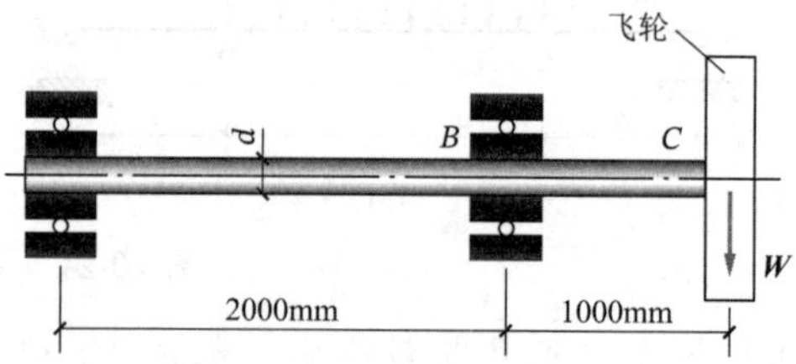

图 10-28 习题 10-10 图

第 11 章
应力状态分析与强度理论

导读

应力状态分析旨在深入探究杆件内任意点不同方向面上应力之间的关系，揭示复杂受力条件下的应力特性，为理解构件破坏机理奠定基础。强度理论则对材料发生强度失效的共同内在原因提出假说，建立失效准则和强度条件，以确保工程设计的安全性与经济性。本章通过理论阐述与实例分析，引导读者掌握应力分析方法，理解不同强度理论的适用条件，从而科学合理地设计工程构件，预防失效事故发生。

学习目标

掌握应力状态单元体的概念，精通平面应力状态分析的解析法和图解法；了解空间应力状态；熟练运用广义胡克定律；理解应变能密度的相关概念；掌握常见的两种强度理论并能在工程实践中应用。

思维导图

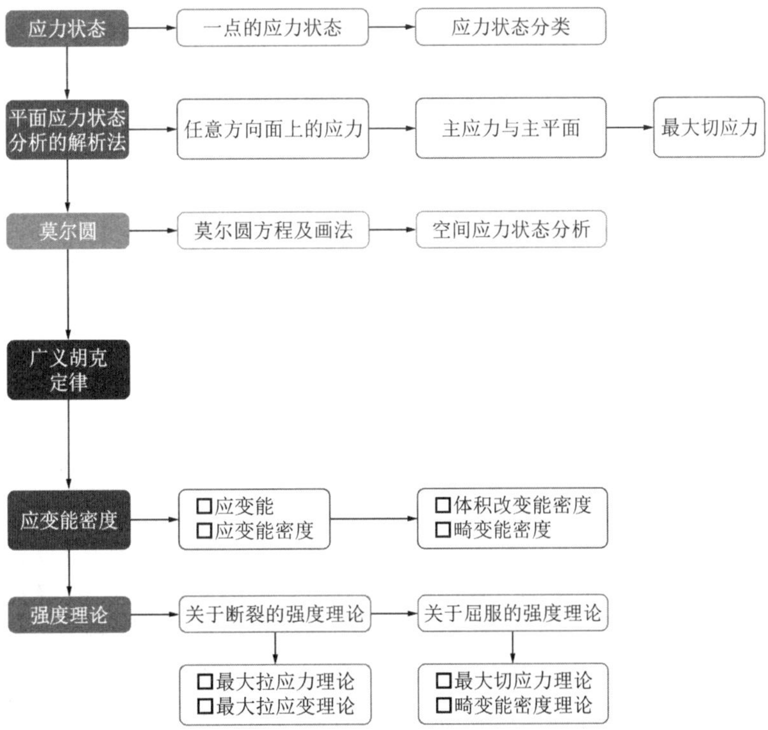

本章首先给出一点处应力状态的基本概念，接着利用解析法和莫尔圆法对平面应力状态进行分析，应用莫尔圆法分析空间应力状态，然后介绍一般应力状态下的应力-应变关系（广义胡克定律），以及应变能密度、畸变能密度的概念。在应力状态分析的基础之上，阐述关于断裂和屈服的四大强度理论，建立复杂应力状态下的强度失效准则和强度条件，为后续解决组合变形强度问题打下基础。

11.1 应力状态的基本概念

11.1.1 一点的应力状态

前几章探讨了杆件在轴向拉伸与压缩、弯曲和扭转这几种基本受力与变形形式下横截面上的应力，然而仅仅根据横截面上的应力，不能明确分析出低碳钢拉伸至屈服时表面出现 45° 滑移线的原因，也不能分析铸铁圆截面试件扭转最后的断面形状为何是 45°螺旋面。实际上，承受外力作用的杆件，不仅横截面上会产生应力，斜截面上也会产生应力。如图 11-1（a）所示的轴向受拉杆件，先在其表面标记一斜置的正方形，受力后，正方形变成了菱形，即发生了角变形，从而暗示了斜截面上有相应的切应力存在。如图 11-1（b）所示的受扭转圆轴，先在其表面标记一圆形，受力后，圆形变为一斜置椭圆，即在长轴方向上伸长，在短轴方向上缩短，表明斜截面上存在着正应力。

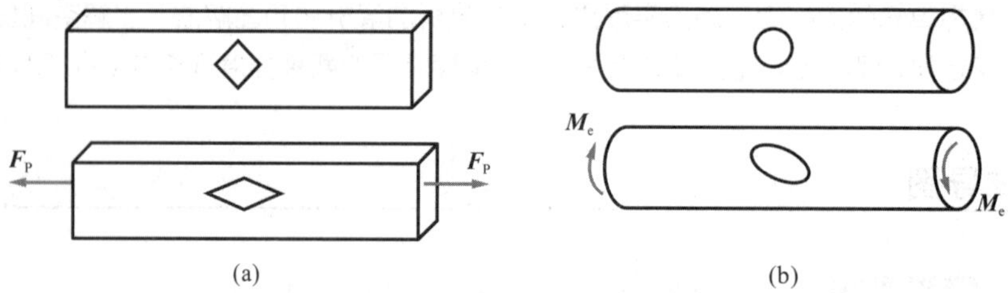

图 11-1 受力杆件斜截面上存在应力

受力构件内的一点处，理论上讲有无穷多个方向面，且一般来讲，在不同方向面上的应力是不同的，因此将过一点不同方向面上应力的集合，称为该点的应力状态。为了描述一点的应力状态，可以围绕该点取一无限小的正六面体，这个正六面体称为单元体，如图 11-2（a）所示。单元体的表面由三对相互垂直的方向面构成，上面作用了分布内力，当单元体尺寸足够小时，各表面的内力集度即应力可以认为是均匀分布的，且满足每一对平行面上的应力大小相等、方向相反。

一般情况下，单元体的每个表面上均作用有正应力和切应力，建立平行于单元体棱边的直角坐标系后，可进一步将切应力沿着坐标轴分解为两个切应力分量。利用下标来区分不同的应力分量，正应力的下标表示其作用面的法线方向，切应力有两个下标，第一个下标表示其作用面的法线方向，第二个下标表示切应力的方向。

固然，当各边边长充分小，单元体便趋于宏观上的“点”，但一点的应力状态指的是过一点所有方向面上应力的集合，而单元体本身只有三对相互垂直的方向面，故仍需简要证明单元体及作用在单元体上的应力足以代表一点的应力状态。当物体处于平衡状态时，从物体上任一点取出的单元体必然是平衡的，且从单元体任意截取的局部也应是平衡的。故当单元体三对方向面上的应力已知时，可以用假想截面将单元体沿任意方向面截开。根据截开后任意部分［如图 11-2（b）所截取的四面体］的平衡，便可求解出假想截面上的应力。换言之，一旦单元体的方位及作用的应力确定，过同一点所有方向面的应力就确定了，该点的应力状态也就完全确定了。

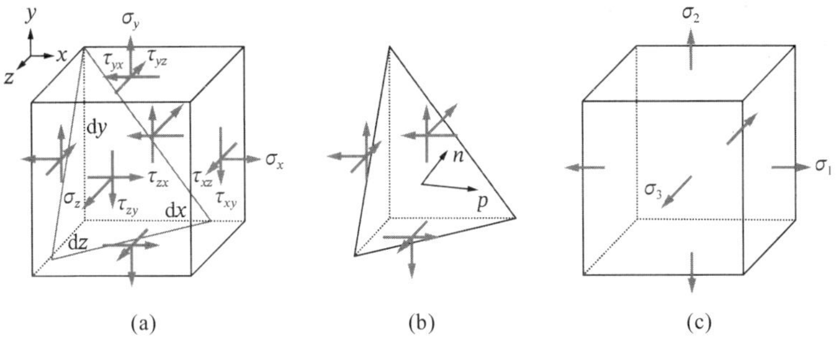

图 11-2　一点的应力状态

11.1.2　应力状态分类

构件的受力形式不同，构件上一点的应力状态也多种多样，应先对其进行分类。最普遍的一般应力状态如图 11-2（a）所示，又称为空间应力状态或三向应力状态。空间应力状态在实际工程中较为少见。通常对荷载进行近似和简化之后，构件上一点的应力可以在一个平面内进行分析，即处于平面应力状态，如图 11-3（a）所示，单元体的一对平行方向面上正应力和切应力均等于零。平面应力状态中还有更为特殊的情况，在轴向拉压杆上取一单元体，只有一对与横截面平行的方向面上有正应力作用，另外两对方向面上应力均为零，此时该点处于单向应力状态，如图 11-3（b）所示。在受扭转圆轴上的一点处，取一个由一对横截面、一对同轴圆柱面和一对通过杆轴线的纵截面组成的单元体。根据第 7 章的应力分析，已知横截面上作用了切应力，根据切应力互等定理，纵截面上也应存在切应力，而同轴圆柱面上没有任何应力作用，这种情况称为纯剪切应力状态，如图 11-3（c）所示。

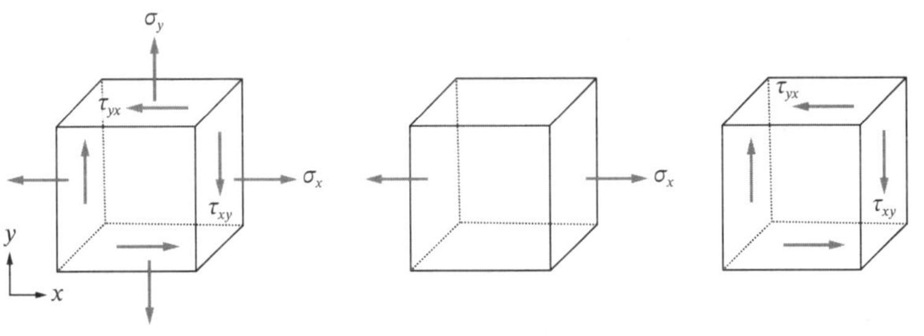

(a) 平面应力状态　(b) 单向应力状态　(c) 纯剪切应力状态

图 11-3　平面应力状态

为了严格地对应力状态进行分类，需要先在这里提出主应力等相关概念。没有切应力作用的方向面称为主平面，主平面上的正应力称为主应力，主应力的方向同时也是主平面的外法线方向，称为主方向。如果单元体各表面均为主平面，则该单元体称为主单元体。可以证明，过一个点，存在三对相互垂直的主平面，因此主单元体是存在的。可知，主单元体上作用了三对主应力，如图 11-2（c），通常用σ_1、σ_2、σ_3表示，它们按代数值的大小顺序排列，即$\sigma_1 \geqslant \sigma_2 \geqslant \sigma_3$。由此，按不为零的主应力数目可将一点的应力状态分为以下三类：

① 单向应力状态：三个主应力中只有一个不为零，如轴向拉伸、压缩，或纯弯曲时，杆件上任意点均处于单向应力状态。

② 二向应力状态：三个主应力中有两个不为零，如圆轴扭转或横力弯曲时，杆件上任意点均处于二向应力状态。

③ 三向应力状态（空间应力状态）：三个主应力均不为零。

单向和二向应力状态统称为平面应力状态，二向和三向应力状态又统称为复杂应力状态。工程力学的研究对象为杆件，杆件上的点一般处于平面应力状态，故本章将重点讨论平面应力状态，对空间应力状态仅作简单的介绍。

【例 11-1】 薄壁圆球形容器的壁厚为δ，内径为D，内压为p，如图 11-4（a）所示。试计算容器上由内外壁及过圆心截面所组成的单元体上的应力。

解： 用过圆心的截面把容器分成两个半球，取其中一个半球，如图 11-4（b）所示。设半球上内压力的合力为$\boldsymbol{F}$，其等于半球在过圆心平面上的投影面积与内压的乘积，即：

$$F = \frac{\pi D^2}{4} p$$

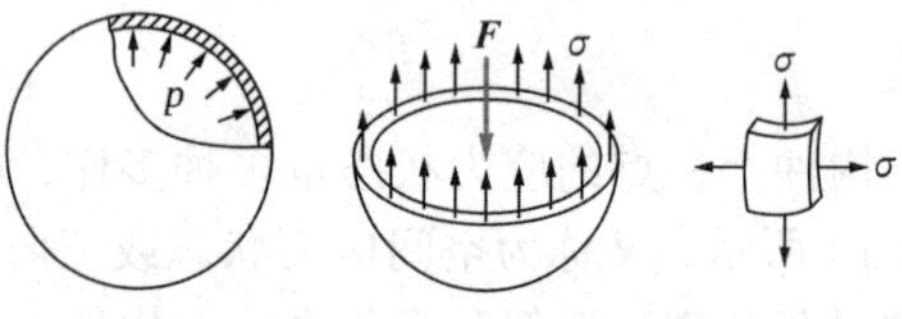

图 11-4　例 11-1 图

薄壁容器截面上的应力在沿厚度方向上可以认为是保持不变的，再由对称性可知，应力沿圆周方向也是均匀的，故在整个截面上是均匀的。用应力乘以截面的面积便能得到内力：

$$F_N = \pi D \delta \sigma$$

由平衡方程$F_N - F = 0$，解出：

$$\sigma = \frac{pD}{4\delta}$$

由容器的对称性可知，在过圆心的任意截面上皆无切应力，且正应力都等于由上式算出的σ，内外壁无应力作用。如图 11-4（c）所示，取出的单元体为主单元体，作用了三个主应力，$\sigma_1 = \sigma_2 = \sigma$，$\sigma_3 = 0$。该单元体为二向应力状态。

基本练习题

11-1 矩形截面简支梁受力如图 11-5（a）所示，横截面上各点的应力状态如图 11-5（b）所示，则（　　）。

A. 点 1、2 的应力状态是正确的　　B. 点 2、3 的应力状态是正确的

C. 点 3、4 的应力状态是正确的　　D. 点 1、5 的应力状态是正确的

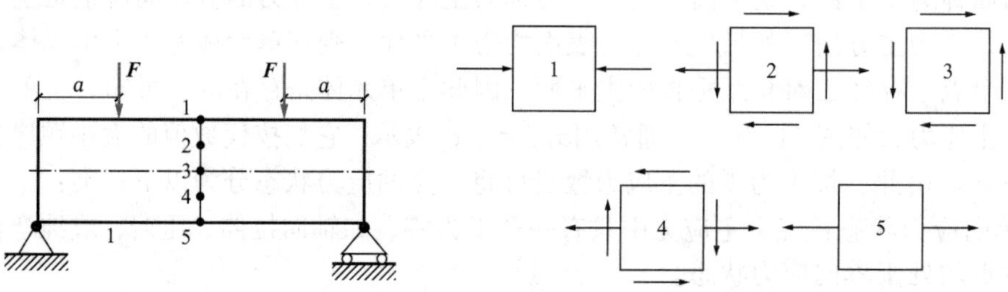

图 11-5　基本练习题 11-1 图

11.2 平面应力状态分析的解析法

一点处应力随不同方向面的变化规律，应力的极值以及极值所在方向面的方位，这些都是应力状态分析的内容。应力状态分析的基本方法本质上是截面法：已知单元体三对面上的应力，为求某个任意方向面（斜截面）上的应力，可用一假想截面将单元体沿着所考察的斜截面截为两部分，考察其中任意一部分的平衡，即可由平衡条件求得该斜截面上的应力。本小节以平面应力状态为例，说明上述方法的具体应用。

11.2.1 任意方向面上的应力

一般而言，对于平面应力状态，可取单元体如图 11-6（a）所示，使其一对平行面（xy平面）上没有任何应力，另外两对相互垂直的平行面上既有正应力又有切应力。正应力σ_x和σ_y分别作用在单元体的x和y方向面上。同时，x和y方向面上还作用了切应力τ_{xy}和τ_{yx}，它们分别与y轴和x轴平行。使单元体没有应力的表面平行于纸面，平面应力状态便能用平面图形来表示，如图 11-6（b）所示，但需要指出的是表示平面应力状态的单元体仍然是正六面体，此平面图形的四条边对应单元体的四个面。

现取任意垂直于xy平面的方向面，其外法线n与x轴的夹角称为方向角，用α表示。该方向面称为α方向面或α斜截面，规定从x正方向逆时针转至n方向的α角为正，反之为负。为了确定任意α方向面上的正应力与切应力，先对应力的正负号作出约定：正应力以拉应力为正，压应力为负；切应力使单元体或其局部产生顺时针方向转动趋势者为正，反之为负。例如，图 11-6 中，正应力σ_x和σ_y均为正，切应力τ_{xy}为正，τ_{yx}为负。

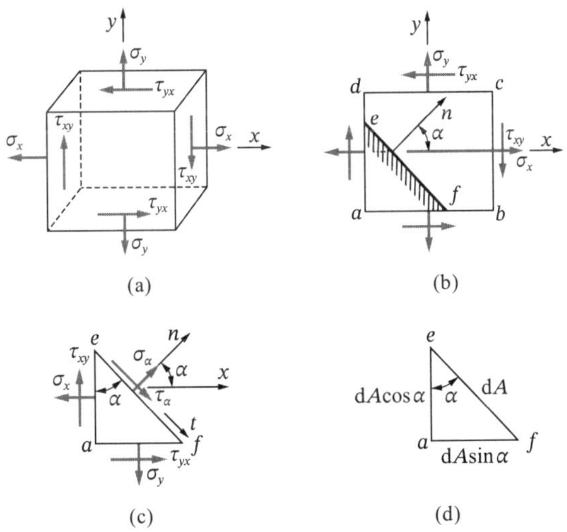

图 11-6 平面应力状态下的应力

进一步将单元体沿着α方向面截开为两部分，考察左下角部分，其受力如图 11-6（c）所示。将斜截面上的应力分解为正应力σ_α和切应力τ_α，均取作正方向，下标α代表其作用在α方向面上。这里需要注意区分单元体上的内力和应力，应力的定义是分布内力在一点的集度或单位面积上的内力。因此，作用在单元体或单元体局部各个面上的应力，必须乘以其所作用的面积才能得到力，而平衡条件是基于单元体上的力。于是，由单元体局部的平衡，分别列出斜截面外法线方向n和切线方向t上的投影方程：

$$\sum F_n = 0，\ \sigma_\alpha \mathrm{d}A + \left(-\sigma_x \cos\alpha + \tau_{xy}\sin\alpha\right)\mathrm{d}A\cos\alpha + \left(-\sigma_y \sin\alpha + \tau_{yx}\cos\alpha\right)\mathrm{d}A\sin\alpha = 0$$

$$\sum F_t = 0，\ \tau_\alpha \mathrm{d}A + \left(-\sigma_x \sin\alpha - \tau_{xy}\cos\alpha\right)\mathrm{d}A\cos\alpha + \left(\sigma_y \cos\alpha + \tau_{yx}\sin\alpha\right)\mathrm{d}A\sin\alpha = 0$$

利用切应力互等定理$\tau_{xy} = \tau_{yx}$和三角函数倍角公式进行化简，经整理，得到平面应力状态任意α方向面上正应力与切应力的表达式：

$$\sigma_\alpha = \frac{1}{2}\left(\sigma_x + \sigma_y\right) + \frac{1}{2}\left(\sigma_x - \sigma_y\right)\cos 2\alpha - \tau_{xy}\sin 2\alpha \tag{11-1}$$

$$\tau_\alpha = \frac{1}{2}\left(\sigma_x - \sigma_y\right)\sin 2\alpha + \tau_{xy}\cos 2\alpha \tag{11-2}$$

式(11-1)和式(11-2)表明，在平面应力状态下，只要给出单元体的方位及单元体上的应力（即已知σ_x、σ_y和τ_{xy}），便可以求解任意α方向面上的正应力σ_α和切应力τ_α，它们均可以看作方向角α的连续函数。

【例 11-2】如图 11-7（a），求轴向拉伸矩形截面杆斜截面上的应力、最大切应力及其作用方向面。

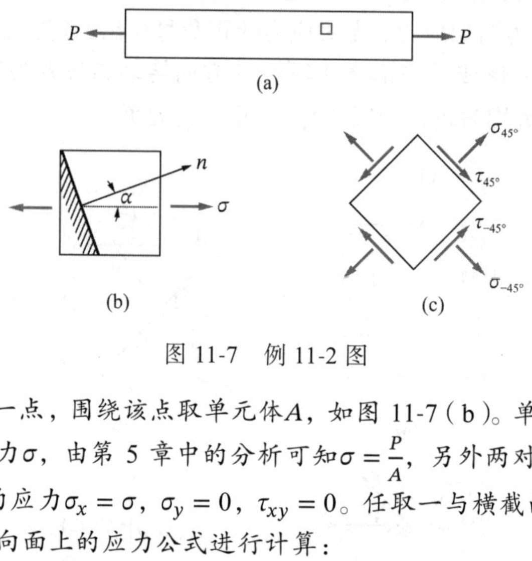

图 11-7 例 11-2 图

解：在杆件中任取一点，围绕该点取单元体A，如图 11-7（b）。单元体的一对平行面为杆的横截面，作用了正应力σ，由第 5 章中的分析可知$\sigma = \frac{P}{A}$，另外两对平行面为纵截面，设有应力作用。单元体A上的应力$\sigma_x = \sigma$，$\sigma_y = 0$，$\tau_{xy} = 0$。任取一与横截面夹角为α的斜截面，根据平面应力状态任意方向面上的应力公式进行计算：

$$\sigma_\alpha = \frac{1}{2}\left(\sigma_x + \sigma_y\right) + \frac{1}{2}\left(\sigma_x - \sigma_y\right)\cos 2\alpha - \tau_{xy}\sin 2\alpha = \frac{1}{2}\sigma(1 + \cos 2\alpha)$$

$$\tau_\alpha = \frac{1}{2}\left(\sigma_x - \sigma_y\right)\sin 2\alpha + \tau_{xy}\cos 2\alpha = \frac{1}{2}\sigma\sin 2\alpha$$

当$\alpha = \pm 45°$时，$\tau_\alpha = \pm\frac{\sigma}{2}$，切应力的绝对值取得最大值；$\sigma_\alpha = \frac{\sigma}{2}$，正应力不等于 0。可另取单元体$B$，如图 11-7（c），其相互垂直的一对表面为$\pm 45°$方向面，可由单元体$A$在所有应力经过的平面内旋转 45°得到，单元体$B$上作用了正应力$\sigma_{\pm 45°}$和切应力$\tau_{\pm 45°}$。可以推测，当轴向拉伸至屈服时，低碳钢试件上与轴线成 45°夹角的滑移线，与 45°斜截面上的最大切应力有关。

【例 11-3】应力状态如图 11-8 所示，已知$\sigma_x = 63.7\text{MPa}$，$\tau_{xy} = 76.4\text{MPa}$。求外法线与$x$方向

角为 120°方向面上的正应力和切应力。

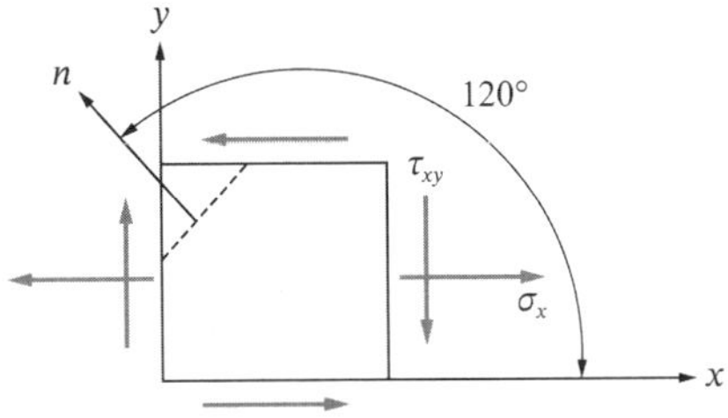

图 11-8　例 11-3 图

解： 利用平面应力状态任意方向面上的公式进行计算。

$$
\begin{aligned}
\sigma_{120^\circ} &= \frac{1}{2}(\sigma_x+\sigma_y)+\frac{1}{2}(\sigma_x-\sigma_y)\cos 2\alpha-\tau_{xy}\sin 2\alpha \\
&= \frac{1}{2}(63.7+0)+\frac{1}{2}(63.7-0)\cos(120^\circ\times 2)-76.4\times\sin(120^\circ\times 2) \\
&= 82.09\text{MPa} \\
\tau_{120^\circ} &= \frac{1}{2}(\sigma_x-\sigma_y)\sin 2\alpha+\tau_{xy}\cos 2\alpha \\
&= \frac{1}{2}(63.7-0)\sin(120^\circ\times 2)+76.4\times\cos(120^\circ\times 2) \\
&= -65.78\text{MPa}
\end{aligned}
$$

11.2.2　主应力与主平面

根据式(11-1)，可求出正应力的极值。若存在极值，则极值点处的方向角α_0应满足

$$
\left.\frac{\mathrm{d}\sigma_\alpha}{\mathrm{d}\alpha}\right|_{\alpha=\alpha_0}=-(\sigma_x-\sigma_y)\sin 2\alpha_0-2\tau_{xy}\cos 2\alpha_0=0
$$

将上式与式(11-2)比较可知，在正应力取极值的方向面上，切应力等于零。又由于切应力为零的方向面是主平面，主平面上的正应力是主应力，故正应力在主平面上取得极值，而正应力的极值就是主应力。进一步化简得：

$$
\tan 2\alpha_0=-\frac{2\tau_{xy}}{\sigma_x-\sigma_y} \tag{11-3}
$$

由式(11-3)不难得出，当一对平行方向面（方向角为α_0、$\alpha_0+\pi$）为主平面时，与之垂直的一对平行方向面（方向角为$\alpha_0+\pi/2$、$\alpha_0+3\pi/2$）也为主平面。计算时，求两个相互垂直的主平面的方向角α_0和$\alpha_0+\pi/2$即可，将式(11-3)代入式(11-1)，得到面内两个主应力：

$$
\begin{matrix}\sigma' \\ \sigma''\end{matrix}=\frac{\sigma_x+\sigma_y}{2}\pm\sqrt{\left(\frac{\sigma_x-\sigma_y}{2}\right)^2+\tau_{xy}{}^2} \tag{11-4}
$$

需要特别指出，对于平面应力状态，平行于xy坐标面的方向面，其上既没有正应力，也没有切应力，故也是主平面，且这一主平面上的主应力$\sigma'''=0$。最后将三个主应力按代数值由大到小的顺序排列（$\sigma_1\geqslant\sigma_2\geqslant\sigma_3$），而根据式(11-4)只能判定$\sigma'\geqslant\sigma''$，不能判定与$\sigma'''$（即 0）的大小关系，因此必须针对具体的应力状态情况进行处理。

主应力和主方向是反映应力状态本质的特征量。由于单元体上的应力会随着单元体方位的变化而变化，因此一点应力状态有无穷多种表示方式。对于这些看似不同的应力状态，只要主应力和主方向对应相等，则实质上是相同的。

11.2.3 最大切应力

同理可确定切应力极值及其所在方向面。设切应力极值点处的方向角为α_1，其必须满足：

$$\left.\frac{\mathrm{d}\tau_\alpha}{\mathrm{d}\alpha}\right|_{\alpha=\alpha_1} = (\sigma_x - \sigma_y)\cos 2\alpha_1 - 2\tau_{xy}\sin 2\alpha_1 = 0$$

化简得

$$\tan 2\alpha_1 = \frac{\sigma_x - \sigma_y}{2\tau_{xy}} \tag{11-5}$$

由上式可给出两个方向角α_1和（$\alpha_1 + \pi/2$），由此确定两个相互垂直的方向面。与式(11-3)比较，有：

$$\tan 2\alpha_1 = -\cot 2\alpha_0$$

可知

$$\alpha_1 = \alpha_0 \pm \frac{\pi}{4}$$

上式说明切应力极值所在方向面与主平面的夹角为 45°。将式(11-5)代入式(11-2)，得到切应力的两个极值为：

$$\begin{matrix}\tau' \\ \tau''\end{matrix} = \pm\sqrt{\left(\frac{\sigma_x - \sigma_y}{2}\right)^2 + \tau_{xy}{}^2} \tag{11-6}$$

比较式(11-6)与式(11-4)，得：

$$\begin{matrix}\tau' \\ \tau''\end{matrix} = \pm\frac{\sigma' - \sigma''}{2} \tag{11-7}$$

式(11-7)表明切应力极值的绝对值等于面内两个主应力差值的一半。需要特别注意的是，利用式(11-6)和式(11-7)计算的最大切应力只是平面应力状态面内的最大切应力，而不一定是过这一点所有方向面上的最大切应力。这是由于在推导平面应力状态α斜截面的应力公式时，所考虑的斜截面是垂直于所有应力经过平面的任意方向面。

为确定过一点所有方向面上的最大切应力，可将平面应力状态视为空间应力状态的特殊情形。考察空间应力状态，主单元体的三对平行面上分别作用了三个主应力$\sigma_1 \geqslant \sigma_2 \geqslant \sigma_3$，如图 11-9 所示，取三组方向面分别平行于三个主应力。不难看出，平行于σ_1的这一组方向面上的应力与σ_1无关，故可利用平面应力状态的公式计算最大切应力为：

$$\tau_{23} = \frac{\sigma_2 - \sigma_3}{2}$$

同理，平行于σ_2的一组方向面上的最大切应力为：

$$\tau_{13} = \frac{\sigma_1 - \sigma_3}{2}$$

平行于σ_3的一组方向面上的最大切应力为：

$$\tau_{12} = \frac{\sigma_1 - \sigma_2}{2}$$

可以证明，一点处的最大切应力必为三者中最大值，故有：

$$\tau_{\max} = \frac{\sigma_1 - \sigma_3}{2} \tag{11-8}$$

对比式(11-8)和式(11-7)可知，只有当平面应力状态的三个主应力满足$\sigma' \geqslant 0 = \sigma''' \geqslant \sigma''$时，面内的最大切应力才是所有方向面上的最大切应力。

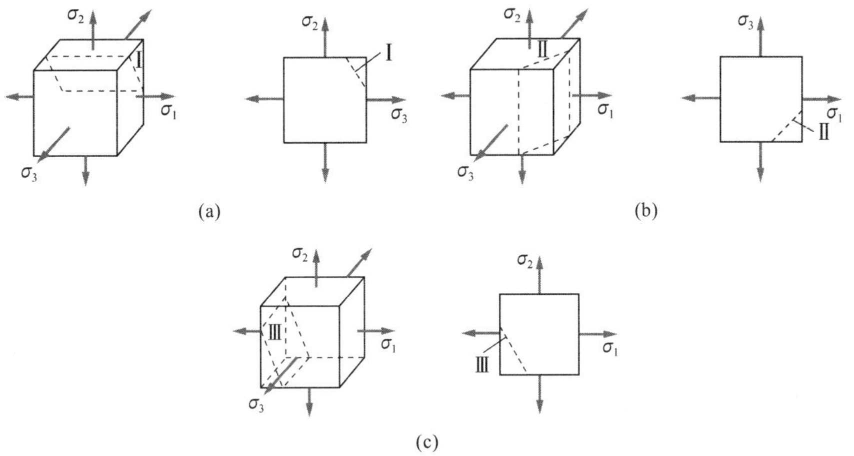

图 11-9 空间应力状态及三组平行于主应力的方向面

【例 11-4】单元体应力状态如图 11-10（a）所示。（1）试求主应力及主平面位置，并将主应力表示在主单元体上。（2）试求最大切应力及其作用平面位置。

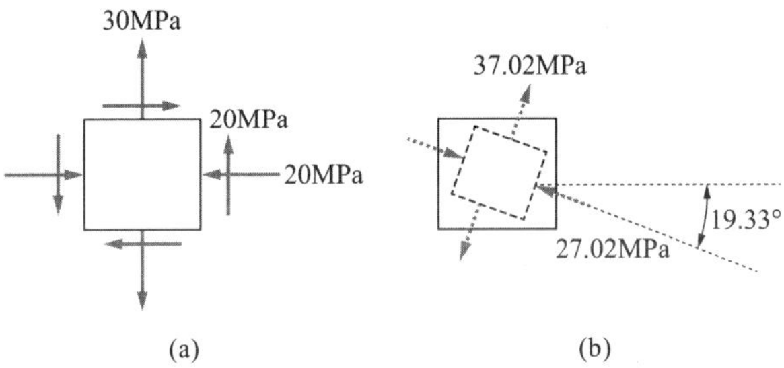

图 11-10 例 11-4 图

解：（1）主应力及主平面位置

单元体上的应力$\sigma_x=-20\text{MPa}$，$\sigma_y=30\text{MPa}$，$\tau_{xy}=-20\text{MPa}$。计算平面应力状态面内的主应力：

$$\begin{aligned}\left.\begin{matrix}\sigma'\\\sigma''\end{matrix}\right\}&=\frac{\sigma_x+\sigma_y}{2}\pm\sqrt{\left(\frac{\sigma_x-\sigma_y}{2}\right)^2+{\tau_{xy}}^2}\\&=\frac{-20+30}{2}\pm\sqrt{\left(\frac{-20-30}{2}\right)^2+(-20)^2}=\begin{matrix}37.02\\-27.02\end{matrix}\text{MPa}\end{aligned}$$

面外的主应力$\sigma'''=0$。将三个主应力由大到小排序得：

$$\sigma_1=37.02\text{MPa},\ \sigma_2=0\text{MPa},\ \sigma_3=-27.02\text{MPa}$$

计算主平面的方向角：

$$\tan 2\alpha_0=-\frac{2\tau_{xy}}{\sigma_x-\sigma_y}=-\frac{2\times(-20)}{-20-30}=-0.8$$

解出$\alpha_0=-19.33°$，$70.67°$。将其分别代入斜截面的应力公式中，有：

$$\sigma_{-19.33°}=\sigma_3=-27.02\text{MPa}$$

$$\sigma_{70.67°}=\sigma_1=37.02\text{MPa}$$

根据以上结果画出主单元体，并标明主应力，如图 11-10（b）。

（2）计算最大切应力

$$\tau_{max} = \frac{\sigma_1 - \sigma_3}{2} = \frac{37.02 - (-27.02)}{2} = 32.02\text{MPa}$$

由于σ_1和σ_3是面内的主应力，因此最大切应力也在面内，计算其作用面的方向角：

$$\tan 2\alpha_1 = \frac{\sigma_x - \sigma_y}{2\tau_{xy}} = -\frac{-20 - 30}{2 \times (-20)} = 1.25$$

解出$\alpha_1 = -64.33°$，$25.67°$。

基本练习题

11-2 如图 11-11 所示，已知单元体AB、BC面上只作用有切应力τ，则AC面上的应力为（　　）。

A. $\tau_{AC} = \frac{\tau}{2}$，$\sigma_{AC} = 0$

B. $\tau_{AC} = \frac{\tau}{2}$，$\sigma_{AC} = \frac{\sqrt{3}}{2}\tau$

C. $\tau_{AC} = \frac{\tau}{2}$，$\sigma_{AC} = -\frac{\sqrt{3}}{2}\tau$

D. $\tau_{AC} = -\frac{\tau}{2}$，$\sigma_{AC} = \frac{\sqrt{3}}{2}\tau$

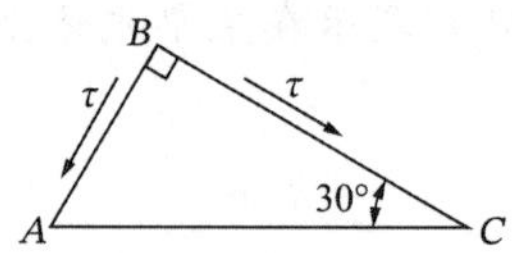

图 11-11　基本练习题 11-2 图

11.3 莫尔圆及其应用

11.3.1 莫尔圆方程及画法

考查式(11-1)和式(11-2)，试图从中消去方向角α，将式(11-1)等号右边的第一项移到等号左边，两式平方后再相加，得：

$$\left(\sigma_\alpha - \frac{\sigma_x + \sigma_y}{2}\right)^2 + {\tau_\alpha}^2 = \left(\frac{\sigma_x - \sigma_y}{2}\right)^2 + {\tau_{xy}}^2 \tag{11-9}$$

上式给出了平面应力状态任意α斜截面上正应力σ_α和切应力τ_α应满足的关系，而该关系与方向角α无关。若σ_x、σ_y和τ_{xy}均为已知量，则在以σ_α为横轴、以τ_α为纵轴的坐标系中，式(11-9)是一个圆的方程，其圆心坐标为$\left(\frac{\sigma_x+\sigma_y}{2},0\right)$，半径是$\sqrt{\left(\frac{\sigma_x-\sigma_y}{2}\right)^2 + {\tau_{xy}}^2}$。无论方向角$\alpha$如何变化，以正应力$\sigma_\alpha$和切应力$\tau_\alpha$为横纵坐标的点始终在圆周上。这个圆称为应力圆，由德国工程师莫尔于 1882 年提出，因此又称莫尔应力圆，简称莫尔圆。

下面介绍应力圆的简便画法，先建立σ_α-τ_α直角坐标系，考察平面应力状态中单元体相互垂直的一对面上的应力与应力圆上点的对应关系。如图 11-12，假设单元体右表面的正应力σ_x和切应力τ_{xy}，对应应力圆上D_1点的横纵坐标；单元体上表面的正应力σ_y和切应力τ_{yx}，对应应力圆上D_2点的横纵坐标。连接D_1、D_2两点，根据应力圆的定义，线段D_1D_2的中点为应力圆的圆心。同时由切应力互等定理$\tau_{yx} = -\tau_{xy}$或应力圆的圆心坐标公式，不难得出D_1D_2与横坐标轴的交点就是D_1D_2的中点，即应力圆的圆心C，应力圆的半径为D_1C或D_2C，由此便可确定该平面应力状态所对应的应力圆。若要确定α斜截面上的应力，则只需将半径D_1C按方向角α的转向旋转2α至EC处，E点的横纵坐标即为α斜截面上的正应力σ_α与切应力τ_α。平面应力状态与应力圆之间的对应关系总结如下：

① 点面对应：应力圆上某一点的横纵坐标值分别对应某一方向面上的正应力和切应力。

② 转向对应：应力圆半径旋转时，半径端点的坐标随之改变，对应地，方向面的外法线亦沿相同方向旋转。

③ 二倍角对应：应力圆上半径转过的角度，等于方向面外法线旋转角度的两倍。

利用以上关系可分析主应力、最大切应力及其所在平面的方向角。应力圆与横轴两个交点对应的面即为两个相互垂直的主平面，交点的横坐标为平面应力状态面内的两个主应力σ'和σ''。如图 11-12 所示的情况，主方向角为$-\alpha_0$和$-\alpha_0+90°$。需要指出的是，在图 11-12 中，应力圆在纵坐标轴右侧，因而σ'和σ''均为正值，即为σ_1和σ_2，但这种情形不具有普遍性，应力圆也可能在纵坐标轴左侧，或者与纵坐标轴相交。面内最大切应力是应力圆上最高点或最低点的纵坐标绝对值，其所在平面的方向角为 $45°-\alpha_0$和$-45°-\alpha_0$。显然，切应力最大的方向面上，正应力不一定为零。

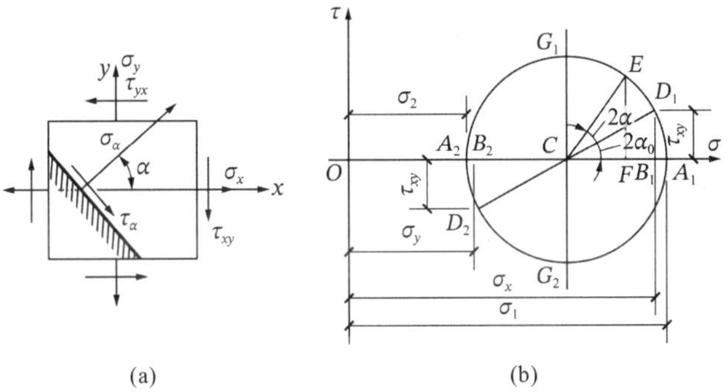

图 11-12　单元体上的应力与应力圆上点的对应关系

应力圆固然可以作为图解法的工具，但它更重要的意义在于：通过直观的几何关系帮助读者推导和记忆公式；作为思考问题的工具，解决一些难度较大的问题，例如可以用于分析空间应力状态。

【例 11-5】试利用应力圆分析如图 11-13 所示扭转圆轴表面任一点的应力状态，并推测铸铁试样扭转破坏的原因。

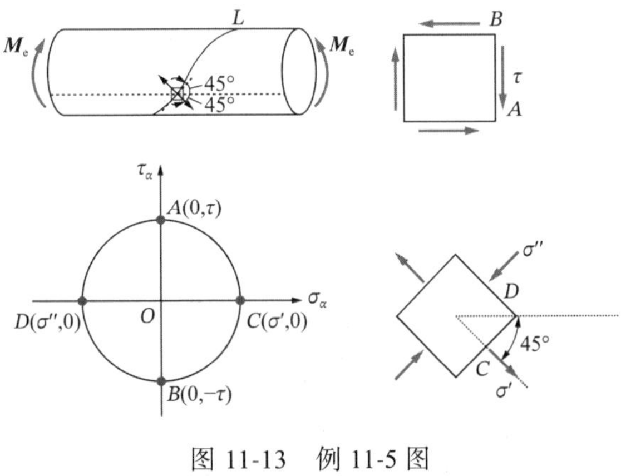

图 11-13　例 11-5 图

第11章

解： 在圆轴表面任意一点处，取一个由一对横截面、一对同轴圆柱面和一对通过杆轴线的纵截面组成的单元体，该单元体处于纯剪切应力状态。建立σ_α-τ_α直角坐标系。单元体右表面作用了正的切应力，对应应力圆上A点$(0,\tau)$；下表面作用了负的切应力，对应应力圆上B点$(0,-\tau)$。连接AB两点，线段AB与横轴的交点刚好是坐标原点O。以O为圆心，OA或者OB为半径，作出应力圆。

应力圆与横轴的两个交点C和D的横坐标为面内的两个主应力。不难看出$\sigma'=\tau,\sigma''=-\tau$。半径$OA$顺时针旋转 90°便是$OC$，故主应力$\sigma'$所在的主平面是−45°方向面，半径$OA$逆时针方向旋转 90°便是$OD$，故主应力$\sigma''$所在的主平面是 45°方向面，由此可画出主单元体，并将主应力表示在主单元体上。

综上可知，圆轴表面任意一点，在−45°方向上拉应力取得最大值。可以推测，铸铁圆轴是由于拉应力过大而发生断裂，故在圆轴表面形成 45°螺旋线；又因圆轴上各点的应力状态从外到内是相似的，故沿着 45°螺旋面发生断裂。

11.3.2 空间应力状态简介

一般情况下，一点的空间应力状态可用主单元体和主应力来表示，如图 11-14（a）所示，利用应力圆，可非常简便地确定该点处的最大切应力。通过分析平行于三个主应力的三组特殊方向面上的应力，将空间应力状态分解为三种平面应力状态。

如图 11-14（b），现研究平行于σ_1的这组方向面上的应力，用假想的截面将单元体截开，任取其中一部分来研究。σ_1作用的两个平行面面积相等，其构成的力已经平衡，故这组方向面上的应力与σ_1无关，可将其视作面内主应力为σ_2和σ_3的平面应力状态，画出应力圆Ⅰ，如图 11-14（e）。同理，如图 11-14（c）、（d），平行于σ_2的这组方向面上的应力可视作面内主应力为σ_1和σ_3的平面应力状态，平行于σ_3的这组方向面上的应力可视作面内主应力为σ_1和σ_2的平面应力状态，分别做出应力圆Ⅱ和Ⅲ，如图 11-14（e）。

最后得到的三个应力圆是相切的关系，这三组方向面上的正应力和切应力分别为三个应力圆上点的横纵坐标。可以证明，空间应力状态任意方向面上应力所对应的点必位于三个应力圆所围成的阴影区域内。因此，该点所有方向面上的最大切应力为应力圆Ⅱ最高点的纵坐标，即式(11-8)，最大切应力所在的方向面平行于σ_2，且与σ_1和σ_3作用的主平面成 45°角。

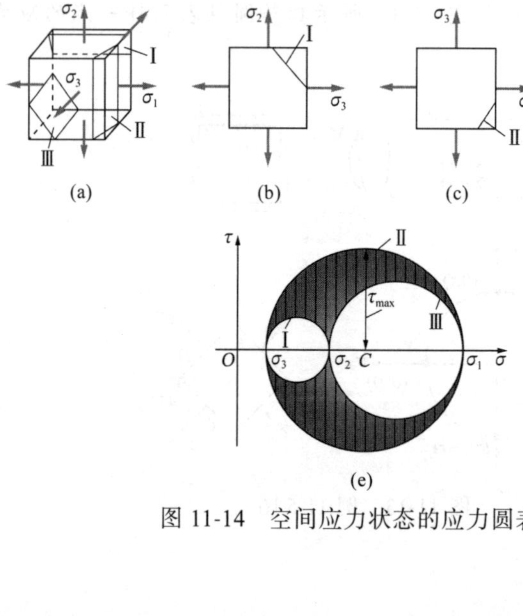

图 11-14 空间应力状态的应力圆表示

11.4　广义胡克定律

根据各向同性材料在线弹性变形范围内应力-应变关系的实验结果，单向应力状态单元体沿正应力方向的正应变为：

$$\varepsilon_x = \frac{\sigma_x}{E}$$

实验结果还显示，单向应力状态的应变并不是单向的。在σ_x作用下，除x方向的正应变以外，与x垂直的y、z方向也有正应变，对于各向同性材料：

$$\varepsilon_y = \varepsilon_z = -\mu\frac{\sigma_x}{E}$$

式中　μ——材料的泊松比。

纯剪切应力状态中，切应力和切应变在线弹性变形范围内也存在比例关系，即：

$$\gamma_{xy} = \frac{\tau_{xy}}{G}$$

对于各向同性材料，实验表明，在小变形条件下，切应力只引起对应的切应变，正应变不受切应力影响，同时正应力也不会引起切应变。因此，应用叠加原理，考察如图 11-2（a）所示的空间应力状态，应力-应变关系应写作：

$$\varepsilon_x = \frac{1}{E}\left(\sigma_x - \mu\sigma_y - \mu\sigma_z\right) \tag{11-10}$$

$$\varepsilon_y = \frac{1}{E}\left(\sigma_y - \mu\sigma_z - \mu\sigma_x\right) \tag{11-11}$$

$$\varepsilon_z = \frac{1}{E}\left(\sigma_z - \mu\sigma_x - \mu\sigma_y\right) \tag{11-12}$$

$$\gamma_{xy} = \frac{\tau_{xy}}{G} \tag{11-13}$$

$$\gamma_{yz} = \frac{\tau_{yz}}{G} \tag{11-14}$$

$$\gamma_{zx} = \frac{\tau_{zx}}{G} \tag{11-15}$$

以上公式称为一般应力状态下的广义胡克定律。广义胡克定律还可以写成主应力的形式：

$$\varepsilon_1 = \frac{1}{E}(\sigma_1 - \mu\sigma_2 - \mu\sigma_3) \tag{11-16}$$

$$\varepsilon_2 = \frac{1}{E}(\sigma_2 - \mu\sigma_3 - \mu\sigma_1) \tag{11-17}$$

$$\varepsilon_3 = \frac{1}{E}(\sigma_3 - \mu\sigma_2 - \mu\sigma_1) \tag{11-18}$$

式中　ε_1、ε_2、ε_3——沿主应力σ_1、σ_2、σ_3方向的正应变，称为主应变。

对于平面应力状态（$\sigma_z = 0$），式(11-10)～式(11-12)可简化为：

$$\varepsilon_x = \frac{1}{E}\left(\sigma_x - \mu\sigma_y\right) \tag{11-19}$$

$$\varepsilon_y = \frac{1}{E}\left(\sigma_y - \mu\sigma_x\right) \tag{11-20}$$

$$\varepsilon_z = \frac{1}{E}\left(-\mu\sigma_x - \mu\sigma_y\right) \tag{11-21}$$

$$\gamma_{xy}=\frac{\tau_{xy}}{G}$$

需要注意的是，平面应力状态的应变并不只在面内，还有可能存在面外的线应变ε_z。

对于各向同性材料，广义胡克定律中的三个弹性常数并不完全独立，它们之间存在下列关系：

$$G=\frac{E}{2(1+\mu)} \tag{11-22}$$

讨论单元体体积变化与应力之间的关系，考察图 11-2（c）中以主单元体和主应力表示的三向应力状态。设单元体变形前各边长为dx、dy、dz，在主应力σ_1、σ_2、σ_3的作用下，单元体变形后各棱边的长度应分别为$(1+\varepsilon_1)\mathrm{d}x$、$(1+\varepsilon_2)\mathrm{d}y$和$(1+\varepsilon_3)\mathrm{d}z$，则单元体的体积变化量为：

$$\mathrm{d}\Delta V=(1+\varepsilon_1)\mathrm{d}x(1+\varepsilon_2)\mathrm{d}y(1+\varepsilon_3)\mathrm{d}z-\mathrm{d}x\,\mathrm{d}y\,\mathrm{d}z$$

将上式等号右边的项展开，并略去高阶小量，得：

$$\mathrm{d}\Delta V\approx(\varepsilon_1+\varepsilon_2+\varepsilon_3)\mathrm{d}x\,\mathrm{d}y\,\mathrm{d}z$$

用单元体体积的变化量除以单元体原体积，得到体积应变θ，并代入广义胡克定律得：

$$\theta=\frac{\mathrm{d}\Delta V}{\mathrm{d}x\,\mathrm{d}y\,\mathrm{d}z}=\varepsilon_1+\varepsilon_2+\varepsilon_3=\frac{3(1-2\mu)}{E}\times\frac{\sigma_1+\sigma_2+\sigma_3}{3}$$

整理上式，便得到了体积胡克定律。

$$\theta=\frac{\sigma_\mathrm{m}}{K} \tag{11-23}$$

$$\sigma_\mathrm{m}=\frac{\sigma_1+\sigma_2+\sigma_3}{3} \tag{11-24}$$

$$K=\frac{E}{3(1-2\mu)} \tag{11-25}$$

式中　σ_m——主应力的平均值；

K——体积模量。

体积胡克定律表明，体积应变与三个主应力的平均值成正比。当三个主应力之和等于零时，单元体的体积不发生变化。

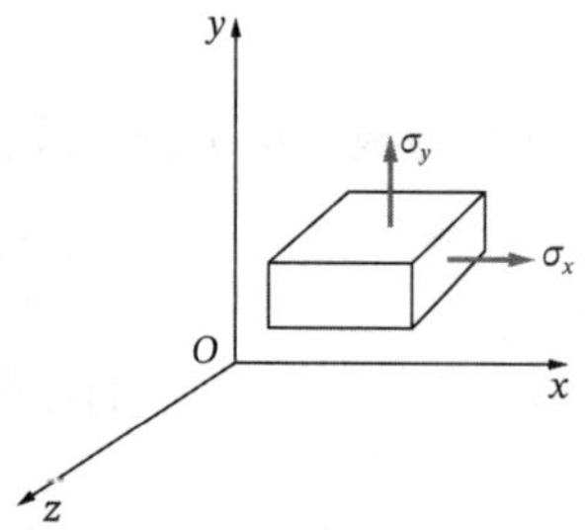

图 11-15　例 11-6 图

【**例 11-6**】如图 11-15 所示，已知构件受力后其自由表面上一点处x方向的线应变$\varepsilon_x=240\times10^{-6}$，$y$方向的线应变$\varepsilon_y=-160\times10^{-6}$，试求该点处$x$和$y$截面上的正应力$\sigma_x$和$\sigma_y$，并求自由表面法线方向的线应变$\varepsilon_z$。已知材料的弹性模量$E=210\mathrm{GPa}$，泊松比$\mu=0.3$。

解：（1）构件的自由表面上无任何应力，故知该点处于平面应力状态。

（2）根据平面应力状态的胡克定律，得：

$$\sigma_x=\frac{E}{1-\mu^2}(\varepsilon_x+\mu\varepsilon_y)=\frac{210\times10^9}{1-0.3^2}(240\times10^{-6}-0.3\times160\times10^{-6})=44.3\ \mathrm{MPa}$$

$$\sigma_y=\frac{E}{1-\mu^2}(\varepsilon_y+\mu\varepsilon_x)=\frac{210\times10^9}{1-0.3^2}(-160\times10^{-6}+0.3\times240\times10^{-6})=-20.3\ \mathrm{MPa}$$

$$\varepsilon_z=-\frac{\mu}{E}(\sigma_x+\sigma_y)=-\frac{0.3(44.3\times10^6-20.3\times10^6)}{210\times10^9}=-34.3\times10^{-6}$$

基本练习题

11-3 $G=E/[2(1+\mu)]$适用于（　　）。

A. 各向同性材料　　B. 各向异性材料

C. 各向同性材料和各向异性材料　　D. 正交各向异性

11.5 应变能密度

11.5.1 应变能与应变能密度

考察图 11-2（c）中以主单元体和主应力表示的三向应力状态，并假设应力和应变同时自零开始逐渐增加至终值。根据功能原理，在弹性范围内，单元体三对面上的力（应力与面积之乘积）在应变所产生的位移上做的功，将全部转变为一种能量，储存在单元体内，这便是弹性应变能，简称为应变能，用$\mathrm{d}V_\varepsilon$表示。当材料的应力-应变关系满足广义胡克定律时，在小变形的条件下，力F_P和位移Δ之间存在线性关系。这时力做的功应写作：

$$W=\frac{1}{2}F_\mathrm{P}\Delta$$

作用在单元体三对面上的力分别为$\sigma_1\,\mathrm{d}y\,\mathrm{d}z$、$\sigma_2\,\mathrm{d}x\,\mathrm{d}z$、$\sigma_3\,\mathrm{d}x\,\mathrm{d}y$，对应的位移分别为$\varepsilon_1\,\mathrm{d}x$、$\varepsilon_2\,\mathrm{d}y$和$\varepsilon_3\,\mathrm{d}z$。这些力所作的功应等于单元体的应变能，故有：

$$\mathrm{d}V_\varepsilon=\frac{1}{2}(\sigma_1\varepsilon_1+\sigma_2\varepsilon_2+\sigma_3\varepsilon_3)\,\mathrm{d}x\,\mathrm{d}y\,\mathrm{d}z$$

等号两边均除以单元体的体积，得到单位体积上的应变能，即应变能密度：

$$v_\varepsilon=\frac{\mathrm{d}V_\varepsilon}{\mathrm{d}x\,\mathrm{d}y\,\mathrm{d}z}=\frac{1}{2}(\sigma_1\varepsilon_1+\sigma_2\varepsilon_2+\sigma_3\varepsilon_3)$$

利用广义胡克定律，应变能密度的表达式最终写作：

$$v_\varepsilon=\frac{1}{2E}\left[\sigma_1{}^2+\sigma_2{}^2+\sigma_3{}^2-2\mu(\sigma_1\sigma_2+\sigma_1\sigma_3+\sigma_2\sigma_3)\right] \tag{11-26}$$

11.5.2 体积改变能密度与畸变能密度

单元体的变形包含了体积和形状的改变，因此从总的应变能密度中可以分离出只与体积改变或形状改变有关的应变能密度。如图 11-16 所示，将一般的空间应力状态分解为两种应力状态，第一种应力状态下单元体形状不变，体积改变，则单元体三对平行面上作用的主应力应相等，假设均为p。要使第二种应力状态下单元体形状改变，体积不变，则主应力之和应该等于零，满足：

$$\sigma_1-p+\sigma_2-p+\sigma_3-p=0$$

从上式解出：

$$p=\frac{\sigma_1+\sigma_2+\sigma_3}{3}$$

利用式(11-26)计算分离出的第一种应力状态所对应的应变能密度为：

$$v_\mathrm{V}=\frac{1-2\mu}{6E}(\sigma_1+\sigma_2+\sigma_3)^2 \tag{11-27}$$

上式即为一般应力状态的体积改变能密度，它只与体积改变有关。运用叠加法将总的应

第11章

变能密度减去体积改变能密度，或直接计算分离出的第二种应力状态的应变能密度，均可得到只与形状改变有关的畸变能密度。

$$v_d = \frac{1+\mu}{6E}\left[(\sigma_1-\sigma_2)^2+(\sigma_2-\sigma_3)^2+(\sigma_3-\sigma_1)^2\right] \tag{11-28}$$

第四强度理论便是基于畸变能密度。需要注意的是，应力状态只有进行以上分解，应变能密度的计算才可以叠加，若是其他状态形式的分解，由于应变能与应变之间不是线性关系，叠加法不成立。

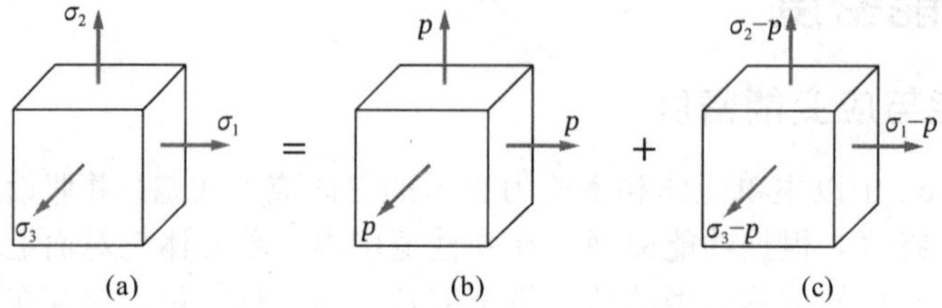

图 11-16 空间应力状态分解

基本练习题

11-4 线弹性体某点应力状态如图 11-17（a）、（b）、（c）所示，x、y方向应变分别为：（a）ε_{xx}、ε_{yx}；（b）ε_{xy}、ε_{yy}；（c）ε_x、ε_y。其应变能密度分别为v_x、v_y及v。下列应变及应变能密度关系式中正确的是（　　）。

A. $\varepsilon_x \neq \varepsilon_{xx}+\varepsilon_{xy}$，$\varepsilon_y \neq \varepsilon_{yy}+\varepsilon_{yx}$，$v = v_x + v_y$

B. $\varepsilon_x = \varepsilon_{xx}+\varepsilon_{xy}$，$\varepsilon_y = \varepsilon_{yy}+\varepsilon_{yx}$，$v \neq v_x + v_y$

C. $\varepsilon_x = \varepsilon_{xx}+\varepsilon_{xy}$，$\varepsilon_y = \varepsilon_{yy}+\varepsilon_{yx}$，$v = v_x + v_y$

D. $\varepsilon_x \neq \varepsilon_{xx}+\varepsilon_{xy}$，$\varepsilon_y \neq \varepsilon_{yy}+\varepsilon_{yx}$，$v \neq v_x + v_y$

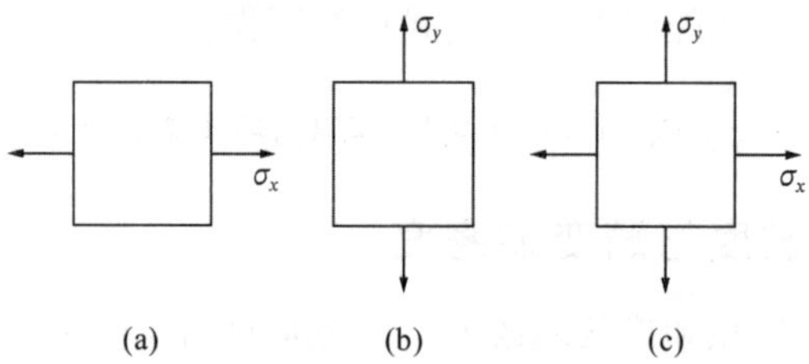

图 11-17 基本练习题 11-4 图

11.6 强度理论

11.6.1 强度理论概述

拉伸和弯曲强度问题中所建立的强度条件为：

$$\sigma \leqslant [\sigma]$$

这是材料在单向应力状态下不发生失效，并具有一定安全裕度的设计准则。扭转强度条件为：

$$\tau \leqslant [\tau]$$

这是材料在纯剪切应力状态下不发生失效，并具有一定安全裕度的设计准则。这些强度条件建立了工作应力与极限应力之间应满足的不等式关系。

在实际工程中，大多数构件的危险点都处于复杂应力状态。强度条件从形式上应该是类似的，不等号左侧的项应与工作应力有关，而不等号右侧的项应与材料失效时的极限应力有关。单向应力状态和纯剪切应力状态下材料失效时的极限应力值，可以直接由试验确定，而一般应力状态在理论上有无穷多种组合，不可能一一通过试验测量极限应力，且有些应力状态的试验在技术上难以实现。

大量试验结果以及工程结构失效的案例表明，材料在常温、静载作用下主要发生两种形式的强度失效：一种是屈服；另一种是断裂。人们经过长期的生产实践和科学研究，针对这两类破坏形式，提出了不少关于材料破坏原因的假说。一些假说认为材料破坏是由某一特定因素（应力、应变或变形能）引起的。按照这类假说，对于同一种材料和失效形式，破坏的内在原因应该与应力状态无关。关于材料在不同应力状态下发生失效的共同原因的假说，就是强度理论。有了强度理论，就能利用单向拉伸的试验结果，建立材料在一般应力状态下的失效判据，预测材料在一般应力状态下何时发生失效，以及怎样保证不发生失效，进而建立一般应力状态下的强度条件。

本节将介绍四大强度理论：关于断裂的最大拉应力理论（第一强度理论）和最大拉应变理论（第二强度理论）；关于屈服的最大切应力理论（第三强度理论）和畸变能密度理论（第四强度理论）。

11.6.2　关于断裂的强度理论

关于断裂的强度理论有第一强度理论和第二强度理论。

（1）最大拉应力理论（第一强度理论）

最大拉应力理论又称为第一强度理论，最早由英国的兰金提出，他认为引起材料断裂破坏的原因是最大正应力达到了某个极限值。对于抗拉、抗压强度相同的材料，这一理论现在已被修正为最大拉应力理论。

根据第一强度理论，无论材料处于什么应力状态，只要发生脆性断裂，其原因都是最大拉应力$\sigma_{\max}$达到了与材料性能有关的某个极限值σ^0。脆性材料单向拉伸试验结果表明，当横截面上的拉应力$\sigma=\sigma_{\mathrm{b}}$时，材料发生脆性断裂。对于单向拉伸状态，横截面上的拉应力即是所有方向面上的最大拉应力，故极限应力就等于脆性材料单向拉伸试验中的强度极限，即：

$$\sigma^0=\sigma_{\mathrm{b}} \tag{11-29}$$

对于一般应力状态，最大拉应力是第一主应力σ_1，材料发生脆性断裂的失效判据是$\sigma_1=\sigma^0$，代入式(11-29)，得到第一强度理论的破坏条件为：

$$\sigma_1=\sigma_{\mathrm{b}} \tag{11-30}$$

对应的强度条件为：

$$\sigma_1 \leqslant [\sigma]=\frac{\sigma_{\mathrm{b}}}{n_{\mathrm{b}}} \tag{11-31}$$

式中　n_{b}——安全系数。

第一强度理论与均质的铸铁、玻璃、石膏以及陶瓷等脆性材料的试验结果较符合。但它没有考虑其他两个主应力对断裂破坏的影响，且当三个主应力均为压应力时，无法应用。

（2）最大拉应变理论（第二强度理论）

最大拉应变理论又称为第二强度理论，也是关于脆性材料的断裂失效准则。根据第二强度理论，无论材料处于什么应力状态，只要发生脆性断裂，其原因都是最大拉应变$\varepsilon_{\max}$达到了与材料性能有关的某个极限值ε^0。

脆性材料单向拉伸试验结果表明，$\sigma=\sigma_b$时材料发生脆性断裂，又由广义胡克定律可知，此时对应的最大拉应变是$\frac{\sigma_b}{E}$，故有：

$$\varepsilon^0=\frac{\sigma_b}{E}$$

对于一般应力状态，根据广义胡克定律，最大拉应变为第一主应变：

$$\varepsilon_{max}=\varepsilon_1=\frac{1}{E}[\sigma_1-\mu(\sigma_2+\sigma_3)]$$

材料发生脆性断裂的失效判据应为：

$$\varepsilon_{max}=\varepsilon^0$$

结合上述三个式子，得到第二强度理论的破坏条件为：

$$\sigma_1-\mu(\sigma_2+\sigma_3)=\sigma_b \tag{11-32}$$

相应的强度条件是：

$$\sigma_1-\mu(\sigma_2+\sigma_3)\leqslant[\sigma]=\frac{\sigma_b}{n_b} \tag{11-33}$$

第二强度理论能较好地解释石料、混凝土等脆性材料在压缩时沿纵向开裂的破坏现象，适用于压应力为主的情况。第二强度理论在应用上不如第一强度理论简便，因此在工程实践中应用较少。

11.6.3 关于屈服的强度理论

关于屈服的强度理论有第三强度理论和第四强度理论。

（1）最大切应力理论（第三强度理论）

最大切应力理论又称为第三强度理论。根据第三强度理论，无论材料处于什么应力状态，只要发生塑性屈服或剪断，其原因都是最大切应力τ_{max}达到了与材料性能有关的某个极限值τ^0。

单向拉伸试验中，$\sigma=\sigma_s$时材料发生屈服，此时对应的最大切应力便是极限切应力，有：

$$\tau^0=\frac{\sigma_s}{2}$$

对于一般应力状态，最大切应力为：

$$\tau_{max}=\frac{\sigma_1-\sigma_3}{2}$$

材料发生屈服的失效判据应为：

$$\tau_{max}=\tau^0$$

因此，第三强度理论的破坏条件为：

$$\sigma_1-\sigma_3=\sigma_s \tag{11-34}$$

据此，得到相应的强度条件：

$$\sigma_1-\sigma_3\leqslant[\sigma]=\frac{\sigma_s}{n_s} \tag{11-35}$$

式中　n_s——安全系数。

最大切应力理论最早由法国科学家库仑于1773年提出，是关于剪断的准则，并用于建立土的破坏条件。1864 年，特雷斯卡通过挤压试验对屈服现象和屈服准则进行了研究，将剪断准则发展为屈服准则，因而第三强度理论又称为特雷斯卡准则。

试验结果表明，第三强度理论适用于塑性材料，偏安全、使用简便，工程实践中应用较为广泛，其局限性在于没有考虑第二主应力的影响。

（2）畸变能密度理论（第四强度理论）

畸变能密度理论又称为第四强度理论，它认为无论材料处于什么应力状态，只要发生屈服或剪断，其原因都是畸变能密度υ_{d}达到了与材料性能有关的某个极限值υ_{d}^0。单向拉伸试验中，$\sigma=\sigma_{\mathrm{s}}$时材料发生屈服，此时对应的畸变能密度便是畸变能密度的极限值，有：

$$\upsilon_{\mathrm{d}}^0=\frac{1+\mu}{6E}\left(2\sigma_{\mathrm{s}}{}^2\right)$$

对于一般应力状态，畸变能密度为：

$$\upsilon_{\mathrm{d}}=\frac{1+\mu}{6E}\left[(\sigma_1-\sigma_2)^2+(\sigma_2-\sigma_3)^2+(\sigma_3-\sigma_1)^2\right]$$

材料发生屈服的失效判据应为：

$$\upsilon_{\mathrm{d}}=\upsilon_{\mathrm{d}}^0$$

因此，第四强度理论的破坏条件为：

$$\sqrt{\frac{1}{2}\left[(\sigma_1-\sigma_2)^2+(\sigma_2-\sigma_3)^2+(\sigma_3-\sigma_1)^2\right]}=\sigma_{\mathrm{s}} \tag{11-36}$$

相应的强度条件是：

$$\sqrt{\frac{1}{2}\left[(\sigma_1-\sigma_2)^2+(\sigma_2-\sigma_3)^2+(\sigma_3-\sigma_1)^2\right]}\leqslant[\sigma]=\frac{\sigma_{\mathrm{s}}}{n_{\mathrm{s}}} \tag{11-37}$$

该准则最早由米泽斯提出，因此，第四强度理论又称为米泽斯准则。1924 年，德国的亨奇从畸变能密度出发对这一准则作了解释，从而形成了畸变能密度准则。1926 年，德国的洛德通过薄壁圆管同时承受轴向拉伸与内压力时的屈服实验，验证了米泽斯准则。他发现，对于碳素钢和合金钢等塑性材料，米泽斯准则与实验结果较为符合。大量实验表明，第四强度理论能够很好地描述铜、镍、铝等塑性材料的屈服状态。

在大多数应力状态下，脆性材料将发生脆性断裂，宜选用第一或第二强度理论；塑性材料将发生屈服或剪断，宜选用第三或第四强度理论。但必须指出，材料的失效形式与其所处的应力状态、温度和加载条件有关。塑性材料在一定的条件下（如低温或三向拉伸时），会表现为脆性断裂；而脆性材料在一定的应力状态（如三向压缩）下，会表现出塑性屈服或剪断，例如铸铁（脆性材料）的压缩实验，最后试件在 45°到 55°斜截面上发生相对错动而破坏。

【例 11-7】灰口铸铁构件上危险点处的应力状态如图 11-18。若灰口铸铁抗拉许用应力$[\sigma]^+=30\mathrm{MPa}$，试校核该点处的强度是否安全。

解：单元体上的应力$\sigma_x=10\mathrm{MPa}$，$\sigma_y=23\mathrm{MPa}$，$\tau_{xy}=-11\mathrm{MPa}$。计算平面应力状态面内的主应力。

$$\left.\begin{matrix}\sigma'\\\sigma''\end{matrix}\right\}=\frac{\sigma_x+\sigma_y}{2}\pm\sqrt{\left(\frac{\sigma_x-\sigma_y}{2}\right)^2+\tau_{xy}{}^2}=\frac{10+23}{2}\pm\sqrt{\left(\frac{10-23}{2}\right)^2+(-11)^2}=\begin{matrix}29.28\\3.72\end{matrix}\mathrm{MPa}$$

面外的主应力$\sigma'''=0$，将主应力由大到小排列，得：

$$\sigma_1=29.28\mathrm{MPa},\ \sigma_2=3.72\mathrm{MPa},\ \sigma_3=0\mathrm{MPa}$$

铸铁为脆性材料，可能发生脆性断裂，故采用第一强度理论，有：

$$\sigma_{r1} = \sigma_1 = 29.28\text{MPa} < [\sigma]^+ = 30\text{MPa}$$

因此，该危险点处的强度是安全的。

【**例 11-8**】某结构上危险点处的应力状态如图 11-19。若材料为钢，许用应力$[\sigma] = 160\text{MPa}$，试校核此结构是否安全。

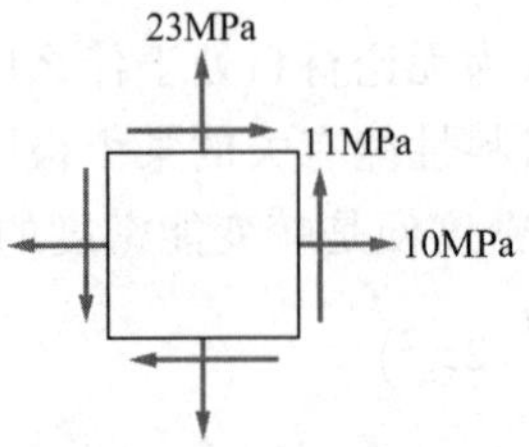

图 11-18　例 11-7 图

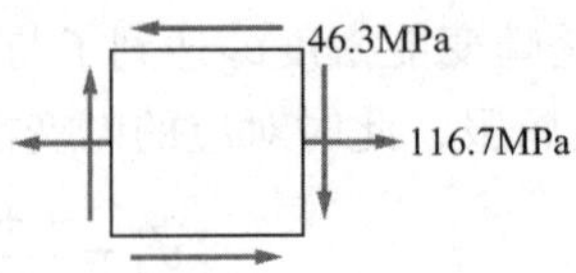

图 11-19　例 11-8 图

解：单元体上的应力$\sigma_x = 116.7\text{MPa}$，$\sigma_y = 0\text{MPa}$，$\tau_{xy} = 46.3\text{MPa}$。计算平面应力状态面内的主应力为：

$$\begin{matrix}\sigma' \\ \sigma''\end{matrix} = \frac{\sigma_x + \sigma_y}{2} \pm \sqrt{\left(\frac{\sigma_x - \sigma_y}{2}\right)^2 + \tau_{xy}{}^2} = \frac{116.7 + 0}{2} \pm \sqrt{\left(\frac{116.7 - 0}{2}\right)^2 + (46.3)^2}$$
$$= \begin{matrix}132.84 \\ -16.14\end{matrix}\text{MPa}$$

面外的主应力$\sigma''' = 0$，将主应力由大到小排列，得：

$$\sigma_1 = 132.84\text{MPa}，\sigma_2 = 0\text{MPa}，\sigma_3 = -16.14\text{MPa}$$

钢材可能发生屈服，故采用第三强度理论或第四强度理论。

$$\sigma_{r3} = \sigma_1 - \sigma_3 = 148.98\text{MPa} < [\sigma] = 160\text{MPa}$$

$$\sigma_{r4} = \sqrt{\frac{1}{2}\left[(\sigma_1 - \sigma_2)^2 + (\sigma_2 - \sigma_3)^2 + (\sigma_3 - \sigma_1)^2\right]} = 141.60 < [\sigma] = 160\text{MPa}$$

因此，此结构的强度是安全的。

【**例 11-9**】工字钢简支梁受力如图 11-20 所示，已知$[\sigma] = 170\text{MPa}$，$[\tau] = 100\text{MPa}$。试按强度条件选择工字钢型号，并按照第四强度理论进行主应力校核。

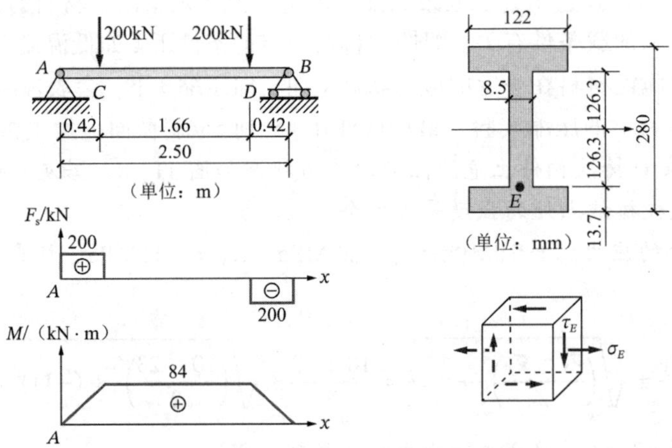

图 11-20　例 11-9 图

解：（1）求弯矩和剪力的最大值

截面C与D处，剪力、弯矩均最大，两截面均为危险截面。

$$M_{\max}=M_C=84\mathrm{kN\cdot m}$$

$$F_{\mathrm{s,max}}=F_{\mathrm{s}C}=200\mathrm{kN}$$

（2）按正应力强度条件选择截面

$$W_z\geqslant\frac{M_{\max}}{[\sigma]}=\frac{84\times10^3}{170\times10^6}=0.494\times10^{-3}\mathrm{m}^3=494\mathrm{cm}^3$$

查型钢表，选用 28b 号工字钢，参数为

$$I_z=7114\mathrm{cm}^4,\ I_z/S_z^*=24.62\mathrm{cm},\ W_z=534\mathrm{cm}^3$$

（3）切应力校核

$$\tau_{\max}=\frac{F_{\mathrm{s,max}}S_z^*}{I_z\,\mathrm{d}}=\frac{F_{\mathrm{s,max}}}{(I_z/S_z^*)\,\mathrm{d}}=\frac{200\times10^3}{24.62\times10^{-2}\times8.5\times10^{-3}}$$
$$=95.5\mathrm{MPa}<[\tau]=100\mathrm{MPa}$$

满足切应力强度要求。

（4）主应力校核

腹板与翼缘交界处的点为危险点，有：

$$\sigma_E=\frac{M_{\max}y}{I_z}=\frac{84\times10^3\times126.3\times10^{-3}}{7114\times10^{-8}}=149.1\mathrm{MPa}$$

$$S_{zE}^*=122\times13.7\times\left(126.3+\frac{13.7}{2}\right)=223\times10^3\mathrm{mm}^3$$

$$\tau_E=\frac{F_{\mathrm{s,max}}S_{zE}^*}{I_z\,\mathrm{d}}=\frac{200\times10^3\times223\times10^{-6}}{7114\times10^{-8}\times8.5\times10^{-3}}=73.8\mathrm{MPa}$$

采用第四强度理论进行校核。E点处的应力单元体如图 11-20 所示。

$$\left.\begin{matrix}\sigma_1\\\sigma_3\end{matrix}\right\}=\frac{\sigma_E}{2}\pm\sqrt{\left(\frac{\sigma_E}{2}\right)^2+\tau_E{}^2}$$

$$\sigma_2=0$$

$$\sigma_{\mathrm{r4}}=\sqrt{\frac{1}{2}\left[(\sigma_1-\sigma_2)^2+(\sigma_2-\sigma_3)^2+(\sigma_3-\sigma_1)^2\right]}$$
$$=\sqrt{\sigma_E{}^2+3\tau_E{}^2}=\sqrt{149.1^2+3\times73.8^2}=196\mathrm{MPa}>[\sigma]=170\mathrm{MPa}$$

$$\frac{\sigma_{\mathrm{r4}}-[\sigma]}{[\sigma]}\times100\%=15.5\%$$

故强度不足，应选用更大截面的工字钢。

基本练习题

11-5 如图 11-21 所示应力状态，按第三强度理论校核，强度条件为（　　）。

A. $\tau_{xy}\leqslant[\sigma]$　　B. $\sqrt{2}\tau_{xy}\leqslant[\sigma]$　　C. $-\sqrt{2}\tau_{xy}\leqslant[\sigma]$　　D. $2\tau_{xy}\leqslant[\sigma]$

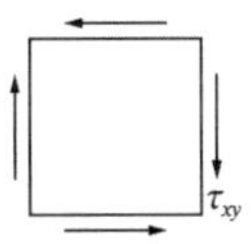

图 11-21　基本练习题 11-5 图

工程启示：特殊材料的强度理论

随着微机电系统技术的迅速发展，机敏材料和其他先进材料的强度问题引起了广泛关注。这些材料的破坏行为不仅受到传统机械荷载的影响，还与温度、压力、电场、磁场等外界因素密切相关，因此对其断裂准则和强度理论的研究尤为重要。

科学家故事：俞茂宏

1961 年，俞茂宏在 27 岁时首次提出了“双剪切”概念，并推导出双剪切应力屈服准则，突破了传统“最大剪应力”或“单剪”理论的局限。1985 年，他在国际上首次系统提出了“双剪切强度理论”，将其发展为一种可应用于多种材料的统一框架。1991 年，俞茂宏正式发表了“统一强度理论”公式。这一理论能够将以往各类单一的屈服准则统一起来，形成适用于金属、岩土、混凝土等不同材料的广义强度理论体系。

小　结

1. 单元体、主单元体、主应力、主平面、主方向的概念。主应力按照代数值的大小排序为$\sigma_1 \geqslant \sigma_2 \geqslant \sigma_3$。

2. 单向应力状态、二向应力状态、三向应力状态的概念。

3. 单向和二向应力状态统称为平面应力状态，二向和三向应力状态统称为复杂应力状态。

4. 任意斜截面上的应力

平面应力状态单元体任意α斜面上的应力σ_α与τ_α可用解析法（即由平衡条件导出的以下公式）计算：

$$\sigma_\alpha = \frac{\sigma_x + \sigma_y}{2} + \frac{\sigma_x - \sigma_y}{2}\cos 2\alpha - \tau_x \sin 2\alpha$$

$$\tau_\alpha = \frac{\sigma_x - \sigma_y}{2}\sin 2\alpha + \tau_x \cos 2\alpha$$

平面应力状态面内的主应力：

$$\left.\begin{matrix}\sigma' \\ \sigma''\end{matrix}\right\} = \frac{\sigma_x + \sigma_y}{2} \pm \sqrt{\left(\frac{\sigma_x - \sigma_y}{2}\right)^2 + \tau_{xy}^2}$$

平面应力状态面外的主应力：

$$\sigma''' = 0$$

主平面方位由下式确定：

$$\tan 2\alpha_0 = \frac{-2\tau_x}{\sigma_x - \sigma_y}$$

平面应力状态分析的图解法为：

$$\left(\sigma_\alpha - \frac{\sigma_x + \sigma_y}{2}\right)^2 + \tau_\alpha^2 = \left(\frac{\sigma_x - \sigma_y}{2}\right)^2 + {\tau_{xy}}^2$$

由上式作应力圆（又称莫尔圆），可求出平面应力状态下单元体任意α斜截面上的应力σ_α与τ_α，也可以直观且方便地求出面内主应力，以及极值切应力的大小和方位。

5. 广义胡克定律

材料在线弹性、小变形、各向同性情况下，应力与应变之间的关系表达为：

$$\varepsilon_x = \frac{1}{E}\left[\sigma_x - \mu(\sigma_y + \sigma_z)\right],\ \gamma_{xy} = \frac{\tau_{xy}}{G}$$

$$\varepsilon_y = \frac{1}{E}\left[\sigma_y - \mu(\sigma_x + \sigma_z)\right],\ \gamma_{yz} = \frac{\tau_{yz}}{G}$$

$$\varepsilon_z = \frac{1}{E}\left[\sigma_z - \mu(\sigma_x + \sigma_y)\right],\ \gamma_{zx} = \frac{\tau_{zx}}{G}$$

6. 四个常用强度理论的相当应力及强度条件

最大拉应力（第一强度）理论：$\sigma_{r1} = \sigma_1 \leqslant [\sigma]$，$(\sigma_1 > 0)$。

最大拉应变（第二强度）理论：$\sigma_{r2} = \sigma_1 - \mu(\sigma_2 + \sigma_3) \leqslant [\sigma]$。

最大切应力（第三强度）理论：$\sigma_{r3} = \sigma_1 - \sigma_3 \leqslant [\sigma]$。

畸变能密度（第四强度）理论：

$$\sigma_{r4} = \sqrt{\frac{1}{2}\left[(\sigma_1 - \sigma_2)^2 + (\sigma_2 - \sigma_3)^2 + (\sigma_3 - \sigma_1)^2\right]} \leqslant [\sigma]$$

思考题

11-1 什么是一点处的应力状态？有哪些类型？如何研究一点处的应力状态？

11-2 什么是主平面和主应力？在平面应力状态下，如何确定主应力的大小和方向？

11-3 在用解析法确定斜截面上的应力时，各应力和方向角的正负号是如何规定的？

11-4 什么是广义胡克定律？它的应用条件是什么？

11-5 某点在某方向上的线应变为零，则沿该方向上的正应力必为零吗？

11-6 材料破坏的形式有哪些？相应的强度理论有几类？引起材料发生破坏的主要因素是什么？

11-7 为什么铸铁试样在压缩时会沿与轴线约成 45°的斜截面发生破坏，并且断口呈现错动光滑状？

习　题

11-1 已知一点的应力状态如图 11-22 所示。试求其主应力及方向角，并确定最大切应力值。

11-2 对于如图 11-23 所示单元体：

（1）试求指定斜截面上的应力；

（2）试求主应力大小及主平面位置，并将主平面标在单元体图上。

11-3 一点处两相交平面上的应力如图 11-24 所示，求σ值。

第11章

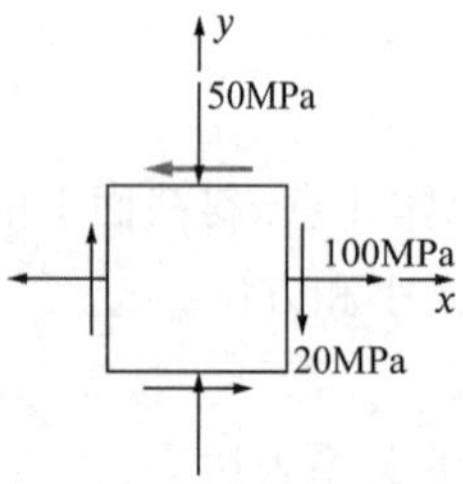

图 11-22 习题 11-1 图

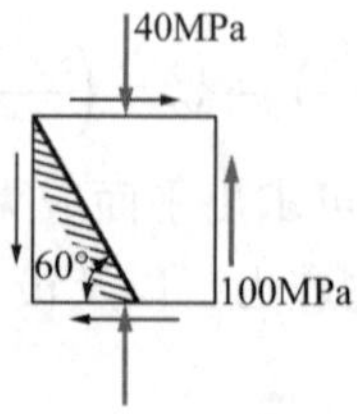

图 11-23 习题 11-2 图

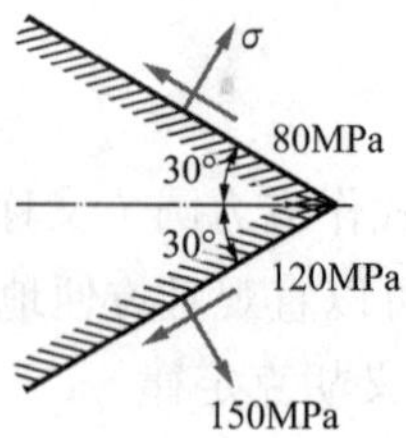

图 11-24 习题 11-3 图

11-4 一点处两相交平面上应力的大小和方向如图 11-25 所示。试通过应力圆确定该点主应力的大小和方向。

11-5 二向应力状态如图 11-26 所示，应力单位为 MPa。

（1）试作应力圆；

（2）求主应力并画出主方向上的微元体（主单元体）。

11-6 图 11-27 所示薄壁圆筒受扭矩和轴力作用。已知圆筒外径$D = 52\text{mm}$，壁厚$t = 2\text{mm}$，外扭矩$M_e = 600\text{N} \cdot \text{m}$，拉力$F = 20\text{kN}$。

（1）试用单元体表示出点 D 的应力状态；

（2）求与母线成 30°角的斜截面上的应力；

（3）求出点D的主应力与主平面位置（并在单元体上画出）。

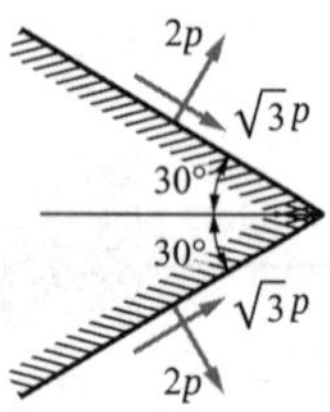

图 11-25 习题 11-4 图

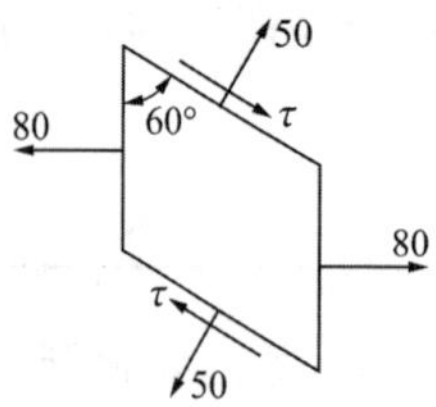

图 11-26 习题 11-5 图

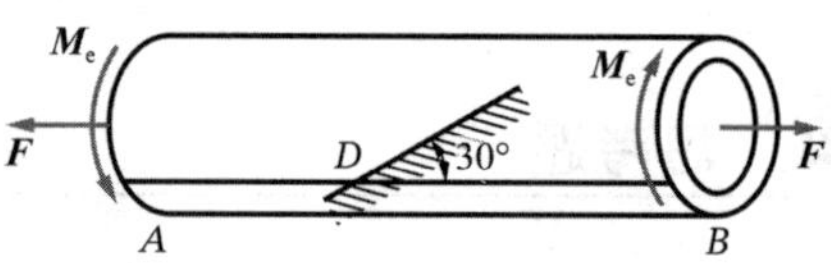

图 11-27 习题 11-6 图

11-7 求图 11-28 所示木梁截面 1—1 上点B与轴线成 45°角方向的线应变$\varepsilon_{45°}$。已知$F = 10\text{kN}$，$l = 4\text{m}$，$h = 2b = 200\text{mm}$，材料的弹性模量$E = 10\text{GPa}$，泊松比$\mu = 0.25$。

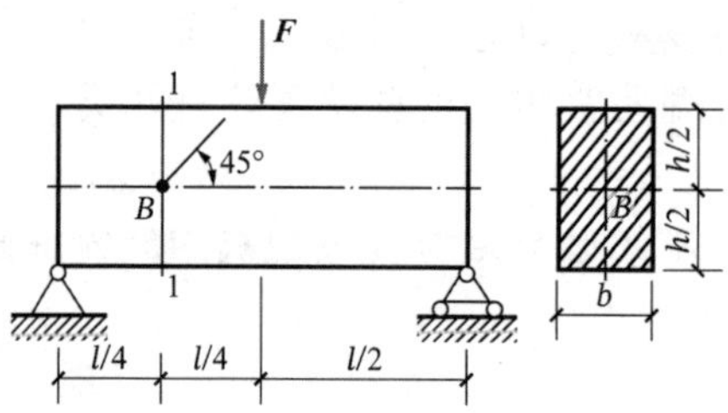

图 11-28 习题 11-7 图

11-8 图 11-29 所示圆筒外径$D = 350\text{mm}$，内径$d = 250\text{mm}$，受轴向拉力$F = 450\text{kN}$和扭力矩$M_e = 30\text{kN} \cdot \text{m}$的联合作用。试求其上$K$点的最大主应力和最大切应力。

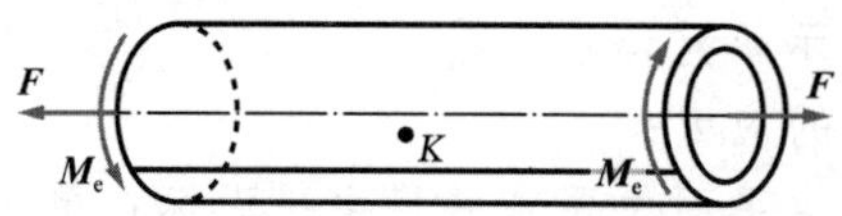

图 11-29 习题 11-8 图

11-9 图 11-30 所示简支梁，已知弹性模量是E和泊松比μ。试求：

（1）点B单元体的畸变能密度υ_d；

（2）体积改变能密度υ_V；

（3）总的应变能密度υ。

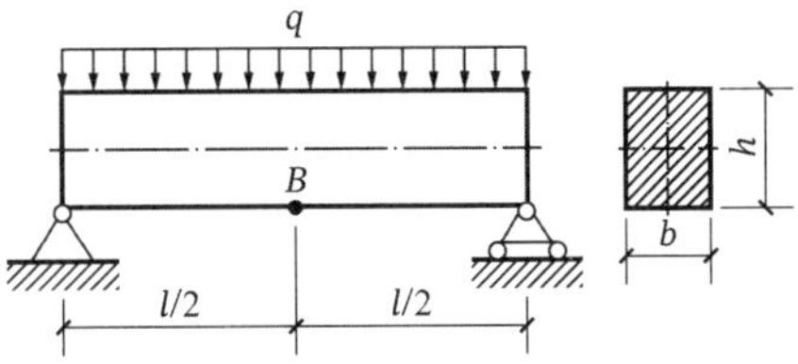

图 11-30　习题 11-9 图

11-10 图 11-31 所示受内压的薄壁圆筒，已知内压为p，平均直径为D，壁厚为δ，弹性常数E、μ。试确定圆筒薄壁上任一点的主应力、主应变及第三、第四强度理论的相当应力。

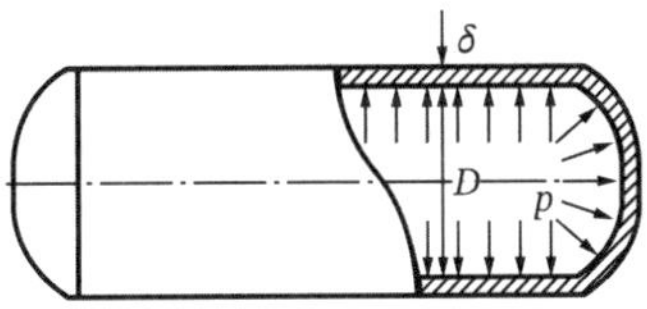

图 11-31　习题 11-10 图

11-11 构件中危险点的应力状态如图 11-32 所示。试选择合适的准则对以下两种情形进行强度校核。

（1）构件材料为钢材：$\sigma_x = 45\text{MPa}$，$\sigma_y = 135\text{MPa}$，$\sigma_z = 0$，$\tau_{xy} = 0$，许用应力$[\sigma] = 160\text{MPa}$。

（2）构件材料为铸铁：$\sigma_x = 20\text{MPa}$，$\sigma_y = -25\text{MPa}$，$\sigma_z = 30\text{MPa}$，$\tau_{xy} = 0$，许用应力$[\sigma] = 40\text{MPa}$。

11-12 炮筒横截面如图 11-33 所示。在危险点处$\sigma_\theta = 550\text{MPa}$，$\sigma_\tau = -350\text{MPa}$，第二主应力$\sigma_2 = 420\text{MPa}$，且垂直于纸面。材料的$[\sigma] = 950\text{MPa}$，试用第三强度理论和第四强度理论进行强度校核。

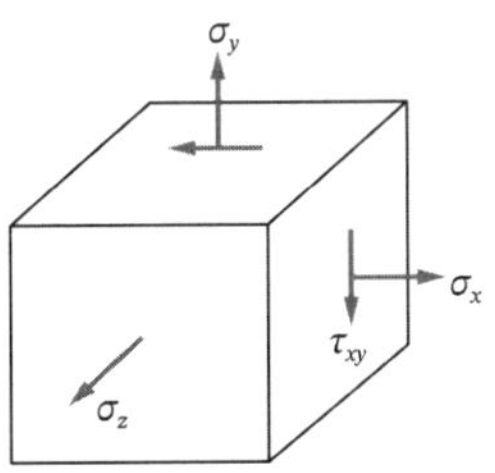

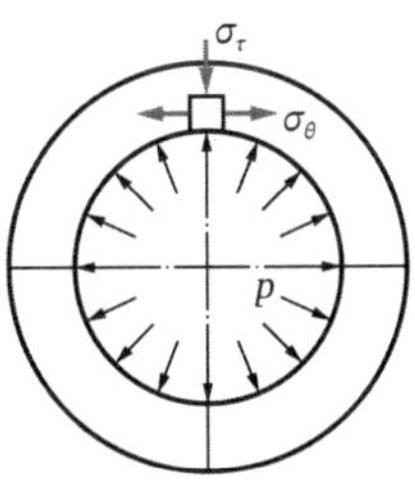

图 11-32　习题 11-11 图　　图 11-33　习题 11-12 图

第11章

第 12 章 组合变形

导读

本章涉及组合变形的概念及求解组合变形问题的方法，包括组合变形概述、弯曲与拉伸（压缩）的组合变形、弯曲与扭转的组合变形，以及偏心压缩与截面核心等内容。

学习目标

理解组合变形的概念及处理组合变形的方法；熟练掌握杆件发生拉伸或压缩与弯曲的组合变形时，危险点的应力计算问题；掌握杆件发生弯扭组合变形时，杆件的受力特点和变形特点，以及危险点的应力状态。

思维导图

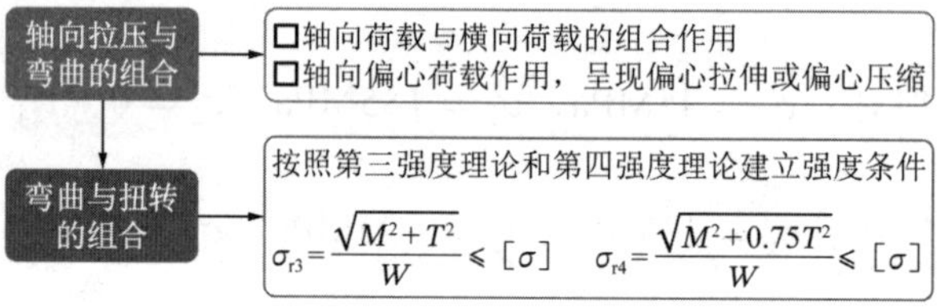

前述章节系统讨论了杆件受到拉伸、压缩、扭转、剪切与弯曲等基本变形时的应力以及强度问题。需要说明的是，这些讨论仅涉及杆件受单一基本变形的情况。实际工程中，有一些构件承受复杂的荷载作用，产生两种甚至两种以上的基本变形，其横截面上将同时存在两种或两种以上内力的组合作用。这种情形称为组合变形。例如：摇臂钻床的立柱除受到自身重力作用，还受到来自外伸摇臂的重力作用，进而引起轴向压缩和弯曲的组合变形，见图 12-1（a）；水坝除了受到自重作用，还受到水平方向水压作用，进而引起轴向压缩和弯曲的组合变形，见图 12-1（b）；发动机齿轮传动轴在齿轮啮合力作用下将同时发生扭转和弯曲，进而引起弯曲与扭转的组合变形，见图 12-1（c）；厂房钢结构立柱除了承受自身重力作用，还要承受横梁重力引起的偏心荷载作用，进而引起偏心压缩变形，如图 12-1（d）所示。

(a)　(b)　(c)　(d)

图 12-1　组合变形工程实例

材料力学研究线弹性、小变形问题，所以构件材料符合胡克定律，即力与所求物理量之间保持线性关系。因此，可以利用静力等效处理外力，按照各基本变形计算后再进行叠加，具体思路如下（图 12-2）：

组合变形 —分解→ 基本变形 —叠加→ 组合变形分析

图 12-2　组合变形问题解决步骤

① 将复杂的组合变形分解成基本变形；

② 独立计算每一个基本变形的内力、应力、应变、位移；

③ 叠加形成构件在组合变形下的内力、应力、应变、位移。

12.1 轴向拉压与弯曲的组合

杆件同时受到轴向拉压与弯曲作用时，会出现两种不同情况：①轴向荷载与横向荷载的组合作用；②轴向偏心荷载作用，呈现偏心拉伸或偏心压缩。

如果杆件同时承受轴向荷载和横向荷载的组合作用，杆件将发生轴向拉压与弯曲的组合变形。对于具有较大抗弯刚度的杆件而言，由于横截面的尺寸与横向荷载所引起的挠度相比很大，进而可忽略横向荷载所引起的挠度，因此可遵循原始尺寸原理进行分析，且轴向力作用下因弯曲变形而产生的弯矩可以忽略不计。通过这种简化处理方式，轴向力仅造成压缩变形，外力与杆件内力、应力的线性关系保持不变，因此可继续采用叠加原理进行求解分析。在实际处理中，应分别计算横截面上轴向力和横向力所引起的正应力，并按照叠加原理进行代数求和，最终得到轴向拉压与弯曲组合变形情况下杆件横截面上的正应力。

以图 12-3（a）所示起重机横梁AB为例，其受力简图如图 12-3（b）所示。轴向力$\boldsymbol{F}_x$和$\boldsymbol{F}_{RAx}$共同引起横梁的压缩，横向力$\boldsymbol{F}_{RAy}$、$\boldsymbol{W}$、$\boldsymbol{F}_y$共同引起横梁的弯曲。因此梁AB产生轴向压缩与弯曲的组合变形。假设梁AB的抗弯刚度较大而弯曲变形很小，即轴向力作用下因弯曲变形而产生的弯矩可以忽略不计，因此原始尺寸原理仍然适用。另外，假设轴向力仅引起压缩变形，梁所受外力与梁的内力、应力的关系仍保持线性关系，所以叠加原理仍可应用。下面通过例题详细说明。

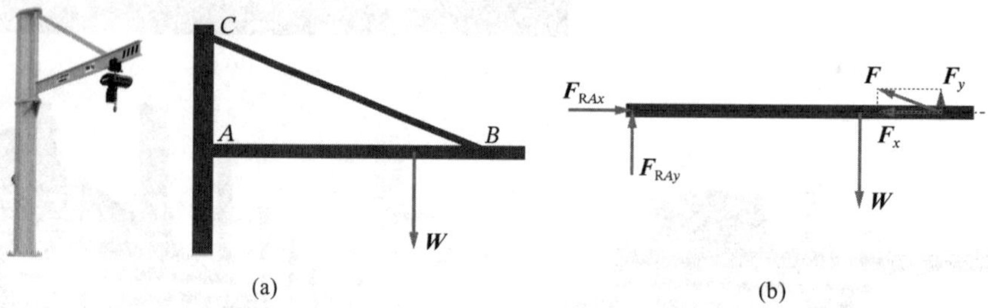

图 12-3　起重机横梁受力分析

【**例 12-1**】最大吊重$W = 8\text{kN}$ 的起重机如图 12-4（a）所示。已知$AD = 0.8\text{m}$，$AC = 2.5\text{m}$，$CB = 1.5\text{m}$。如果AB杆为 Q235 工字钢，许用应力$[\sigma] = 100\text{MPa}$，请选择工字钢型号。

解：首先求出CD杆的长度：

$$l = \sqrt{2.5^2 + 0.8^2} = 2.62\text{m}$$

AB杆的受力简图如图 12-4（b）所示。设CD杆的拉力为$\boldsymbol{F}$，根据平衡方程$\sum M_A = 0$ 可得到：

$$F \times \frac{0.8}{2.62} \times 2.5 - 8 \times (2.5 + 1.5) = 0$$

解得

$$F = 41.9\text{kN}$$

将$\boldsymbol{F}$分解为轴线方向分量$\boldsymbol{F}_x$和法线方向分量$\boldsymbol{F}_y$，可见AB杆在AC段内产生压缩与弯曲的组合变形。

$$F_x = F \times \frac{2.5}{2.62} = 40.0\text{kN}$$

$$F_y = F \times \frac{0.8}{2.62} = 12.8\text{kN}$$

AB杆的轴力图和弯矩图如图 12-4（c）所示。可以看出，最大弯矩截面位于C点左侧，而AC段的轴力均相等，因此危险截面即C点左侧截面。

试算时可先不考虑轴力影响，只根据弯曲强度条件选取工字钢型号。根据许用应力的条件：

$$W \geqslant \frac{M_{\max}}{[\sigma]} = \frac{12 \times 10^3}{100 \times 10^6} = 120 \times 10^{-6}\text{m}^3 = 120\text{cm}^3$$

通过查表，发现 16 号工字钢的参数为$W = 141\text{cm}^3$，$A = 26.131\text{cm}^2$，满足要求。选定工字钢型号后再考虑轴力、弯矩进行强度校核。由于危险截面下边缘存在最大压应力，其数值为：

$$|\sigma_{\text{c,max}}| = \left|\frac{F_{\text{N}}}{A} + \frac{M_{\max}}{W}\right| = \left|\frac{-40 \times 10^3}{26.131 \times 10^{-4}} + \frac{12 \times 10^3}{141 \times 10^{-6}}\right| = 100.4\text{MPa}$$

最大压应力与许用应力几乎相等，因此无须重新选择截面的型号。

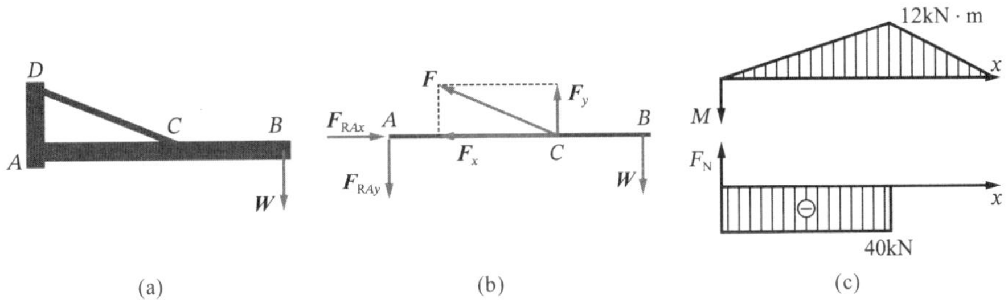

图 12-4　例 12-1 图

【例 12-2】小型压力机的铸铁框架如图 12-5（a）所示。已知材料的许用拉应力$[\sigma_t] = 30\text{MPa}$，许用压应力$[\sigma_c] = 160\text{MPa}$。试按立柱的强度确定压力机的许可压力$\boldsymbol{F}$。立柱的横截面尺寸如图 12-5（b）所示。

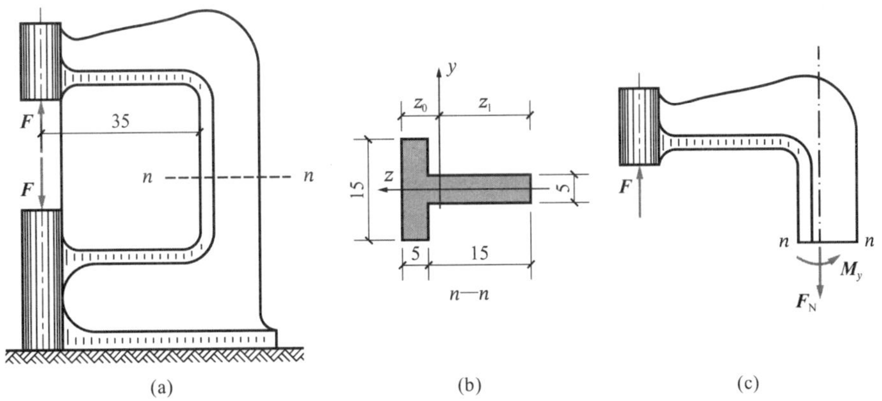

图 12-5　例 12-2 图（单位：cm）

解：首先根据截面尺寸计算横截面面积、确定形心位置以及计算截面对中性轴y的惯性矩：

$$A = 15 \times 10^{-3}\text{m}^2$$

$$z_0 = 7.5\text{cm}$$

$$I_y = 5312.5\text{cm}^4$$

然后分析立柱的内力和应力。通过分析可知，立柱产生拉伸、弯曲两种基本变形，即拉伸与弯曲的组合变形。用$n—n$截面将其截断，上部的受力情况如图 12-5（c）所示，可求得截面$n—n$上的轴力和弯矩，分别为：

$$F_{\text{N}} = F$$

$$M_y = 0.425F$$

横截面上与轴力对应的应力为均匀分布的拉应力为：

$$\sigma' = \frac{F_{\text{N}}}{A}$$

与弯矩对应的正应力则满足线性分布，最大拉应力与最大压应力分别为：

$$\sigma''_{\text{t,max}} = \frac{M_y z_0}{I_y}$$

$$\sigma''_{\text{c,max}} = \frac{M_y z_1}{I_y}$$

根据图 12-5（c）可发现，叠加以上两种应力后，截面内侧边缘出现最大拉应力，在截面外侧边缘出现最大压应力。二者分别为：

$$\sigma_{\text{t,max}} = \sigma' + \sigma''_{\text{t,max}}$$

$$|\sigma_{\text{c,max}}| = |\sigma' + \sigma''_{\text{c,max}}|$$

根据抗拉强度条件$\sigma_{\text{t,max}} \leqslant [\sigma_{\text{t}}]$可得：

$$F \leqslant 45.0\text{kN}$$

根据抗压强度条件$\sigma_{\text{c,max}} \leqslant [\sigma_{\text{c}}]$可得：

$$F \leqslant 171.4\text{kN}$$

为保证结构同时满足抗拉强度条件和抗压强度条件，压力不应超过 45.0kN。

基本练习题

12-1 弯曲与拉伸（压缩）组合变形构件横截面上存在哪些内力？建立强度条件时，为什么不必利用强度理论？

12-2 用叠加法计算组合变形杆件的内力和应力时，有哪些限制条件？为什么必须满足这些条件？

12.2 弯曲与扭转的组合

机械工程领域中常见的各种轴类零部件，在工作状态下往往承受弯矩和扭矩的共同作用，即产生弯曲与扭转组合变形。下面介绍弯曲与扭转组合变形情况下的应力、强度计算。

以图 12-6（a）中圆轴为例进行说明，首先分析圆轴所受外力情况。圆轴的A端为固定端，B端为自由端，自由端处承受集中力$\boldsymbol{F}$和力偶$\boldsymbol{M}_{\text{e}}$作用。集中力$\boldsymbol{F}$使圆轴发生弯曲变形，力偶$\boldsymbol{M}_{\text{e}}$使圆轴发生扭转变形。因此，圆轴发生弯曲与扭转组合变形。

通过绘制圆轴AB的弯矩图和扭矩图［图 12-6（b）、（c）］可知，固定端A处为圆轴的危险截面，该处的弯矩和扭矩为：

$$M = Fl$$

$$T = M_e$$

根据前述章节的论述可得A处危险截面的应力分布情况，如图 12-6（d）所示。截面上、下边缘的C_1、C_2两点弯曲正应力和扭转切应力均为最大值，因此为危险点。围绕这两个危险点分别切取如图 12-6（e）、（f）所示的单元体。通过应力分析发现两个危险点的应力状态皆为平面应力状态，其对应的正应力、切应力分别为：

$$\sigma = \frac{M}{W}$$

$$\tau = \frac{T}{W_t}$$

式中 W——抗弯截面模量；

W_t——抗扭截面模量。

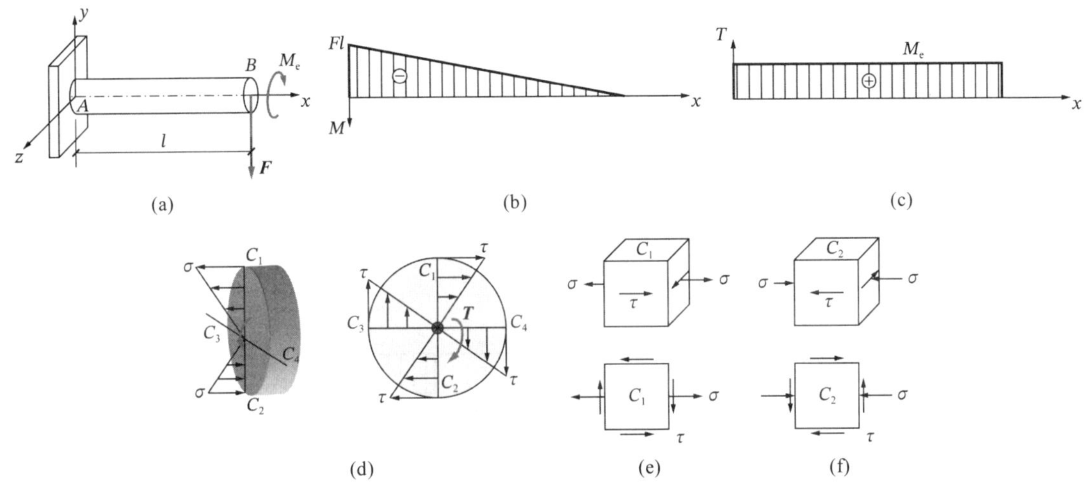

图 12-6 弯曲与扭转组合变形分析

由于危险点处于平面应力状态，且工程上常用的圆轴一般采用塑性材料制成，因此按照第三强度理论和第四强度理论建立强度条件。首先根据应力状态分析求得三个主应力：

$$\left.\begin{aligned} \sigma_1 &= \frac{\sigma}{2} + \sqrt{\left(\frac{\sigma}{2}\right)^2 + \tau^2} \\ \sigma_2 &= 0 \\ \sigma_3 &= \frac{\sigma}{2} - \sqrt{\left(\frac{\sigma}{2}\right)^2 + \tau^2} \end{aligned}\right\}$$

再由第三强度理论、第四强度理论求得与之对应的相当应力：

$$\sigma_{r3} = \sqrt{\sigma^2 + 4\tau^2}$$

$$\sigma_{r4} = \sqrt{\sigma^2 + 3\tau^2}$$

对于圆截面杆，其抗弯截面模量和抗扭截面模量之间满足$W_t = 2W$，因此对以上两式进行整理，得到相应的强度条件：

$$\sigma_{r3} = \frac{\sqrt{M^2 + T^2}}{W} \leqslant [\sigma] \tag{12-1}$$

第12章

$$\sigma_{r4} = \frac{\sqrt{M^2 + 0.75T^2}}{W} \leqslant [\sigma] \tag{12-2}$$

这里需要说明，以上两式仅适用于塑性材料制成的圆轴（包括空心圆轴）在弯曲与扭转组合变形时的强度计算。

【例 12-3】 电动机带动长$l = 1.2\text{m}$、直径$d = 0.1\text{m}$ 的圆轴AB，跨中C处安装一个重$G = 5\text{kN}$、半径$R = 0.6\text{m}$ 的胶带轮，如图 12-7（a）所示。已知胶带紧边张力$F_1 = 6\text{kN}$，松边张力$F_2 = 3\text{kN}$。若轴的许用应力$[\sigma] = 50\text{MPa}$，试按第三强度理论校核圆轴AB的强度。

解：（1）首先进行外力分析

$$F = G + F_1 + F_2 = 14\text{kN}$$

$$M_e = (F_1 - F_2)R = 1.8\text{kN} \cdot \text{m}$$

其中$\boldsymbol{F}$使轴AB发生弯曲变形，力偶$\boldsymbol{M}_e$使轴AB发生扭转变形，因此轴AB产生弯曲与扭转的组合变形［图 12-7（b）］。

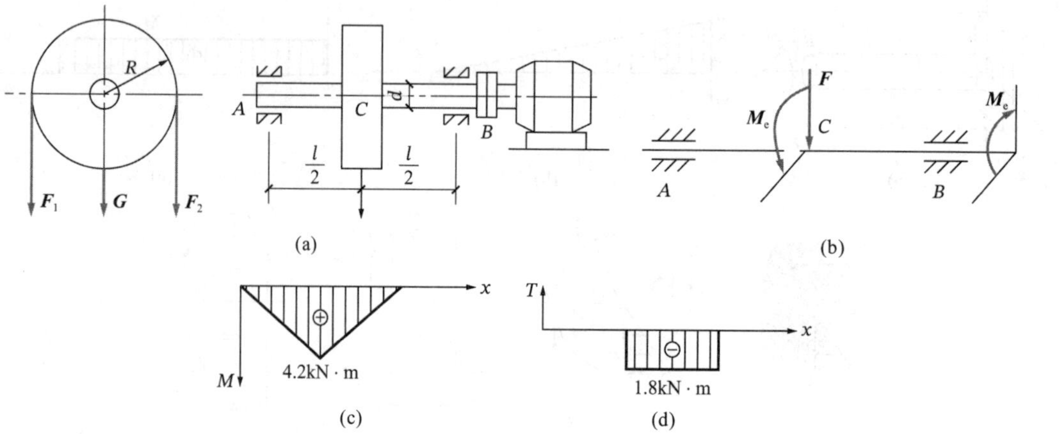

图 12-7　例 12-3 图

（2）然后进行内力分析

轴AB的弯矩图和扭矩图分别如图 12-7（c）、（d）所示。分析可知危险截面位于C处右侧，危险截面处的弯矩和扭矩分别为：

$$M = \frac{Fl}{4} = 4.2\text{kN} \cdot \text{m}$$

$$T = M_e = 1.8\text{kN} \cdot \text{m}$$

按照第三强度理论，由式(12-1)可得：

$$\sigma_{r3} = \frac{\sqrt{M^2 + T^2}}{W} = \frac{\sqrt{(4.2 \times 10^6)^2 + (1.8 \times 10^6)^2}}{\frac{\pi}{32} \times 100^3} = 46.6\text{MPa} \leqslant [\sigma] = 50\text{MPa}$$

因此轴AB满足强度要求。

【例 12-4】 直径$d = 80\text{mm}$ 的 T 形杆$ABCD$位于水平面内，A端固定，CD杆垂直于AB杆，在C处作用一沿CD杆轴线方向的力$\boldsymbol{F}$，在D处作用一竖向力$\boldsymbol{F}$，尺寸如图 12-8（a）所示。如果杆件材料的许用应力$[\sigma] = 100\text{MPa}$，试用第三强度理论和第四强度理论确定许用荷载$\boldsymbol{F}$。

解：首先进行外力分析，发现AB杆受力较大，可能最先发生破坏，因此以AB杆的强度条件确定许用荷载。将两个力向B点进行简化，得到一个水平力、一个竖向力以及一个附加力偶

$M_e = 1.5F$，使AB杆发生水平面内弯曲、竖向平面内弯曲以及扭转变形［图 12-8（b）］。

AB杆的内力图分别如图 12-8（c）、（d）、（e）所示，分析可知固定端A点为危险截面位置，其相应的内力分别为：

水平面内弯矩：$M_y = 2F$。

竖向平面内弯矩：$M_z = 2F$。

总弯矩：$M = \sqrt{M_y^2 + M_z^2} = \sqrt{(2F)^2 + (2F)^2} = 2\sqrt{2}F$。

扭矩：$T = M_e = 1.5F$。

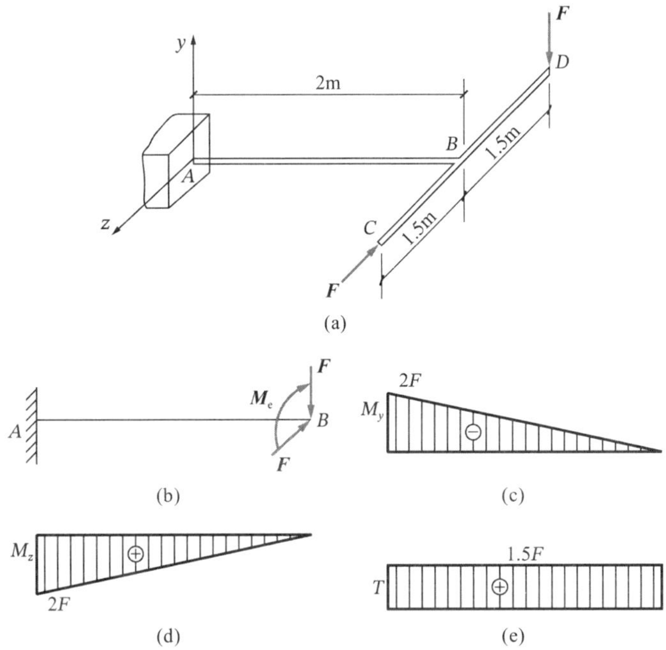

图 12-8 例 12-4 图

根据第三强度理论，由式(12-1)可得：

$$\sigma_{r3} = \frac{\sqrt{M^2 + T^2}}{W} = \frac{\sqrt{\left(2\sqrt{2}F\right)^2 + (1.5F)^2}}{W} = \frac{\sqrt{10.25}F}{W} \leqslant [\sigma]$$

$$F \leqslant \frac{W[\sigma]}{\sqrt{10.25}} = \frac{\frac{\pi}{32} \times 80^3 \times 100}{\sqrt{10.25} \times 10^3} = 1570\text{N}$$

即 T 形杆的许用荷载为 1570N。

根据第四强度理论，由式(12-2)可得：

$$\sigma_{r4} = \frac{\sqrt{M^2 + 0.75T^2}}{W} = \frac{\sqrt{\left(2\sqrt{2}F\right)^2 + 0.75 \times (1.5F)^2}}{W} = \frac{\sqrt{9.6875}F}{W} \leqslant [\sigma]$$

$$F \leqslant \frac{W[\sigma]}{\sqrt{9.6875}} = \frac{\frac{\pi}{32} \times 80^3 \times 100}{\sqrt{9.6875} \times 10^3} = 1615\text{N}$$

即 T 形杆的许用荷载为 1615N。

基本练习题

12-3 弯曲与扭转组合变形的圆截面杆在建立强度条件时，为什么要用强度理论？

工程启示：布鲁克林大桥

19 世纪末建造的布鲁克林大桥是当时世界上最长的悬索桥。布鲁克林大桥的主缆承受着巨大的拉力，以及由风荷载、温度变化等因素引起的弯曲应力。这种组合作用使得加劲梁发生了复杂的组合变形。工程师们在设计和建造过程中，充分利用了力学知识，确保布鲁克林大桥在组合变形下仍然具有足够的强度和刚度。布鲁克林大桥的成功建造，充分展示了材料力学中组合变形理论在工程实践中的重要性。

科学家故事：钱伟长

中国杰出的科学家、教育家和社会活动家钱伟长，在力学方面的贡献尤为突出。他创建了板壳内禀统一理论和浅壳的非线性微分方程组，这一理论在波导管理论、奇异摄动理论、润滑理论、环壳理论等多个领域都有广泛应用。他提出的“钱伟长方程”，成为非线性微分方程组研究领域的经典之作。除了科学研究，钱伟长还是一位杰出的教育家。他曾任上海大学校长，致力于教育改革和创新，培养了一大批优秀的科研人才。钱伟长以其卓越的学术成就、深厚的爱国情怀和杰出的教育贡献，成为中国科学界和教育界的一面旗帜。

小　结

构件在荷载作用下同时产生两种或两种以上的基本变形，这种变形称为组合变形。

1. 对于拉伸（压缩）与弯曲的组合变形，可分别计算拉伸（压缩）正应力和弯曲正应力，然后求代数和：

$$\sigma = \pm\frac{F_N}{A} \pm \frac{M_i y}{I_i}$$

公式中的应力正负号由所求应力点的变形决定，拉为正，压为负。

2. 分析组合变形强度问题的步骤

（1）将作用于杆件的荷载分解为几种基本变形的荷载。

（2）计算各基本变形的荷载引起的内力，确定危险截面。

（3）计算危险截面上的应力，并进行叠加，确定危险点。

（4）计算危险点的相当应力。对于弯拉（或压）组合变形的杆件，因危险点处于单向应力状态，可将两种基本变形引起的正应力按代数值叠加，求出总应力，即为相当应力（四种强度理论相同）；对于弯扭组合变形等，因危险点处于复杂应力状态，须按所选不同强度理论计算相当应力。

（5）进行强度计算。单向应力状态的强度条件为$\sigma_{max} \leqslant [\sigma]$，复杂应力状态的强度条件为

$\sigma_r \leqslant [\sigma]$。

思考题

12-1 什么是组合变形？如何求解组合变形的强度问题？有什么限制条件？

12-2 弯曲与拉压组合变形构件横截面上存在哪些内力？

12-3 圆形截面杆承受拉伸与弯曲组合变形时，其上任一点的应力状态都是单向拉伸应力状态吗？

12-4 发生弯扭组合变形的圆轴，其危险点位置在哪里？

习 题

12-1 如图12-9所示，悬臂梁受到$\boldsymbol{F}_1$和$\boldsymbol{F}_2$两个横向力的作用。已知$F_1 = 800\text{N}$，$F_2 = 1650\text{N}$，$L = 1\text{m}$，$b = 90\text{mm}$，$h = 180\text{mm}$，$E = 10\text{GPa}$。试求梁中最大正应力及其作用点的位置，并求该梁的最大挠度。若横截面改为圆形，直径$d = 130\text{mm}$，试求其最大正应力。

12-2 一端固定的直角拐如图12-10所示，已知$l = 200\text{mm}$，$a = 150\text{mm}$，$d = 50\text{mm}$，$[\sigma] = 130\text{MPa}$。试按第四强度理论确定许可荷载$[F]$。

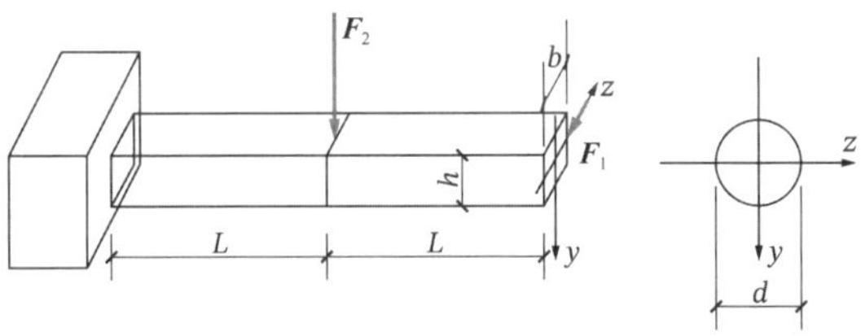

图12-9 习题12-1图

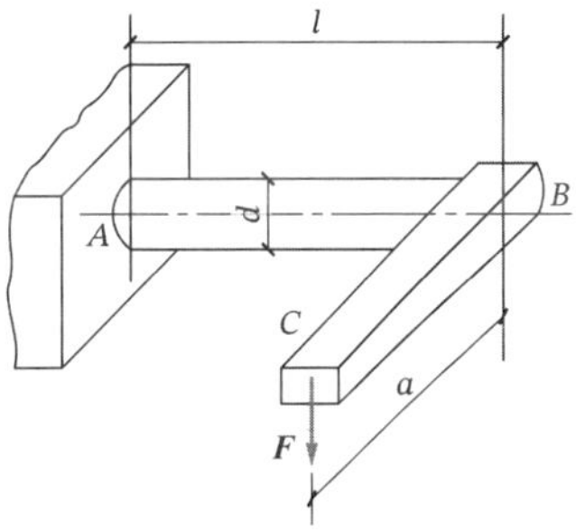

图12-10 习题12-2图

12-3 图12-11所示钻床的立柱由铸铁制成，$F = 15\text{kN}$，许用拉应力$[\sigma_t] = 35\text{MPa}$。试确定立柱所需直径$d$。

12-4 电机带动皮带轮转动如图12-12所示，已知轮重$W = 6\text{kN}$，直径$D = 1.2\text{m}$，紧边拉力$F_1 = 6\text{kN}$，松边拉力$F_2 = 4\text{kN}$，若轴的许用应力$[\sigma] = 60\text{MPa}$，试按第三强度理论设计轴的直径d。

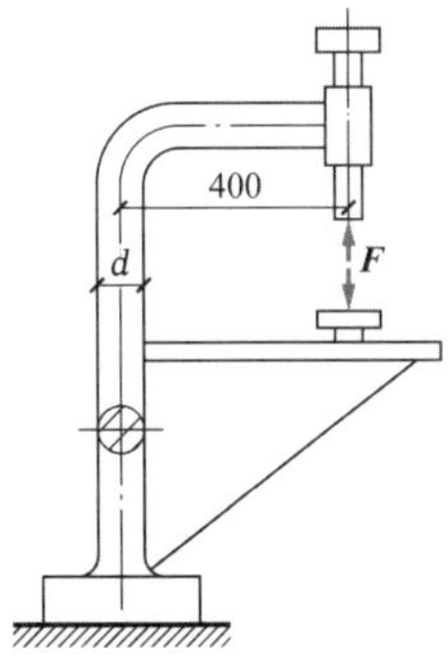

图12-11 习题12-3图

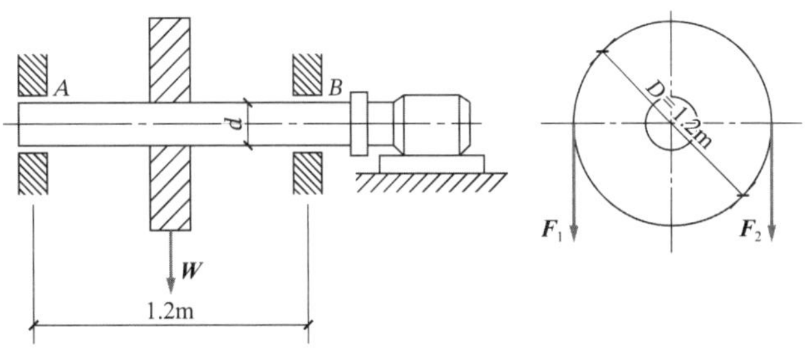

图12-12 习题12-4图

第 13 章 压杆的稳定性

导读

本章主要介绍压杆稳定性、临界荷载及不同柔度下的临界应力总图等内容。重点学习压杆临界荷载和临界应力的计算方法，并讨论提高压杆稳定性的措施。

学习目标

掌握压杆稳定性的基本概念，了解细长杆件临界荷载的欧拉公式推导过程及其适用范围，熟悉临界应力总图；重点掌握利用欧拉公式、经验公式进行压杆的稳定计算，通过合理设计确保压杆的稳定性。

思维导图

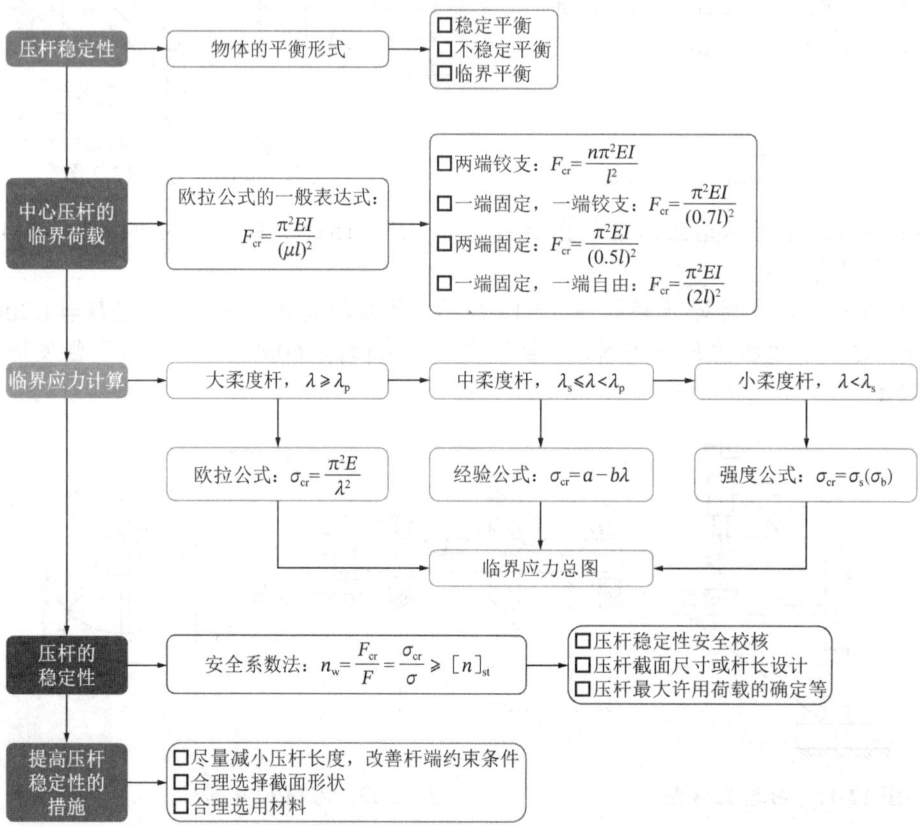

13.1　压杆稳定性的概念

所谓稳定性，是指物体平衡的性质。物体的平衡形式有稳定平衡、不稳定平衡和临界平衡三种。图 13-1（a）所示为光滑刚性凹面上的刚性小球，小球在重力与凹面约束力的作用下处于平衡状态，当施加一微小扰动后，刚性小球将偏离初始平衡位置；当扰动去除后，小球又会回到初始平衡位置。这种情况下，小球的初始平衡位置是稳定的，称为稳定平衡。图 13-1（b）所示为光滑刚性凸面上的刚性小球，施加一微小扰动后，刚性小球将偏离初始平衡位置；当扰动去除后，小球再也不能回到原平衡位置。这种称为不稳定平衡。图 13-1（c）所示为光滑刚性平面上的刚性小球，刚性小球在微小扰动下将偏离初始平衡位置，且在任何新的位置下都能保持平衡，这种平衡称为临界平衡，也称随遇平衡。

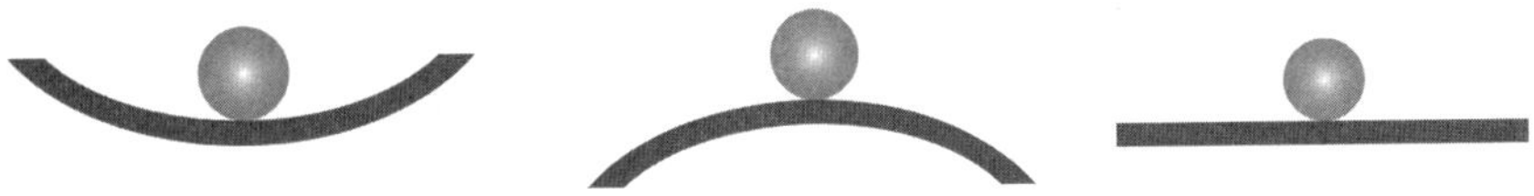

(a)　　(b)　　(c)

图 13-1　小球平衡的三种状态

上述小球是作为未完全约束的刚性体来进行研究的。对于受到完全约束的变形体，其平衡状态也存在稳定和不稳定的问题。例如，承受轴向压缩荷载的两端铰支细长压杆，就可能存在两种平衡构形：直线平衡构形和弯曲平衡构形，分别如图 13-2（a）、（b）所示。

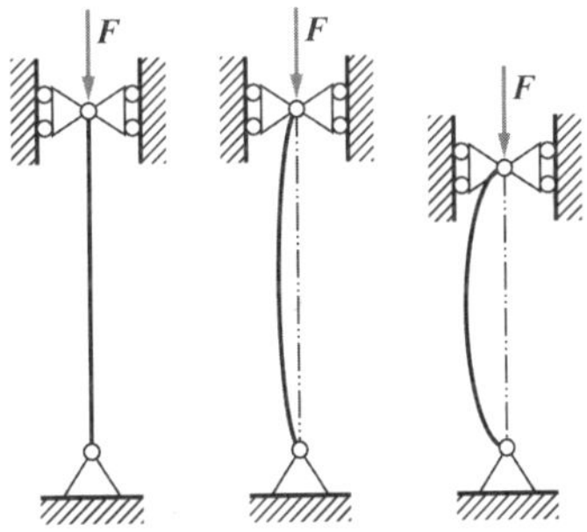

(a) $\boldsymbol{F} < \boldsymbol{F}_{cr}$　(b) $\boldsymbol{F} = \boldsymbol{F}_{cr}$　(c) $\boldsymbol{F} > \boldsymbol{F}_{cr}$

图 13-2　压杆的两种平衡与不平衡状态

试验发现，当轴向压缩荷载$\boldsymbol{F}$小于某一数值$\boldsymbol{F}_{cr}$时，若在水平方向施加一个微小扰动（力或位移），水平微小扰动去除后，杆轴线还能恢复到原来的位置，即图 13-2（a），这样的平衡形式称为稳定平衡。当轴向压缩荷载$\boldsymbol{F} = \boldsymbol{F}_{cr}$时，杆件仍然保持平衡状态，如图 13-2（b）所示。若此时在水平方向施加一个微小扰动，其立刻转变为弯曲构形，即便在扰动去除后，也不能恢复原有的直线平衡构形，这种平衡形式称为不稳定平衡，如图 13-2（c）所示。压杆丧失直线构形而过渡到弯曲构形，称为丧失稳定性，简称失稳，也称为屈曲。上述压缩荷载的极限值$\boldsymbol{F}_{cr}$称为压杆的临界荷载或临界压力。

第13章

基本练习题

13-1 一理想均匀直杆受轴向压力$P = P_Q$时处于直线平衡状态。在其受到一微小横向干扰力后发生微小弯曲变形，若此时解除干扰力，则压杆（ ）。

A. 弯曲变形消失，恢复直线形状

B. 弯曲变形减少，不能恢复直线形状

C. 微弯状态不变

D. 弯曲变形继续增大

13.2 中心压杆的临界荷载

13.2.1 两端铰支细长中心压杆的临界荷载

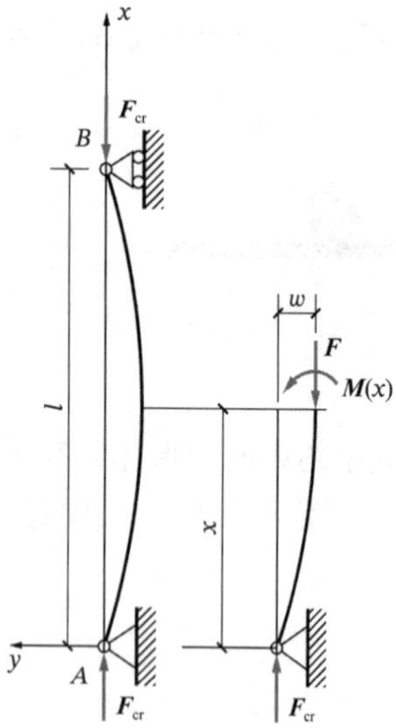

图 13-3 两端铰支细长压杆

现有一两端铰支细长中心压杆，长度为l，在轴向压缩荷载$\boldsymbol{F}$作用下处于微弯平衡状态，当轴向压缩荷载$F = F_{cr}$时，压杆将由直线平衡构形转变为弯曲平衡构形，如图 13-3 所示。

此时图 13-3 所示坐标系中的挠曲线微分方程为：

$$EI\frac{d^2w}{dx^2} = M(x) \tag{13-1}$$

压杆在平衡构形下的弯矩为：

$$M(x) = -F_{cr}w \tag{13-2}$$

将式(13-2)代入式(13-1)可得：

$$EI\frac{d^2w}{dx^2} + F_{cr}w = 0 \tag{13-3}$$

令

$$k^2 = \frac{F_{cr}}{EI} \tag{13-4}$$

则可得二阶常微分方程：

$$\frac{d^2w}{dx^2} + k^2w = 0 \tag{13-5}$$

该方程的通解为：

$$w = C_1\sin kx + C_2\cos kx \tag{13-6}$$

式中 C_1、C_2——积分常数，可通过边界条件确定。

如图 13-3 所示，杆件两端存在如下边界条件：

$$w(0) = 0，w(l) = 0 \tag{13-7}$$

将式(13-7)代入式(13-6)可求得线性方程组：

$$\left.\begin{array}{r} 0\cdot C_1 + C_2 = 0 \\ C_1\sin kl + C_2\cos kl = 0 \end{array}\right\} \tag{13-8}$$

方程组式(13-8)中，C_1、C_2不全为零的条件是系数行列式等于零，即：

$$\begin{vmatrix} 0 & 1 \\ \sin kl & \cos kl \end{vmatrix} = 0 \tag{13-9}$$

由此可解得：

$$\sin kl = 0 \tag{13-10}$$

即

$$kl = n\pi(n = 1,2,3,\cdots) \tag{13-11}$$

将式(13-11)代入式(13-4)，即可得到所求临界荷载的一般表达式为：

$$F_{cr} = \frac{n^2\pi^2 EI}{l^2} \tag{13-12}$$

当 $n = 1$ 时，F_{cr} 为最小值，即保证压杆安全工作的最小临界荷载为：

$$F_{cr} = \frac{\pi^2 EI}{l^2} \tag{13-13}$$

上式即为理想中心压杆的欧拉临界荷载计算公式。

式中　E——材料弹性模量；

I——压杆截面的最小形心主惯性矩。

从式(13-13)可以看出，压杆的抗弯刚度 EI 越大，其临界荷载也越大。

13.2.2　欧拉公式的一般表达式

同理，对于不同刚性支承条件下的压杆，由静力学平衡方法得到的平衡微分方程和边界条件都可能各不相同，但基本分析方法和分析过程却是相同的，这些公式可以写成以下通用形式：

$$F_{cr} = \frac{\pi^2 EI}{(\mu l)^2} \tag{13-14}$$

式中　μl——不同压杆屈曲后挠曲线上正弦半波的长度，称为相当长度或有效长度；

μ——反映压杆两端不同支承影响的系数，称为长度系数，可由屈曲后挠曲线的正弦半波长度与两端铰支压杆初始屈曲时挠曲线的正弦半波长度的比值确定，具体数值见表 13-1 和图 13-4。

表 13-1　不同支承约束条件下等截面细长压杆临界荷载的欧拉公式

支承情况	临界荷载的欧拉公式	长度系数 μ
两端铰支	$F_{cr} = \frac{\pi^2 EI}{l^2}$	$\mu = 1$
一端固定，一端铰支	$F_{cr} = \frac{\pi^2 EI}{(0.7l)^2}$	$\mu = 0.7$
两端固定	$F_{cr} = \frac{\pi^2 EI}{(0.5l)^2}$	$\mu = 0.5$
一端固定，一端自由	$F_{cr} = \frac{\pi^2 EI}{(2l)^2}$	$\mu = 2$

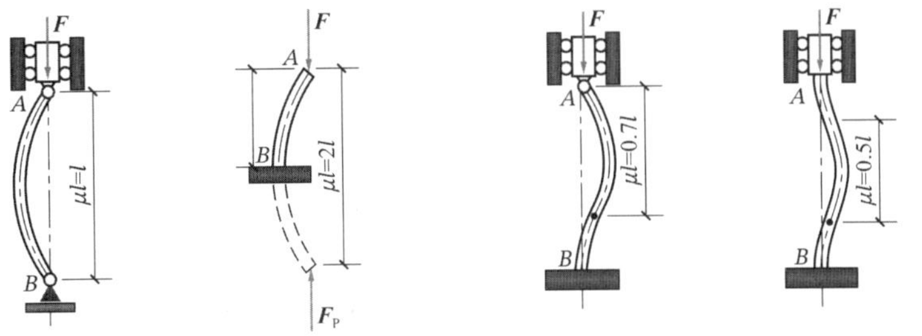

(a) 两端铰支　(b) 一端固定，一端自由　(c) 一端固定，一端铰支　(d) 两端固定

图 13-4　不同支承约束条件下等截面细长压杆长度系数

基本练习题

13-2 影响细长压杆临界力大小的主要因素有_____、_____、_____、_____。

13.3 欧拉公式的适用范围及临界应力总图

13.3.1 临界应力

将压杆的临界荷载$\boldsymbol{F}_{cr}$除以杆的截面面积A便可得到截面的应力，这个应力称为压杆的临界应力，即：

$$\sigma_{cr}=\frac{F_{cr}}{A}=\frac{\pi^2 E}{(\mu l)^2}\times\frac{I}{A} \tag{13-15}$$

式中 I/A——仅与横截面的形状和尺寸有关，若令$I/A=i^2$，即$i=\sqrt{I/A}$；

i——压杆横截面的惯性半径。

式(13-15)又可写为：

$$\sigma_{cr}=\frac{\pi^2 E}{(\mu l/i)^2}\text{或}\sigma_{cr}=\frac{\pi^2 E}{\lambda^2} \tag{13-16}$$

式中 λ——压杆的长细比或柔度，$\lambda=\mu l/i$。

柔度λ可综合反映压杆长度、支承情况以及横截面形状和尺寸等因素对压杆临界应力的影响。柔度的平方与压杆临界应力成反比，即压杆柔度越大，压杆临界应力越小，越容易失稳。

13.3.2 欧拉公式适用范围

从临界荷载的欧拉公式推导过程可知，挠曲线微分方程只有在线弹性条件下才成立，所以计算压杆临界应力的欧拉公式也只适用于材料的线弹性阶段，即压杆的临界应力σ_{cr}小于等于材料的比例极限σ_p：

$$\sigma_{cr}=\frac{\pi^2 E}{\lambda^2}\leqslant\sigma_p \tag{13-17}$$

由上式可得：

$$\lambda\geqslant\sqrt{\frac{\pi^2 E}{\sigma_p}} \tag{13-18}$$

令

$$\lambda_p=\sqrt{\frac{\pi^2 E}{\sigma_p}} \tag{13-19}$$

因此只有在$\lambda\geqslant\lambda_p$时，压杆的欧拉临界应力公式［式(13-16)］或临界荷载公式［式(13-13)］才成立，此时的压杆称为大柔度杆。

13.3.3 非细长压杆的临界应力经验公式及临界应力总图

在实际工程中，有一些压杆的柔度往往小于λ_p，其发生失稳时的应力将超过材料的比例极限σ_p。此时不能直接采用欧拉公式来计算其临界应力，通常采用建立在试验数据基础上的经验公式来进行计算。经验公式一般有直线公式和抛物线公式两种，其中直线公式最为常用，其表达式为：

$$\sigma_{cr}=a-b\lambda \tag{13-20}$$

式中 a、b——与材料有关的常数，表 13-2 中给出了几种工程常用材料的a和b数值。

表 13-2 几种工程常用材料的a和b数值

材料（σ_s、σ_b的单位为 MPa）	a/MPa	b/MPa	λ_p	λ_s
Q235 钢（$\sigma_s = 235$，$\sigma_b \geqslant 372$）	304	1.12	100	61
优质碳钢（$\sigma_s = 306$，$\sigma_b \geqslant 417$）	461	2.57	100	60
硅钢（$\sigma_s = 353$，$\sigma_b \geqslant 510$）	578	3.74	100	60
铬锰钢	980	5.30	55	40
铸铁	332	1.45	50	—
硬铝	373	2.15	80	—
木材	28.7	0.19	50	—

式(13-20)适用于截面应力不超过材料的受压屈服极限的情况，即：

$$\sigma_{cr} = a - b\lambda \leqslant \sigma_s \tag{13-21}$$

由上式可得：

$$\lambda \geqslant \frac{a - \sigma_s}{b} \tag{13-22}$$

令

$$\lambda_s = \frac{a - \sigma_s}{b} \tag{13-23}$$

λ_s对应于截面应力达到材料屈服极限时的柔度值，也是可使用直线公式的最小柔度值，即当$\lambda_s \leqslant \lambda < \lambda_p$时，可采用直线公式计算压杆的临界应力，此类压杆称为中柔度杆。

$\lambda < \lambda_s$时，称为小柔度杆，此时压杆不会发生屈曲，而只发生材料屈服，故其临界应力取材料的屈服应力。

$$\sigma_{cr} = \sigma_s \tag{13-24}$$

根据上述三类压杆的临界应力表达式，在$O\sigma_{cr}\lambda$坐标系中可以作出σ_{cr}-λ关系曲线，称为临界应力总图，如图 13-5 所示。

从上图可以看出，当$\lambda < \lambda_s$时（AB段），称为小柔度杆，一般不会发生失稳，而可能发生材料屈服或断裂，可按照强度问题进行处理；当$\lambda_s \leqslant \lambda < \lambda_p$时（$BC$段），称为中柔度杆，可采用经验公式计算临界应力；当$\lambda \geqslant \lambda_p$时（$CD$段），称为大柔度杆，可采用欧拉公式计算临界应力。

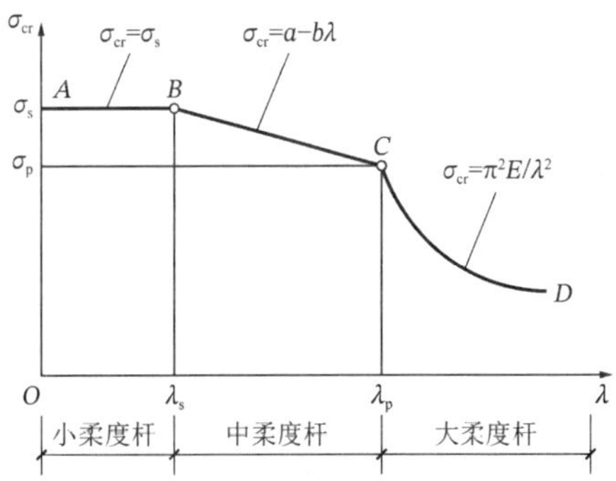

图 13-5 临界应力总图

【例 13-1】两端铰支的低碳钢压杆，直径$d = 50$mm。已知$\sigma_s = 235$MPa，$E = 206$GPa，若杆长分别为$l_1 = 1.5$m、$l_2 = 1.0$m、$l_3 = 0.5$m，试计算各杆的临界应力和临界荷载。

解：（1）查表确定λ_s、λ_p

由表 13-2 知，对于低碳钢有：

$$\lambda_p = 100，\lambda_s = 61，a = 304\text{MPa}，b = 1.12\text{MPa}$$

（2）计算杆的柔度$\lambda = \mu l/i$

由表 13-1 可知，两端铰支压杆：$\mu = 1$。

压杆截面惯性半径：$i = \sqrt{I/A} = d/4 = 12.5$mm。

第13章

杆 1 的柔度：$\lambda_1 = \mu l_1/i = 1.0 \times 1500/12.5 = 120$。

杆 2 的柔度：$\lambda_2 = \mu l_2/i = 1.0 \times 1000/12.5 = 80$。

杆 3 的柔度：$\lambda_3 = \mu l_3/i = 1.0 \times 500/12.5 = 40$。

（3）判定压杆的类型，并计算临界应力和临界荷载

杆 1：$\lambda_1 = 120 > \lambda_p = 100$，为大柔度杆，由欧拉公式［式(13-16)］有：

$$\sigma_{cr1} = \frac{\pi^2 E}{\lambda_1^2} = \frac{\pi^2 \times 206 \times 10^9}{120^2} = 141.19\text{MPa}$$

$$F_{cr1} = \sigma_{cr1} A = 141.19 \times 10^6 \times \pi \times 0.05^2/4 = 277.23\text{kN}$$

杆 2：$\lambda_s = 61 < \lambda_2 = 80 < \lambda_p = 100$，为中柔度杆，由经验公式［式(13-21)］有：

$$\sigma_{cr2} = a - b\lambda = 304 - 1.12 \times 80 = 214.40\text{MPa}$$

$$F_{cr2} = \sigma_{cr2} A = 214.40 \times 10^6 \times \pi \times 0.05^2/4 = 420.97\text{kN}$$

杆 3：$\lambda_3 = 40 < \lambda_s = 61$，为小柔度杆，直接计算其抗压强度，即：

$$\sigma_{cr3} = \sigma_s = 235\text{MPa}$$

$$F_{cr3} = \sigma_{cr3} A = 235.00 \times 10^6 \times \pi \times 0.05^2/4 = 461.42\text{kN}$$

基本练习题

13-3 压杆的柔度集中反映了压杆的（　　）对临界应力的影响。

A. 长度、约束条件、截面尺寸和形状

B. 材料、长度和约束条件

C. 材料、约束条件、截面尺寸和形状

D. 材料、长度、截面尺寸和形状

13-4 如果以柔度λ的大小对压杆进行分类，则_____的杆称为大柔度杆，_____的杆称为中柔度杆，_____的杆称为小柔度杆。

13.4 压杆的稳定条件和稳定性校核

压杆发生屈曲失稳时，其截面应力小于材料的强度极限。在实际工程设计时，考虑到可能的荷载估计、约束简化、杆件自身几何尺寸等误差，要确保压杆具有足够的稳定性，就必须使杆件承受的实际压缩荷载小于杆件的临界荷载，保留一定的安全储备。为此，在工程设计时引入了安全系数法。采用安全系数法时，稳定性设计原则可表示为：

$$n_w \geqslant [n]_{st} \tag{13-25}$$

式中　n_w——工作安全系数，可由式(13-26)确定。

$$n_w = \frac{F_{cr}}{F} = \frac{\sigma_r}{\sigma} \tag{13-26}$$

式中　F——压杆的工作荷载；

σ——压杆的工作应力；

$[n]_{st}$——规定的稳定安全系数。

在静载作用下，由于压杆的初始缺陷（实际压杆不可能是理想直杆）、压缩荷载具有一定偏心等因素，稳定安全系数通常略高于强度安全系数。对于钢材，取$[n]_{st} = 1.8 \sim 3.0$；对于铸

铁，取$[n]_{st} = 5.0 \sim 5.5$；对于丝杆、活塞杆、发动机挺杆，取$[n]_{st} = 2.0 \sim 6.0$；对于冶金设备，取$[n]_{st} = 4.0 \sim 8.0$；对于木材，取$[n]_{st} = 2.8 \sim 3.2$。稳定安全系数一般可通过相关专业设计手册查得。

根据式(13-26)可以开展压杆稳定性设计。与强度设计一样，稳定性设计也包括压杆稳定性安全校核、压杆截面尺寸或杆长设计、压杆最大许用荷载的确定等。

【例 13-2】活塞杆由铬锰钢制成。已知$\sigma_s = 780\text{MPa}$，$E = 206\text{GPa}$，$\lambda_p = 55$，长度$l = 800\text{mm}$，直径$d = 40\text{mm}$。最大压缩荷载$F = 60\text{kN}$，许用稳定安全系数为$[n]_{st} = 6.0$。试校核其稳定性。

解：活塞杆两端可简化为铰支，故$\mu = 1$。

其截面回转半径：$i = \sqrt{I/A} = d/4 = 10\text{mm}$。

柔度：$\lambda = \mu l/i = 1.0 \times 800/10 = 80$，由于$\lambda > \lambda_p$，为大柔度杆，可以采用欧拉公式进行计算。

$$\sigma_{cr} = \frac{\pi^2 E}{\lambda^2} = \frac{\pi^2 \times 206 \times 10^9}{80^2} = 317.68\text{MPa}$$

$$F_{cr} = \sigma_{cr} A = 317.68 \times 10^6 \times \pi \times 0.04^2/4 = 398.83\text{kN}$$

活塞杆的工作安全系数为：

$$n_w = \frac{F_{cr}}{F} = \frac{398.83}{60} = 6.65 > [n]_{st} = 6.0$$

因此，满足稳定性要求。

13.5　提高压杆稳定性的措施

由式(13-16)可知，压杆的临界荷载与材料弹性模量E、柔度λ有关，而柔度λ由杆端约束情况μ、杆的长度l以及截面惯性半径i共同确定。因此，要增大压杆的临界荷载，提高稳定性，可以分别从杆件长度、杆端约束、截面几何尺寸以及材料等因素来考虑。

（1）尽量减小压杆长度，改善杆端约束条件

由欧拉公式可知，压杆临界荷载与杆件长度的二次方成反比。因此，采取合理措施减小杆件长度可以显著提升压杆的稳定性。实际工程中，可以通过改变结构长度或增设横向联系（相当于在杆件中部增设支点）等来减小压杆的计算长度，从而实现提高杆件稳定性的目的；当压杆计算长度不能改变时，可通过增加约束的刚性（如将铰支座改为固定支座等）提高压杆的稳定性。

（2）合理选择截面形状

在条件允许的情况下，增大截面的惯性矩可以显著改善压杆的稳定性。如在截面面积不变的情况下，提高截面惯性矩I或惯性半径i，可使杆的柔度减小，临界应力增大，提高压杆稳定性。实际工程中，在不显著增加材料用量的前提下，用空心圆形、矩形截面代替实心截面等可提高压杆稳定性，且更具有性价比。

（3）合理选用材料

在其他条件不变的前提下，压杆的临界荷载与弹性模量成正比。因此，选用弹性模量大的材料，也可提高压杆稳定性。例如，钢杆的临界荷载大于铜、铸铁或铝制压杆的临界荷载。但需要注意的是，普通碳素钢、合金钢以及高强度钢的弹性模量数值相差不大。因此，对于大柔度杆，选用高强度钢对压杆临界荷载的影响微乎其微，反而会造成材料的浪费。

但对中、小柔度压杆，其临界荷载与材料的比例极限或屈服强度有关，此时选用高强度钢可使临界荷载有所增加。

基本练习题

13-5 提高钢制细长压杆承载能力有如下方法。试判断哪一种是最正确的。(　　)

A. 减小杆长，减小长度系数，使压杆沿横截面两形心主轴方向的长细比相等

B. 增加横截面面积，减小杆长

C. 增加惯性矩，减小杆长

工程启示：福斯桥

英国的福斯桥横跨苏格兰福斯河，建成于 1890 年，是工业革命时期英国铁路发展的里程碑。福斯桥是一座悬臂梁结构和桁架结构混合的铁路桥，其设计中大量使用了压杆结构来支撑沉重的桥面。其卓越的稳定性和耐久性证明了压杆稳定设计在工程实践中的应用价值。如今，福斯桥已成为苏格兰的标志性建筑之一，同时也是材料力学中压杆稳定研究的重要历史参考。

小　结

本章讨论了理想中心受压直杆的稳定性。在线弹性、小变形范围内，压杆在临界荷载$\boldsymbol{F}_{cr}$作用下处于微弯的临界平衡状态。稳定分析的主要计算公式如下：

1. 计算临界力的欧拉公式

$$F_{cr}=\frac{\pi^2EI}{(\mu l)^2}$$

2. 计算临界应力的欧拉公式

$$\sigma_{cr}=\frac{\pi^2E}{\lambda^2}$$

3. 柔度或长细比的计算公式

$$\lambda=\frac{\mu l}{i}=\frac{\mu l}{\sqrt{\frac{I}{A}}}$$

4. 稳定系数n_w、压杆稳定条件

$$n_w=\frac{F_{cr}}{F}=\frac{\sigma_{cr}}{\sigma}\geqslant[n]_{st}$$

5. 压杆稳定计算中应注意的问题

（1）压杆的稳定性具有方向性。使用上述公式时，截面惯性矩I需取各方向上惯性矩的最小值I_{min}。实际工程中，长度系数λ值可由规范查得或根据实际情况确定。

（2）欧拉公式的适用范围是$\sigma_{cr} \leqslant \sigma_p$（比例极限），即大柔度压杆，柔度$\lambda \geqslant \lambda_p = \pi\sqrt{\dfrac{E}{\sigma_p}}$。

6. 提高压杆稳定性的措施

提高压杆稳定性的关键在于提高压杆的临界力或临界应力。从计算公式可知，细长压杆的临界力与材料、截面几何性质、约束和杆长等因素有关，要提高压杆的稳定性，应综合考虑上述各种因素。

思考题

13-1 杆在轴向压缩荷载作用下的屈曲与在横向荷载作用下的弯曲有什么区别和联系？

13-2 受拉直杆是否存在稳定问题？为什么？

13-3 什么情况下可以实现压杆的多阶屈曲？

13-4 将实心圆截面压杆的直径和长度都加大一倍，对杆的柔度有无影响？

13-5 提高压杆轴向压缩承载力最有效的方法是什么？

习　题

13-1 一端固定，另一端自由的细长压杆如图 13-6 所示。假定在微弯平衡状态时自由端的挠度为δ，试由挠曲线近似微分方程求解临界荷载$\boldsymbol{F}_{cr}$。

13-2 一端固定、另一端铰支的细长压杆，承受压力$F = 200$kN 作用，$E = 206$GPa，试用欧拉公式计算下述不同截面下的临界长度l_{cr}，并进行比较。

（1）边长为 5cm 的正方形截面；

（2）直径为 2.82cm 的实心圆截面。

13-3 试求图 13-7 所示钢制压杆的临界荷载。已知弹性模量$E = 206$GPa。

（1）圆形截面，直径$d = 20$mm，$l = 1$m。

（2）矩形截面，$h = 2b = 50$mm，$l = 1$m。

（3）20a 号工字钢截面，$l = 3$m。

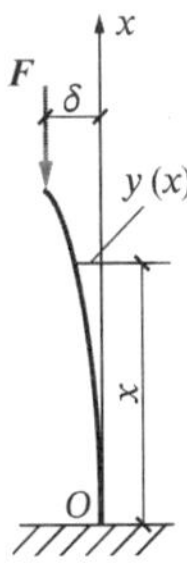

图 13-6　习题 13-1 图

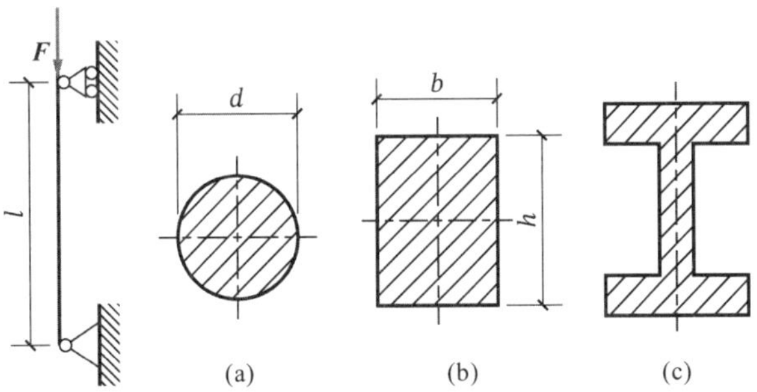

图 13-7　习题 13-3 图

13-4 某铬锰钢挺杆，两端铰支，直径$d = 10$mm，$l = 100$mm。若规定的许用稳定安全系数为$[n]_{st} = 3$，试确定杆的许可荷载。

13-5 活塞杆（临界应力总图BC段）由优质碳钢制成，$E = 206$GPa，直径$d = 40$mm，$l = 1200$mm，若规定稳定安全系数为$[n]_{st} = 5$，试确定许可荷载。

13-6 图 13-8 所示桁架由 5 根圆截面杆组成。已知各杆直径均为$d = 40\text{mm}$，长度为$l = 1\text{m}$。各杆的弹性模量均为$E = 206\text{GPa}$，$\lambda_p = 100$，$\lambda_s = 61$，直线经验公式系数$a = 304\text{MPa}$，$b = 1.12\text{MPa}$，许用应力$[\sigma] = 160\text{MPa}$，稳定安全系数$[n]_{st} = 3$，试求此结构的许可荷载$[F]$。

13-7 图 13-9 所示结构，斜撑杆BD为实心杆，由 Q235 钢制成，$[\sigma] = 160\text{MPa}$，直径$d = 40\text{mm}$，$[n]_{st} = 2$。斜撑杆的$\lambda_p = 100$，$\lambda_s = 61$。试由压杆的稳定计算，确定结构的许可荷载。

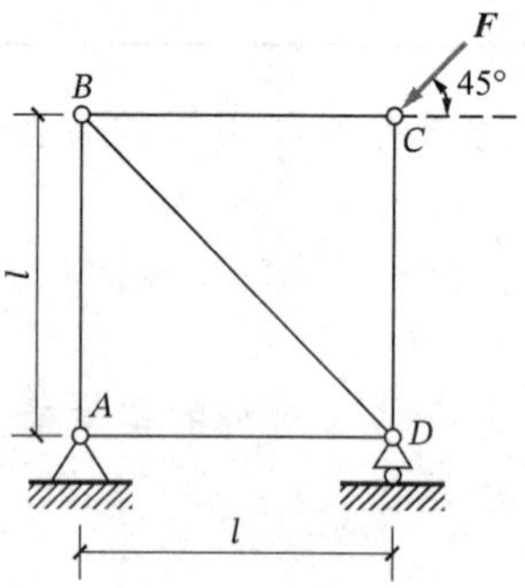

图 13-8　习题 13-6 图

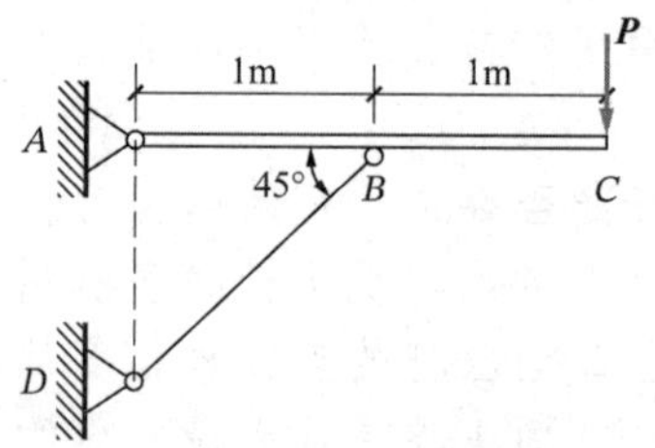

图 13-9　习题 13-7 图

附　录　型钢表

表 1　等边角钢截面尺寸、截面面积、理论重量及截面特性（GB/T 706—2016）

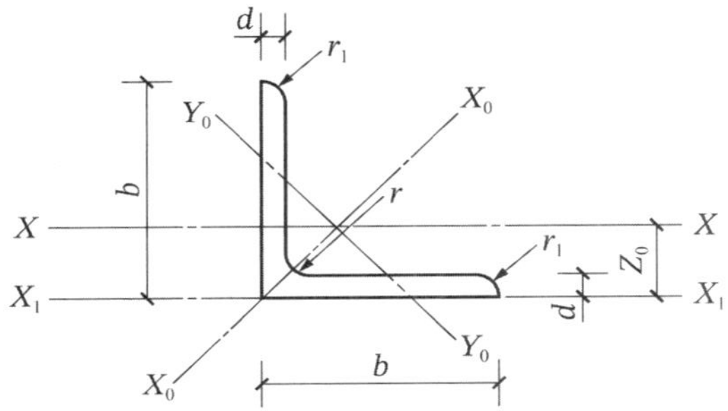

说明：b——边宽度；
d——边厚度；
r——内圆弧半径；
r_1——边端内圆弧半径；
Z_0——重心距离。

型号	截面尺寸/mm			截面面积/cm²	理论重量/（kg/m）	外表面积/（m²/m）	惯性矩/cm⁴				惯性半径/cm			截面模量/cm³			重心距离/cm
	b	d	r				I_x	I_{x1}	I_{x0}	I_{y0}	i_x	i_{x0}	i_{y0}	W_x	W_{x0}	W_{y0}	Z_0
2	20	3	3.5	1.132	0.89	0.078	0.40	0.81	0.63	0.17	0.59	0.75	0.39	0.29	0.45	0.20	0.60
		4		1.459	1.15	0.077	0.50	1.09	0.78	0.22	0.58	0.73	0.38	0.36	0.55	0.24	0.64
2.5	25	3		1.432	1.12	0.098	0.82	1.57	1.29	0.34	0.76	0.95	0.49	0.46	0.73	0.33	0.73
		4		1.859	1.46	0.097	1.03	2.11	1.62	0.43	0.74	0.93	0.48	0.59	0.92	0.40	0.76
3.0	30	3	4.5	1.749	1.37	0.117	1.46	2.71	2.31	0.61	0.91	1.15	0.59	0.68	1.09	0.51	0.85
		4		2.276	1.79	0.117	1.84	3.63	2.92	0.77	0.90	1.13	0.58	0.87	1.37	0.62	0.89

续表

型号	截面尺寸/mm			截面面积/cm^2	理论重量/（kg/m）	外表面积/（m^2/m）	惯性矩/cm^4				惯性半径/cm			截面模量/cm^3			重心距离/cm
	b	d	r				I_x	I_{x1}	I_{x0}	I_{y0}	i_x	i_{x0}	i_{y0}	W_x	W_{x0}	W_{y0}	Z_0
3.6	36	3	4.5	2.109	1.66	0.141	2.58	4.68	4.09	1.07	1.11	1.39	0.71	0.99	1.61	0.76	1.00
		4		2.756	2.16	0.141	3.29	6.25	5.22	1.37	1.09	1.38	0.70	1.28	2.05	0.93	1.04
		5		3.382	2.55	0.141	3.95	7.84	6.24	1.65	1.08	1.36	0.70	1.56	2.45	1.00	1.07
4.0	40	3	5	2.359	1.85	0.157	3.59	6.41	5.69	1.49	1.23	1.55	0.79	1.23	2.01	0.96	1.09
		4		3.086	2.42	0.157	4.60	8.56	7.29	1.91	1.22	1.54	0.79	1.60	2.58	1.19	1.13
		5		3.792	2.98	0.156	5.53	10.7	8.76	2.30	1.21	1.52	0.78	1.96	3.10	1.39	1.17
4.5	45	3		2.659	2.09	0.177	5.17	9.12	8.20	2.14	1.40	1.76	0.89	1.58	2.58	1.24	1.22
		4		3.486	2.74	0.177	6.65	12.2	10.6	2.75	1.38	1.74	0.89	2.05	3.32	1.54	1.26
		5		4.292	3.37	0.176	8.04	15.2	12.7	3.33	1.37	1.72	0.88	2.51	4.00	1.81	1.30
		6		5.077	3.99	0.176	9.33	18.4	14.8	3.89	1.36	1.70	0.80	2.95	4.64	2.06	1.33
5	50	3	5.5	2.971	2.33	0.197	7.18	12.5	11.4	2.98	1.55	1.96	1.00	1.96	3.22	1.57	1.34
		4		3.897	3.06	0.197	9.26	16.7	14.7	3.82	1.54	1.94	0.99	2.56	4.16	1.96	1.38
		5		4.803	3.77	0.196	11.2	20.9	17.8	4.64	1.53	1.92	0.98	3.13	5.03	2.31	1.42
		6		5.688	4.46	0.196	13.1	25.1	20.7	5.42	1.52	1.91	0.98	3.68	5.85	2.63	1.46
5.6	56	3	6	3.343	2.62	0.221	10.2	17.6	16.1	4.24	1.75	2.20	1.13	2.48	4.08	2.02	1.48
		4		4.39	3.45	0.220	13.2	23.4	20.9	5.46	1.73	2.18	1.11	3.24	5.28	2.52	1.53
		5		5.415	4.25	0.220	16.0	29.3	25.4	6.61	1.72	2.17	1.10	3.97	6.42	2.98	1.57
		6		6.42	5.04	0.220	18.7	35.3	29.7	7.73	1.71	2.15	1.10	4.68	7.49	3.40	1.61
		7		7.404	5.81	0.219	21.2	41.2	33.6	8.82	1.69	2.13	1.09	5.36	8.49	3.80	1.64
		8		8.367	6.57	0.219	23.6	47.2	37.4	9.89	1.68	2.11	1.09	6.03	9.44	4.16	1.68

续表

型号	截面尺寸/mm			截面面积/cm²	理论重量/（kg/m）	外表面积/（m²/m）	惯性矩/cm⁴				惯性半径/cm			截面模量/cm³			重心距离/cm
	b	d	r				I_x	I_{x1}	I_{x0}	I_{y0}	i_x	i_{x0}	i_{y0}	W_x	W_{x0}	W_{y0}	Z_0
6	60	5	6.5	5.829	4.58	0.236	19.9	36.1	31.6	8.21	1.85	2.33	1.19	4.59	7.44	3.48	1.67
		6		6.914	5.43	0.235	23.4	43.3	36.9	9.60	1.83	2.31	1.18	5.41	8.70	3.98	1.70
		7		7.977	6.26	0.235	26.4	50.7	41.9	11.0	1.82	2.29	1.17	6.21	9.88	4.45	1.74
		8		9.02	7.08	0.235	29.5	58.0	46.7	12.3	1.81	2.27	1.17	6.98	11.0	4.88	1.78
6.3	63	4	7	4.978	3.91	0.248	19.0	33.4	30.2	7.89	1.96	2.46	1.26	4.13	6.78	3.29	1.70
		5		6.143	4.82	0.248	23.2	41.7	36.8	9.57	1.94	2.45	1.25	5.08	8.25	3.90	1.74
		6		7.288	5.72	0.247	27.1	50.1	43.0	11.2	1.93	2.43	1.24	6.00	9.66	4.46	1.78
		7		8.412	6.60	0.247	30.9	58.6	49.0	12.8	1.92	2.41	1.23	6.88	11.0	4.98	1.82
		8		9.515	7.47	0.247	34.5	67.1	54.6	14.3	1.90	2.40	1.23	7.75	12.3	5.47	1.85
		10		11.66	9.15	0.246	41.1	84.3	64.9	17.3	1.88	2.36	1.22	9.39	14.6	6.36	1.93
7	70	4	8	5.570	4.37	0.275	26.4	45.7	41.8	11.0	2.18	2.74	1.40	5.14	8.44	4.17	1.86
		5		6.876	5.40	0.275	32.2	57.2	51.1	13.3	2.16	2.73	1.39	6.32	10.3	4.95	1.91
		6		8.160	6.41	0.275	37.8	68.7	59.9	15.6	2.15	2.71	1.38	7.48	12.1	5.67	1.95
		7		9.424	7.40	0.275	43.1	80.3	68.4	17.8	2.14	2.69	1.38	8.59	13.8	6.34	1.99
		8		10.67	8.37	0.274	48.2	91.9	76.4	20.0	2.12	2.68	1.37	9.68	15.4	6.98	2.03
7.5	75	5	9	7.412	5.82	0.295	40.0	70.6	63.3	16.6	2.33	2.92	1.50	7.32	11.9	5.77	2.04
		6		8.797	6.91	0.294	47.0	84.6	74.4	19.5	2.31	2.90	1.49	8.64	14.0	6.67	2.07
		7		10.16	7.98	0.294	53.6	98.7	85.0	22.2	2.30	2.89	1.48	9.93	16.0	7.44	2.11
		8		11.50	9.03	0.294	60.0	113	95.1	24.9	2.28	2.88	1.47	11.2	17.9	8.19	2.15
		9		12.83	10.1	0.294	66.1	127	105	27.5	2.27	2.86	1.46	12.4	19.8	8.89	2.18
		10		14.13	11.1	0.293	72.0	142	114	30.1	2.26	2.84	1.46	13.6	21.5	9.56	2.22

续表

型号	截面尺寸/mm			截面面积/cm²	理论重量/（kg/m）	外表面积/（m²/m）	惯性矩/cm⁴				惯性半径/cm			截面模量/cm³			重心距离/cm
	b	d	r				I_x	I_{x1}	I_{x0}	I_{y0}	i_x	i_{x0}	i_{y0}	W_x	W_{x0}	W_{y0}	Z_0
8	80	5		7.912	6.21	0.315	48.8	85.4	77.3	20.3	2.48	3.13	1.60	8.34	13.7	6.66	2.15
		6		9.397	7.38	0.314	57.4	103	91.0	23.7	2.47	3.11	1.59	9.87	16.1	7.65	2.19
		7		10.86	8.53	0.314	65.6	120	104	27.1	2.46	3.10	1.58	11.4	18.4	8.58	2.23
		8		12.30	9.66	0.314	73.5	137	117	30.4	2.44	3.08	1.57	12.8	20.6	9.46	2.27
		9		13.73	10.8	0.314	81.1	154	129	33.6	2.43	3.06	1.56	14.3	22.7	10.3	2.31
		10		15.13	11.9	0.313	88.4	172	140	36.8	2.42	3.04	1.56	15.6	24.8	11.1	2.35
9	90	6	10	10.64	8.35	0.354	82.8	146	131	34.3	2.79	3.51	1.80	12.6	20.6	9.95	2.44
		7		12.30	9.66	0.354	94.8	170	150	39.2	2.78	3.50	1.78	14.5	23.6	11.2	2.48
		8		13.94	10.9	0.353	106	195	169	44.0	2.76	3.48	1.78	16.4	26.6	12.4	2.52
		9		15.57	12.2	0.353	118	219	187	48.7	2.75	3.46	1.77	18.3	29.4	13.5	2.56
		10		17.17	13.5	0.353	129	244	204	53.3	2.74	3.45	1.76	20.1	32.0	14.5	2.59
		12		20.31	15.9	0.352	149	294	236	62.2	2.71	3.41	1.75	23.6	37.1	16.5	2.67
10	100	6	12	11.93	9.37	0.393	115	200	182	47.9	3.10	3.90	2.00	15.7	25.7	12.7	2.67
		7		13.80	10.8	0.393	132	234	209	54.7	3.09	3.89	1.99	18.1	29.6	14.3	2.71
		8		15.64	12.3	0.393	148	267	235	61.4	3.08	3.88	1.98	20.5	33.2	15.8	2.76
		9		17.46	13.7	0.392	164	300	260	68.0	3.07	3.86	1.97	22.8	36.8	17.2	2.80
		10		19.26	15.1	0.392	180	334	385	74.4	3.05	3.84	1.96	25.1	40.3	18.5	2.84
		12		22.80	17.9	0.391	209	402	331	86.8	3.03	3.81	1.95	29.5	46.8	21.1	2.91
		14		26.26	20.6	0.391	237	471	374	99.0	3.00	3.77	1.94	33.7	52.9	23.4	2.99
		16		29.63	23.3	0.390	263	540	414	111	2.98	3.74	1.94	37.8	58.6	25.6	3.06

续表

型号	截面尺寸/mm			截面面积/cm²	理论重量/（kg/m）	外表面积/（m²/m）	惯性矩/cm⁴				惯性半径/cm			截面模量/cm³			重心距离/cm
	b	d	r				I_x	I_{x1}	I_{x0}	I_{y0}	i_x	i_{x0}	i_{y0}	W_x	W_{x0}	W_{y0}	Z_0
11	110	7	12	15.20	11.9	0.433	177	311	281	73.4	3.41	4.30	2.20	22.1	36.1	17.5	2.96
		8		17.24	13.5	0.433	199	355	316	82.4	3.40	4.28	2.19	25.0	40.7	19.4	3.01
		10		21.26	16.7	0.432	242	445	384	100	3.38	4.25	2.17	30.6	49.4	22.9	3.09
		12		25.20	19.8	0.431	283	535	448	117	3.35	4.22	2.15	36.1	57.6	26.2	3.16
		14		29.06	22.8	0.431	321	625	508	133	3.32	4.18	2.14	41.3	65.3	29.1	3.24
12.5	125	8	14	19.75	15.5	0.492	297	521	471	123	3.88	4.88	2.50	32.5	53.3	25.9	3.37
		10		24.37	19.1	0.491	362	652	574	149	3.85	4.85	2.48	40.0	64.9	30.6	3.45
		12		28.91	22.7	0.491	423	783	671	175	3.83	4.82	2.46	41.2	76.0	35.0	3.53
		14		33.37	26.2	0.490	482	916	764	200	3.80	4.78	2.45	54.2	86.4	39.1	3.61
		16		37.74	29.6	0.489	537	1050	851	224	3.77	4.75	2.43	60.9	96.3	43.0	3.68
14	140	10		27.37	21.5	0.551	515	915	817	212	4.34	5.46	2.78	50.6	82.6	39.2	3.82
		12		32.51	25.5	0.551	604	1100	959	249	4.31	5.43	2.76	59.8	96.9	45.0	3.90
		14		37.57	29.5	0.550	689	1280	1090	284	4.28	5.40	2.75	68.8	110	50.5	3.98
		16		42.54	33.4	0.549	770	1470	1220	319	4.26	5.36	2.74	77.5	123	55.6	4.06
15	150	8		23.75	18.6	0.592	521	900	827	215	4.69	5.90	3.01	47.4	78.0	38.1	3.99
		10		29.37	23.1	0.591	638	1130	1010	262	4.66	5.87	2.99	58.4	95.5	45.5	4.08
		12		34.91	27.4	0.591	749	1350	1190	308	4.63	5.84	2.97	69.0	112	52.4	4.15
		14		40.37	31.7	0.590	856	1580	1360	352	4.60	5.80	2.95	79.5	128	58.8	4.23
		15		43.06	33.8	0.590	907	1690	1440	374	4.59	5.78	2.95	84.6	136	61.9	4.27
		16		45.74	35.9	0.589	958	1810	1520	395	4.58	5.77	2.94	89.6	143	64.9	4.31
16	160	10	16	31.50	24.7	0.630	780	1370	1240	322	4.98	6.27	3.20	66.7	109	52.8	4.31
		12		37.44	29.4	0.630	917	1640	1460	377	4.95	6.24	3.18	79.0	129	60.7	4.39
		14		43.30	34.0	0.629	1050	1910	1670	432	4.92	6.20	3.16	91.0	147	68.2	4.47
		16		49.07	38.5	0.629	1180	2190	1870	485	4.89	6.17	3.14	103	165	75.3	4.55

续表

型号	截面尺寸/mm			截面面积/cm^2	理论重量/（kg/m）	外表面积/（m^2/m）	惯性矩/cm^4				惯性半径/cm			截面模量/cm^3			重心距离/cm
	b	d	r				I_x	I_{x1}	I_{x0}	I_{y0}	i_x	i_{x0}	i_{y0}	W_x	W_{x0}	W_{y0}	Z_0
18	180	12		42.24	33.2	0.710	1320	2330	2100	543	5.59	7.05	3.58	101	165	78.4	4.89
		14		48.90	38.4	0.709	1510	2720	2410	622	5.56	7.02	3.56	116	189	88.4	4.97
		16		55.47	43.5	0.709	1700	3120	2700	699	5.54	6.98	3.55	131	212	97.8	5.05
		18		61.96	48.6	0.708	1880	3500	2990	762	5.50	6.94	3.51	146	235	105	5.13
20	200	14	18	54.64	42.9	0.788	2100	3730	3340	864	6.20	7.82	3.98	145	236	112	5.46
		16		62.01	48.7	0.788	2370	4270	3760	971	6.18	7.79	3.96	164	266	124	5.54
		18		69.30	54.4	0.787	2620	4810	4160	1080	6.15	7.75	3.94	182	294	136	5.62
		20		76.51	60.1	0.787	2870	5350	4550	1180	6.12	7.72	3.93	200	322	147	5.69
		24		90.66	71.2	0.785	3340	6460	5290	1380	6.07	7.64	3.90	236	374	167	5.87
22	220	16	21	68.67	53.9	0.866	3190	5680	5060	1310	6.81	8.59	4.37	200	326	154	6.03
		18		76.75	60.3	0.866	3540	6400	5620	1450	6.79	8.55	4.35	223	361	168	6.11
		20		84.76	66.5	0.865	3870	7110	6150	1590	6.76	8.52	4.34	245	395	182	6.18
		22		92.68	72.8	0.865	4200	7830	6670	1730	6.73	8.48	4.32	267	429	195	6.26
		24		100.5	78.9	0.864	4520	8550	7170	1870	6.71	8.45	4.31	289	461	208	6.33
		26		108.3	85.0	0.864	4830	9280	7690	2000	6.68	8.41	4.30	310	492	221	6.41
25	250	18	24	87.84	69.0	0.985	5270	9380	8370	2170	7.75	9.76	4.97	290	473	224	6.84
		20		97.05	76.2	0.984	5780	10400	9180	2380	7.72	9.73	4.95	320	519	243	6.92
		22		106.2	83.3	0.983	6280	11500	9970	2580	7.69	9.69	4.93	349	564	261	7.00
		24		115.2	90.4	0.983	6770	12500	10700	2790	7.67	9.66	4.92	378	608	278	7.07
		26		124.2	97.5	0.982	7240	13600	11500	2980	7.64	9.62	4.90	406	650	295	7.15
		28		133.0	104	0.982	7700	14600	12200	3180	7.61	9.58	4.89	433	691	311	7.22
		30		141.8	111	0.981	8160	15700	12900	3380	7.58	9.55	4.88	461	731	327	7.30
		32		150.5	118	0.981	8600	16800	13600	3570	7.56	9.51	4.87	488	770	342	7.37
		35		163.4	128	0.980	9240	18400	14600	3850	7.52	9.46	4.86	527	827	364	7.48

注：截面图中的$r_1 = 1/3d$及表中r的数据用于孔型设计，不做交货条件。

表 2　不等边角钢截面尺寸、截面面积、理论重量及截面特性（GB/T 706–2016）

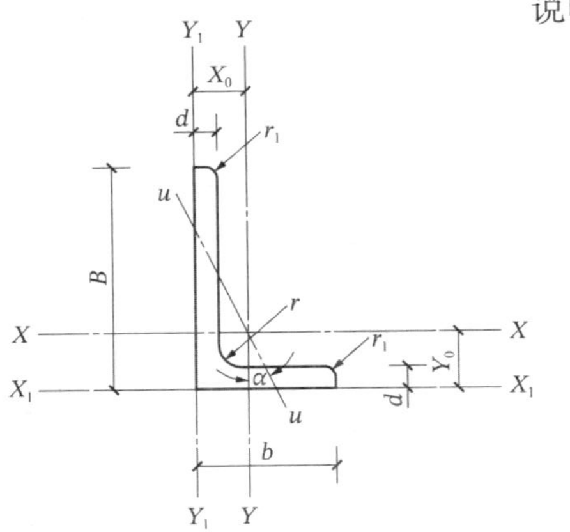

说明：B——长边宽度；

b——短边宽度；

d——边厚度；

r——内圆弧半径；

r_1——边端圆弧半径；

X_0——重心距离；

Y_0——重心距离。

型号	截面尺寸/mm				截面面积/cm²	理论重量/（kg/m）	外表面积/（m²/m）	惯性矩/cm⁴					惯性半径/cm			截面模量/cm³			tan α	重心距离/cm	
	B	b	d	r				I_x	I_{x1}	I_y	I_{y1}	I_u	i_x	i_y	i_u	W_x	W_y	W_u		X_0	Y_0
2.5/1.6	25	16	3	3.5	1.162	0.91	0.080	0.70	1.56	0.22	0.43	0.14	0.78	0.44	0.34	0.43	0.19	0.16	0.392	0.42	0.86
			4		1.499	1.18	0.079	0.88	2.09	0.27	0.59	0.17	0.77	0.43	0.34	0.55	0.24	0.20	0.381	0.46	0.90
3.2/2	32	20	3		1.492	1.17	0.102	1.53	3.27	0.46	0.82	0.28	1.01	0.55	0.43	0.72	0.30	0.25	0.382	0.49	1.08
			4		1.939	1.52	0.101	1.93	4.37	0.57	1.12	0.35	1.00	0.54	0.42	0.93	0.39	0.32	0.374	0.53	1.12
4/2.5	40	25	3	4	1.890	1.48	0.127	3.08	5.39	0.93	1.59	0.56	1.28	0.70	0.54	1.15	0.49	0.40	0.385	0.59	1.32
			4		2.467	1.94	0.127	3.93	8.53	1.18	2.14	0.71	1.36	0.69	0.54	1.49	0.63	0.52	0.381	0.63	1.37
4.5/2.8	45	28	3	5	2.149	1.69	0.143	4.45	9.10	1.34	2.23	0.80	1.44	0.79	0.61	1.47	0.62	0.51	0.383	0.64	1.47
			4		2.806	2.20	0.143	5.69	12.1	1.70	3.00	1.02	1.42	0.78	0.60	1.91	0.80	0.66	0.380	0.68	1.51
5/3.2	50	32	3	5.5	2.431	1.91	0.161	6.24	12.5	2.02	3.31	1.20	1.60	0.91	0.70	1.84	0.82	0.68	0.404	0.73	1.60
			4		3.177	2.49	0.160	8.02	16.7	2.58	4.45	1.53	1.59	0.90	0.69	2.39	1.06	0.87	0.402	0.77	1.65
5.6/3.6	56	36	3	6	2.743	2.15	0.181	8.88	17.5	2.92	4.7	1.73	1.80	1.03	0.79	2.32	1.05	0.87	0.408	0.80	1.78
			4		3.590	2.82	0.180	11.5	23.4	3.76	6.33	2.23	1.79	1.02	0.79	3.03	1.37	1.13	0.408	0.85	1.82
			5		4.415	3.47	0.180	13.9	29.3	4.49	7.94	2.67	1.77	1.01	0.78	3.71	1.65	1.36	0.404	0.88	1.87

续表

型号	截面尺寸/mm				截面面积/cm^2	理论重量/(kg/m)	外表面积/(m^2/m)	惯性矩/cm^4					惯性半径/cm			截面模量/cm^3			$\tan\alpha$	重心距离/cm	
	B	b	d	r				I_x	I_{x1}	I_y	I_{y1}	I_u	i_x	i_y	i_u	W_x	W_y	W_u		X_0	Y_0
6.3/4	63	40	4	7	4.058	3.19	0.202	16.5	33.3	5.23	8.63	3.12	2.02	1.14	0.88	3.87	1.70	1.40	0.398	0.92	2.04
			5		4.993	3.92	0.202	20.0	41.6	6.31	10.9	3.76	2.00	1.12	0.87	4.74	2.07	1.71	0.396	0.95	2.08
			6		5.908	4.64	0.201	23.4	50.0	7.29	13.1	4.34	1.96	1.11	0.86	5.59	2.43	1.99	0.393	0.99	2.12
			7		6.802	5.34	0.201	26.5	58.1	8.24	15.5	4.97	1.98	1.10	0.86	6.40	2.78	2.29	0.389	1.03	2.15
7/4.5	70	45	4	7.5	4.553	3.57	0.226	23.2	45.9	7.55	12.3	4.40	2.26	1.29	0.98	4.86	2.17	1.77	0.410	1.02	2.24
			5		5.609	4.40	0.225	28.0	57.1	9.13	15.4	5.40	2.23	1.28	0.98	5.92	2.65	2.19	0.407	1.06	2.28
			6		6.644	5.22	0.225	32.5	68.4	10.6	18.6	6.35	2.21	1.26	0.98	6.95	3.12	2.59	0.404	1.09	2.32
			7		7.658	6.01	0.225	37.2	80.0	12.0	21.8	7.16	2.20	1.25	0.97	8.03	3.57	2.94	0.402	1.13	2.36
7.5/5	75	50	5	8	6.126	4.81	0.245	34.9	70.0	12.6	21.0	7.41	2.39	1.44	1.10	6.83	3.3	2.74	0.435	1.17	2.40
			6		7.260	5.70	0.245	41.1	84.3	14.7	25.4	8.54	2.38	1.42	1.08	8.12	3.88	3.19	0.435	1.21	2.44
			8		9.467	7.43	0.244	52.4	113	18.5	34.2	10.9	2.35	1.40	1.07	10.5	4.99	4.10	0.429	1.29	2.52
			10		11.59	9.10	0.244	62.7	141	22.0	43.4	13.1	2.33	1.38	1.06	12.8	6.04	4.99	0.423	1.36	2.60
8/5	80	50	5		6.376	5.00	0.255	42.0	85.2	12.8	21.1	7.66	2.56	1.42	1.10	7.78	3.32	2.74	0.385	1.14	2.60
			6		7.560	5.93	0.255	49.5	103	15.0	25.4	8.85	2.56	1.41	1.08	9.25	3.91	3.20	0.387	1.18	2.65
			7		8.724	6.85	0.255	56.2	119	17.0	29.8	10.2	2.54	1.39	1.08	10.6	4.48	3.70	0.384	1.21	2.69
			8		9.867	7.75	0.254	62.8	136	18.9	34.3	11.4	2.52	1.38	1.07	11.9	5.03	4.16	0.381	1.25	2.73
9/5.6	90	56	5	9	7.212	5.66	0.287	60.5	121	18.3	29.5	11.0	2.90	1.59	1.23	9.92	4.21	3.49	0.385	1.25	2.91
			6		8.557	6.72	0.286	71.0	146	21.4	35.6	12.9	2.88	1.58	1.23	11.7	4.96	4.13	0.384	1.29	2.95
			7		9.881	7.76	0.286	81.0	170	24.4	41.7	14.7	2.86	1.57	1.22	13.5	5.70	4.72	0.382	1.33	3.00
			8		11.18	8.78	0.286	91.0	194	27.2	47.9	16.3	2.85	1.56	1.21	15.3	6.41	5.29	0.380	1.36	3.04
10/6.3	100	63	6	10	9.618	7.55	0.320	99.1	200	30.9	50.5	18.4	3.21	1.79	1.38	14.6	6.35	5.25	0.394	1.43	3.24
			7		11.11	3.72	0.320	113	233	35.3	59.1	21.0	3.20	1.78	1.38	16.9	7.29	6.02	0.394	1.47	3.28
			8		12.58	9.88	0.319	127	266	39.4	67.9	23.5	3.18	1.77	1.37	19.1	8.21	6.78	0.391	1.50	3.32
			10		15.47	12.1	0.319	154	333	47.1	85.7	28.3	3.15	1.74	1.35	23.3	9.98	8.24	0.387	1.58	3.40

续表

型号	截面尺寸/mm				截面面积/cm^2	理论重量/(kg/m)	外表面积/(m^2/m)	惯性矩/cm^4					惯性半径/cm			截面模量/cm^3			$\tan\alpha$	重心距离/cm	
	B	b	d	r				I_x	I_{x1}	I_y	I_{y1}	I_u	i_x	i_y	i_u	W_x	W_y	W_u		X_0	Y_0
10/8	100	80	6	10	10.64	8.35	0.354	107	200	61.2	103	31.7	3.17	2.40	1.72	15.2	10.2	8.37	0.627	1.97	2.95
			7		12.30	9.66	0.354	123	233	70.1	120	36.2	3.16	2.39	1.72	17.5	11.7	9.60	0.626	2.01	3.00
			8		13.94	10.9	0.353	138	267	78.6	137	40.6	3.14	2.37	1.71	19.8	13.2	10.8	0.625	2.05	3.04
			10		17.17	13.5	0.353	167	334	94.7	172	49.1	3.12	2.35	1.69	24.2	16.1	13.1	0.622	2.13	3.12
11/7	110	70	6		10.64	8.35	0.354	133	266	42.9	69.1	25.4	3.54	2.01	1.54	17.9	7.90	6.53	0.403	1.57	3.53
			7		12.30	9.66	0.354	153	310	49.0	80.8	29.0	3.53	2.00	1.53	20.6	9.09	7.50	0.402	1.61	3.57
			8		13.94	10.9	0.353	172	354	54.9	92.7	32.5	3.51	1.98	1.53	23.3	10.3	8.45	0.401	1.65	3.62
			10		17.17	13.5	0.353	208	443	65.9	117	39.2	3.48	1.96	1.51	28.5	12.5	10.3	0.397	1.72	3.70
12.5/8	125	80	7	11	14.10	11.1	0.403	228	455	74.4	120	43.8	4.02	2.30	1.76	26.9	12.0	9.92	0.408	1.80	4.01
			8		15.99	12.6	0.403	257	520	83.5	138	49.2	4.01	2.28	1.75	30.4	13.6	11.2	0.407	1.84	4.06
			10		19.71	15.5	0.402	312	650	101	173	59.5	3.98	2.26	1.74	37.3	16.6	13.6	0.404	1.92	4.14
			12		23.35	18.3	0.402	364	780	117	210	69.4	3.95	2.24	1.72	44.0	19.4	16.0	0.400	2.00	4.22
14/9	140	90	8	12	18.04	14.2	0.453	366	731	121	196	70.8	4.50	2.59	1.98	38.5	17.3	14.3	0.411	2.04	4.50
			10		22.26	17.5	0.452	446	913	140	246	85.8	4.47	2.56	1.96	47.3	21.2	17.5	0.409	2.12	4.58
			12		26.40	20.7	0.451	522	1100	170	297	100	4.44	2.54	1.95	55.9	25.0	20.5	0.406	2.19	4.66
			14		30.46	23.9	0.451	594	1280	192	349	114	4.42	2.51	1.94	64.2	28.5	23.5	0.403	2.27	4.74
15/9	150	90	8		18.84	14.8	0.473	442	898	123	196	74.1	4.84	2.55	1.98	43.9	17.5	14.5	0.364	1.97	4.92
			10		23.26	18.3	0.472	539	1120	149	246	89.9	4.81	2.53	1.97	54.0	21.4	17.7	0.362	2.05	5.01
			12		27.60	21.7	0.471	632	1350	173	297	105	4.79	2.50	1.95	63.8	25.1	20.8	0.359	2.12	5.09
			14		31.86	25.0	0.471	721	1570	196	350	120	4.76	2.48	1.94	73.3	28.8	23.8	0.356	2.20	5.17
			15		33.95	26.7	0.471	764	1680	207	376	127	4.74	2.47	1.93	78.0	30.5	25.3	0.354	2.24	5.21
			16		36.03	28.3	0.470	806	1800	217	403	134	4.73	2.45	1.93	82.6	32.3	26.8	0.352	2.27	5.25
16/10	160	100	10	13	25.32	19.9	0.512	669	1360	205	337	122	5.14	2.85	2.19	62.1	26.6	21.9	0.390	2.28	5.24
			12		30.05	23.6	0.511	785	1640	239	406	142	5.11	2.82	2.17	73.5	31.3	25.8	0.388	2.36	5.32
			14		34.71	27.2	0.510	896	1910	271	476	162	5.08	2.80	2.16	84.6	35.8	29.6	0.385	2.43	5.40

续表

型号	截面尺寸/mm				截面面积/cm^2	理论重量/(kg/m)	外表面积/(m^2/m)	惯性矩/cm^4					惯性半径/cm			截面模量/cm^3			$\tan\alpha$	重心距离/cm	
	B	b	d	r				I_x	I_{x1}	I_y	I_{y1}	I_u	i_x	i_y	i_u	W_x	W_y	W_u		X_0	Y_0
			16		39.28	30.8	0.510	1000	2180	302	548	183	5.05	2.77	2.16	95.3	40.2	33.4	0.382	2.51	5.48
18/11	180	110	10	14	28.37	22.3	0.571	956	1940	278	447	167	5.80	3.13	2.42	79.0	32.5	26.9	0.376	2.44	5.89
			12		33.71	26.5	0.571	1120	2330	325	539	195	5.78	3.10	2.40	93.5	38.3	31.7	0.374	2.52	5.98
			14		38.97	30.6	0.570	1290	2720	370	632	222	5.75	3.08	2.39	108	44.0	36.3	0.372	2.59	6.06
			16		44.14	34.6	0.569	1440	3110	412	726	249	5.72	3.06	2.38	122	49.4	40.9	0.369	2.67	6.14
20/12.5	200	125	12		37.91	29.8	0.641	1570	3190	483	788	286	6.44	3.57	2.74	117	50.0	41.2	0.392	2.83	6.54
			14		43.87	34.4	0.640	1800	3730	551	922	327	6.41	3.54	2.73	135	57.4	47.3	0.390	2.91	6.62
			16		49.74	39.0	0.639	2020	4260	615	1060	366	6.38	3.52	2.71	152	64.9	53.3	0.388	2.99	6.70
			18		55.53	43.6	0.639	2240	4790	677	1200	405	6.35	3.49	2.70	169	71.7	59.2	0.385	3.06	6.78

注：截面图中的$r_1 = 1/3d$及表中r的数据用于孔型设计，不做交货条件。

表 3 槽钢截面尺寸、截面面积、理论重量及截面特性（GB/T 706—2016）

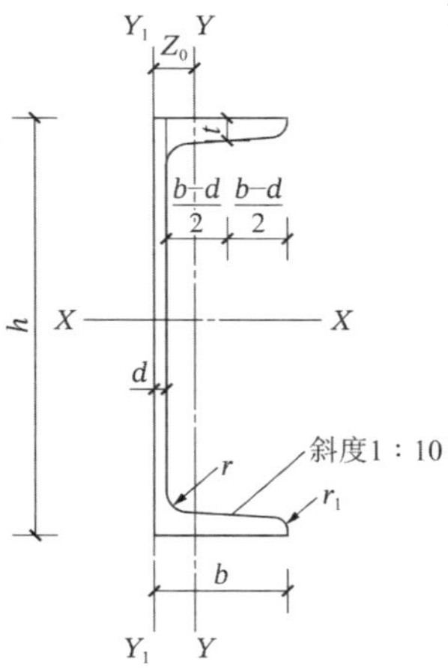

说明：h——高度；
b——腿宽度；
d——腰厚度；
t——腿中间厚度；
r——内圆弧半径；
r_1——腿端圆弧半径；
Z_0——重心距离。

型号	截面尺寸/mm						截面面积/ cm^2	理论重量/（kg/m）	外表面积/（m^2/m）	惯性矩/cm^4			惯性半径/cm		截面模量/cm^3		重心距离/cm
	h	b	d	t	r	r_1				I_x	I_y	I_{y1}	i_x	i_y	W_x	W_y	Z_0
5	50	37	4.5	7.0	7.0	3.5	6.925	5.44	0.226	26.0	8.30	20.9	1.94	1.10	10.4	3.55	1.35
6.3	63	40	4.8	7.5	7.5	3.8	8.446	6.63	0.262	50.8	11.9	28.4	2.45	1.19	16.1	4.50	1.36
6.5	65	40	4.3	7.5	7.5	3.8	8.292	6.51	0.267	55.2	12.0	28.3	2.54	1.19	17.0	4.59	1.38
8	80	43	5.0	8.0	8.0	4.0	10.24	8.04	0.307	101	16.6	37.4	3.15	1.27	25.3	5.79	1.43
10	100	48	5.3	8.5	8.5	4.2	12.74	10.0	0.365	198	25.6	54.9	3.95	1.41	39.7	7.80	1.52
12	120	53	5.5	9.0	9.0	4.5	15.36	12.1	0.423	346	37.4	77.7	4.75	1.56	57.7	10.2	1.62
12.6	126	53	5.5	9.0	9.0	4.5	15.69	12.3	0.435	391	38.0	77.1	4.95	1.57	62.1	10.2	1.59
14a	140	58	6.0	9.5	9.5	4.8	18.51	14.5	0.480	564	53.2	107	5.52	1.70	80.5	13.0	1.71
14b		60	8.0				21.31	16.7	0.484	609	61.1	121	5.35	1.69	87.1	14.1	1.67
16a	160	63	6.5	10.0	10.0	5.0	21.95	17.2	0.538	866	73.3	144	6.28	1.83	108	16.3	1.80
16b		65	8.5				25.15	19.8	0.542	935	83.4	161	6.10	1.82	117	17.6	1.75

续表

型号	截面尺寸/mm						截面面积/cm^2	理论重量/（kg/m）	外表面积/（m^2/m）	惯性矩/cm^4			惯性半径/cm		截面模量/cm^3		重心距离/cm
	h	b	d	t	r	r_1				I_x	I_y	I_{y1}	i_x	i_y	W_x	W_y	Z_0
18a	180	68	7.0	10.5	10.5	5.2	25.69	20.2	0.596	1270	98.6	190	7.04	1.96	141	20.0	1.88
18b		70	9.0				29.29	23.0	0.600	1370	111	210	6.84	1.95	152	21.5	1.84
20a	200	73	7.0	11.0	11.0	5.5	28.83	22.6	0.654	1780	128	244	7.86	2.11	178	24.2	2.01
20b		75	9.0				32.83	25.8	0.658	1910	144	268	7.64	2.09	191	25.9	1.95
22a	220	77	7.0	11.5	11.5	5.8	31.83	25.0	0.709	2390	158	298	8.67	2.23	218	28.2	2.10
22b		79	9.0				36.23	28.5	0.713	2570	176	326	8.42	2.21	234	30.1	2.03
24a	240	78	7.0	12.0	12.0	6.0	34.21	26.9	0.752	3050	174	325	9.45	2.25	254	30.5	2.10
24b		80	9.0				39.01	30.6	0.756	3280	194	355	9.17	2.23	274	32.5	2.03
24c		82	11.0				43.81	34.4	0.760	3510	213	388	8.96	2.21	293	34.4	2.00
25a	250	78	7.0				34.91	27.4	0.722	3370	176	322	9.82	2.24	270	30.6	2.07
25b		80	9.0				39.91	31.3	0.776	3530	196	353	9.41	2.22	282	32.7	1.98
25c		82	11.0				44.91	35.3	0.780	3690	218	384	9.07	2.21	295	35.9	1.92
27a	270	82	7.5	12.5	12.5	6.2	39.27	30.8	0.826	4360	216	393	10.5	2.34	323	35.5	2.13
27b		84	9.5				44.67	35.1	0.830	4690	239	428	10.3	2.31	347	37.7	2.06
27c		86	11.5				50.07	39.3	0.834	5020	261	467	10.1	2.28	372	39.8	2.03
28a	280	82	7.5				40.02	31.4	0.846	4760	218	388	10.9	2.33	340	35.7	2.10
28b		84	9.5				45.62	35.8	0.850	5130	242	428	10.6	2.30	366	37.9	2.02
28c		86	11.5				51.22	40.2	0.854	5500	268	463	10.4	2.29	393	40.3	1.95
30a	300	85	7.5	13.5	13.5	6.8	43.89	34.5	0.897	6050	260	467	11.7	2.43	403	41.1	2.17
30b		87	9.5				49.89	39.2	0.901	6500	289	515	11.4	2.41	433	44.0	2.13
30c		89	11.5				55.89	43.9	0.905	6950	316	560	11.2	2.38	463	46.4	2.09
32a	320	88	8.0	14.0	14.0	7.0	48.50	38.1	0.947	7600	305	552	12.5	2.50	475	46.5	2.24
32b		90	10.0				54.90	43.1	0.951	8140	336	593	12.2	2.47	509	49.2	2.16
32c		92	12.0				61.30	48.1	0.955	8690	374	643	11.9	2.47	543	52.6	2.09

续表

型号	截面尺寸/mm						截面面积/cm²	理论重量/(kg/m)	外表面积/(m²/m)	惯性矩/cm⁴			惯性半径/cm		截面模量/cm³		重心距离/cm
	h	b	d	t	r	r_1				I_x	I_y	I_{y1}	i_x	i_y	W_x	W_y	Z_0
36a	360	96	9.0	16.0	16.0	8.0	60.89	47.8	1.053	11900	455	818	14.0	2.73	660	63.5	2.44
36b		98	11.0				68.09	53.5	1.057	12700	497	880	13.6	2.70	703	66.9	2.37
36c		100	13.0				75.29	59.1	1.061	13400	536	948	13.4	2.67	746	70.0	2.34
40a	400	100	10.5	18.0	18.0	9.0	75.04	58.9	1.144	17600	592	1070	15.3	2.81	879	78.8	2.49
40b		102	12.5				83.04	65.2	1.148	18600	640	1140	15.0	2.78	932	82.5	2.44
40c		104	14.5				91.04	71.5	1.152	19700	688	1220	14.7	2.75	986	86.2	2.42

注：表中r、r_1的数据用于孔型设计，不做交货条件。

表 4 工字钢截面尺寸、截面面积、理论重量及截面特性（GB/T 706—2016）

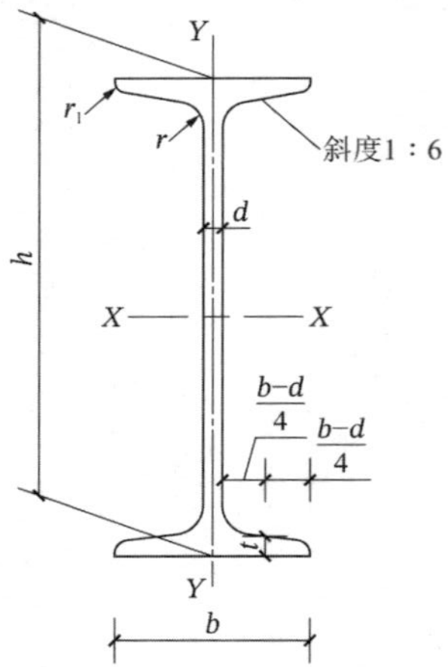

说明：h——高度；
b——腿宽度；
d——腰厚度；
t——腿中间厚度；
r——内圆弧半径；
r_1——腿端圆弧半径。

型号	截面尺寸/mm						截面面积/cm^2	理论重量/（kg/m）	外表面积/（m^2/m）	惯性矩/cm^4		惯性半径/cm		截面模量/cm^3	
	h	b	d	t	r	r_1				I_x	I_y	i_x	i_y	W_x	W_y
10	100	68	4.5	7.6	6.5	3.3	14.33	11.3	0.432	245	33.0	4.14	1.52	49.0	9.72
12	120	74	5.0	8.4	7.0	3.5	17.80	14.0	0.493	436	46.9	4.95	1.62	72.7	12.7
12.6	126	74	5.0	8.4	7.0	3.5	18.10	14.2	0.505	488	46.9	5.20	1.61	77.5	12.7
14	140	80	5.5	9.1	7.5	3.8	21.50	16.9	0.553	712	64.4	5.76	1.73	102	16.1
16	160	88	6.0	9.9	8.0	4.0	26.11	20.5	0.621	1130	93.1	6.58	1.89	141	21.2
18	180	94	6.5	10.7	8.5	4.3	30.74	24.1	0.681	1660	122	7.36	2.00	185	26.0
20a	200	100	7.0	11.4	9.0	4.5	35.55	27.9	0.742	2370	158	8.15	2.12	237	31.5
20b		102	9.0				39.55	31.1	0.746	2500	169	7.96	2.06	250	33.1
22a	220	110	7.5	12.3	9.5	4.8	42.10	33.1	0.817	3400	225	8.99	2.31	309	40.9
22b		112	9.5				46.50	36.5	0.821	3570	239	8.78	2.27	325	42.7
24a	240	116	8.0	13.0	10.0	5.0	47.71	37.5	0.878	4570	280	9.77	2.42	381	48.4
24b		118	10.0				52.51	41.2	0.882	4800	297	9.57	2.38	400	50.4

续表

型号	截面尺寸/mm						截面面积/cm²	理论重量/(kg/m)	外表面积/(m²/m)	惯性矩/cm⁴		惯性半径/cm		截面模量/cm³	
	h	b	d	t	r	r_1				I_x	I_y	i_x	i_y	W_x	W_y
25a	250	116	8.0				48.51	38.1	0.898	5020	280	10.2	2.40	402	48.3
25b		118	10.0				53.51	42.0	0.902	5280	309	9.94	2.40	423	52.4
27a	270	122	8.5	13.7	10.5	5.3	54.52	42.8	0.958	6550	345	10.9	2.51	485	56.6
27b		124	10.5				59.92	47.0	0.962	6870	366	10.7	2.47	509	58.9
28a	280	122	8.5				55.37	43.5	0.978	7110	345	11.3	2.50	508	56.6
28b		124	10.5				60.97	47.9	0.982	7480	379	11.1	2.49	534	61.2
30a	300	126	9.0	14.4	11.0	5.5	61.22	48.1	1.031	8950	400	12.1	2.55	597	63.5
30b		128	11.0				67.22	52.8	1.035	9400	422	11.8	2.50	627	65.9
30c		130	13.0				73.22	57.5	1.039	9850	445	11.6	2.46	657	68.5
32a	320	130	9.5	15.0	11.5	5.8	67.12	52.7	1.084	11100	460	12.8	2.62	692	70.8
32b		132	11.5				73.52	57.7	1.088	11600	502	12.6	2.61	726	76.0
32c		134	13.5				79.92	62.7	1.092	12200	544	12.3	2.61	760	81.2
36a	360	136	10.0	15.8	12.0	6.0	76.44	60.0	1.185	15800	552	14.4	2.69	875	81.2
36b		138	12.0				83.64	65.7	1.189	16500	582	14.1	2.64	919	84.3
36c		140	14.0				90.84	71.3	1.193	17300	612	13.8	2.60	962	87.4
40a	400	142	10.5	16.5	12.5	6.3	86.07	67.6	1.285	21700	660	15.9	2.77	1090	93.2
40b		144	12.5				94.07	73.8	1.289	22800	692	15.6	2.71	1140	96.2
40c		146	14.5				102.1	80.1	1.293	23900	727	15.2	2.65	1190	99.6
45a	450	150	11.5	18.0	13.5	6.8	102.4	80.4	1.411	32200	855	17.7	2.89	1430	114
45b		152	13.5				111.4	87.4	1.415	33800	894	17.4	2.84	1500	118
45c		154	15.5				120.4	94.5	1.419	35300	938	17.1	2.79	1570	122
50a	500	158	12.0	20.0	14.0	7.0	119.2	93.6	1.539	46500	1120	19.7	3.07	1860	142
50b		160	14.0				129.2	101	1.543	48600	1170	19.4	3.01	1940	146
50c		162	16.0				139.2	109	1.547	50600	1220	19.0	2.96	2080	151

续表

型号	截面尺寸/mm						截面面积/cm^2	理论重量/(kg/m)	外表面积/(m^2/m)	惯性矩/cm^4		惯性半径/cm		截面模量/cm^3	
	h	b	d	t	r	r_1				I_x	I_y	i_x	i_y	W_x	W_y
55a	550	166	12.5	21.0	14.5	17.3	134.1	105	1.667	62900	1370	21.6	3.19	2290	164
55b		168	14.5				145.1	114	1.671	65600	1420	21.2	3.14	2390	170
55c		170	16.5				156.1	123	1.675	68400	1480	20.9	3.08	2490	175
56a	560	166	12.5				135.4	106	1.687	65600	1370	22.0	3.18	2340	165
56b		168	14.5				146.6	115	1.691	68500	1490	21.6	3.16	2450	174
56c		170	16.5				157.8	124	1.695	71400	1560	21.3	3.16	2550	183
63a	630	176	13.0	22.0	15.0	7.5	154.6	121	1.862	93900	1700	24.5	3.31	2980	193
63b		178	15.0				167.2	131	1.866	98100	1810	24.2	3.29	3160	204
63c		180	17.0				179.8	141	1.870	102000	1920	23.8	3.27	3300	214

注：表中r、r_1的数据用于孔型设计，不做交货条件。

参考文献

[1] 哈尔滨工业大学理论力学教研室. 理论力学（Ⅰ）[M]. 9 版. 北京：高等教育出版社，2022.

[2] 刘鸿文，林建兴，曹曼玲. 材料力学（Ⅰ）[M]. 7 版. 北京：高等教育出版社，2024.

[3] 孙训方，方孝淑，关来泰. 材料力学（Ⅰ）[M]. 6 版. 北京：高等教育出版社，2019.

[4] 黄丽华，马红艳，徐嘉. 工程力学[M]. 北京：高等教育出版社，2019.

[5] 顾晓勤，谭朝阳. 工程力学（静力学与材料力学）[M]. 北京：机械工业出版社，2019.

[6] 李晓玉，苗同臣，刘雯雯. 工程力学[M]. 郑州：郑州大学出版社，2024.

[7] 季维英，楚焱芳. 工程力学[M]. 3 版. 北京：化学工业出版社，2022.

[8] 胡文绩，邱清水，彭俊文. 简明工程力学[M]. 3 版. 成都：西南交通大学出版社，2024.

[9] 奚绍中，邱秉权. 工程力学教程[M]. 4 版. 北京：高等教育出版社，2019.

[10] 刘德华，程光均. 工程力学[M]. 重庆：重庆大学出版社，2010.

[11] 马宏伟，张伟伟. 工程力学十讲[M]. 北京：高等教育出版社，2020.

[12] 北京科技大学，东北大学. 工程力学（材料力学）[M]. 5 版. 北京：高等教育出版社，2020.

[13] 胡文绩，华蕊，杨强. 理论力学[M]. 2 版. 武汉：华中科技大学出版社，2018.

[14] 古滨，邱清水，唐学彬. 材料力学[M]. 3 版. 北京：北京理工大学出版社，2021.

[15] 赵国华，王兆菡，李永莉. 材料力学[M]. 北京：化学工业出版社，2020.

[16] 刘荣梅，蔡新，范钦珊. 工程力学（工程静力学与材料力学）[M]. 3 版. 北京：机械工业出版社，2018.

[17] 唐静静，范钦珊. 工程力学（静力学和材料力学）[M]. 4 版. 北京：高等教育出版社，2023.

[18] 范存新，陈林. 材料力学[M]. 3 版. 重庆：重庆大学出版社，2023.

[19] 单辉祖. 材料力学[M]. 北京：高等教育出版社，2004.

[20] 范钦珊. 工程力学[M]. 北京：清华大学出版社，2005.

参考文献